U0151060

国防科技图书出版基金

航天器可靠性增长工程

Spacecraft Reliability Growth Engineering

周苏闰　李　毅　张激扬　著

国防工业出版社

·北京·

图书在版编目(CIP)数据

航天器可靠性增长工程/周苏闰,李毅,张激扬著.
—北京:国防工业出版社,2023.7
ISBN 978-7-118-12965-6

Ⅰ.①航⋯ Ⅱ.①周⋯ ②李⋯ ③张⋯ Ⅲ.①航天器
可靠性 Ⅳ.①V417

中国国家版本馆 CIP 数据核字(2023)第 112349 号

※

国防工业出版社出版发行
(北京市海淀区紫竹院南路 23 号　邮政编码 100048)
北京龙世杰印刷有限公司印刷
新华书店经售
*
开本 710×1000　1/16　印张 25½　字数 446 千字
2023 年 7 月第 1 版第 1 次印刷　印数 1—1500 册　定价 189.00 元

(本书如有印装错误,我社负责调换)

国防书店:(010)88540777　　发行邮购:(010)88540776
发行业务:(010)88540717　　发行传真:(010)88540762

致 读 者

本书由中央军委装备发展部**国防科技图书出版基金**资助出版。

为了促进国防科技和武器装备发展,加强社会主义物质文明和精神文明建设,培养优秀科技人才,确保国防科技优秀图书的出版,原国防科工委于1988年初决定每年拨出专款,设立国防科技图书出版基金,成立评审委员会,扶持、审定出版国防科技优秀图书。这是一项具有深远意义的创举。

国防科技图书出版基金资助的对象是:

1. 在国防科学技术领域中,学术水平高,内容有创见,在学科上居领先地位的基础科学理论图书;在工程技术理论方面有突破的应用科学专著。

2. 学术思想新颖,内容具体、实用,对国防科技和武器装备发展具有较大推动作用的专著;密切结合国防现代化和武器装备现代化需要的高新技术内容的专著。

3. 有重要发展前景和有重大开拓使用价值,密切结合国防现代化和武器装备现代化需要的新工艺、新材料内容的专著。

4. 填补目前我国科技领域空白并具有军事应用前景的薄弱学科和边缘学科的科技图书。

国防科技图书出版基金评审委员会在中央军委装备发展部的领导下开展工作,负责掌握出版基金的使用方向,评审受理的图书选题,决定资助的图书选题和资助金额,以及决定中断或取消资助等。经评审给予资助的图书,由国防工业出版社出版发行。

国防科技和武器装备发展已经取得了举世瞩目的成就,国防科技图书承担着记载和弘扬这些成就,积累和传播科技知识的使命。开展好评审工作,使有限的基金发挥出巨大的效能,需要不断摸索、认真总结和及时改进,更需要国防科技和武器装备建设战线广大科技工作者、专家、教授,以及社会各界朋友的热情支持。

让我们携起手来,为祖国昌盛、科技腾飞、出版繁荣而共同奋斗!

国防科技图书出版基金

评审委员会

国防科技图书出版基金
2020 年度评审委员会组成人员

主 任 委 员	吴有生	
副主任委员	郝 刚	
秘 书 长	郝 刚	
副 秘 书 长	刘 华	

委　　　员　于登云　王清贤　甘晓华　邢海鹰　巩水利

（按姓氏笔画排序）　刘　宏　孙秀冬　芮筱亭　杨　伟　杨德森

吴宏鑫　肖志力　初军田　张良培　陆　军

陈小前　赵万生　赵凤起　郭志强　唐志共

康　锐　韩祖南　魏炳波

前　言

航天器属于复杂大系统,不仅系统结构、研制模式复杂,工作环境特殊,而且长寿命、小子样,维修保障条件有限,所以航天器产品要实现在最低寿命周期费用条件下达到最优的可靠性、实现最高的任务成功率,在技术上、管理上是复杂而艰巨的任务。

航天器可靠性增长工作从"九五"开始试点,从"十五"开始工程化实施,至"十三五"已连续实施4个五年计划,共实施了数百个可靠性增长项目,覆盖通信、遥感等多个航天器领域。航天可靠性增长工程被誉为"航天产品的生命工程",其贯穿航天器系统、分系统、单机各层级产品,涉及航天器可靠性设计、分析、试验多维度要素,覆盖航天器方案、研发、制造、发射和在轨运行的全部任务剖面和寿命剖面。实践表明,航天器可靠性增长工程目标是明确的,方法是有效的,解决了一批制约航天器长寿命高可靠的关键技术,探索了一条符合可靠性规律的复杂系统产品可靠性实现和系统可靠性增长的途径,可靠性增长成果得到了地面和在轨的验证,成果的累积效应正在逐步得到释放。

本书是以航天器可靠性增长工程为背景,在航天器可靠性增长20多年工程实践的基础上,对形成的系统化的工程技术方法、工程管理模式和工程成果应用进行了总结与升华。对传统可靠性增长进行了拓展和深化,提出了可靠性增长特征量、可靠性增长基线、可靠性增长时机与效费比等新概念,将基于故障和失效的可靠性增长拓展至基于裕度与效能的可靠性增长,介绍了解决航天器复杂大系统实施可靠性增长技术和管理难点的新思路。本书在章节内容上尽量做到前后贯通,对介绍的重点内容在概念、方法、工具和示例等多个维度安排了递进式介绍,以形成相对完整的方法链,便于读者理解和借鉴。本书提供了航天器不同属性产品的可靠性增长典型示例,这些成果和经验对其他装备可靠性增长工作具有直接的参考及应用价值,对提升装备综合效能具有推进作用。

全书共分7章。第1章绪论,主要介绍复杂大系统、综合效能要求等航天器产品特点,研制模式、技术状态管理等航天器研制特点,生存环境、维修保障等航天器运行特点,这些特点是可靠性增长工程的工程背景。第2章可靠性增长的本质内涵和发展过程,主要介绍可靠性增长的概念内涵和理论基础、发展历程,论述了狭义可靠性增长与广义可靠性增长,产品可靠性增长与可靠性增长工程,可靠性特征量与可靠性增长特征量等概念的交融、延伸和拓展,将传统可靠性增长拓展至基于裕度的可靠性增长。第3章可靠性增长的核心要素,系统介绍可靠性增长模型、增长计划、增长管理、可靠性增长试验和增长验证,以及可靠性增长实施方法、程序和时机等核心要素,其中可靠性增长基线的概念、无模型增长计划曲线的确定方法等是航天器可靠性增长工程的创新实践总结。第4章航天器可靠性增长工程常用工具,系统地介绍可靠性增长工具,重点介绍了产品成功包络分析和特性分析、FMEA和FTA等分析工具;加速寿命试验、寿命摸底试验、HAST等试验工具。第5章航天器可靠性增长工程策略与推进机制,主要介绍航天器可靠性增长工程的工程任务、工程策略和工程推进机制。第6章航天器可靠性增长工程实施和应用机制,主要介绍航天器可靠性增长工程实施过程的一系列关联活动,包括确定工程实施对象、明确工程增长目标、制定工程实施方案、聚焦工程实施重点、落实工程实施保障、明确工程成果应用。第7章航天器可靠性增长工程实践示例,详细介绍机电类、电子类、机构类和器件类等不同类别产品的可靠性增长示例,介绍了通过卫星在轨自主健康管理,实现卫星任务可靠性增长;通过航天器空间环境防护策略,提升航天器生存能力的示例,覆盖了航天器可靠性增长关键产品和重点领域的实践成果。

本书由周苏闽制定总体架构和撰写提纲,其中第1章由李毅撰写,第2章和第3章由周苏闽撰写,第4章由王宗仁、张激扬、李毅、李丽、王红勋撰写,第5章和第6章由周苏闽撰写,第7章由张激扬、蔡震波、濮海玲、李丽、冯西贤、徐浩、杜楠撰写。全书由周苏闽、王红勋统稿,王红勋、李丽绘制了部分插图。

本书可以为高价值复杂系统开展可靠性增长工程提供直接的借鉴;从航天器的工程成果出发,总结的方法、工具、模型适用于其他军用、民用领域的产品可靠性增长;可以作为装备研制领域科研人员的参考书,可以作为相关领域可靠性设计人员、产品研制人员的工作指导性书籍,也可以作为其他领域人员可靠性知识学习、培训的参考资料,以及高等院校学生的参考书籍。

本书的出版得到了国防科技图书出版基金的资助,在此表示诚挚的感谢。航天器可靠性增长工程是一项需要持续创新和探索实践的工作,本书的内容难免存在错误和疏漏,恳请广大读者批评指正。

目　录

第 1 章　绪　论

第 2 章　可靠性增长的本质内涵和发展过程

第3章　可靠性增长的核心要素

第4章　航天器可靠性增长工程常用工具

第 5 章 航天器可靠性增长工程策略与推进机制

第 6 章 航天器可靠性增长工程实施和应用机制

第7章 航天器可靠性增长工程实践示例

CONTENTS

Chapter 1　Introduction

Chapter 2　Connotation and development of reliability growth

Chapter 3   Core elements of reliability growth

Chapter 4   Common tools for spacecraft reliability growth engineering

Chapter 5　Strategies and propulsions of spacecraft reliability growth engineering

Chapter 6   Implementation and application of spacecraft reliability growth engineering

Chapter 7   Typical examples of spacecraft reliability growth engineering

第 **1** 章

绪论

▚ 1.1 航天器产品特点

航天器在远离地面的空间轨道上运行,必须具备能源供给、遥测遥控、姿态轨道控制、温度控制等功能,以及与航天器用途相关的专用功能。对于载人航天器还要考虑人员的生命保障、应急救生等需求。因此,航天器是一个功能复杂的大系统。航天器不仅要求功能多、性能高,还要考虑可靠性、安全性、可用性以及用户的其他需求,需要从多个角度去评价航天器的综合效能。此外,航天器往往成本高、风险大、任务重要,具有一次成功、长寿命小子样等特点。

1.1.1 复杂大系统

为保证航天器系统能够在特殊环境中以自主方式完成规定任务,并实现高性能、高可靠等要求,航天器应用了大量工程技术和方法,同时对于系统功能的综合优化和技术实现提出了很高的要求。因此,系统的复杂性成为航天器研制的一个显著特点。

航天器将复杂的大系统功能分解为复杂度较低的分系统和数量庞大的仪器设备。以通信卫星为例,其仪器设备数量一般可高达五六百台,载人航天器和空间站的仪器设备数量会更多。这些设备之间互相连接,形成复杂的供电网络、信息网络、管路网络等。

航天器的分系统按照不同功能来划分,一般分为专用系统和保障系统两类,如图 1.1.1 所示。专用系统又称为有效载荷,用于直接执行特定的航天任务;保障系统又称为平台,用于保障专用系统正常工作。

不同用途航天器的主要区别在于装有不同的专用系统。单一用途航天器装有一种类型的专用系统,多用途航天器装有几种类型的专用系统。专用系统种类很多,随航天器执行的任务不同而异。

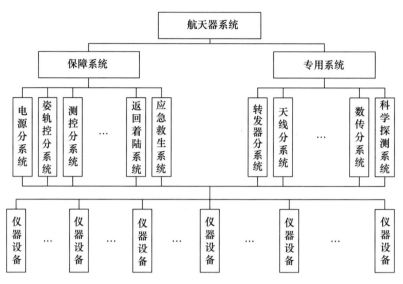

图 1.1.1 航天器一般组成示意图

例如,天文卫星的天文望远镜、光谱仪和粒子探测器,侦察卫星的可见光照相机、摄像机或无线电侦察接收机,通信卫星的转发器和通信天线,导航卫星的发射机、高精度振荡器或原子钟等。

各种类型航天器的保障系统往往是相同的或类似的,一般包括以下一些分系统。

(1)电源系统。为航天器所有仪器设备提供所需的电能。卫星大多采用蓄电池和太阳电池阵电源系统,载人航天器根据任务特点可以采用氢氧燃料电池、蓄电池、太阳电池阵甚至核电源。

(2)姿态和轨道控制系统。用来保持或改变航天器的运行姿态或运行轨道。航天器轨道控制以轨道机动发动机提供动力,由程序控制装置控制或地面航天测控站遥控。轨道控制往往与姿态控制配合,共同构成航天器姿轨控系统,并且共用部分测量装置(敏感器)和动力装置(执行机构)。

(3)测控系统。用于测量并向地面发送航天器各种仪器设备的工程参数和测量数据,以及接收地面测控站发来的遥控指令,传送给有关系统执行。

(4)数据管理系统。用于存储各种程序、进行信息处理和协调管理航天器各系统工作。

(5)结构系统。用于支承和固定航天器上的各种仪器设备,使它们构成一个整体,以承受地面运输、航天运载器发射和空间运行时的各种力学和空间环境。

（6）热控系统。热控系统又称为温度控制系统,用来保障各种仪器设备在复杂的环境中处于允许的温度范围内。

此外,不同的航天器会根据任务需求设置特有的分系统,如载人航天器的生命保障系统、应急救生系统、返回型卫星的返回着陆系统、火星车的移动系统等。

综上所述,航天器是由众多分系统和单元共同构成的庞大的综合体。随着系统复杂程度的提高,不仅产品数量的增大导致系统可靠性提升困难,而且内部的互相影响和关联性越来越强,整个系统发生故障的可能性大大增加,使得可靠性设计与增长的难度很大。

1.1.2　长寿命小子样

工作寿命长是航天器产品的突出特点。航天器入轨后,一般要求正常工作几个月、几年至十几年。除载人飞船等返回式航天器外,空间站和卫星等大部分航天器的寿命一般都在 3～15 年。随着航天应用需求的发展,以及市场竞争的日益激烈,对航天器的寿命要求越来越高。"十一五"期间,我国低轨卫星的设计寿命一般为 2～3 年,高轨卫星的设计寿命一般为 8～12 年;目前,低轨卫星寿命要求普遍提高到了 3～5 年甚至 8 年,高轨卫星寿命 12～15 年。

航天器的寿命与有效载荷和平台都有密切关系,主要取决于其基本组成单元的寿命。影响航天器寿命的因素很多,以卫星为例,表 1.1.1 简要列出了各类产品特性对卫星寿命的影响。

表 1.1.1　典型产品对卫星寿命的影响

产品类别		影响因素	影响程度	说明
机电产品或部件	陀螺、动量轮、太阳帆板驱动机构、天线转动机构、相机指向机构等	关键部件损耗寿命	△△△	对卫星寿命影响较大,是卫星寿命设计的重要考虑因素
		关键部件损耗寿命	△△△	
退化性产品	太阳电池片	功率性能退化	△△△	影响卫星寿命末期可提供的功率
	蓄电池	放电深度、电压退化	△△△	影响着卫星进出地影的时长和次数
	敏感器	透光率下降、光电器件性能退化	△△△	影响着卫星的姿态控制
	热控材料	热控性能退化	△△	对产品的寿命和可靠度有较大影响
	光纤材料	性能退化	△△△	影响设备性能和寿命

续表

产品类别		影响因素	影响程度	说明
消耗品	推进剂	重量	△△△	决定卫星的最长寿命。对高轨卫星影响大,对中低轨卫星影响较小
电子类产品	电气类、电子类产品	失效率	△	对卫星寿命的影响程度取决于产品的故障模式
机械类产品	结构件、固面天线、承压类产品	强度、刚度	△	主要影响卫星发射阶段的抗力学环境能力,对卫星在轨的寿命影响较小

注:△△△表示对卫星寿命影响很大;△△表示其影响将之;△表示影响较小

实现长寿命目标是一项系统性工作。如图 1.1.2 所示,在早期设计阶段就应开展寿命设计、寿命分析工作,并制定寿命试验方案、确定寿命评估方法。在必要时开展寿命试验,并针对试验采集的数据开展寿命评估,以及优化设计和评估的迭代,实现航天器的长寿命目标和延寿需求。

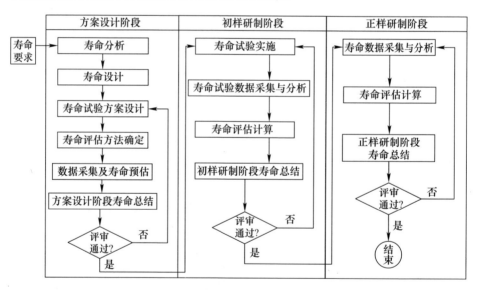

图 1.1.2　典型的寿命设计工作流程

航天器产品还具有小子样的特点。我国发射的各类航天器数量已在百颗以上,其领域类型包括飞船、空间站、科学探测卫星、各类应用卫星等,但如果聚焦到某一领域、某一平台,其数量往往就屈指可数了。即使对于成熟的公用卫星平台,卫星一般数量也仅在十几颗到几十颗之间。

从部组件的层面去统计,新研产品通常只投产一台鉴定产品进行初样的电性能测试和鉴定试验,继承产品一般都是直接投产正样,所以即使是地面产品子样也极少。由于用户需求变化、可靠性增长、技术更新换代等原因,同一平台的同一产品技术状态也在不断变化,样本量难以积累。

1.1.3　综合效能要求

为了评价航天器能实现任务目标的能力,必须从多个维度去进行综合的效能评判,而不能仅仅用单一的性能指标来体现航天器系统所具有的价值。效能是一个系统满足一组特定任务要求程度的能力,也是系统在规定条件下达到规定使用目标的能力。

航天器效能是对航天器能力的多元度量,相对于效能的原始定义有所扩展,并随着角度的不同而具有不同的具体内涵。影响航天器效能的主要因素有航天器的可靠性、维修性、保障性、测试性、安全性、环境适应性、人的因素和固有能力等。

对效能评价的定量尺度称为效能指标或效能量度。由于工作环境的复杂性和任务要求的多重性,效能指标常常不可能是单个明确定义的效能指标,而是一组效能指标。这些效能指标分别表示航天器系统功能的各个重要属性或任务的多重目标。

以某卫星为例,它的效能指标至少包括 5 个层次。指标结构的第 1 层是综合效能层;第 2 层是任务层,它表示卫星系统未来可能承担的各种保障任务;第 3 层是能力(或应具备的功能)指标层;第 4 层是性能指标层,描述实现能力所应有的性能度量指标集合,每种能力的性能度量应从该集合中选出;第 5 层是性能参数层,它描述性能指标的各种参数。前 4 层指标内容如图 1.1.3 所示。

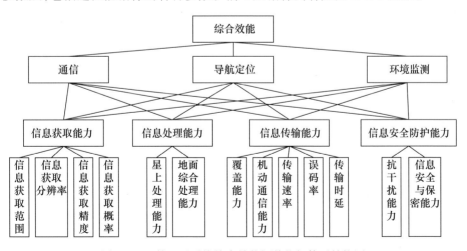

图 1.1.3　某卫星系统综合效能评估指标体系结构图

◰ 1.2　航天器研制特点

航天器作为服务于国民经济和社会发展的运行于特殊空间环境的复杂工程系统,其构建技术涵盖了众多基础学科,在研制中应用了大量工程技术和方法,各专业学科和技术的综合优化和集成创新需要建立有效的多学科、跨专业的协同研制模式。众多单位的广泛研制协作也对工程管理提出了很高的要求。我国航天器在发展过程中,逐渐形成了具有中国航天特色的研制程序和管理模式。

1.2.1　研制管理模式

从一个航天器新任务的诞生,历经设计、制造、发射和应用阶段,直到寿命末期失效退役,航天器要经历一个长周期的过程。为了全面权衡效能、效益与资源投入的关系,需要运用项目寿命周期的概念,衡量航天器全寿命周期的工作和投入的效费比。在航天器研制工作中,把寿命周期划分为若干研制阶段,循序渐进地开展各个阶段的活动。

各国研制阶段的划分有所不同,但一般涵盖了概念研究、先期技术开发、可行性研究、初步设计、详细设计、生产/装配/集成与试验、发射、在轨测试、使用维护和退役处置等活动内容,如图 1.2.1 所示。

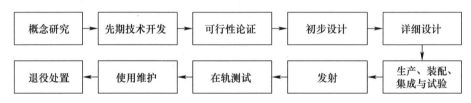

图 1.2.1　航天器研制周期图

概念研究的目的是根据应用需求或者技术发展机遇,探索新原理、新概念、新技术,提出符合发展战略并与能力水平相适应的新项目。先期技术开发是对于规划项目中尚不成熟的技术组织开展关键技术攻关,开发原理样机,演示验证技术的可行性,证明技术风险达到了可以接受的程度。可行性论证是用户和研制部门共同对于符合战略发展方向的工程和项目进行深入的经济、技术可行性论证和详细的风险分析,提出新工程项目和新系统的立项建议。初步设计工作将使用要求转换为完整的系统和分系统设计规范,完成系统方案设计,并完成关键技术攻关工作。在初步设计与工程模型试验的基础上完成系统详细设计,建立产品基线,详细描述产品的物理功能特征、验收要求和技术数据包,以及生产所必需的所有信息。根据产品基线进行正式产品的部件、分系统和系统的生产、装配、集成与试验。在发射场对系统和分系统进行功能、主要性能参数以及相关接口的检查、测试和复验,确认系统功能、性能和状态符合或满足设计和发射要求,完成系统发射和部署。系统发射到达预定轨道后,按照用户要求在实际运行环境中完成功能、性能测试。成功测试之后,系统正式交付。系统在轨测试和交付之后开始投入业务运行。运行期间,由用户或者保障方对系统运行状态进行监控,保持系统寿命期间的安全、稳定运行。系统到寿命末期或者出现不可恢复故障时,由主管部门、用户、研制方和其他相关方按预定方案进行妥善退役处置,避免对空间和地面环境产生不良影响。图 1.2.2 是中国航天研制程序与欧美空间项目寿命周期的比较。由图可以看出,根据管理策略和方法的不同,项目寿命周期阶段划分各有不同的方式。

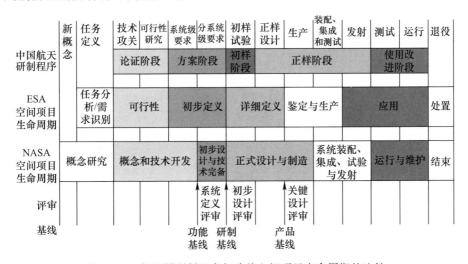

图 1.2.2 航天器研制程序与欧美空间项目寿命周期的比较

尽管寿命周期阶段划分方式各有不同,但都体现出了“要求—分析—设计—验证”这样一个逐步深入和循序渐进的过程,如图 1.2.3 所示。

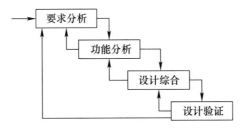

图 1.2.3 从要求到设计的转化过程

中国航天领域经过不断创新、实践和完善,逐步形成了具有自身特色的传统航天型号产品研制模型。航天产品研制模型以用户要求为起点,描述了系统从要求分析到系统验证的闭环过程,通常称为航天产品开发"V"字模型,如图1.2.4所示。

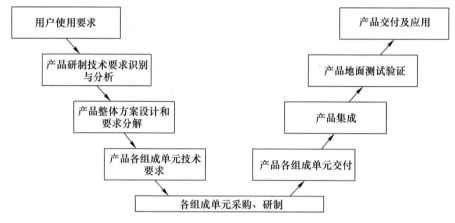

图 1.2.4 航天器产品开发"V"字模型

但工程实践表明,由于航天工程系统在任务要求、运行模式和运行环境等方面的特殊性,以及航天工程研制的探索性、先进性、复杂性、高风险性等突出特点,航天产品必须经历两次或更多次的"V"字模型过程,通过反复迭代和深化完善才能实现成熟度提升。基于传统的"V"字模型开发过程,航天产品的多次迭代开发模型可以概括为图1.2.5所示的过程,称为"W"模型开发过程。

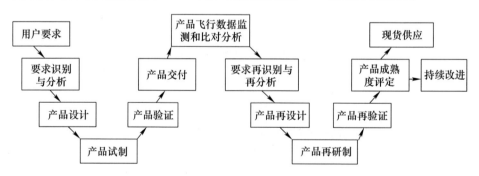

图 1.2.5 航天产品开发"W"模型

在上述"W"模型的两个"V"字模型开发过程中,后一次"V"字过程是在产品飞行数据监测和比对分析基础上,对前一次"V"字过程结果的确认和完善。根据产品应用验证和改进完善程度,后一次"V"字过程可重复多次,每一次都将使产品成熟程度在前一过程基础上得到提升,直至满足航天产品的高性能、高质量、高可靠要求。应用这一模型,可以有效地解决航天产品特殊性和小子样研制导致的主要问题,从而实现航天产品小子样情况下的成熟度提升和可靠性增长。

1.2.2　技术状态管理

技术状态是指在技术文件中规定的,并且在产品中所要达到的产品功能特性和物理特性。技术状态管理是在产品全寿命周期内,运用技术管理手段,对在技术文件中规定并在产品上最终实现的功能特性和物理特性实施监督的一种管理方法。技术状态管理是系统工程管理的重要组成部分,是航天等复杂大型工程在研制生产过程中,确保产品质量、降低费效比、缩短研制周期的有效措施。

技术状态管理的实质就是对基线的管理。技术状态基线是指在某一特定时间正式规定的产品的技术状态,它是后续活动的参照基准。技术状态基线分为功能基线、研制(分配)基线、生产(产品)基线。功能和研制基线是属于设计的范畴,而生产基线是产品生产制造的基础,用生产总文件予以描述。

功能基线主要是对研制任务书规定的产品功能特性和性能特性作出详细说明,以及对有关问题的约束形成技术要求。这就是最初的功能技术状态标识。研制基线是最初批准的研制技术状态标识,也就是通过先行试验等活动和确认,将产品或系统的功能分配到产品的各个组成部分,形成产品各个组成部分的设计任务书。生产基线是最初批准或有条件批准的生产技术状态标识,是经过初步设计、技术设计和鉴定等阶段后,形成产品重复或批量生产使用的成套技术文件。

基线管理是贯穿于产品研制全过程的管理。在技术状态管理过程中,既要确立同一阶段的基线,又要保持研制全过程设计的连续性和继承性,前一阶段的工作没有达到规定的目标或没有达到满意的质量要求,就不能转入下一阶段。确立基线转移的检查和评审,不允许有任何超越开发设计程序的现象发生。对于经批准确立的基线不应轻易变更,在特殊情况下需进行变更时,必须按原审批程序和级别重新进行批准。技术状态基线与经过批准的更改,共同组成现行获准的技术状态。

1.2.3　产品保证管理

航天器项目产品保证是在航天器产品设计、生产、试验、发射、交付使用等全过程进行的一系列有组织、有计划的技术和管理活动,保证产品满足要求,保证航天器飞行任务成功。

航天器产品保证工作项目及流程如图1.2.6所示。

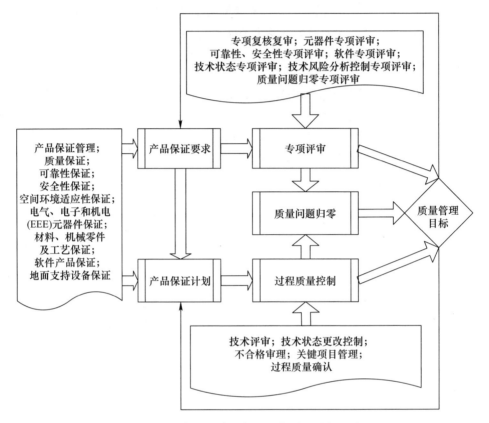

图1.2.6 航天器产品保证工作项目及流程图

产品保证以风险管理为手段,以技术风险识别与控制为核心。在产品保证的各项工作中,可靠性、安全性保证主要是技术风险控制,EEE元器件、材料零部件与工艺保证中大部分工作也属于技术风险控制,而质量保证侧重于管理风险控制。

产品保证建立了一套全面、严密、精细的风险识别与控制方法。通过对产品层次全覆盖,以及产品保证要素深入到设计和生产的各个环节,保证风险识别与控制工作的全面性;通过产品保证要求层层分解、确认、落实、监督检查等,保证风险控制工作严密无遗漏;通过各级风险的层层识别、上报、化解、控制,确保风险得到有效识别和控制,各级产品都能得到有效保证,残余风险最小;通过风险清单、关键项目清单、鉴定状态清单、不符合项清单等表单,确保风险控制过程严格规范。

◣ 1.3　航天器运行特点

1.3.1　生存环境的特殊性

航天器从地面研制到发射和在轨运行全过程,需要经历相应的力学环境、热环境、空间环境等,上述环境是航天器设计的重要约束,也是可靠性设计的重要内容。

1.3.1.1　力学环境

力学环境是航天器工作环境的重要组成部分,包括振动、冲击、噪声、加速度和微重力等环境。按卫星全寿命周期的阶段划分,卫星力学环境包括地面力学环境、发射过程力学环境、在轨力学环境、返回/进入及着陆力学环境等。

在发射阶段航天器经受的力学环境主要有静态加速度载荷、低频振动载荷、噪声载荷、冲击载荷等。在轨和回收阶段航天器将经历变轨引起的准静态力学环境,动量轮转动引起的微振动环境,航天器火工品起爆、交会对接、空间碎片等引起的冲击环境,以及返回/进入及着陆的力学环境。

1.3.1.2　热环境

航天器在各任务阶段所经受的真空、低温、太阳和行星的热辐射、空间粒子辐射、微重力以及羽流和污染等环境均会对航天器温度产生影响。

宇宙中除了各种星体以热辐射的形式发射能量,其余为无限广阔的宇宙空间,宇宙空间的辐射能量极小,仅约 $10^{-5}\,\mathrm{W/m^2}$,相当于 4K 的黑体。因此,航天器向外辐射的能量将被无限大宇宙空间全部吸收,而无任何的反射,宇宙空间就成为航天器的热沉。航天器处于这样一个空间冷背景中,其散发出的热量最终向 4K 的深冷空间排放。与外热源相结合,深冷空间背景要求航天器及其设备能够承受低温以及剧烈的冷热交变引起的应力。

太阳辐射是地球轨道上运行的航天器受到的最大热辐射,也是地球轨道航天器的主要能源。地球对太阳光的反射形成了地球反照,太阳辐射进入地球 - 大气系统后,部分被吸收,部分被反射,其中被反射部分的能量百分比称为地球反照。太阳辐射进入地球 - 大气系统后,被吸收的能量转化成热能后,又以红外波通过热辐射的方式向空间辐射,这部分的能量称为地球红外辐射。

空间带电粒子尤其是高能带电粒子辐射会使星上材料和元器件性能下降。在太阳紫外辐射、空间质子和电子辐射等的长期作用下,航天器表面热控涂层的太阳吸收比变大,吸收来自太阳的能量增加。因此,随着航天器在轨运行时间的延长,星内电子设备的温度有逐渐升高的趋向。

此外,发动机、推力器工作期间产生的羽流可能导致航天器热过载而使热控材料受损,甚至影响热控系统的正常工作;羽流沉积于航天器表面造成表面污染,也会改变热控表面涂层的发射率和太阳吸收比。

1.3.1.3 空间环境

航天器与地面产品的最大不同之处就是要经历严酷的空间环境的考验。航天器涉及的空间环境包括空间真空、太阳辐照、弱磁场、微重力、空间碎片、微流星体、宇宙尘、月面等离子体尘埃、太阳风、电子、质子、紫外线、原子氧、X 射线、等离子体、中性大气等。表 1.3.1 简要描述了各类空间环境要素对航天器的影响。

表 1.3.1 空间环境要素对航天器的影响

环境	影响
地球重力场	加速度、力矩
中性大气	加热、阻力、力矩、材料退化、真空、污染
太阳光、地球反照	加热、阻力、力矩、光电发射、材料损伤、传感器噪声、热循环
地球磁场	力矩、感应电位、表面充电
电场	电位
带电粒子	电离、辐射损伤、单粒子效应、人体损伤、噪声、加热、内带电
等离子体	表面充电、增强污染、带电、飞弧、溅射、等离子波、改变折射与散射系数
原子氧	剥蚀、辉光
微流星和碎片	机械损伤、增强等离子体相互作用
感生大气	污染光学、热学、电学表面以及传感器

1.3.2 维修保障的约束性

航天器维修性是指航天器产品在规定的条件下和规定的时间内,按规定的程序和方法(故障预案)进行维修时,保持或恢复到规定状态的能力。航天器保障性是指航天器产品的设计特性和计划的保障资源满足其在轨稳定运行要求的能力。

1.3.2.1 航天器维修的分类

(1)卫星的在轨维修。通过系统重构、自主复位等方式,保持系统功能的连续性,减少由于功能中断对航天器任务的影响;采用地面发送指令加断电、切机等方式进行修复。

(2)空间站、载人飞船等的人员维修。通过航天员的人工干预维修,对航天器的自主维修能力进行补充,实现航天器的安全稳定运行。

1.3.2.2 航天器保障的分类

（1）卫星的在轨保障。它包括保障性设计（使用保障设计、维修保障设计、故障容限设计等）、在轨故障预案、在轨管理等措施保障航天器，提高产品可用时间和连续工作时间。

（2）故障预案。在轨故障预案用于航天器发射后，支持集中飞控、在轨测试及运行阶段通过地面干预/航天员操作的方式进行在轨故障处理，为飞控人员和在轨管理人员提供故障判据和排故程序。

（3）在轨管理。通过对航天器的在轨健康评估、寿命评估、离轨等操作实现对航天器的在轨状态监控和管理。

（4）空间站、载人飞船等的保障。在具备卫星的在轨保障、故障预案、在轨管理条件的前提下，增加航天员的生活保障（生活环境、物资等），同时提供实验舱的实验条件保障。

1.3.2.3 航天器维修保障的特点

（1）保障对象批量小、类型多、技术高，要求保障力量配置多元，保障模式差异多样。

① 航天器本身批量小、类型多，技术含量高，对维修保障个性化、手段专业化和辅助决策水平提出很高要求。

② 保障力量以研制厂所维修保障力量为主、建制力量为辅，社会力量为补充，与其他地面、航空产品保障力量配比差异性较大。

③ 航天器保障模式包括伴随保障、定点保障、自我保障、承包商保障和远程支援保障，对保障资源、组织指挥要求较高。

（2）保障环境特殊、航天任务行动多变，要求预想预判，加强保障防护与应急补网。

在轨航天器如卫星等运行的空间环境包含太阳辐射、宇宙射线、电磁风暴、小行星和空间碎片等不利因素，还可能受静电和单粒子翻转等模式的影响。这些因素难以捕捉且复杂多变，很难完全预防。这就要求对出现的故障反应快速、判断准确、抢修及时、处置得当。航天器将是未来战争敌方优先考虑重点打击的目标之一，航天器保障力量将成为敌方高技术侦察情报系统的重点侦察袭击目标。同时，由于航天器轨道机动余地小等特点，防护比较困难，因此保障力量防护、应急补网和警戒隐蔽等是航天器保障的难点问题。

（3）专业性强、知识密度高，要求保障手段高度依赖技术发展。

由于航天器高新技术密集、信息化程度高，其故障规律、维修模式与机械化设备不同，如在轨航天器的故障维修等，维修保障高度依赖维修设备和手段建设，必须加快远程技术支持系统和信息共享技术等应用。

1.3.3 可靠性验证的局限性

航天器是复杂的高科技产品,目前我们的设计还不能做到不经过验证就能达到完全正确合理的程度。由于其高成本、高风险、失败不起的特点,使得设计的验证工作显得格外重要。对一个复杂的系统,必须经过一个设计、验证、再设计、再验证的过程,才能达到最后的成功。当然,好的设计可以缩短这个验证和改进的过程,随着技术的进步和研制水平的提高,我国近年的卫星和飞船的研制已在很大程度上缩短了这个过程。为了保证航天器上天前,暴露和纠正所有的设计缺陷,加强设计的验证工作非常必要,也非常重要。

但是航天器长寿命高可靠的验证在技术上还是有一定难点,可靠性验证是一项逐步深化和逼近的验证,是设计、验证、改进、再验证的反复深化和逼近的过程。航天器研制从方案阶段、初样阶段、正样阶段到在轨飞行阶段,从首发型号到后续航天器,都有着不同程度的验证内容。一般在初样研制阶段对各级产品、软件硬件的可靠性进行全面的验证。随着阶段的进展,并根据已有验证结果的确认程度,验证工作的具体内容将会有所侧重或转移,直到完全确认。

在地面研制阶段,可靠性验证主要分为3种方式,包括计算验证、仿真验证和试验验证,如图1.3.1所示。计算验证最经济便捷,主要用于对可靠度指标的验证。但是计算验证风险较大,计算方法应具有理论支持,尽量采用成熟的数学模型。仿真验证可以节省一定的时间和经费,但是对模型、软件、参数数据等要求较高,而且仿真验证必须与试验验证相结合,形成闭环验证,否则存在较大风险。试验验证最为真实可靠,但是对经费和时间要求高,对产品任务剖面的确定、试验设备、操作人员等都有严格的规定。

航天器产品的可靠性验证在技术上具有一定的难度,主要体现在以下几方面。

(1)在试验环境模拟方面,由于宇宙空间特有的辐射、微重力、高真空等环境特点,造成工作环境极其复杂,在地面难以模拟航天器产品真实的工作状态。一方面,地面开发了各种专用的试验设备尽量接近实际工作环境;另一方面,需要通过在轨的工作状态和故障分析来识别新的影响因素,不断积累对环境影响的认识。但是在轨验证受到发射任务的限制,验证的充分性也难以保证。

(2)在寿命验证方面,由于航天器产品工作寿命比较长,研制周期不能满足寿命试验需求。在研制过程中,更多地采用了加速试验、退化试验的方式,通过一两台子样的1.5倍左右寿命时长的摸底试验,获得允许上星(船)飞行的资格。

(3)在可靠性定量验证方面,由于航天器产品"小子样"的特点,使得能用

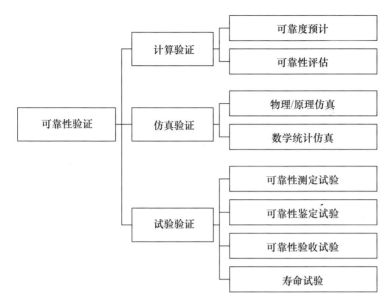

图 1.3.1　常见可靠性验证手段分类图

于进行可靠性评价的数据信息"先天"不足,给可靠性评估和可靠性增长带来了很大的挑战。从 20 世纪 70 年代以来,系统小子样可靠性评估方法受到国内外普遍关注,新方法不断涌现,如金字塔式方法、置信区间方法、贝叶斯方法、Fiducial 方法、置信区间方法、近似正态法、信息熵法、矩拟合法等。根据系统工程及信息理论,只有充分收集并利用与可靠性评估相关的各种信息,得到的复杂系统评估结果才是比较准确的。所以,近些年发展迅速的基于信息融合的评估理论成为解决大型复杂系统评估问题行之有效的途径。在航天器开展可靠性评估工作的过程中,无论是产品的研制还是试验,亦或是在轨工作阶段,在产品的整个寿命剖面内都可能存在对可靠性评估的有用的可靠性信息。因此,鉴于航天器产品小子样可靠性评估存在的诸多问题,考虑如何扩展评估所用的"信息量",即信息的融合是一条较为合理的解决途径。

第 ❷ 章
可靠性增长的本质内涵和发展过程

◢ 2.1 可靠性增长的概念及延伸

可靠性增长是可靠性系统工程中的一个工作项目,针对可靠性增长概念、范畴的不同,将可靠性增长分为狭义可靠性增长和广义可靠性增长;根据复杂系统综合效能的需求,将可靠性增长概念和方法进行延伸,将传统的产品可靠性增长拓展至可靠性增长工程。

2.1.1 可靠性增长的相关概念

可靠性增长的基本概念有可靠性增长、可靠性增长管理、可靠性增长试验以及可靠性增长工程等。

（1）可靠性增长。是指通过逐步改正产品设计和制造中的缺陷,不断提高产品可靠性的过程;也是表示产品可靠性特征量随时间逐渐改进的一种过程。

（2）可靠性增长管理。通过拟定可靠性增长目标,制定可靠性增长计划和对可靠性增长过程进行跟踪与控制;把可靠性试验及其他有关试验均纳入可靠性增长的"试验、分析和改进"过程的综合管理之下,以促进经济有效地实现预定的可靠性目标。

（3）可靠性增长试验。为暴露产品的薄弱环节,有计划、有目标地对产品施加模拟实际环境的综合环境应力及工作应力,以激发故障、分析故障和改进设计与工艺,并验证改进措施有效性而进行的试验。

（4）可靠性增长工程。通过设计、分析、试验和管理等一系列的可靠性工程活动,识别产品潜在故障与失效模式,权衡优化产品设计、工艺和环境适应能力,使产品可靠性及系统效能获得增长的过程。

与可靠性增长相关的其他概念还有故障、失效等。

故障是指产品不能执行功能的状态。产品故障按其属性可以分为渐变故障、间歇故障、共因故障、潜在故障、重复故障、早期故障、耗损故障等。

（1）渐变故障。产品性能随时间的推移发生逐渐变化而产生的故障,电子产品也可以称为漂移故障。这种故障一般可通过事前的检测或监控来预测,有时可以通过预防性维修加以避免。它是由于产品的规定性能随使用时间(循环、次数等)增加而逐渐变化引起的,如轴承由于使用过程中产生磨损,性能逐渐退化,最终超出规定技术指标不能继续使用,引起渐变故障。对于渐变故障主要是采取预防为主的措施,掌握故障的发展规律,预防故障的发生。

（2）间歇故障。产品发生故障后,不经修理而在有限时间内或适当条件下能够自行恢复功能的故障。例如,轴承运转过程中磨损产生磨屑多余物,会造成产品出现瞬间短路,这类故障有时会导致严重后果。

（3）共因故障。不同产品由共同的原因引起的故障。不完备的单点措施,容易产生共因故障。

（4）潜在故障。产品即将不能完成规定功能的可鉴别状态。

（5）重复故障。同一产品在同样的或等效的使用方式中出现两次以上的故障,并且引起这些故障的基本机理相同。

（6）早期故障。产品在寿命的早期,因设计工艺、制造装配存在缺陷等原因发生的故障,其故障率随着寿命单位数的增加而降低。

（7）耗损故障。因疲劳、磨损、老化等原因引起的故障,其故障率会随着寿命单位数的增加而增加。

失效是指产品丧失完成规定功能的能力的事件。在实际应用中,有时将失效与故障统称为故障,但在严格意义上,应该对失效与故障加以区分。

2.1.2 狭义可靠性增长

狭义可靠性增长的基本方法是通过试验诱发产品的故障,对故障进行分析,找出故障发生的原因,针对故障原因进行设计更改以消除薄弱环节,然后再试验。一方面是验证设计更改的有效性,另一方面是诱发新的故障。这种可靠性增长的基本方法可以概括为"试验、分析与纠正"的循环。

狭义可靠性增长方法中包含"试验""分析""纠正"3个要素,在狭义可靠性的范畴内,这3个要素具有其特定的含义,具体如下。

（1）"试验"一般是指可靠性增长试验,试验的目的是发现产品的薄弱环节、激发产品的潜在故障。

（2）"分析"一般是对试验中发生故障的故障原因、故障机理进行分析,分析的目的是可以有针对性地对产品的设计、工艺提出改进措施。

（3）"纠正"就是指在分析的基础上,对产品进行设计、工艺的优化等改进措施。

在可靠性增长试验中,通过"试验、分析与纠正"的循环往复,消除在试验过程中发生的大部分故障,通过统计计算得出纠正有效性量值,并对当前点的产品可靠性水平进行评估或外推,最终就能确定产品可靠性增长的结果。

狭义可靠性增长过程中,将产品的全部故障分为两类,即 A 类故障和 B 类故障。A 类故障是指受技术水平的限制不能有效地降低其故障率的故障,通常是指那些由于经费、时间,特别是受技术条件或其他原因限制,而无法纠正的系统性故障以及所有的残余性故障;B 类是指能经济地降低其故障率的系统性故障。

相对应是 A 类失效和 B 类失效,确定产品失效属于 A 类失效还是 B 类失效,通常依据以下 4 项判定准则。

（1）在产品设计改进工作中,需要高成本投入、延迟工程进度等代价的复杂性、系统性失效归为 A 类失效;这种 A 类失效已经不适合通过可靠性增长的方式解决问题,需要进行更大的设计更改,或者直接进行老产品的更新换代。残余性失效全部归于 A 类失效。

（2）可在适当的技术、经费和时间约束内,减缓的系统性失效归为 B 类失效,与安全性相关的系统性失效归为 B 类失效。

在可靠性增长活动中,仅仅将失效分为 A 类失效和 B 类失效,存在一定的局限性。

可靠性增长试验是狭义可靠性增长的主要实施方式,是一种十分典型的贯穿"试验、分析与纠正"方法的过程;狭义可靠性增长重视可靠性增长试验,把试验信息作为主要的故障信息来源。

狭义可靠性增长管理的核心,是在产品"试验、分析与纠正"的增长过程中,对暴露故障的管理和决策。一般程序如下。

（1）分析并决策发生的故障属于 A 类故障还是 B 类故障。

（2）如果判定是 B 类故障,分析纠正有效性系数,并与增长计划对比。

（3）如果偏离增长计划并且超出一定范围,分析决策是否需要调整 A 类故障、B 类故障的分类。

（4）重新安排可靠性增长活动。

狭义可靠性增长的增量局限在一次可靠性增长过程,关注的核心要点是可靠性特征量的增长量,关注可靠度、MTBF 等可靠性特征量在这一次增长过程中的提升情况,或者故障率、失效率的下降情况。狭义可靠性增长改进的对象是系统性故障,可靠性增长验证是对一次可靠性增长过程有效性的验证,最后的评估或评价可以是对这次增长过程有效性的评判结果,不一定是产品当前的可靠性状态的评估或评价结果。狭义可靠性增长通常都安排在产品的工程研制阶段内,从工程研制阶段的中期开始,到工程研制阶段结束时结束。

2.1.3　广义可靠性增长

可靠性是指产品在规定条件下和规定时间内完成规定功能的能力,从裕度永恒的观点出发,提升系统可靠性就是着力于提升系统对于"规定的条件""规定的时间"和"实现规定功能"的裕度。

不同于狭义可靠性,广义可靠性增长中可靠性增量的范畴更广泛,不仅仅局限在可靠性特征量。例如,产品故障数量的减少、失效严酷度的降低等都可以作为可靠性增长的度量,同时产品对工作条件的裕度的增长、产品寿命的延长,也可以认为是可靠性增长的增量。这些指标的增长与可靠性特征量都有一定的关联性,可靠性增长的增量应支持定量的可靠性度量,但不一定有线性的对应关系。

广义可靠性增长的基本方法也可以用"试验、分析与纠正"来概括,但广义可靠性增长中"试验、分析与纠正"三要素的含义比较广泛,反映多方面的功能和作用,其具体含义如下。

1)"试验"的含义

(1)专门设计的用于检测潜在失效模式的试验,如为了发现产品薄弱环节的可靠性增长试验、可靠性强化试验,以及高加速应力试验、加速寿命试验等。

(2)作为信息源进行故障源检测的试验,如研制阶段开展的可靠性研制试验、应力筛选试验等。

(3)为了验证可靠性增长效果的试验,如可靠性验收试验、可靠性鉴定试验以及其他针对产品可靠性增长特征量的可靠性验证试验等。

2)"分析"的含义

(1)对产品已经发生故障的失效原因和失效机理的分析,如电子产品的热分析、降额分析、电磁兼容性分析等,非电产品的强度与刚度分析,疲劳、磨损和腐蚀分析等。

(2)对产品潜在的薄弱环节的分析,经典的可靠性分析方法都适用于可靠性增长,如 PRA、故障模式及影响分析(FMEA)、故障树分析(FTA)、WCA 等,其分析结果都可以作为制定可靠性增长策划的输入。

(3)对产品实施可靠性增长后增长效果的定量定性分析,如仿真分析、可靠性评价等。

3）"纠正"的含义

（1）对产品设计中造成故障的薄弱环节进行改进，提升产品的固有可靠性。

（2）对产品设计隐患进行优化，包括已识别但未完全查明的风险，已认定但尚未评估的失效模式，以降低可能引起发生失效的概率。

（3）针对约束产品可靠性特征量的限制条件，拓展产品对应"规定条件"和"规定时间"的裕度，提升产品"完成规定能力"的能力，提升产品的使用可靠性、任务可靠性和综合效能。

相对于狭义可靠性增长，广义可靠性增长的范畴广泛，但也应该有一定的限制范围。如果需要对产品进行较大的改进，达到技术状态一类更改，即致使产品功能、性能、可靠性、安全性、接口特性等发生重大变化，则应该划归为新产品的研制，或产品的更新换代，不完全属于可靠性增长的范畴。

2.1.4 航天器可靠性增长工程

航天器具有高技术、高可靠、高风险的特点，这是航天器可靠性增长工程的最突出的工程背景。

航天器研制需要高技术。航天器集科学、技术、工程为一体，创新理论、方法、技术与工程相融合，并在应用中产生新的学科；航天器跨学科集成、跨行业协作，是一项复杂大系统的高技术系统工程；航天新任务前所未有，如月球探测、火星探测、空间站建设、星座建设等，新任务之间继承少，都是最新科技成果的密集应用，技术成熟度的提升需要过程。

航天器产品必须高可靠。航天器要求零缺陷发射、一次成功，可靠性是影响航天器成功的永恒主题；航天器的寿命、可靠性指标要求越来越高，在轨运行中没有常规的维修保障概念，应用阶段难以维修或返修成本高；航天器高投入，任何一次失败，都是一次巨大的经济损失。

航天器工程存在高风险。空间环境对新技术、新器件、新材料的作用机理难以分析，关键技术不能在完全真实的条件下得到充分验证，存在不确定性；航天器系统结构的关联性复杂，存在强耦合，某个局部的细微问题均可能导致航天器系统功能衰退甚至失效；影响航天器可靠性的因素复杂、故障模式多，特别是多因素同时作用诱发的故障模式、故障原因错综复杂；航天器研制时间短、子样少，产品可靠性增长与可靠性实现过程合为一体。

如何在最低寿命周期费用条件下，达到最高的可靠性，是航天器可靠性面临的复杂而艰巨的任务。为了全面提升航天器系统的可靠性，在传统的产品可靠性增长的基础上，实施航天器可靠性增长工程，以可靠性为核心，面向系统效能，开展航天器系统和产品的可靠性增长。

本书突出可靠性增长工程。以"工程"实施的可靠性增长与以"单个产品"实施的可靠性增长有很大的区别。航天器可靠性增长工程从工程任务出发,确定影响任务成功的重点产品和重要环节,确定对增长率有突出贡献的关键单元,实施可靠性增长,通过开展可靠性增长工程技术和管理活动,实现航天器的可靠性增长。航天器的特点决定了航天器可靠性增长工程的必要性和重要性,同时,这些特点也决定了航天器可靠性增长工程的特殊性和艰难性。

航天器可靠性增长工程采用广义可靠性增长的概念,包含狭义可靠性增长的核心,即"分析、改进与验证"的迭代过程。开展航天器可靠性增长工程应该实现 3 个层次的目标任务。

（1）解决航天器系统在研制、试验、发射和在轨运行中已经发生的故障和可靠性问题;识别潜在的故障隐患和薄弱环节,通过消除系统性故障机理,使系统可靠性得到增长,确保航天器任务成功。

（2）推进可靠性新技术的研究和应用,满足航天器未来发展需求。

（3）总结固化可靠性增长实施成果,探索复杂大系统的可靠性规律。

在航天器可靠性增长工程中,A 类故障与 B 类故障的分类原则,需根据不同的任务需求进行权衡。航天器可靠性增长工程是针对 B 类系统性隐患,通过改正产品设计和制造中的缺陷,消除或降低其故障率,提升航天器能够完成规定的任务,达到系统规定的效能裕度。

航天器技术的先进性、结构的多样性、空间环境的复杂性,以及产品长寿命、小子样的突出特点,决定了航天器产品高可靠性的实现过程是一个阶梯式不断提高、不断增长的过程。航天器系统可靠性增长工程理想模型是一条阶梯曲线,模型考虑了在系统形成各个阶段,设计与工艺改进的数量和程度。用失效强度或失效率表示的增长过程如图 2.1.1 所示,用可靠度或生存概率表示的增长过程如图 2.1.2 所示,其中横轴表示产品形成的全过程,总时间为设计、生产、试验各阶段的总持续时间。

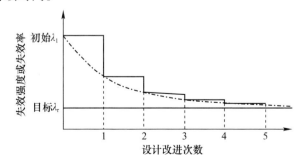

图 2.1.1　失效强度、失效率表示的可靠性增长

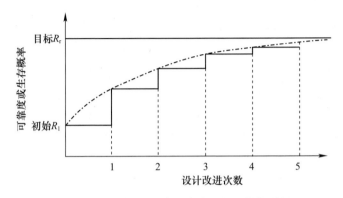

图 2.1.2　可靠度、生存概率表示的可靠性增长

　　航天器的可靠性增长工程贯穿了系统的论证、方案、工程研制、生产和使用保障的全寿命周期过程,覆盖了系统、分系统、产品或部件等各层次结构,涉及可靠性设计、分析、生产和试验等多维度要素。全寿命、各层次、多维度的航天器可靠性增长工程活动如图 2.1.3 所示。

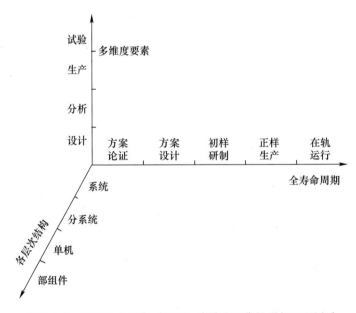

图 2.1.3　航天器全寿命、各层次、多维度可靠性增长工程活动

　　航天器可靠性增长工程,形成了系统化、工程化、规范化的工程实施重点、工程管理模式和工程应用成果。实践证明,可靠性增长工程是提高航天器可靠性最为经济和有效的方法之一。

◤ 2.2　可靠性增长内涵及拓展

可靠性增长是通过消除产品的故障机理,减少产品的失效模式,使产品的可靠性得到提升。可靠性特征量是表示和衡量产品可靠性的各种度量,可靠性特征量一般有可靠度、可靠寿命、故障率、故障密度函数等;可靠性特征量具有统计特征,是产品可靠性指标体系的组成部分。

可靠性增长的本质内涵是产品可靠性特征量随时间逐渐改进的一种过程,典型的可靠性增长过程如图 2.2.1 所示。

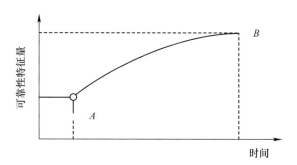

图 2.2.1　典型的可靠性增长过程

2.2.1　基于故障与失效的可靠性增长

在基于故障与失效的可靠性增长中,研究产品的故障与失效是增长工作的重要环节。

故障与失效有联系也有区别,故障是一种状态,失效是一次事件。产品发生故障会引起产品失效,产品某一部分的失效会引起系统发生故障,即部分失效后,整体会处于故障状态;在某些条件下,如具备容错设计的产品或具有自主健康管理的系统,产品发生的故障也有可能不会引起产品或系统的最终失效,但故障发生后,即使失效未发生,故障也是存在的。如设计要求系统具有满足规定性能要求的某种能力,失效就是指该能力的中断,但在故障没有达到触发时,不会发生中断,即系统不会发生失效,但故障是存在的。

将不同的故障和失效类型区分对待,可以更加精准地开展可靠性增长活动。

2.2.1.1　故障特性

故障是指产品不能执行规定功能的状态,可以通过故障模式、故障原因、故障机理和故障影响等描述故障的特性。故障模式是故障的表现形式,如短路、开路、断裂和过渡耗损等;故障原因是直接导致故障或引起性能降低并进一步发展成故障的设计缺陷、工艺缺陷、零件选用不当或其他过程因素等;故障机理是引起故障的物理、化学和生物等变化的内在变化原因;故障影响是故障模式对产品的使用、功能或状态所导致的结果。故障影响除了对本级有影响外,对上一级产品也可能会产生影响,如单机产品故障对分系统的功能会产生影响。在可靠性增长中,应该科学地分析故障机理、故障原因和故障影响,以精准地采取改进措施,达到可靠性增长的目的。

产品故障按不同的目的可以有多种分类,如按其统计特性可以分为关联故障与非关联故障,按故障规律可以分为系统性故障和非系统性故障,按其后果可以分为致命性故障与非致命性故障等。

1) 关联故障和非关联故障

关联故障是指设计缺陷、制造工艺缺陷造成的故障,零部件、元器件缺陷造成的故障,以及故障原因不明的故障等。非关联故障是指产品试验或应用过程中,由于使用不当、试验/监测设备、意外事故或误操作、其他产品等外部因素造成的故障,在筛选试验、故障识别、修复验证中发生的故障,以及同一部件第二次或相继出现的间歇故障等。

在可靠性增长中,在进行产品的故障次数统计时,只统计产品的关联故障。

2) 系统性故障和非系统性故障

系统性故障是指由某一固有因素引起,以特定形式出现的故障。系统性故障可以通过模拟故障原因来诱发,必须通过修改产品设计、工艺或其他关联因素来消除,无改进措施的修复性维修通常不能消除系统性故障的故障原因。系统性故障之外的故障统称为非系统性故障,也称为残余性故障,是指由偶然因素引起的故障,这类偶然性故障通常难以重现。不能将偶然故障完全等同于随机故障,因为故障现象是偶然或者随机出现的,但故障原因可能不是随机的。偶然性故障的发生概率由产品本身的材料、工艺和设计所决定,可以通过概率统计方法预测。

各类故障在产品全寿命周期中的表现,可以通过浴盆曲线进行分析。系统和产品在一定条件下,其故障率随时间的变化曲线形似浴盆,称为浴盆曲线。由于产品故障机理的不同,产品各类故障在浴盆曲线的不同阶段有不同的表现特点,其故障率随时间的变化大致可以分为3个阶段,如图2.2.2所示。

在产品投入使用的初期,暴露的故障属于早期故障,故障率较高,但呈现迅速下降的特征。这一阶段产品的故障主要是由设计缺陷、材料缺陷、工艺缺陷等引起的,产品投入使用后很容易暴露出来。早期故障可以通过加强过程控制、环境应力筛选等办法来减少。在产品早期故障阶段开展可靠性增长的难点是故障原因的准确定位比较困难。

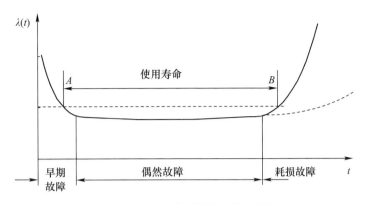

图 2.2.2　产品典型故障率浴盆曲线

在产品使用一段时间后,产品的故障率基本处于平稳状态,可以近似认为故障率为常数。这一阶段产品的故障主要是由偶然因素引起,所以也称为偶然故障阶段。偶然故障阶段是产品的主要工作期,也是产品开展可靠性增长最重要的时期。

在产品投入使用一定长的时间后,产品又出现大量的故障,故障率开始迅速上升,这是进入了产品的耗损期,所以也称为产品的耗损故障阶段。这一阶段产品的故障主要是由老化、疲劳、磨损和腐蚀等耗损性因素引起的。采取定时维修、更换等预防性维修措施,可以降低这一阶段产品的故障率,以减少由于产品故障所带来的损失。一般不应该对处于耗损故障期的产品实施可靠性增长,但可以通过可靠性增长,延长产品进入耗损故障期的时间。

实际中,不是所有的产品的故障率曲线都可以分出明显的 3 个阶段,如成熟度级别足够高的产品,其故障率曲线在其寿命期内可能基本是一条平稳的直线;成熟度比较低的产品、新研复杂产品可能存在大量的早期故障,其故障率曲线呈现出早期故障期延长、偶然故障期被侵蚀的现象;质量低劣的产品则可能会很快进入耗损故障阶段。

2.2.1.2　失效特性

失效是产品丧失完成规定功能能力的事件,失效模式是指系统或产品停止执行其预期工作的模式。失效也应该分类研究,如也可以分为关联失效和非关联失效、系统性失效和非系统性失效等。

1）关联失效和非关联失效

关联失效是指在分析试验结果或计算可靠性量值时应该定量计入的失效,关联故障会引起关联失效;非关联失效是指在分析试验结果或计算可靠性量值时应该排除的失效,一般是由非关联故障引起的。在航天器等复杂系统中,产品失效的原因是极其复杂的,可能不仅仅是由某单一故障机理造成的,而是由一种或多种故障模式同时发生的综合效应。

2）系统性失效和非系统性失效

系统性失效是指由产品物理机理、环境条件或设计、制造缺陷等原因引起的失效，一般情况下，系统性失效是由系统性薄弱环节或故障引起的。系统性薄弱环节覆盖面广、出现频次高，是一种可能反复出现的失效形式，会同时存在于产品的硬件和软件中，软件薄弱环节都是系统性的薄弱环节，在软件重复运行时，同类失效会重复发生。与系统性失效对应的是非系统性失效，也称为残余性失效，是由非系统性薄弱环节或故障引起的失效，非系统性薄弱环节通常与产品或元器件的随机变化有关，一般仅存在于硬件中，局限于单件产品范围。

对产品的失效分类应该科学严谨，可靠性增长模型需要分别输入不同的失效类型，失效类型是确定可靠性增长目标的依据。在狭义可靠性增长中，将失效分为 A 类失效和 B 类失效，A 类失效与 B 类失效的确定带有一定的主观因素，此种失效分类也不适用于复杂系统产品的可靠性增长。航天器等复杂系统的可靠性增长工程中，需要从失效原因等要素出发进行更细致的失效分类，需要鉴别关联失效和非关联失效，并将关联失效分成系统性失效和残余性失效（图 2.2.3）。具体分类时应该考虑以下方面。

（1）系统性的从属失效、人因失效，列入关联失效。

（2）可以自动恢复的间歇性失效，通过调整和维护等手段可纠正的失效，超出寿命周期之后的失效，如在规定最小寿命期之后，产品的耗损失效，都可认为是非关联失效。

（3）潜在薄弱环节可能会引起的潜在失效，需要按失效的定义确定是关联的或非关联的。

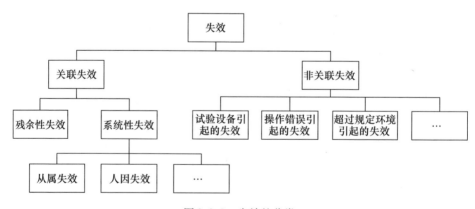

图 2.2.3　失效的分类

产品的高可靠性不可能是一次达到的，而是一个渐次逼近的过程，在任一个环节措施不当,都可能引入产品失效的随机过程,此类失效的时间可能是随机的,但是失效的原因和机理是确定的,要根据失效机理来确定失效的性质。

2.2.1.3　基于故障和失效的可靠性增长

依据可靠性增长的本质内涵,基于故障和失效的可靠性增长,一切可靠性增长活动都是围绕故障展开的,其基本过程是故障识别、优化改进和改进验证;其实施方式是从故障模式切入,全面分析故障原因,必要时进一步分析故障机理,针对产生的或可能产生的故障影响,在设计、工艺等方面采取措施,解决系统性失效或降低非系统性失效,以提升产品的可靠性。

例如,利用产品在研制、试验和使用过程中出现的故障信息去分析、评价与改进产品的可靠性,以防止、消除和控制故障的重复发生;例如,可靠性增长试验,通过"试验、分析和改进"实现产品可靠性增长,其增长的有效程度取决于通过增长试验是否能把设计和制造中的潜在缺陷暴露出来,以及对这些缺陷的分析和改进程度。

基于故障和失效的可靠性增长,故障的识别是前提,故障的分析是关键。

最直接的故障识别方法是开展试验,通过控制试验应力强度来诱发产品故障,并分析故障发生的原因、故障机理以及故障影响的严酷度等。在工程上可以采用模拟失效原因的方法诱发系统性失效,对于功能单一、构成简单的产品,在各类可靠性试验中,当试验条件达到激发失效的程度,通过小样本试验是可以识别系统性薄弱环节的。残余性薄弱环节一般存在于少数产品中,可以通过产品的关键特性分析、专项试验检测、大样本量试验等方法识别。

要将故障研究和故障管理作为着力点,采用科学的故障、失效分析方法,配合可靠性试验识别故障隐患或薄弱环节,研究产品功能性能实现和设计制造技术的因果性和逻辑性,从根本上掌握系统在预期使用环境下的故障模式。通过对故障模式的分析,确定故障原因和故障机理,以精准地预测产品可能发生的失效,并定量计算产品的失效率。

专业的故障和失效分析方法中,常用的方法有理化分析方法、逻辑分析方法和统计分析方法等。

理化分析方法是从物理化学的微观结构出发,研究材料、元器件和结构的故障机理,分析环境条件、综合应力及工作时间等对产品发生故障、导致失效的影响,所以也称为故障/失效物理方法;逻辑分析方法是应用故障模式、影响及危害性分析(FMECA)与故障树分析(FTA)等逻辑分析技术对元器件、零部件、整机以及系统进行故障或失效分析;统计分析方法是用概率统计等数学工具对故障或失效数据进行统计分析,通过统计结果呈现的现象,寻找故障发生的规律。

理化分析方法注重于对故障物理基础及其失效确定性的研究;逻辑分析方

法侧重于系统分析的全面性,分析每一种故障模式对系统的每一种工作状态的影响,并同时确定系统的单点故障模式;统计分析方法的重点是研究故障规律。这 3 种基本的故障、失效可靠性工程分析方法,是可靠性增长工程中分析产品故障和失效的主要手段。

在基于故障和失效的可靠性增长中,根据故障识别、实施改进的时机的不同,有以下 3 种可靠性增长的基本方式,这 3 种基本方式的迭代,可以组成更丰富复杂的可靠性增长过程。

1)即时改进型可靠性增长

针对产品出现的故障,及时分析故障原因,并立即采取纠正措施,再通过试验验证,以验证故障是否排除,改进程序为"试验—改进—再试验",其增长曲线示意如图 2.2.4(a)所示。

2)延缓改进型可靠性增长

收集分析产品在试验和现场使用中的可靠性薄弱环节,对符合可靠性增长条件的产品,集中采取设计、工艺优化措施,并经过试验验证,改进程序为"数据收集分析—集中改进优化—增长效果验证"。产品可靠性增长不可能一步到位,即通过一次改进后,其可靠性可能仍达不到指标要求,可能需要通过多次增长才能达到目的,最终使一批产品的可靠性有一个较大的提高,其增长曲线示意如图 2.2.4(b)所示。

3)含延缓改进型可靠性增长

针对产品使用中发生的故障,对有些故障立即采取措施进行改进,而将另一些故障记录下来,在后续的产品中集中改进解决。虽然产品在使用过程中的问题暴露比较充分,但对故障原因的分析有可能存在一定的困难,有时确实不可能采取全部措施排除所有故障,而需要区分轻重缓急,充分运用技术力量,有重点、分阶段地实施可靠性增长,使产品的可靠性能有一个真正的提高,以降低改进措施不成功、可靠性增长目标不能实现的风险,其增长曲线如图 2.2.4(c)所示。

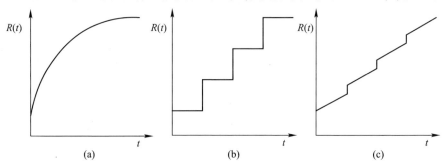

图 2.2.4　可靠性增长的三种典型方式

2.2.2　基于效能与裕度的可靠性增长

航天器系统各部分耦合性强,局部微小故障会引起非预期的能量释放和连锁事件,影响系统的功能性能和可靠性,甚至造成任务的失败。如果可靠性增长以激发出的故障作为工作输入,仅仅围绕产品故障开展可靠性增长,不仅工作上有一定的滞后性和局限性,而且通过可靠性试验激发故障的成本极其高昂,致使整个可靠性增长工作时间长、耗资大、效率低,经济可承受性是不可回避的问题。

对于复杂系统,系统发生故障的因素是极其繁杂的,有些多因素综合性效应才能引发的故障隐患是不易诱发的。故障模式虽然是显性的,但故障原因、故障机理是隐性的,故障影响更是难以预测的;有些即使诱发了故障,其故障原因、故障机理的分析也是困难的。如针对某一产品规定的功能,某一种故障模式可能仅仅是产品可能的故障状态之一;消除系统性薄弱环节的改进措施本身也有可能引进新的故障隐患,其故障影响也是难以预测的。随着空间站、深空探测等新型航天器系统复杂性和任务复杂性的不断提高,运行环境的不确定性增加,综合因素造成故障原因的复杂性进一步提升。

在航天器可靠性增长工程中,对可靠性增长的范畴进行拓展和延伸,准确把握可靠性增长的本质内涵,深层剖析可靠性增长的外延特性,是可靠性增长经济有效开展的保证。

(1) 将可靠性增长的重点,从提升产品的固有可靠性拓展至提升产品的固有可靠性与任务可靠性相融合,是实现航天器任务成功、效能提升的重要途径。

一方面,航天器产品的高可靠要求是永无止境的;另一方面,产品固有可靠性的提升会遇到技术和经济的瓶颈。开展可靠性增长工程不能仅仅局限于使产品具有高的固有可靠性,而应该延伸到提升系统的高任务可靠性及高综合效能的思路、手段、途径和保障范畴。提高产品固有可靠性的唯一途径是识别薄弱环节,针对薄弱环节改进设计,并进行充分的验证。提高产品任务可靠性的途径则比较多,如航天器控制分系统的机电产品,承担了寿命期内高负荷连续运转的使命,对其易出现在轨故障的特点,开展故障预测与健康管理(PHM)设计,对故障进行有效预警及诊断处置,可以提升航天器的任务可靠性。

在实施产品可靠性增长过程中,当产品固有可靠性的提升受到限制时,提升任务可靠性是一个很好的策略,可以为提升系统综合效能奠定基础。因为产品可靠与产品故障都是与产品规定的功能相对应的,分析评价产品是否可靠或是否存在故障隐患时,必须明确产品需要完成的规定功能是什么,只有规定了清晰的功能及性能界限,才能给出清晰的产品故障判据,而规定的功能性能与规定的任务是紧密相关的。

综合效能是一个系统满足一组特定任务要求程度的能力，是系统在规定条件下达到规定使用目标的能力。"规定的条件"指的是环境条件、时间、人员、使用方法等因素，"规定的使用目标"指的是所要达到的目的，"能力"则是指达到目标的定量或定性程度。

因此，效能是系统可用性、可信性及固有能力的综合反映，它们之间的关系如图 2.2.5 所示。

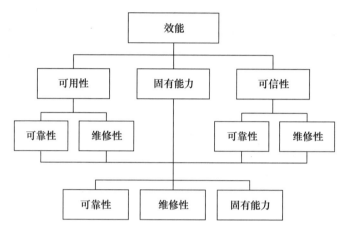

图 2.2.5　效能与可靠性维修性的关系

可用性表示任务完好，即系统在任一随机时刻需要开始执行任务时，处于工作或可使用状态的程度。可信性表示任务成功，是指系统在任务开始时处于可用性给定的情况下，在规定的任务剖面中的任一随机时刻，能够使用且能完成规定功能的能力。可信性和可用性都是系统可靠性和维修性（含保障性、测试性等）的综合反映。固有能力就是系统在给定的内在条件下，满足给定的定量特性要求的自身能力，如通信能力、分辨率、精度等。

所以基于系统效能的可靠性增长的本质，是从系统整体出发，将传统的可靠性增长拓展至包含可靠性、维修性、测试性、保障性，以及产品固有能力的更广泛的可靠性增长范畴。

（2）针对复杂系统越来越高的可靠性和寿命要求，如何通过裕度优化的可靠性设计方法实现产品可靠性增长，是保证产品满足高可靠性要求的另一重要途径。

从裕度出发理解可靠性定义，产品是否能够完成规定功能取决于设计时为功能留出了多少性能裕量。产品的可靠性是产品可靠寿命超过任务时间的概率，或强度超过应力的概率；超过程度越大，可靠性越高，所以产品寿命或强度的设计裕度越大，产品的可靠性越高。这种设计裕度是可靠性的另外一种度量，与相应的可靠性特征量的裕度有一定的关系。但设计裕度也不是无限的,存在其他条件的约束,如质量、体积、费用等,所以需要在限制条件下确定满足产品可靠性安全系数的裕度。

可靠性裕度增长的基本概念是:明确可靠性安全系数,明确可靠性安全系数与裕度指标之间的关系,精确度量裕度设计增长效果,将产品可靠性增长特征量设计裕度与产品的可靠性水平相关联。可靠性增长裕度设计特征量是一种反映产品功能随机状态的变量,当产品功能处于边界状态时,所对应的特征量称为特征量临界值,其中值就是临界中心值。特征量临界值是随机变量,每个产品个体的特征量临界值不尽相同,但应该服从某种概率分布。

应力/强度型产品可靠性裕度增长的思路如下。

① 深入分析产品关键功能的故障模式,确定可靠性增长特征量的裕度设计容限量。

② 通过任务功能分析、产品先验信息分析、仿真试验等确定可靠性增长特征量的裕度临界中心值和临界值。

③ 研究临界值概率分布规律,并确定分布参数。

传统的应力/强度设计准则,适用于机械可靠性设计中,机械可靠性设计分为结构可靠性和机构可靠性。结构可靠性主要考虑机械结构的强度,以及由于载荷影响使结构产生疲劳、磨损和断裂等引起的失效;机构可靠性主要考虑机构在动作过程中,由于运动学问题而引起的故障。定性的机械可靠性设计是在进行故障模式影响及危害性分析的基础上,应用成功的设计经验使所设计的产品达到可靠安全目的;定量的机械可靠性设计是在掌握产品的强度分布和应力分布、各种设计参数的随机性特性、产品极限状态函数的基础上,设计出满足规定可靠性要求的产品。

对应力和强度以故障为中心进行概念拓展。应力不仅是指机械应力,扩展的应力概念是:引起产品故障的因素都可以视为应力,包括电应力、温度应力、泄漏量、变形等各种引起故障的特征量,将极其繁杂的故障因素进行了归一化。强度不仅指承载能力,扩展后的强度概念:凡是阻止产品故障的因素都可视为强度,包括耐电强度、耐热强度、密封力、刚度等各种阻止故障的特征量。按照这样的概念,裕度就不仅是强度裕度,对于机构产品可以是动作寿命裕度,对于电气产品可以是耐电强度裕度,对于密封装置可以是密封裕度,对于防热结构可以是烧蚀剩余厚度,对于火工装置可以是装药裕度及传爆间歇裕度等。

基于故障的可靠性增长工作,是从故障与失效的关系出发,努力保证产品"不坏";基于裕度的可靠性增长工作,是从拓展的应力与强度出发,确保产品"能用"。两者出发点不同,工作方式和工作重点也就不同。

实践表明,基于裕度的可靠性增长工作,是提高产品可靠性更为经济和有效的方法之一,如图 2.2.6 所示。

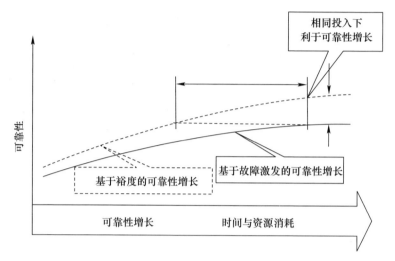

图 2.2.6　基于裕度的可靠性增长与基于故障激发的可靠性增长

2.2.3　可靠性增长特征量

在可靠性特征量的基础上,提出可靠性增长特征量的概念。可靠性增长特征量是连接产品可靠性特征量与产品设计特性指标的关键参数,也是实施产品可靠性增长技术途径的重要依据。

在航天器可靠性增长工程中,提出并实践了可靠性增长特征量的概念。

可靠性增长特征量是指会直接影响可靠性特征量的产品设计特性的各种度量,可靠性增长特征量可以是可靠性指标体系的参数,也可以是产品性能指标体系的参数,一般应该是一种能够衡量产品可靠性水平的可检测的参数,如产品的热设计、降额设计、抗力学环境设计、电磁兼容性设计、耐久性设计、防变形设计等设计特性指标。可靠性增长特征量一般也是产品的关键特性,这些增长特征量的设计缺陷会直接引起产品发生故障,甚至产品失效,如会引起电子产品的失效率上升、机构产品的耗损强度增大、软件的生存概率下降等。

可靠性增长特征量具有以下特性。

(1)同一产品可能有多个可靠性增长特征量,如星敏感器的可靠工作寿命、工作温度范围、电荷耦合器件(CCD)可靠性、软件可靠性都有可能是可靠性增长特征量。

(2)同一个产品在不同等级的成熟度下,其可靠性增长特征量有可能是不同的;实施多次可靠性增长的产品,在每次可靠性增长时,其可靠性增长特征量是可以发生转换的。仍以星敏感器为例,对于 2 级成熟度的星敏感器产品,是没有投入使用的工程样机,其工作寿命应该是其可靠性增长特征量;对于 5 级成熟度的星敏感器产品,已经经过了多次飞行任务,其工作寿命应该得到了全寿命考核,就不需要将其列为可靠性增长特征量了。

(3) 不同产品可能有共同的可靠性增长特征量,如执行机构长寿命轴系润滑技术是飞轮、SADA 等产品共用的关键技术,耐磨性是这一类产品共有的可靠性增长特征量。

产品的可靠性增长特征量与其可靠性特征量、性能指标之间存在一定的对应关系,如图 2.2.7 所示。找出产品的可靠性增长特征量,有利于科学精准地开展产品的可靠性增长。如某一产品的可靠性特征量是高、低量级振动应力下的寿命,低量级振动应力下的故障性质属随机故障,寿命服从指数分布;高量级振动应力下的故障性质属耗损故障,寿命服从威布尔分布,明确不同的分布规律,可以采取不同的可靠性增长模型和方法。

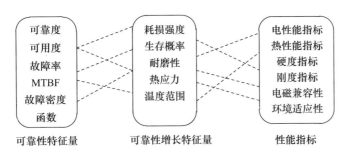

图 2.2.7　可靠性特征量、可靠性增长特征量、性能指标关系

例如,各类电源产品是航天器配置数量较多的电子产品,航天器的热环境复杂,热设计特性是大功率电源的关键特性,对产品可靠度、MTBF、故障率等可靠性特征量有较大的影响。所以在对此类产品开展可靠性增长时,可以将热应力等参数作为可靠性增长特征量,通过针对可靠性增长特征量的优化,如采取措施实现产品参数热漂移小、电气热性能稳定、金属化接点蜕化缓慢等,降低产品故障率,保证产品长寿命高可靠,实现产品的可靠性增长。

2.3　航天器可靠性增长工程理论基础

航天系统工程、航天产品工程、航天器可靠性保证和航天器风险管理的理论和方法,是可靠性增长工程的重要基础,航天器可靠性增长工程的实践,丰富了航天系统工程等领域理论方法的应用和发展。

2.3.1　航天系统工程方法

航天系统工程是对系统实施一系列规划、研究、设计、制造、试验和使用的技术与管理行为。钱学森先生是航天系统工程的开拓者,提出航天系统工程理念,应用系统论的理论和方法,推进航天系统工程实践,形成了具有航天特点的系统工程理论方法和工程应用技术。

航天器系统工程方法是指将用户需求转化为系统实现的一系列技术和管理方法。从系统需求出发,按照自上而下分解和自下向上集成的原则,通过设计、分析、综合、试验和评价的迭代过程,将用户提出的空间任务需求和任务目标,包括性能、寿命和成本等,转化为航天器系统的需求和约束;经过总体设计提出各分系统任务需求和任务目标,并在航天器和地面系统之间进行反复优化迭代。可靠性是航天器系统设计的核心,贯穿航天器研制和在轨飞行全过程。

在航天器系统工程的分解和集成中,航天器系统组成部分的分解可以有多种方式。如可以是产品、人员、机构、程序、方法和工具等多种维度;针对每一个维度,还可以划分不同的层次,如对于产品,其层次划分可分为航天器系统、分系统、单机、部组件和元器件等,这些都是经过系统分解后的航天器系统工程的子系统、单元和元素。

在航天器系统工程实施中,对具体实施的不同维度、不同层次的子系统、单元和元素都应该有明确的定义范围与方法要求。如在某一项系统工程实施中,各元素的定义或要求示例如下。

(1)文化。制定工程"三零"质量文化,即工作零缺陷、质量零疑点、产品零故障。

(2)人员。工程队伍建设;设计工程组织结构,制定各类人员职责定位、人员培训、业绩评估、考核与奖惩制度,实现人力资源的调配、使用和培养。

(3)风险。制定工程各阶段风险识别和风险分析策划、风险管理计划等,实施风险跟踪和风险控制的总结与评价等,保证风险的识别、分析、控制到位。

(4)元器件。"五统一"控制,即统一选用、统一采购、统一监制验收、统一筛选复验、统一失效分析。

(5)过程控制。在实行全过程控制的基础上,设立关键检验点和强制检验点,制定关键项目、关键件、重要件、不可测试项目等过程控制要求。

(6)问题归零。实行技术和管理双五条归零。技术问题的归零严格做到定位准确、机理清楚、问题复现、措施有效、举一反三,管理问题的归零严格做到过程清楚、责任明确、措施落实、严肃处理、完善规章。

（7）技术状态管理。制定技术状态的更改控制与确认要求，执行技术状态控制表、技术状态更改文件的审批和记录，执行技术状态基线、接口控制文件、IDS 表、接口协议、技术状态的评审等。

（8）成本。制定工程成本分解结构，逐级分配工程成本指标；实行项目经费控制、项目经费审计等。

航天器系统工程方法经过几十年的实践，工程构架层次分明，模块分工明确，接口协议清晰，各子系统成为纵横有序、衔接紧密、运筹科学的有机整体，如航天器研制项目管理、技术状态管理、工作分解结构（WBS）管理、产品保证、风险管理等。

下面以航天器 WBS 管理为例，介绍航天器系统工程管理方法。

航天器规模越来越复杂，WBS 作为一种系统工程项目管理的有效工具，在航天器系统工程中得到了实践和发展，制定和实施 WBS 已经成为航天器系统工程中一个至关重要的环节。

WBS 在航天器研制中的研究发展和应用：对航天器型号项目包含的全部工作按时间维、层次维进行逐层分解和层次化描述，通过定义项目范围，将工作分解划分到不同的层级，以产品为中心、产品实现过程为流程，建立全部项目、过程和元素的树状结构，形成 WBS 谱系。

在实际应用中，航天器型号项目 WBS 各级分解结果的组成单元就是 WBS 工作单元，由此完成各项工作的分配。如航天器的三级 WBS 工作单元，经过各级工作分解，逐次形成航天器系统级、分系统级、设备级三级工作单元，以此进行流程策划管理、资源分配调度和计划监督考核等；也可以在三级工作分解的基础上，继续形成更加细致的 WBS 谱系，如在设备级基础上形成设备研制级工作单元、工作项目级工作单元和作业项目级工作单元等，如图 2.3.1 所示。

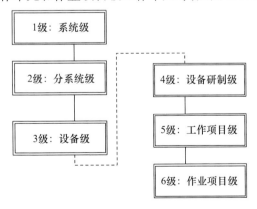

图 2.3.1　航天器 WBS 分解层级图

航天器 WBS 管理方法有以下特点。

（1）在功能树、产品树和产品矩阵基础上，确立 WBS 谱系。功能树是由系统功能分解而形成的金字塔形的结构；产品树是依据功能树确定的功能，将系统各部分硬件和软件分解成按层次划分所组成的树状结构；产品矩阵是扩展了内容的产品树的矩阵表现，包含所有要研制的软硬件，反映了它们在不同研制阶段要生产的数量和技术状态要求。

（2）建立统一的 WBS 工作分解结构码。为实现项目管理的信息化，便于计算机对 WBS 进行识别，对 WBS 的单元进行编码，简称 WBS 码。WBS 码与 WBS 工作单元是一一对应关系，通过 WBS 码可以对某项工作在整个项目中进行准确定位，通过 WBS 字典可以对 WBS 的每一个分解单元进一步详细的说明和描述。

例如，按产品设计进行分解，形成的航天器设备单元设计 WBS 分解，如图 2.3.2 所示。

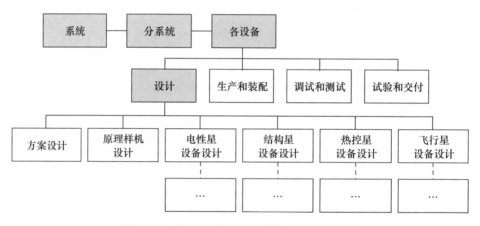

图 2.3.2　航天器设备单元设计 WBS 树图示例

按工程计划维度进行分解，形成航天器计划管理单元 WBS 分解，如图 2.3.3 所示。

2.3.2　航天产品工程理论

航天产品工程是航天系统工程的组成部分，航天产品工程是指对航天产品研制、生产、质量管理、产品定型和应用等过程进行优化，以实现小子样研制条件下产品高性能、高质量要求的综合性技术。航天产品工程包括产品型谱建设、产品成熟度提升和定型、产品生产线建设与认证、新产品开发、产品应用选用等。

航天产品工程理论的核心是产品成熟度理论，运用产品成熟度理论，研究航

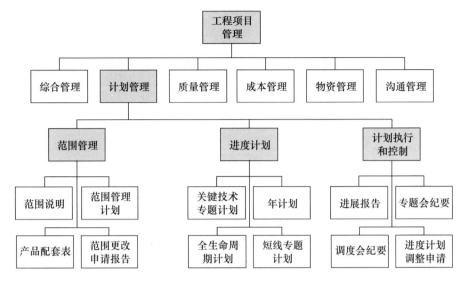

图 2.3.3　航天器计划管理单元 WBS 树图示例

天产品小子样、高可靠的特点,研究产品成熟的特性和规律、研究产品快速成熟的方法和途径等;实施产品快速成熟技术和管理,实现航天小子样产品的快速成熟,满足复杂航天系统对产品高可靠、高质量、高稳定性的要求。产品成熟度是产品在研制、生产和使用全寿命周期中,对产品固有质量、可靠性、可使用程度的综合考核,对所有技术要素的合理性、完备性、稳定性的综合度量。

　　航天产品多次迭代的“W”模型,是航天产品成熟度的重要理论基础,按照影响产品成熟程度的设计、生产、使用等多个核心维度的若干要素,进行产品成熟度评定,航天产品成熟度定级模型如图 2.3.4 所示。

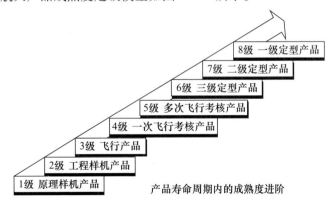

图 2.3.4　航天产品成熟度定级模型

航天产品成熟度定级评价至少包括设计、生产、使用 3 个维度,基本要素至少包含设计、产品保证、工艺、过程控制、试验验证、在轨使用等方面。航天产品成熟度评价基本要素示例如表 2.3.1 所列。

表 2.3.1　航天产品成熟度评价基本要素(示例)

维度	要素	子要素
设计	设计输入识别和确定	研制总要求
		产品设计输入识别和确定
	设计计划及其控制	产品技术流程、计划流程及其控制
		通用质量特性保证工作计划及其控制
		专用质量特性保证工作计划及其控制
		关键特性和关键项目识别及其控制
	设计输出及其验证	产品 RMS 设计、分析及其验证
		不可测试项目分析及其控制
		试验验证项目实施及结果分析
		质量问题归零
		技术状态控制
生产	生产工艺管理	工艺文件制定及其更改控制
		工艺选用及禁/限用工艺控制
	生产资源管理	人员、设备及环境识别和保障
		外购、外协项目控制
	生产活动管理	生产计划管理
		生产质量管理
使用	交付及交付后活动支持	交付文件制定和管理
		故障预案制定和管理
	使用数据统计及其分析	使用数据的策划和采集
		使用数据的分析和利用

2.3.3　航天器可靠性保证体系

经过几十年的发展,航天器建立了全寿命周期的可靠性保证方法,建立了航天器可靠性指标体系、可靠性工作项目体系、可靠性设计准则体系、可靠性工作要求体系等,并且通过可靠性标准体系贯彻实施。

航天器可靠性保证的基本内容如下。

(1) 明确可靠性工作项目,分析和控制可靠性关键项目。

（2）制定可靠性保证计划并纳入研制流程,保障必要的资源。

（3）实施产品可靠性增长,将产品可靠性实现与可靠性增长融合,寻求最佳的费用效益。

（4）遵循预防为主、早期投入的方针,从源头预防和纠正设计、制造、元器件及原材料等方面的缺陷;识别并控制航天器全寿命剖面的技术风险,将风险消除或降低至可接受的程度。

（5）规范工程研制过程,加强研制和生产过程中可靠性工作的监督与控制,严格可靠性专项评审。

（6）对系统及其组成部分的可靠性进行评价,验证产品可靠性是否满足合同或任务书规定的定性或定量要求。

航天器可靠性保证工作的一般流程如图 2.3.5 所示。

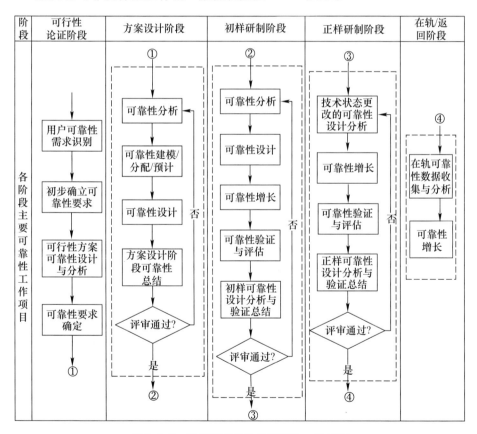

图 2.3.5　航天器可靠性保证工作一般流程

系统级可靠性工作项目示例如表 2.3.2 所列。

表 2.3.2　系统级可靠性工作项目(示例)

序号	工作项目	工作项目分解
1	可靠性初步分析	可靠性建模、可靠性预计、可靠性分配
2	任务剖面分析	各任务剖面的环境影响分析
3		飞行事件及事件链分析
4	故障模式及影响分析	FMEA、FMECA
5		FTA、ETA
6		SCA、WCA
7	关键项目与关键特性	系统单点失效环节识别
8		系统可靠性薄弱环节识别
9		可靠性关(键)重(要)项目、关重件识别
10	环境适应性与防护设计	真空、热环境、力学环境适应性设计
11		抗电离总剂量、抗单粒子防护设计
12		抗太阳电磁辐射效应、抗位移损伤效应设计
13		表面充放电、内带电、原子氧防护设计
14		防低气压放电、防真空微放电设计
15	裕度设计	环境适应性裕度设计
16		系统性能裕度设计
17		系统电磁兼容性裕度设计
18		安全性裕度设计
19	冗余与容错设计	共因失效环节识别
20		切换有效性设计
21		系统功能冗余设计
22	系统级 FDIR 设计	故障隔离设计
23		自主健康管理设计
24	系统确定性分析和设计	系统测试覆盖性分析
25		系统监测充分性分析和设计
26	重要专项分析和设计	能源流、信息流分析和设计
27		发动机羽流影响分析和防护设计
28		光学系统杂光影响分析及防护设计
29		污染影响分析及防护设计
30		能源安全模式设计

序号	工作项目	工作项目分解
31	基础性质量保证工作	元器件选用分析和控制措施
32		原材料选用分析和控制措施
33		工艺选用分析和控制措施

下面以供配电分系统为例,介绍分系统可靠性工作项目。供配电分系统可靠性安全性工作项目示例如表 2.3.3 所列。

表 2.3.3　供配电分系统可靠性、安全性工作项目(示例)

序号	工作项目	工作项目分解
1	供配电可靠性设计	供配电状态基线、一次电源母线策略
2		供配电体制、电源分配设计
3		接地设计、过流保护设计、防短路设计
4		供配电关键单机设计、整星电缆网设计
5	供电能力可靠性分析	一次电源母线供电能力和裕度
6		火工品电源供电能力和裕度
7		分系统二次电源供电能力和裕度

2.3.4　航天器风险管理思想

航天器风险管理是航天器系统工程的重要部分,航天器风险管理充分运用系统工程思想,建立了完整的风险管理方法和程序,形成了严密的风险识别、风险控制、风险分析和风险对策闭环系统。

航天器研制技术难度大、涉及面广、探索性强、投资强度高、研制周期长,因此,每一阶段都是一复杂的系统工程,存在着不能预先确定的内部和外部影响因素,这些影响因素会延伸为航天器工程风险因素,这些风险因素又直接影响航天器能否成功地完成任务。

按风险内容分类,航天器主要技术风险如表 2.3.4 所列。

表 2.3.4　航天器主要技术风险(示例)

序号	风险名称	风险内容
1	"十新"风险	新技术、新状态、新环境、新工艺、新器件、新材料等风险
2	技术状态风险	技术状态基线不清可能引起的风险;技术状态更改可能引起的次生技术风险
3	技术成熟度风险	技术成熟度较低的风险

续表

序号	风险名称	风险内容
4	通用质量特性风险	"六性"设计缺陷风险
5	单点故障风险	系统中不得不保留的Ⅰ/Ⅱ类单点单元可能引起的单点故障风险
6	接口风险	接口非标、容差、容错、共因等风险
7	测试覆盖性风险	不可检及不可测试项目可能引起的风险
8	验证充分性风险	设计验证的有限性或局限性可能引起的风险
9	生产工艺风险	关重特性、关重件、关键工序识别的正确性可能引起的风险
10		强制、关键检验点设置的有限性可能引起的风险

按风险发生的时间节点分类,航天器全寿命周期存在的风险点如图 2.3.6 所示。

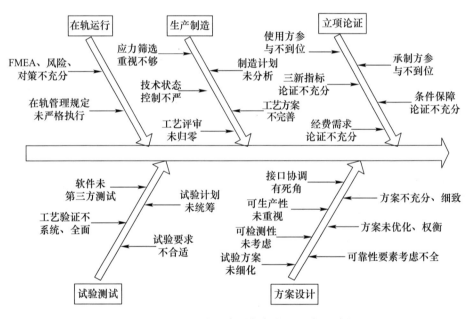

图 2.3.6　航天器全寿命周期存在的风险(示例)

航天器研制中,将风险预防、在轨自主风险管理和风险控制相结合,运行风险管理体系,强调风险管理重心的前移,将风险管理工作按照风险识别、风险分析、风险评估和风险管理 4 个层次开展,贯穿于航天器全寿命周期的各个阶段。航天器方案阶段、初样研制阶段、正样生产阶段的风险管理工作项目示例如表 2.3.5 所列。

表 2.3.5 航天器风险管理工作项目(示例)

序号	风险分析阶段	风险分解工作项目
1	方案阶段	任务需求、任务剖面、寿命剖面分析
2		"十新"分析、继承性分析
3		方案正确性分析
4		技术成熟度分析
5		发生过影响成败问题的产品分析
6		设计裕度量化分析
7	初样研制阶段	方案阶段风险迭代分析
8		初样阶段任务特点分析
9		环境适应性分析
10		试验验证、仿真分析的有效性分析
11		接口协调性和匹配性分析
12		关键特性识别全面性分析
13		设计裕度量化验证分析
14		单点故障控制有效性分析
15		强制检验点设置充分性分析
16	正样生产阶段	技术状态更改影响分析、产品使用技术状态分析
17		设计裕度充分性确认、工艺稳定性和敏感性分析
18		抗单粒子防护和供电安全措施有效性确认
19		质量问题归零和举一反三的全面性分析
20		故障预案充分性及其验证分析
21		过程控制分析
22		测试覆盖性分析
23		软件验证确认分析

(1)方案阶段的风险管理。航天器方案设计,需要从理论上、技术上充分论证航天器各层次产品的可行性;从性能指标、可靠性要求上协调产品的科学性和先进性;从进度、费用上综合产品的经济性和效益性。随着航天器系统复杂程度的增加,方案设计时需要权衡的内容也越来越多,如参数选择的优化设计、指标分配中的迭代设计、系统接口的匹配设计、嵌入式软件的同步设计等;还有技术方案优选分析、可靠性分析、安全性分析、最坏情况分析等。产品方案设计是产品研制过程最重要的组成部分,它直接影响产品的质量和固有可靠性。由于航天器工程的复杂性,技术方案并不能一次到位,有时需要随着研制工作的开展逐

步深入和完善。

（2）初样研制阶段的风险管理。航天器初样研制阶段的风险管理的重点是可生产性设计、可检测性设计以及试验方案的设计。特别是航天器大型综合试验，复杂程度高、涉及保障条件多、实施周期长、试验费用高，容易造成风险。为了保证以最低的成本达到所有试验的目的，必须制定试验综合计划，综合考虑各种类型的试验；确定每一阶段进行的试验类型和次数，以及所需要的资源；确定试验总计划的质量控制点和质量目标，并随着设计的进展情况和每次试验结果定期修订、不断调整。航天器产品如果地面验证试验不充分，将会导致发射试验或飞行试验的失败。

（3）正样生产阶段的风险管理。生产制造是航天器研制过程中的重要环节，航天器生产的主要特点是小批量、高质量。通过制造计划将产品的功能特性和物理特性转化为制造工艺和方法，明确工艺攻关的重点、克服工艺薄弱环节的技术途径，用稳定、先进的工艺确保产品可靠性；减少由于工艺缺陷造成的产品可靠性不能满足要求、进度缓慢、增加制造费用等生产风险。

（4）在轨飞行阶段的风险管理。航天器在轨运行阶段的风险主要有未严格执行在轨管理规定，故障预想、故障对策不充分等。做好 FMEA、故障对策或故障预想工作，并经过充分的验证。严格执行在轨管理规定，加强地面与在轨协同管理工作。

◣ 2.4 可靠性增长的发展

2.4.1 国外可靠性增长发展概况

可靠性作为一个专门学科，第二次世界大战期间由美国人率先提出，20 世纪 50 年代迅速兴起，60 年代后在美国等工业发达国家得到了全面发展和应用。在军工领域，把可靠性同武器装备的性能、费用和进度置于同等重要的地位，可靠性是提高武器装备战斗力的重要手段之一。可靠性增长技术是可靠性工程的重要组成部分，20 世纪 50 年代，美国国防部将可靠性增长作为可靠性工作中必须进行的一项内容，启动了可靠性增长在军用领域应用的历程，随后国际电工委员会在民用领域也不断推进可靠性增长工作。

国外可靠性增长的发展经历了若干个阶段，相继形成了可靠性增长的形成阶段、可靠性增长的发展阶段、可靠性增长全面实施阶段等基本内容。

2.4.1.1 可靠性增长的形成阶段

可靠性增长技术起步于 20 世纪 50 年代。1956 年，美国学者 H. K. Weiss 在研究制导导弹系统可靠性时,首次提出了可靠性增长的概念;1962 年,美国通用电气公司的工程师 J. T. Duane 指出,经过不断地对产品进行改进,产品的累积失效率与累积试验时间在双对数坐标纸上是一条直线,通过试验验证可修电子产品基本符合这一规律,并建立了 Duane 模型;1969 年,美国国防部发布军用标准 MIL - STD - 785A《系统、设备研制与生产的可靠性大纲》,首次将可靠性增长纳入可靠性工作计划。这是可靠性增长发展中第一个重要的里程碑。

2.4.1.2　可靠性增长的发展阶段

在 20 世纪 80 年代,美国国防部、国际电工委员会等发布了一系列有关可靠性增长的标准、手册等,如 MIL - HDBK - 189《可靠性增长管理》,提出了可靠性增长管理的程序,并发布了 17 种可靠性增长模型;MIL - HDBK - 338《电子产品可靠性设计手册》,对可靠性增长技术进行了比较全面系统的阐述;MIL - HDBK - 781《工程研制、鉴定和生产的可靠性试验方法、方案和环境》,提供了各种试验方法、试验方案和环境剖面;MIL - STD - 781D《工程研制、鉴定和生产的可靠性试验》,对可靠性增长试验提出了明确要求,成为可靠性增长试验方面的纲领性文件;国际电工委员会颁发了 IEC 61014《可靠性增长大纲》、IEC 61l64《可靠性增长统计试验和评估方法》等国际标准,在民用领域推进可靠性增长。这是可靠性增长发展史上的第二个重要的里程碑。

2.4.1.3　可靠性增长全面实施阶段

在此后的几十年中,美国国防部、国际电工委员会持续推进,使可靠性增长工作得到更加全面的实施和快速的发展。2005 年,美国国防部制定《美国国防部可靠性、可用性和维修性指南》,将可靠性增长与可用性和维修性相结合,强化了系统可靠性、可用性、维修性在设计阶段的有计划改进;2007 年,美国陆军军部制定《武器系统可靠性》,提出武器装备可靠性增长试验的实施方法,强调通过模拟实际运行环境进行可靠性增长,可以有效地提高系统可靠性。国际电工委员会制定了关于可靠性增长大纲、可靠性增长评估方法、可靠性增长模型应用方法等多项可靠性增长技术标准,经工程实践验证,成为经典标准。在经贸竞争与科技进步的推动下,可靠性增长的管理和技术标准,在各国军用、民用领域得到广泛应用,英国、法国、日本等许多国家都参考采用了 MIL 和 IEC 的可靠性增长技术标准,并在实践中不断完善和发展。

2.4.2　国内可靠性增长发展概况

我国可靠性增长始于 20 世纪 80 年代,80 年代后期,随着对可靠性增长理论和技术的研究与实际应用的日趋重视,在借鉴国外可靠性增长工作的基础上,国内多项标准正式发布,可靠性增长管理和技术得到快速发展。国内可靠性增长的发展也经历了起步、发展和全面实施 3 个阶段。

2.4.2.1　可靠性增长的起步阶段

1988 年,国防科学技术工业委员会(简称国防科工委)发布 GJB 450《装备研制与生产的可靠性通用大纲》,首次将可靠性增长试验作为独立的工作项目,并提出了工作要点和可靠性增长要求。1992 年,国防科工委发布 GJB 1407《可靠性增长试验》,提出了可靠性增长试验的要求,以及经典可靠性增长模型的具体应用方法,如采用 Duane 模型、AMSAA 模型进行可靠性增长试验的数据分析方法。1995 年,国防科工委制定了 GJB/Z 77《可靠性增长管理手册》,全面规定了军用产品可靠性增长管理的方法和要求。

2.4.2.2　可靠性增长的发展阶段

此后的几十年间,国防军工领域重视产品的质量与可靠性,及时引入国外先进的可靠性增长技术标准,各军工集团也相继发布可靠性增长的行业标准,如航空工业标准 HB/Z 214《航空产品可靠性增长》、航天行业标准 QJ 3127《航天产品可靠性增长试验指南》等,推进了国防军工行业的可靠性增长工作。国内学者对可靠性增长技术持续开展研究,可靠性增长的理论和方法也得到了快速发展,周源泉等专家在经过实践的基础上,提出更具普遍意义的 AMSAA – BISE 模型,丰富和发展了可靠性增长模型、参数估计及统计判断等方法。

2.4.2.3　可靠性增长全面实施阶段

可靠性增长技术在全社会得到广泛应用,国内在各领域开展了可靠性增长的应用实践,并且提高到全面提升民族工业产品质量的高度,在我国持续制定的质量振兴纲要规划中,明确提出实施产品可靠性增长、不断提升产品的可靠性,是实现质量目标的关键之一。深入开展可靠性增长的研究和应用,对发展专业可靠性理论,提升军用和民用领域的可靠性水平具有重要的现实意义。

2.4.3　航天器可靠性增长历程

通过借鉴国外可靠性工程经验,结合国内航天器研制实际,在不断探索实践的基础上,航天器可靠性增长经历了自然增长、专业发展牵引和型号需求推动的不同发展阶段及发展模式,逐步总结和形成了具有中国特色的航天器可靠性增长工程技术与管理成果。

2.4.3.1　基于可靠性预计分配的可靠性增长

可靠性预计分配是航天器最基本的可靠性工作项目,所以结合可靠性预计分配工作,提升产品可靠性,是最早开展的航天器可靠性自然增长方式。可靠性预计分配是指产品在设计阶段,根据产品使用的元器件、功能、使用环境以及它们的相互关系推测产品未来工作状况的方法。可靠性分配是将产品可靠性指标自上而下逐级地分配到产品的各个层次,同时落实相应层次的可靠性要求,使系统与各部分之间的可靠性相互协调;可靠性预计是自下到上地预计产品各层次的可靠性参数,判断各层次设计是否满足分配的可靠性指标。开展可靠性预计分配工作,能定量地预测高失效率单元,发现可靠性设计的潜在问题,为优选设计方案、改进设计提供依据,是产品可靠性从定性考虑转为定量设计的关键,是提高产品固有可靠性的重要措施,也是实施可靠性增长工程的基础。通过预计不同增长阶段的可靠性参数,为制定产品可靠性增长计划提供科学依据。

可靠性预计分配工作不是一次完成的。对于小子样的复杂设备或有很高可靠性指标要求的产品,由于技术、费用成本及时间的限制,不可能一次就达到合同规定的可靠性指标。在方案设计阶段,对航天器可靠性指标的确定,对分系统、单机可靠性指标的分配,以及对如何改进设计使之达到要求的可靠性水平等工作,都需要反复进行可靠性预计、分配和可靠性增长的迭代。一般初次可靠性预计值与指标要求相差甚远,通过可靠性预计和分配技术,发现不能满足可靠性指标要求的产品、部件,并进行设计改进,直到各层次的可靠性指标分别达到分配的要求,才能保证系统可靠性指标得以实现。对未达到分配指标要求的单元,则应该寻找可靠性薄弱环节、设计隐患,提出纠正措施,改进设计,直到满足指标要求为止。可靠性"预计分配—设计改进"的迭代循环,是产品可靠性实现的过程,也是产品可靠性增长的过程。

2.4.3.2　基于故障归零和举一反三的可靠性增长

故障报告、分析和纠正措施系统(FRACAS)是提升产品可靠性的传统方式。实施产品可靠性增长的基本条件是获取故障源,FRACAS 是一个有效的故障管理工具,既有改进现实的功能,又能对未来起预防作用,建立运行 FRACAS 的最大作用是实现产品可靠性增长。通过 FRACAS 的建立与运行,及时报告产品发生的故障,彻底查清故障产生的原因,制定和实施正确、有效的纠正措施,以杜绝故障的再次发生,实现产品的可靠性增长。

航天故障归零系统,是具有航天特色的 FRACAS 系统,结合产品技术归零过程,实现产品的可靠性增长,其流程如图 2.4.1 所示。

航天故障归零从技术上按"定位准确、机理清楚、问题复现、措施有效、举一反三"5 个方面开展。

(1)定位准确。确定质量问题发生的准确部位。

(2)机理清楚。通过理论分析或试验等手段,确定问题发生的根本原因。

(3)问题复现。通过试验或其他验证方法,确认问题发生的现象,验证定位的准确性和机理分析的正确性。

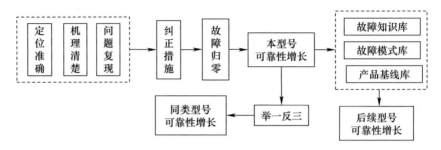

图 2.4.1　结合技术归零的可靠性增长

（4）措施有效。针对发生的问题，采取纠正措施，经过验证，确保问题得到解决。

（5）举一反三。把发生问题的信息反馈给本型号、本单位和其他型号、其他单位，检查有无发生类似故障模式或存在故障机理问题，并采取预防措施。

纠正完成后，应对纠正措施的正确性进行必要的验证，保证措施有效，并没有引入新的故障，至此通过故障归零实现了本型号产品的可靠性增长。在相关型号、单位中进行举一反三，实现同类型号的可靠性增长；纠正措施纳入设计准则、标准规范和技术要求，通过技术状态管理系统完成相应的文件更改和产品状态基线固化，作为后续型号的输入，实现后续型号产品的可靠性增长。

归零五条是一个有机的整体。定位准确是前提，是处理问题的基本条件；机理清楚是关键，只有弄清问题的根本，才能对症下药，制定切实可行的措施；问题复现是手段，只有通过问题复现，才能验证定位是否准确，机理分析是否正确；措施有效是解决问题的核心，真正有效的措施不仅仅是消除暴露的缺陷，还应确保不再发生重复性的问题；举一反三是延伸，只有做到举一反三，才能使型号产品的可靠性水平螺旋上升，从根本上达到防止问题重复发生的目的。结合故障归零和举一反三提升产品可靠性，也是航天器可靠性增长直接有效的方式。

2.4.3.3　基于可靠性试验的可靠性增长

航天器开展的可靠性试验一般有可靠性研制试验、可靠性增长试验、可靠性鉴定试验、可靠性验收试验以及可靠性强化试验、环境应力筛选、加速寿命试验等。有些试验在不同的阶段开展，同时兼备几类试验属性，如在产品的研制阶段开展的可靠性强化试验，也是可靠性研制试验；完整实施的可靠性增长试验也可以作为产品的可靠性鉴定试验等。

通过可靠性强化试验、加速寿命试验等可靠性试验找出薄弱环节，采取纠正措施，提高产品的可靠性，实现产品可靠性增长。其流程如图 2.4.2 所示。如在产品的设计阶段，开展高加速寿命试验（HALT），以快速暴露产品的设计缺陷，及时改进设计;在产品的生产阶段,开展高加速应力筛选(HASS)试验,以快速暴露产品的制造缺陷,及时改进制造工艺和生产管理,实现产品的可靠性增长。用于可靠性增长的加速试验,可以根据产品的任务剖面、寿命剖面,施加一定的激发应力,加速故障的发生,一般可以不考虑定量的加速因子,但不能改变故障发生的机理。

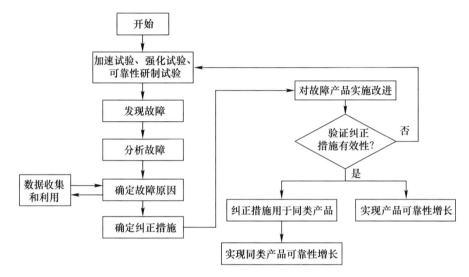

图 2.4.2　结合可靠性试验实现产品可靠性增长

通过各类研制试验,实现产品的可靠性增长。在产品研制阶段,结合产品功能、性能的可靠性研制试验,发现产品的薄弱环节;通过对薄弱环节的分析,查找原因,并对产品实施优化改进,提升产品的可靠性。在航天可靠性标准中,提出了可靠性研制试验与增长试验结合开展的要求。如 QJ 1408A 提出,把研制试验与可靠性增长试验,统称为可靠性研制/增长试验,要求对产品开展可靠性研制/增长试验,通过查明、分析和纠正故障模式,以及验证纠正措施的有效性等措施,提升产品的可靠性。实践经验证明,对于多数产品,可以将可靠性研制试验与可靠性增长试验结合开展,但在以下情况,一般不建议合并开展。

(1) 对于新产品、设计改进比较大的产品、不满足可靠性指标要求的产品、以及发生过故障的产品,建议在产品的研制阶段安排单独的可靠性增长试验。

(2) 没有可靠性属性的产品性能试验、环境试验,虽然也属于产品的研制试验,但是不能与可靠性增长试验相混淆,更不能替代可靠性增长试验。

航天器可靠性增长试验一般在产品通过性能试验、环境试验、应力筛选试验后开展,可靠性增长试验可以与可靠性鉴定试验结合进行,但可靠性增长试验能否取代可靠性鉴定试验,要取决于增长试验的结果、费用及进度的安排,以及用户的要求。

2.4.3.4 基于专项工程的可靠性增长

航天器始终将可靠性增长作为实现产品可靠性、提升可靠性水平的必要手段,从"十五"开始,持续开展了航天器可靠性增长工程,通过专项工程的形式,集中资源、靶向施策、系统增长,取得的成绩是显著的,明显地降低了产品的故障率,提高了产品的固有可靠性和任务可靠性,提升了系统综合效能。

航天器可靠性增长工程根据不同领域每个阶段的任务需求,围绕任务目标,对航天器系统、分系统、单机产品,全系统实施可靠性增长工作。通过提高航天器公用平台关键分系统、关键单机的可靠性,保证航天器系统的可靠性能力;加强航天器关键产品的可靠性增长,集中解决关键产品在研制、试验、发射和在轨运行过程中发生的故障、故障隐患和可靠性薄弱环节;从系统层面研究总体可靠性技术和共性基础可靠性技术,提升航天器的整体可靠性水平。

通过航天器可靠性增长工程,在提升航天器可靠性能力和水平的同时,与可靠性增长相关的专业技术得到了研究和应用。如由于航天器长寿命、小子样等特点,航天器的可靠性增长试验、可靠性增长模型一般不能直接采用常规的方法,在可靠性增长工程中,开展了可靠性增长机理分析方法、可靠性增长模型、可靠性增长试验技术等预先研究,研究航天器产品的可靠性增长规律和技术方法,以指导航天器可靠性增长工程的实施,提升航天器可靠性增长工程的有效性和经济性。

第**3**章

可靠性增长的核心要素

可靠性增长包括技术和管理两方面,其核心要素有可靠性增长模型、可靠性增长计划、可靠性增长基线、可靠性增长验证、可靠性增长试验以及可靠性增长管理等,这些增长要素在概念上是独立的,在实施中是贯通的,有迭代和交互。

◤ 3.1 可靠性增长模型

可靠性增长模型是开展可靠性增长时,首先要面临的一个要素。

3.1.1 可靠性增长模型概念

一般将与可靠性增长规划相适应、描述产品可靠性变化的数学关系称为可靠性增长模型。可靠性增长模型有理论模型和经验模型。

可靠性增长模型的经典概念是指在可靠性增长试验中,根据可靠性增长试验特点,建立与可靠性增长试验相适应的数学模型,以描述增长试验过程中产品可靠性的变化情况。在可靠性增长试验的过程中,在每一次改进措施实施后,产品的可靠性会发生相应的变化,通常是逐步提升的,也会有特殊情况存在。为了定量地表述每次可靠性增长试验过程中的可靠性特征量水平,需要有与可靠性增长试验相应的可靠性增长模型,通过可靠性增长模型,依据试验过程中发生的故障次数和故障时间序列,在试验过程中能评估产品的即时可靠性水平,在试验结束后能评估产品最终达到的可靠性水平。

可靠性增长模型的拓展概念是指在可靠性增长过程中,产品的可靠性在不断变化,可靠性增长模型代表了产品可靠性的变化规律,利用可靠性增长模型,可以评定任一时刻产品的可靠性特征量。这里的增长过程不局限于可靠性增长试验过程。

可靠性增长模型分为离散型增长模型和连续型增长模型两大类,随着可靠性增长技术的发展,可靠性增长模型也得到了广泛的研究,应用较多的增长模型有经典的 Duane 模型、AMSAA 模型以及在此基础上发展形成的几种增长模型。简单介绍如下。

1）Duane 模型

可靠性增长的 Duane 模型：

$$\lambda(t) = a(1-m)t^{-m}, \quad 0 < a, 0 < m < 1$$

式中：$\lambda(t)$ 为 t 时刻系统故障率；a 为 Duane 模型尺寸参数，代表系统初始可靠性水平；m 为增长率，表示系统可靠性增长的速率。

Duane 模型中，累计失效次数 $N(t)$ 与累计试验时间 t 的关系为

$$N(t) = at^{1-m}$$

Duane 模型是一种经验模型，大多数可修电子产品基本符合这一规律。

2）AMSAA 模型

AMSAA 模型是在 Duane 模型的基础上发展起来的，AMSAA 模型给出了模型参数的极大似然估计与无偏估计、产品 MTBF 的区间估计、模型拟合优度检验方法、分组数据的分析方法及丢失数据时的处理方法，系统地解决了模型的统计推断问题。

AMSAA 模型假设：在满足及时纠正的条件下，若在系统研制周期 $(0, t]$ 内的系统失效次数 $N(t)$ 符合均值函数 $EN(t) = at^b$，同时满足瞬时强度的非齐次泊松分布过程，则

$$\lambda(t) = dE[N(t)]/dt = a \cdot bt^{b-1}$$

式中：$\lambda(t)$ 为 t 时刻系统故障率；a 为模型尺寸参数，代表系统初始故障率；b 为模型形状参数，表示系统增长情况。按照定时截尾和定数截尾试验情形的不同，可采用极大似然估计的方法对 AMSAA 模型的尺寸参数和形状参数进行估计。

3）其他可靠性增长模型

随着可靠性增长技术的发展，相继产生了 AMSAA - BISE 模型、Gompertz 模型、AMPM 模型、Lloyd - Lipow 模型、ARGT 模型等。

（1）AMSAA - BISE 模型。周源泉、翁朝曦在 AMSAA 模型的基础上，提出的 AMSAA - BISE 可靠性增长模型，可以实施多产品同步增长评估，具有更广泛的适用性。

（2）Gompertz 模型。可运用成败型试验信息和寿命型试验信息，在不同的产品阶段为可靠性数值建模，并生成 S 形可靠性增长曲线。改进型的 Gompertz 模型，可以精确评估 S 形的增长趋势。

（3）AMPM 模型（AMSAA Maturity Prediction Model）。AMPM 模型也称 AMSAA成熟度预计模型，是一种增强的可靠性增长模型，可评估实施修理的有

效性,可预测产品在未来阶段的失效率。

（4）Lloyd – Lipow 模型。一种可以实施多阶段增长评估的可靠性增长模型。

（5）ARGT(Accelerated Reliability Growth Testing)模型。将加速试验与可靠性增长试验结合,实施在恒定应力、步进应力及序进应力等条件下的可靠性增长,ARGT 模型参数、ARGT 在各种应力条件下的参数估计方法,可通过图估计或数值统计方法获得。

以上各种模型对可靠性特征量的评价方法、故障数据对增长模型的拟合优度检验方法、故障机理不变条件的检验方法等,在很多材料中有介绍,本书中不作详细展开。

3.1.2　可靠性增长模型选择

运用可靠性增长模型实施可靠性增长是一把"双刃剑",因为任何增长模型都有一定的适用条件,在依据可靠性增长模型开展增长活动时,必须选用适合的增长模型,如果模型不合适,会得出错误的增长结论。例如,离散型增长模型适用于成败型产品或不修复的寿命型产品,连续型增长模型适用于连续工作的可修复产品。

在选择可靠性增长模型时,需要考虑模型适用条件、增长方式和增长效果的评价要求等因素,以经典的 Duane 模型和 AMSAA 模型为例进行对比分析。

（1）适用条件。Duane 模型适用于在任一时间(区间)内,持续不断地进行可靠性改进的情况,产品的累积故障数与累积时间符合函数关系。AMSAA 模型假设在特定的试验阶段内,每次故障发生后都对产品进行即时改进,找出故障原因消除故障,然后再继续试验,在此条件下其累积故障数服从非齐次泊松(Poisson)过程。

（2）模型优点。Duane 模型采用的是确定性模型,参数的物理意义清楚,表达形式简洁,便于可靠性增长试验计划的制定和跟踪;对试验数据要求很低,只需知道累计试验时间和累计故障数,就能给出将来每一时刻的 MTBF 点估计值。AMSAA 模型数学分析严密、表示形式简洁,便于可靠性增长过程的跟踪和评估;考虑了随机现象,MTBF 的点估计精度较高,并且可以给出当前 MTBF 的区间估计。

（3）存在不足。Duane 模型作为时间函数模型,仅考虑了时间和故障两个维度的信息;研制试验数据为同一环境下的试验数据,未将失效数当作随机过程来处理,最终结果不能提供数理统计评估结果;能给出可靠性的点估计值,但MTBF 值点估计精度不高,不能给出当前 MTBF 的区间估计,模型的拟合优度检验方法比较粗糙,无法满足部分产品的可靠性评估需求。AMSAA 模型在理论上,模型表达式在 $t \rightarrow 0$ 及 $b < 1$ 时,产品的故障强度函数趋于无穷大;在 $t \rightarrow \infty$ 及 $b < 1$ 时,产品的故障强度函数趋于 0,与工程实际不符;仅能用于一个试验阶段,不能用于跨阶段对可靠性进行跟踪;能评估实施了即时改进措施的试验过程的可靠性增长,但不能用于评估在一个试验阶段结束时,采取了延缓改进措施而实现的可靠性增长;模型对数据要求比较苛刻,在评估产品可靠性时通常需要知道精确的故障时间数据。

(4)适用范围。Duane 模型是工程模型,不是统计模型,一般适用于批次量较大,MTBF 要求相对较低的电子、机电类产品。AMSAA 模型在参数估计、拟合优度检验等方面具有优势,适合对试验进行跟踪和数据处理,在电子、机电等领域具有更广泛的应用。必要时,两者可以结合使用,将 AMSAA 模型作为补充,可以使 Duane 模型的适合性和最终评估结果具有比较充分的统计学依据,以两者结合可以形成可靠性增长设计的基础。

ARGT 模型是近年来使用比较广泛的可靠性增长模型,ARGT 加速可靠性增长试验参照加速寿命试验的方法,对产品施加比正常应力更严酷的应力,使产品的故障快速暴露,对故障原因、故障机理进行分析,通过合理的改进措施,使产品的可靠度得到提高,从而实现产品可靠性的快速增长。ARGT 模型的适用范围更广,支持各类产品、各种随机过程故障的可靠性增长过程监控。但是运用 ARGT 模型,对 ARGT 作统计分析,至少需要满足以下基本条件,否则,使用 ARGT 模型,会得出不正确或不准确的结论。

(1)满足在正常应力及加速应力水平下,产品均有显著的可靠性正增长。

(2)满足在正常应力及加速应力水平下,产品在时间区间 $(0, t)$ 内的故障数 $N_i(t)$ 服从同族的计数过程,即应力的改变,不改变过程的类型,而仅改变过程的参数。

(3)满足在正常应力及加速应力水平下,过程的某个参数和/或过程的某些参数的函数不随加速应力强度而异,即产品故障机理不变。

(4)满足产品寿命的过程参数与应力间存在一定的函数关系。

在满足上述条件的试验时间 $(0, T)$ 内,其累积故障数的概率分布、一个区间里的故障数、强度函数、MTBF 等可靠性特征量才符合特定的关系。

3.1.3　航天器可靠性增长模型

在可靠性增长过程中,产品的可靠性是在不断变化的,产品在各个时刻的失效数据,不是来源于同一母体,因此,需要应用变动统计学的原理来建立产品的可靠性增长模型。航天器产品长寿命、小批量,各研制阶段试验子样数量很少,很难依赖各阶段试验数据拟合出可靠性增长模型,所以大多数航天器实施未知模型的可靠性增长。当然,通过可靠性增长工程实践,可以总结得到航天器产品在可靠性增长中的可靠性变化规律,但在工程实践中总结的模型,只能是工程经验模型,在理论上还有待研究和完善。

3.1.3.1　现有模型的应用

在航天器新研产品的可靠性增长中,Duane 模型、AMSSA 模型或其他模型也得到一些应用,通常应用于各种电子、机电和机械产品的可靠性增长。例如,航天器产品的关键新研制产品,在初样研制中按 Duane 模型或 AMSAA 模型制定可靠性增长试验方案,安排可靠性增长试验,此类可靠性增长一般是从最低可接受值增加到可靠性规定值的提高过程。在新研产品的试验中,随着"试验—改进—再试验"过程的重复进行,一般能观测到若干个故障数,若不存在多个故障同时改进而使可靠性发生突变的情况,则累积故障率和累积试验时间在双对数坐标系上趋向于一条直线,并且平均故障间隔时间和瞬时平均故障间隔时间都是关于时间与增长率的线性函数,可以应用 Duane 模型来分析可靠性增长的量值。

航天器产品的高可靠性要求,多数航天器产品具有长 MTBF、几乎无故障数据的特点,按 Duane 模型与 AMSAA 模型开展的可靠性增长试验,会有试验时间过长、故障样本不足的现象,这会进一步降低拟合准确度。对于航天器电子产品,长达十几万小时的 MTBF 要求,对 Duane 模型进行可靠性增长跟踪监控的代价是很高的;另外,Duane 模型等仅考虑时间、故障两个维度信息的局限性也是非常突出的。航天器系统的可靠性增长是一个由迅速到缓慢的增长过程,整个系统增长过程也不宜用增长模型描述。航天器的特点和可靠性增长模型的不足,限制了 Duane 模型、AMSAA 模型以及具有相似数据源模型在航天器可靠性增长中的应用。

3.1.3.2　加速增长模型

ARGT 的思想为航天器可靠性增长提供了实用有效的平台,其基本的设计理念是加大应力,使进行 ARGT 的产品加速暴露缺陷,经分析与采取纠正措施,评估产品经 ARGT 后所达到的可靠性指标,达到使产品的可靠性快速增长的目的。在航天器可靠性增长工程中,依据 ARGT 理论和方法,根据具体产品的加速模型与故障分布,对模型进行扩展,实施可靠性增长。

运用 ARGT 方法实施可靠性增长,必须首先对 ARGT 的加速系数(Acceleration Factor,AF)进行定义。加速可靠性增长模型建立在加速试验(ALT)、可靠性增长试验(RGT)的基础之上,ALT 的 AF 是针对寿命的概率分布提出的,而 ARGT 的 AF 应该针对随机过程,这两者之间有区别,必须将理论与实践相结合,分析随机过程的特征,研究 ARGT 的 AF 性质,并研究这些性质与故障机理不变条件间的本质联系,研究 ARGT 合适的随机过程模型或 RGT 模型。

根据故障的不同分布形式,目前已有多项研究给出了常见加速过程故障机理不变条件下的 ARGT 的 AF 表达式。

(1)在故障服从 Poission 过程的情况下,ARGT 退化为 ALT,寿命服从指数分布,结果与 ALT 中指数分布的结果相同。

(2)对于故障服从 Weibull 过程、成败型过程、非齐次泊松过程、指数过程等情况,可分别用 AMSAA – BISE 模型、AMSAA 模型、Cox – Lewis、指数单项幂级数模型等进行 AF 的计算。

3.1.3.3 裕度增长模型

裕度永恒原理为航天器可靠性增长提供了更广阔的思路。北京航空航天大学康锐教授在《确信可靠性理论与方法》一书中对可靠性科学的最基本原理进行了凝练,给出了裕量可靠原理,即产品的性能裕量决定了产品的可靠程度。裕量可靠原理可以用裕量方程来描述:

$$M = d(P, P_{th})$$

裕量方程描述了产品性能裕量的大小和故障的判据。在裕量方程中,性能阈值 P_{th} 代表产品的功能性能要求,因此性能裕量本质上就是性能参数 P 与性能阈值 P_{th} 之间的某种距离,在时间维度上,产品的性能参数 P 在时间矢量上的退化是不可逆的。普遍意义的性能裕量 M 可以作为产品可靠的基础,$M > 0$ 就意味着产品是可靠的,综合考虑性能裕量及退化过程以及相关参数的离散性,可以给出时间矢量上裕量 M 所代表的产品任意时刻的可靠度。

广义"应力 – 强度"理论涵盖了可靠性的基本科学原理。"应力"代表产品性能阈值,反映外界条件,包括环境条件、工作条件等;"强度"代表产品性能,反映产品的功能需求。可靠性是产品在规定条件下、规定时间内完成规定功能的能力,"应力 – 强度"代表了不确定性,所以产品是否能够完成规定功能,取决于为功能留出的性能裕量能否覆盖或抵消这种不确定性。各项可靠性设计要素均需考虑其不确定性,这是可靠性工程与其他工程学科的一个重要区别。

以机械产品为例,图 3.1.1 中给出的是机械产品狭义的应力和强度的概念,将其进行推广可适用于普适对象。其中:

"常规设计最初的安全度"是设计的性能均值超出性能阈值的程度,"实际安全裕量"是在考虑了参数离散性后性能真实的裕量水平。这两个概念反映了产品寿命初期的可靠性水平,"实际安全裕量"即为产品寿命初期的可靠度;"强度变化"表示在任意时刻产品性能分布较设计状态的退化情况;强度分布与应力分布交集的阴影部分为"不安全"区域,代表产品的不可靠度;衰减曲线描述

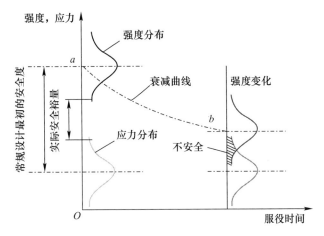

图 3.1.1　机械产品应力 – 强度概率设计理论示意图

了产品性能随时间的变化规律,一般认为,产品性能随时间具有退化趋势,并且性能的退化是一个不可逆的过程,在时间上具有方向性,而且衰减曲线也存在不确定性,实际应用中也需要进行离散化表征。

　　所以建立在上述概念基础上的可靠性增长有两个途径,即增大常规设计最初的安全度和降低不确定性。

3.2　可靠性增长计划

　　可靠性增长计划是指预先对实现可靠性增长目标所需开展的活动项目的全过程描述。可靠性增长计划是开展可靠性增长活动的依据,是实施可靠性增长管理的基础。无论是有确定模型的可靠性增长还是未知模型的可靠性增长,都需要制定可靠性增长计划。实施有计划的可靠性增长,是提升产品可靠性的有效保证。

3.2.1　可靠性增长计划内容

　　可靠性增长应该是一项有目标、有计划的活动,可靠性增长计划是对可靠性增长预先进行的活动安排。制定可靠性增长计划时应该考虑可靠性增长目标实现的难易程度、可靠性增长时间的限制约束、能合理分配的增长资源、可靠性增长对象的特性、现有可靠性水平以及可靠性增长的方式等因素。可靠性增长的对象、目标、方式,以及增长所需资源能否预先科学、合理地计划,会直接影响可靠性增长的效果。

可靠性增长计划制定的时机一般应该在可靠性增长总目标确定之后,特殊情况也可以包括增长总目标的制定。因为一般情况下,增长总目标的确定先于增长计划的制定,当总目标的确定也列入增长计划时,首先需要确定可靠性增长的总目标,然后才能确定其他的增长活动。

可靠性增长计划内容主要应该包括确定增长对象、分解增长目标、安排增长阶段、选择增长方式等。

可靠性增长计划内容至少包含以下方面。

(1)确定可靠性增长的总时间和所有的增长对象。增长总时间也是指增长的整个过程,增长对象包括系统和组成系统的全部单元。

(2)将可靠性增长总过程划分为若干个增长阶段。一般需要根据增长对象的技术状态、试验情况确定增长阶段,这些不同的增长阶段,可以是连续的,也可以是间隔的;需要综合考虑可靠性增长技术、产品状态和具备的资源等因素,明确各阶段的开始时间和完成时间。

(3)将可靠性增长总目标分解成阶段目标。根据增长对象的成熟度和增长所需资源的实际能力,将可靠性增长总目标分解成各个阶段可以实现的目标。

(4)将各阶段目标转换为工作项目。明确与可靠性增长各阶段目标对应的阶段任务,明确每个阶段任务的具体增长计划内容。

(5)明确各阶段增长方式。一个阶段可以采用一种增长方式,也可以采用多种增长方式的组合。

可靠性增长计划一般包括计划内容、增长计划曲线和计划编制说明,可靠性增长计划曲线是可靠性增长计划的重要部分,是可靠性增长过程的直观反映;计划编制说明应该至少包括:产品的技术状态基线状况,同类产品的历史状况;选择的可靠性增长模型及其依据;理想增长曲线确定和参数选择的依据;纳入可靠性增长管理的各项试验的有关信息;制定计划增长曲线时需要考虑的主要问题,如试验段的划分、纠正方式的选取,以及各阶段起始点和结束点可靠性特征量的确定方法等。

可靠性增长计划可以细化为若干个增长活动计划,划分方式有以下几种。

(1)按所开展的增长活动性质,制定专项增长计划,如可靠性增长试验是所有可靠性增长活动中最重要的一项行动,必要时,可以单独制定可靠性增长试验计划。

(2)按增长阶段,制定专项增长计划,如研制阶段的增长计划、使用阶段的增长计划。

(3)按增长对象,制定专项增长计划,如电源产品的增长计划,某一批次产品的增长计划。

不同层级的产品同时开展可靠性增长时,应该在各层次产品增长计划的基础上,制定系统级的可靠性增长计划。

可靠性增长计划至少应该有以下作用。

(1) 确保可靠性增长目标的实现。可靠性增长计划能够直观体现可靠性增长目标的实现策略,通过对增长计划的跟踪监控,可以最大限度地保证增长目标的实现。

(2) 提升可靠性增长的效费比。可靠性增长计划包括技术和管理的全部内容,全面的增长计划便于提前统筹可靠性增长所需资源,可以最大限度地保证增长的效率。

(3) 控制可靠性增长的风险。翔实的可靠性增长计划,能够即时反映增长过程中产品的可靠性状态,可以及时发现纠正过程中的存在问题,降低可靠性增长的风险。

复杂系统的可靠性增长是一项系统工程,需要大量的资源支持,有许多因素难以预测,在增长活动实施过程中不可避免地会有计划调整,如延长某项试验的试验时间,反复迭代故障检测、设计优化、增长验证的过程等,所以在计划制定和执行中应预留相关资源,应该考虑计划的可行性,必要时对增长计划进行合理的调整。

可靠性增长计划与可靠性增长管理计划有所不同,可靠性增长计划的重点是描述可靠性增长目标实现的技术过程,而可靠性增长管理计划的重点是描述可靠性增长活动过程中,对增长活动进行有效控制和对能力及资源进行平衡的管理活动。

3.2.2　可靠性增长计划曲线

3.2.2.1　增长曲线的基本类型

可靠性增长计划曲线是可靠性增长计划的表述形式,增长曲线一般有以下基本类型。

1) 平滑增长型曲线

在产品研制过程中,随着产品设计、生产和试验等正向研制流程的实施,产品的可靠性呈现一个平滑增长的态势。这种增长曲线对应的增长方式是即时改进型,一般在产品初样阶段会运用此类增长方式,如图 3.2.1(a) 所示。

2) 阶梯增长型曲线

在产品研制过程中的某些点,实施了可靠性增长,使产品的可靠性跃到一个新的水平。这种增长曲线对应的增长方式是集中改进型,一般在产品正样阶段会存在此类增长,如图 3.2.1(b) 所示。

3）螺旋增长型曲线

一方面，随着产品研制流程的推进，产品的可靠性得到持续提升；另一方面，在产品的某些可靠性工作节点，针对产品存在的薄弱环节，对相应的可靠性增长特征量，实施了可靠性增长试验、可靠性优化改进措施等，使产品可靠性水平上了一个台阶。这种增长曲线对应的增长方式是即时改进型和集中改进型的结合，一般在产品第二个"V"阶段比较多地使用此类增长。其三维图形呈螺旋上升，平面图如图3.2.1(c)所示。

4）迭代增长型曲线

复杂系统产品的不同组成部分，按不同的增长方式实现的可靠性增长，聚集到系统产品层级，呈现出的是一种多层级产品迭代的特征。在此过程中，有的产品可靠性得到了提升，但也有的产品发生故障后，可靠性有所下降；针对故障产品开展了可靠性增长后，有的可以使产品的可靠性得到增长，有的是使产品可靠性恢复到原有水平。对于系统迭代增长型可靠性增长曲线的表征有些复杂，有停止还有迂回，但总体趋势是上升的，如图3.2.1(d)所示。

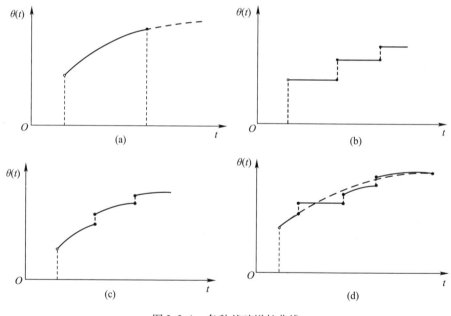

图3.2.1　各种基础增长曲线

可靠性增长曲线包括理想增长曲线和计划增长曲线，一般情况下，理想增长曲线和计划增长曲线都应该是由不同的基本增长曲线组合而成的，包含了不同的增长纠正方式，增长结果是不同方式的可靠性增长工作的迭代呈现。具体某一产品的可靠性增长曲线是由哪几类基本增长曲线组成的,需要根据可靠性增长模型、阶段划分等因素确定。

3.2.2.2　理想增长曲线

理想增长曲线描述可靠性增长全过程的总体方向,绘制理想增长曲线时,要考虑增长起始点、增长总目标以及增长率等因素。理想增长曲线的绘制方法有多种,具体采用什么方法与采用的增长方式和产品状态有关。

1)已知模型的理想增长曲线

已知模型的可靠性增长可以根据可靠性增长模型绘制理想增长曲线。例如,按 Duane 模型开展已知模型的可靠性增长试验实施可靠性增长时,可以按照 Duane 模型确定理想增长曲线。Duane 模型适用于产品的可靠性是逐步提高的,而且不存在大幅增长的情形,所以,基于 Duane 模型的理想增长曲线与立即改进型的增长曲线相似,是一条连续的平滑曲线。绘制平滑增长理想曲线需要确定起始点和增长率,或者起始点和终结点,如图 3.2.2 所示。

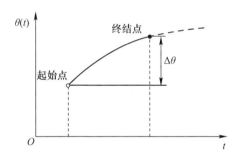

图 3.2.2　平滑增长的理想增长曲线

确定起始点,就是要确定产品可靠性初始水平。可以通过产品研制阶段的功能性能试验结果、可靠性预计以及相似产品的可靠性评估等方法综合确定。确定终结点,就是要确定产品可靠性增长结束时的可靠性水平,应该是产品可靠性增长策划中规定的可靠性目标值。

2)未知模型的理想增长曲线

未知模型的可靠性增长可以根据产品技术状态基线控制实际情况、可靠性增长要求和策划,以及可能获得的其他相关信息,综合分析多源信息,绘制理想增长曲线。一般绘制此类理想增长曲线,需要确定起始点、增长率和增长阶段划分,或者起始点、终结点和增长阶段划分。

可以根据产品技术状态基线确定增长的起始点可靠性水平,依据可靠性增长方式确定增长阶段目标,以此确定增长阶段划分,在理想增长曲线上,增长阶段是一个紧接着一个排列的。对可靠性增长总目标、增长实施所需的总时间、费用保障、试验资源等因素进行综合预测确定增长率,以此绘制可靠性增长理想计划曲线。也可以根据产品研制的各项要求、配置的可靠性试验或者纳入可靠性增长管理的非可靠性试验,计算各类试验的总试验时间,给出各阶段及各试验段的可靠性目标,然后拟合为一条理想增长曲线。

在绘制可靠性增长理想计划曲线时,应该考虑以下内容。

（1）增长模型的限制条件及其确定依据,理想增长曲线的限制条件及其确定依据。

（2）增长过程中阶段的划分依据,阶段纠正方式选取依据,阶段目标值确定依据,以及阶段目标值的修正规定。

（3）各阶段开始点和终止点的可靠性特征量评估方法。

（4）产品可靠性设计、分析、验证项目的完成情况。

理想增长曲线不是产品真实的可靠性增长曲线,但能为产品实施可靠性增长、实现可靠性增长目标提供依据。

3.2.2.3　计划增长曲线

计划增长曲线的绘制、计划曲线中的各阶段目标值的建立,是以理想增长曲线为基准的。首先,依据理想增长曲线绘制计划增长曲线的总体轮廓线,计划曲线的阶段划分、各阶段目标等,都可以理想曲线上的对应阶段为基准。然后,根据产品特性和状态,为每一个增长阶段选取可靠性增长模型、确定纠正方式,根据每一增长阶段的纠正方式和理想曲线相应段的可靠性水平,确定计划曲线中每一增长阶段的可靠性参数值。如可以将理想增长曲线上每一阶段进入点的累积时间和可靠性水平、结束点的累积时间和可靠性水平,作为制定该阶段计划增长曲线的参考值。最后,根据工程实际,对理想增长计划参数做完善修正和迭代,形成真实的产品可靠性增长计划曲线,如图3.2.3所示。

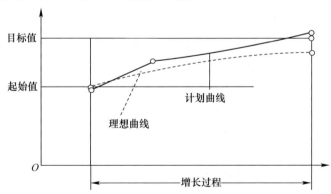

图 3.2.3　理想增长曲线与计划增长曲线

在开展基于模型的可靠性增长试验时,可以依据模型绘制增长计划曲线。如 Duane 模型的增长计划曲线如图 3.2.4 所示,其绘制步骤如下。

(1)在试验过程中,记录产品的累积失效次数 $N(t)$、累积试验时间 t。

(2)对选定的各个时间 t 值,计算出相应的 $t/N(t)$。

(3)将各个点 $(t, t/N(t))$ 标绘在双对数坐标纸上。

如果 t 太大,绘制在双对数坐标纸上比例不合适时,可以设置合适的绘图比例,不影响计划曲线本身的含义。

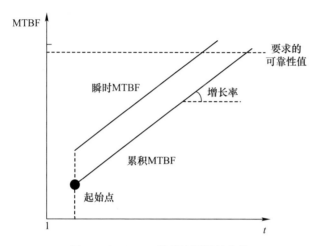

图 3.2.4 Duane 模型计划增长曲线

在绘制的 Duane 模型曲线图上,可用图估计的方法,计算各个参数的估计值。

(1)当前的 MTBF 值:$\theta(t) = t^m / [(1 - m) \cdot a]$。

(2)当前的失效率值:$\lambda(t) = (1 - m) \cdot a \cdot t^{-m}$。

如果产品的技术状态保持不变,则可以使用上述两个公式对未来的 MTBF 和失效率进行预测。在双对数坐标纸上,瞬时 MTBF 是一条直线,平行于累积 MTBF 曲线,向上平移 $-\ln(1 - m)$。其中形状参数 a 的倒数 $1/a$ 是 Duane 模型累积 MTBF 曲线在双对数坐标纸纵轴上的截距,反映了产品进入可靠性增长试验时的初始 MTBF 水平;增长率 m 是积累 MTBF 曲线和瞬时 MTBF 曲线的斜率,它表征产品 MTBF 随试验时间逐渐增长的速度。

在未知模型的可靠性增长中,情况会复杂一些,需要结合具体实例,见 3.2.3 节。由于各种不同的增长阶段可以有不同的纠正方式,因此,计划曲线的形状可以是各种不同纠正方式曲线的各种组合。对于纳入增长管理的非可靠性试验,需要把这些试验段,按照研制进度,在可靠性增长曲线上逐一排列。按计划曲线实施增长后,在各阶段上计划增长曲线与理想增长曲线会有一定的差别,但总的趋势应与理想增长曲线一致,即允许在理想增长曲线的上下波动,但不能偏离过大。计划曲线应当通过或超过最终的增长目标,一般不允许外推至增长目标。

3.2.3 航天器可靠性增长计划

航天器可靠性增长计划,包含了航天器可靠性增长工程计划、具体增长对象的产品可靠性增长计划。

3.2.3.1 航天器可靠性增长工程计划曲线

制定航天器可靠性增长工程计划,通过对整个增长工程的跟踪与控制,完成可靠性增长工程任务。航天器可靠性工程一般都具有确定的工程背景,是在特定的要求和约束条件下的可靠性增长,这些特定的要求和约束条件,已经规定了产品的应用领域、应用时间,以及需要达到的可靠性指标,也就是已经规定了增长总目标、总时间和总过程。

在制定航天器可靠性增长工程理想增长曲线时,可以将每个阶段结束时应该达到的工程可靠性值,或者是建议达到的可靠性值,连成一条平滑曲线,作为工程理想增长曲线,而理想增长曲线的终结点对应的是可靠性增长工程总目标,这样的工程理想增长曲线有一定的"指令性"含义。

航天器可靠性增长工程计划曲线由起始点、增长率和目标值3个要素构成,起始点代表了工程开始时航天器的可靠性初始水平,增长率代表了对产品故障的纠正能力,目标值代表通过可靠性增长工程希望达到的可靠性水平。航天器可靠性增长计划的起始点可以从航天器立项开始,增长计划的终结点可以是航天器研制结束,也可以是航天器寿命结束。增长率和目标值都需要按阶段划分和实现,增长阶段划分可以根据不同需要确定。如可将每个研制阶段作为区间划分,包括方案、初样、正样、发射、在轨和第二个"V"等;对于已经进入批产的产品,也可以按设计、生产、试验、使用等阶段划分。

以研制阶段划分的航天器可靠性增长工程理想曲线,如图3.2.5所示。

在绘制航天器可靠性增长工程计划曲线时,应该考虑以下内容。

(1)可以纳入可靠性增长工程计划的综合试验信息,如可靠性研制试验、验收试验、鉴定试验的信息;可靠性强化试验、高加速应力试验(HAST)、环境应力筛选(ESS)试验、加速寿命试验等信息,以及相似产品的上述信息,利用这些信息来确定产品初始的可靠性水平。

(2)可靠性增长工程的所有增长对象的可靠性指标实现情况,本轮可靠性增长的开始和终止点的产品技术状态信息;对应各增长阶段的可靠性评估值或

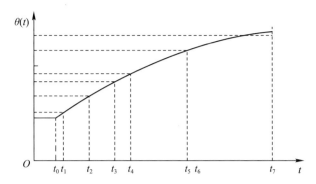

图 3.2.5　航天器可靠性增长工程理想增长曲线与阶段划分

预计值,评估值或预计值与目标值的差距;可靠性设计分析和验证信息,如可靠性设计、FMEA、FTA、可靠性评审、故障归零等。

(3) 实际可靠性增长计划曲线参数及其确定依据,实际可靠性增长计划曲线与理想计划曲线的差异及其原因。

航天器可靠性增长工程计划增长曲线参数有以下几个。

(1) 增长总目标。航天器可靠性增长工程的总目标,一般是预先确定的任务需求。

(2) 增长总时间。航天器可靠性增长的总时间,即达到总目标所允许的总累计增长时间,一般受到任务必须终结时间所约束,如初样阶段的结束时间、规定任务的完成时间、航天器第二个"V"的开始时间等。

(3) 增长初始水平。开始实施可靠性增长工程时,航天器系统的初始可靠性水平。

(4) 增长阶段数。需要结合任务需求、增长时机、增长资源等因素确定。

(5) 各阶段增长率。在增长总目标、增长总时间的约束下,确定各阶段的工程增长率。

航天器可靠性增长工程计划增长曲线示意图如图 3.2.6 所示。

3.2.3.2　航天器产品可靠性增长计划曲线参数

对于航天器产品可靠性增长,多数情况下,其理想增长曲线也带有"指令性"含义,一般将产品随研制过程而应该达到的可靠性值连成一条平滑的曲线作为该产品的理想增长曲线。

在理想增长曲线的基础上,绘制航天器产品计划增长曲线时,如何确定产品计划曲线参数是一项关键工作。航天器产品计划增长曲线参数有以下几个。

(1) 产品增长目标。航天器产品可靠性增长目标,一般是预先确定的合同值、后续任务的规定值、产品更新换代的目标值等。

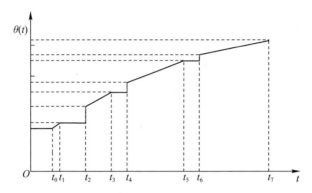

图 3.2.6　航天器可靠性增长工程计划增长曲线与阶段划分示意图

（2）增长时间。航天器产品可靠性增长的时间,受工程增长总时间的约束,需要考虑整个航天器可靠性增长工程的先后次序确定。

（3）增长初始水平。航天器产品的初始可靠性水平,在具备条件时,应该采用产品的相关数据进行可靠性评估;条件不具备时,可以参考可靠性预计值确定,一般可定为预计值的80%。

（4）增长阶段数。可以根据具体的增长对象、具备的增长资源等因素,确定各阶段的增长方式;依据增长方式的不同,确定增长阶段数。

（5）各阶段增长率。针对具体产品的增长目标、增长时间,依据产品在各阶段的增长方式,确定各阶段的产品增长率。

在航天器产品可靠性增长的全过程中,决定可靠性增长计划曲线的 5 个参数是互相关联的,根据 5 个参数中的任意 4 个参数,可以制定一条确定的增长计划曲线,通常首先确定增长曲线的起点参数和终点参数。在航天器的研制总要求或合同中,应该有两个可靠性值,即可靠性最低可接受值和可靠性规定值,如果只有一个可靠性值,通常情况下,这个规定值是最低可接受值。在航天器的整个研制过程中,除了个别高成熟度产品,直接达到可靠性规定值,而多数产品是在产品早期阶段首先达到可靠性最低可接受值,随着研制的深入,通过可靠性增长达到可靠性规定值。

例如,新研产品的可靠性增长。在可靠性增长计划曲线的 5 个参数中,需要确定新研产品的初始可靠性水平,并选择增长方式、划分增长阶段、确定增长率。新研产品的可靠性指标,一般不可能一次达到,很多系统性设计问题需要在研制过程中逐步去发现和解决。在新研产品寿命期的各阶段,尤其在初样研制阶段,通过暴露设计和工艺上的薄弱环节和缺陷,制定可靠性增长的措施,将有效的增长措施纳入到新研产品的设计中去,提升产品的固有可靠性增长,是达到新研产品可靠性规定值的有效途径,如图 3.2.7 所示。所以可以将新研产品可靠性最低可接受值作为可靠性增长计划的起始可靠性水平基准,并同时参考过往同类产品的可靠性数据,参考产品的可靠性预计值、相似产品的可靠性评估值,最终确定增长计划曲线的起始点;将产品可靠性的阶段规定值作为一次增长的终结点目标值。

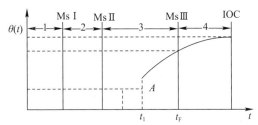

t—累积试验时间;1—论证阶段;2—方案阶段;3—工程研制阶段;4—生产阶段。

图 3.2.7　新研产品的增长计划曲线

新研产品增长计划曲线中另外 3 个参数的确定方式则比较灵活,增长方式、增长阶段数和各阶段增长率的选取,是在约束条件下的权衡过程,应该在可靠性增长策划中确定。选用不同的参数组合,可以绘制多种不同的增长计划曲线,具体应该根据工程要求与现实可能性进行选取。例如,可以通过分析产品特性,依据产品的状态权衡产品的增长率和增长总时间;也可以结合产品特点、研制过程和工程实践经验,权衡确定增长阶段数;在每个增长阶段,选择产品增长方式,根据工程要求和资源,确定阶段增长率。影响增长率的主要因素是故障分析的准确性和纠正措施的有效程度,新研制的产品,通常成熟度及初始可靠性水平都较低,则应该预定稍高的增长率;继承产品如果引进了新技术、新工艺或在原理上有重大改革,其可靠性水平会降低,则增长率通常也需要定得高一些。但在可靠性增长实施中,增长率的选取不能盲目求高、求快,需要权衡增长方式、增长阶段等因素,并考虑之间的融合关系。

可靠性增长工程实践中,增长率的确定可以参考以下因素。

(1) 参考同类产品的可靠性增长目标值和增长经历。

(2) 参考同类试验“试验、分析与纠正”的有效性,增长率与有效性成正比。

(3) 参考可靠性预计值,权衡增长率与初始可靠性水平的匹配性。

第二个“V”产品增长计划曲线参数,与新研产品的增长计划曲线参数确定方式基本相同,其增长全过程也是包含了不同的增长阶段,不同阶段采取了不同的纠正方式,因此,第二个“V”产品的计划增长曲线,也是多种不同纠正方式曲线的各种组合。对于继承的成熟产品,其试验环境和研制程序都比较稳定,一般不会出现重大的"跳跃",因此可以将这种产品的增长过程看成是一个即时纠正的连续增长过程。

3.3 可靠性增长基线

可靠性增长基线,影响产品可靠性增长活动的有效性和效费比。

3.3.1 可靠性增长基线概念

可靠性增长基线是指产品开始可靠性增长时的产品技术状态,即在增长开始时,产品达到的功能特性和物理特性。技术状态基线是指在产品的某一特定时刻,被正式确认并被作为产品后续研制、生产活动基准的产品特性状态。目前,基线的载体主要还是描述和规定产品技术状态的一系列文件,主要包括设计文件、产品保证文件、工艺文件和图样等。基线的演变是个动态过程,在产品全寿命周期,都要注意基线的控制,包括基线变化的识别、基线变化引起的风险分析、严格的变更审批程序等。

可靠性增长实施前必须明确可靠性增长基线。可靠性增长始于产品的初始可靠性水平,将这个初始水平作为可靠性增长的起点,初始水平的基本要求如下。

（1）产品的功能已基本具备,性能指标已基本满足要求。

（2）已经通过环境适应性考核。

（3）元器件、原材料、工艺的早期故障已经筛选剔除。

满足上述条件的产品技术状态可以作为产品的可靠性增长基线;早期不稳定的设计状态、低劣的技术状态、不完整的技术状态、不明确的技术状态都不能作为可靠性增长的基线。

只有确定了可靠性增长的基线,才能更好地明确可靠性增长的目标;可靠性增长的所有活动,应该依据可靠性增长策略,围绕可靠性增长目标,从可靠性增长基线开始实施。

3.3.2 增长基线与产品基线的关系

产品基线是指产品的功能基线、研制基线和生产基线。可靠性增长基线是建立在产品基线的基础上的,一般应该在产品基线确立后,才能确定可靠性增长基线。

产品在设计、生产的不同阶段,制定能全面反映产品在某一特定时刻状态的技术状态文件,形成产品的功能基线、研制基线、生产基线。3 种技术状态基线的建立顺序是从功能技术状态到研制技术状态再到生产技术状态,基线形成是一个由粗到细、由定性到定量,并随着设计、分析、测试和试验等工作的开展而不断调整和完善的过程。首先,根据初步技术要求及相关约束条件,制定系统和产品的功能基线;其次,根据研制技术要求和其他工程化要求,开展详细设计,形成产品的研制基线;最后,对已经形成研制基线的系统和产品开展各项分析和验证活动,形成最终的产品生产基线。这三者之间应相互协调,并具有可追溯性。

1）可靠性增长基线与产品功能基线的关系

产品功能基线是指用文件描述的产品功能特性、接口特性、故障判据等。通常,在方案阶段初期确认建立产品功能基线。方案研制阶段初期,进行系统方案设计,依据合同或任务书、研制总要求等输入文件,完成系统功能技术状态确定的各项工作,作为系统功能技术状态基线。功能技术状态一般确定了系统的任务要求及所有重要的功能特性,主要分系统的功能特性、接口特性,必要的内部和外部接口要求等。

如果在此阶段开展可靠性增长活动,则可以将系统和产品的功能基线作为可靠性增长的起点,但只有完整的功能技术状态基线,才可以作为产品可靠性增长的基线。

2）可靠性增长基线与产品研制基线的关系

产品研制基线是指用文件描述的产品功能特性要求、接口特性要求、附加的设计约束条件,以及验证上述特性、达到规定要求的一系列产品技术状态要求。研制基线的确定通常在初样研制阶段完成,产品级的研制基线由上一级系统分配给本级产品。初样研制阶段开始系统级的具体设计工作,依据研制合同或任务书、方案设计报告,完成系统级研制技术状态确定的各项工作,作为系统级研制技术状态基线,并将研制基线分配给下一级产品,各层级产品技术状态研制基线的总集,形成系统技术途径。

初样研制技术状态一般确定了工程的设计与验证活动,包括:系统对分系统,分系统对单机产品的功能特性要求,分系统或设备的内、外部接口要求,验证设计功能特性要求的试验要求;分系统或单机产品的主要物理特性,可靠性、安全性、维修性、电磁兼容性等方面的要求,以及附加的限制条件等。

在初样研制阶段开展可靠性增长活动,可以将系统和产品的研制基线作为可靠性增长的起点,也可以将产品功能基线与研制基线之间的任何中间状态,作为可靠性增长的起始点,但需要对作为增长基线的技术状态进行具体的确定,状态确定工作可以与产品研制流程中规定的确认点合一,如设计评审、转阶段确认等,确认后的状态基线可以作为可靠性增长基线。

3）可靠性增长基线与产品生产基线的关系

产品生产基线是指在产品工艺鉴定和产品鉴定完成后、首次产品生产开始前,经审查或评审确认的、以产品技术状态为基础的、用文件描述和规定的产品生产状态。

一般情况下,在正样设计完成后,确定生产技术状态文件,建立生产基线。对于继承性产品在分系统或单机产品研制技术要求、图纸和工艺文件确定并正式文件发放后,建立生产基线;对于新研产品一般在通过鉴定试验后,建立生产基线。

通过生产基线建立、生产基线控制,保证产品质量的一致性和生产的可重复性。生产基线的确定应该明确细致、吃透技术,覆盖对产品生产基线状态有影响的全部要素,对生产基线各要素的控制要明确。

在生产阶段开展可靠性增长活动,可以将产品的生产基线作为可靠性增长的起点,也可以将产品研制基线与生产基线的之间的任何中间状态,作为可靠性增长的起始点,但需要对作为增长基线的技术状态进行具体的确定;状态确定可以与产品生产阶段中规定的确认点合一,如工艺鉴定、产品鉴定、生产准备评审等。生产基线中的状态应与鉴定产品或补充鉴定产品的状态保持一致。

3.3.3　航天器可靠性增长基线

航天器可靠性增长基线,必须是产品某一时刻、经过确认或审批的确定状态。

在航天器可靠性增长工程中,典型的可靠性增长基线有以下几种。

3.3.3.1　基于三类技术状态基线的可靠性增长基线

航天器进入初样研制阶段时,初步技术要求、相关约束条件都已经确定,并且已经制定了系统和产品的功能基线,此时,可以以产品的功能基线作为产品的可靠性增长基线。随着研制阶段的深入,根据研制技术要求和其他工程化要求,开展更加全面的系统和产品详细设计,形成产品的研制基线,此时,可以以产品的研制基线作为产品的可靠性增长基线。对基于研制基线的系统和产品开展生产分析、策划和验证活动,形成最终的生产基线,此时,可以以产品的生产基线作为产品的增长基线。

以产品技术状态基线作为可靠性增长基线开展的可靠性增长,一般属于延缓纠正型与含延缓纠正型相结合的可靠性增长。

3.3.3.2　基于产品实现过程某一状态的可靠性增长基线

在产品可靠性形成过程中,产品经历功能基线、研制基线、生产基线3种技术状态,可以将产品3种技术状态基线之间的某一中间状态,也是产品实现过程中的某一状态,作为可靠性增长的基线,但需要做产品即时技术状态的确认工作。

（1）可靠性增长基线建立于功能基线与研制基线之间时,需要确认以下技术状态情况。

① 系统任务需求、物理特性、系统及主要分系统的功能特性、系统内外部的接口要求等。

② 可靠性、安全性、维修性、电磁兼容性等方面的要求,主要的设计准则、限制条件、系统故障判据等。

（2）可靠性增长基线建立于研制基线与生产基线之间时,需要确认以下技术状态情况。

① 分系统或单机设备的主要物理特性,系统对分系统、分系统对单机设备的功能特性要求,分系统或单机设备的内、外部接口要求。

② 对分系统或单机设备功能特性要求进行验证设计的试验要求。

③ 可靠性、安全性、维修性、电磁兼容性等方面的要求,以及主要的设计准则和限制条件等。

（3）可靠性增长基线建立于生产基线与重复生产之间时,需要确认以下技术状态情况。

① 产品规范、工艺规范和材料规范等技术文件,工程图样、清单、计算机软件文档。

② 产品制造、组装、试验和检测等要求,对实物进行验证的全套技术文件。

在产品可靠性增长工程中,当产品的固有可靠性实现了增长时,其产品技术状态会发生变化,对变化的情况应该进行确认评价,包括改进技术对系统性能的影响,对互换性、接口等的影响,对技术状态基线文件的变化,对维修性、保障性和经费的影响,并将变化结果纳入产品基线管理。产品实施可靠性增长后,产品形成新的功能基线、研制基线和生产基线,推进了产品基线状态的迭代。

以产品研制过程中的某个时刻的状态作为可靠性增长基线开展的可靠性增长,一般属于即时纠正型的可靠性增长。

3.3.3.3　基于公用平台的可靠性增长

航天器公用平台的可靠性需要不断提升,航天器公用平台中重复使用的产品,是处于从可靠性最低可接受值到可靠性规定值的螺旋上升过程,可以将公用平台的整个状态作为可靠性增长的基线,对公用平台产品开展可靠性增长,不断提升航天器平台的可靠性水平和成熟度等级。

3.3.3.4　基于首发型号技术状态的可靠性增长基线

航天器产品具有小子样特性,没有真正意义上的批产,一般在首发型号的基础上,后续型号的任务需求会有不同程度的变化,需要将首发型号的技术状态作为可靠性增长基线,根据新的任务需求,针对原型号产品的设计裕度差距,开展可靠性增长,以满足同系列新型号的新需求。

航天器系统属于复杂大系统,航天器在轨运行周期长、运行环境复杂,航天器运行过程中需要进行在轨管理和跟踪,需要针对首发型号在轨运行中发生的故障、暴露的薄弱环节、设计隐患等,开展可靠性增长。

3.3.3.5 以在轨型号的技术状态作为可靠性增长的基线

随着在轨航天器数量的增多,在轨遥测数据的信息更加丰富,在轨数据是航天器在轨运行状态的直接体现,是航天器在轨寿命及可靠性的真实表现,蕴含着大量的可靠性增长需求信息。以在轨航天器的状态作为基线开展可靠性增长,主要是通过对后续产品的可靠性设计工艺优化,提升后续型号的可靠性水平。

航天器可靠性增长基线如图 3.3.1 所示。

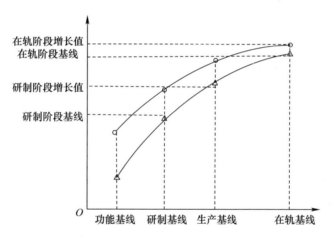

图 3.3.1 航天器可靠性增长基线

以航天器首发型号、在轨型号、公用平台的技术状态作为增长基线开展的可靠性增长,一般属于延缓纠正型的可靠性增长。

◢ 3.4 可靠性增长试验

可靠性增长试验,是所有可靠性增长活动中最直接有效的可靠性工作项目。可靠性增长试验是产品可靠性增长工程中的一项重要工作,是提高系统或单机产品可靠性的一种有效手段。

3.4.1　可靠性增长试验定义

可靠性增长试验是为了暴露产品的薄弱环节,有计划、有目标地对产品施加模拟实际环境的综合环境应力及工作应力,以激发故障、分析故障和改进设计、工艺,并验证改进措施有效性而进行的试验。

根据定义,可靠性增长试验有 3 个层次的内涵。

(1) 可靠性增长试验是一个有目标、有计划的可靠性工作项目。

(2) 可靠性增长试验是一系列的试验—分析—改进(TAAF),这一系列的 TAAF 组成了产品可靠性增长的迭代过程,可靠性增长试验必须按 TAAF 基本流程实施。可靠性增长试验分已知增长模型的可靠性增长试验和未知增长模型的可靠性增长试验。如果是按已知模型开展可靠性增长试验,则其可靠性增长试验方案要按照可靠性增长模型制定;如果是按未知模型开展可靠性增长试验,则其可靠性增长试验方案可依据工程实际制定。一般将可靠性要求值分解为阶段值,并以此拟定符合工程实际的增长计划,按阶段制定可靠性增长试验方案,逐个实现产品的可靠性增长目标。

(3) 在这个过程中,产品应该是处在实际使用环境或模拟实际环境条件下,这样才能暴露由于设计与制造薄弱环节引起的故障模式,或潜在的故障隐患,并据此开展故障分析、确定故障原因,才能针对故障模式、故障原因采取相应的纠正措施消除薄弱环节;通过再试验以验证纠正措施的有效性,从而使产品的可靠性得到增长以满足规定的可靠性目标要求。

在航天器增长工程中,会涉及各类可靠性试验,如可靠性鉴定试验、可靠性验收试验、可靠性研制试验、应力筛选试验等,应该正确理解和实施各类可靠性试验。

可靠性增长试验与可靠性鉴定试验、可靠性验收试验有本质的区别。

(1) 可靠性鉴定试验、可靠性验收试验不能提升产品的可靠性。因为试验本身是不能提高产品可靠性的,只有通过试验发现故障,通过分析找出故障机理,采取改进措施,消除或减小故障的发生概率,产品的可靠性才能得到提升。

(2) 可靠性增长试验的目的是提升产品的可靠性。可靠性增长试验解决的是关联故障中的系统性故障,对于非关联故障或关联故障中的非系统性故障一般不采用可靠性增长试验的方式;通过可靠性增长试验,除了要达到可靠性增长的目的之外,通常还可同时进行维修性和各种性能的增长改进,可靠性增长试验信息不仅可以作为可靠性指标评定的依据,还可作为维修性等其他特性指标的评定依据。

可靠性增长试验与研制试验、应力筛选试验等试验有关系也有区别。

1）可靠性增长试验与可靠性研制试验的区别

可靠性研制试验是对产品工程样机施加一定的环境应力和(或)工作应力，以暴露样机设计和工艺缺陷，对试验中暴露的问题进行改进，对改进后的产品再做试验，直到问题解决，所以可靠性研制试验确实也是一个 TAAF 的反复过程。可靠性增长试验和可靠性研制试验的目的也都是提高产品的可靠性水平，但两者在试验流程、试验目的、开展时机等方面有一定差别。

（1）试验时机。可靠性增长试验必须在产品性能试验完成后进行；可靠性研制试验可以与产品的性能试验结合进行，但应该在可靠性增长试验之前，成功的可靠性研制试验可以免去可靠性增长试验。

（2）试验流程。原则上都是按照 TAAF 的流程进行，但无论是已知增长模型还是未知增长模型的可靠性增长试验，都必须覆盖流程的全过程；可靠性研制试验则可以根据每次试验的具体目的，制定每次试验不同的起始点。

（3）试验目的。可靠性增长试验除了暴露缺陷、采取纠正措施外，还有一个定量的增长指标，目标是否能实现，是判断增长试验是否成功的依据；可靠性研制试验通常仅仅是暴露缺陷，采取纠正措施并进行验证，其目的是剔除故障，一般没有可靠性定量要求的约束，不强调可靠性定量评估。

（4）试验条件。可靠性增长试验必须在真实的或模拟真实的环境条件下进行；可靠性研制试验的环境条件不受限制，在一般环境条件、真实环境条件或加速环境条件下都可以进行，可以是单应力环境，也可以是综合应力环境。

（5）试验子样。可靠性增长试验必须有一定数量的子样，通过一系列的试验才能说明产品的可靠性水平或可靠性增长程度；可靠性研制试验中，除了统计试验外，其他的研制试验可以仅通过单个子样、单次试验来判断试验的好或坏。

（6）试验对象。可靠性增长试验必须是功能、性能已经达到一定要求的产品；可靠性研制试验则可以在产品的任何状态进行。

在可靠性工程试验中，经常把可靠性增长试验和初样阶段的研制试验混为一体，有时直接表述为"可靠性研制/增长试验"，但只有开展了成功的、充分的可靠性研制试验，实现了产品的可靠性增长，才可以作为可靠性增长试验。

可靠性增长试验与可靠性研制试验的关系如表 3.4.1 所列。

表 3.4.1　可靠性增长试验与可靠性研制试验的关系

	可靠性增长试验	可靠性研制试验
试验时机	产品研制阶段中、后期，具备了应有的功能和性能，通过了环境试验，开展了环境应力筛选试验，剔除了元器件和材料的早期失效	研制阶段早期就可以开始，贯穿产品的整个研制过程

	可靠性增长试验	可靠性研制试验
试验流程	遵循 TAAF 流程,按增长模型或增长计划不能做删减	遵循 TAAF 流程,可以根据具体试验制定不同的试验流程
试验目的	在暴露缺陷、采取改进措施的基础上,需实现产品的可靠性增长量化目标	暴露缺陷,采取纠正措施,提高产品可靠性,不一定有量化目标
试验条件	模拟真实的环境条件	不一定
试验次数	需根据增长计划、阶段目标确定试验次数	不一定
试验对象	确定可靠性增长目标时选择的基线产品	不一定

2)可靠性增长试验与环境应力筛选试验的关系

环境应力筛选试验(ESS)是指为减少早期故障,对产品施加规定的环境应力,以发现和剔除制造过程中的不良零件、元器件和工艺缺陷的一种工序与方法。环境应力筛选是航天器产品制造过程的一种重要措施,是以非破坏的方式激励生产工艺缺陷,可减少元器件或设备的早期失效。

产品在设计和生产过程中,主要有以下 3 种类型的缺陷:元器件原材料缺陷、设计缺陷、工艺缺陷。这三类缺陷就其来源可分为两类:一类是固有缺陷,它是由产品内因决定的,如元器件、原材料缺陷、设计缺陷;另一类是诱入缺陷,它是在产品的生产过程中产生的工艺缺陷,如连接不良、虚焊和元器件固定不当等。后一类缺陷也是影响产品使用可靠性的主要根源。

可靠性增长试验与环境应力筛选试验都是消除产品的故障、隐患,但两者有本质的不同。

通过可靠性增长试验,对暴露出的故障,采取设计、工艺改进措施,并再试验验证措施的有效性,消除因固有缺陷造成的故障,降低使用寿命期的产品故障率,不仅提高受试产品的可靠性,而且能提高所有同类产品的固有可靠性水平。

环境应力筛选是剔除诱入缺陷、部分与应力和时间有关的可靠性问题所致的潜在缺陷,加快早期故障率下降的进程,使产品的可靠性尽早接近其设计的固有可靠性,产品在投入使用初就进入稳定的"使用寿命期",通常环境应力筛选无法剔除使用寿命期的缺陷。在使用寿命期需要开展可靠性增长,才能剔除缺陷,提升产品的可靠性。

可靠性增长试验与环境应力筛选试验两者的试验目的,应力类型、应力水平和施加顺序等都是不同的,具体如表 3.4.2 所列。

表 3.4.2　可靠性增长试验与环境应力筛选试验的关系

试验内容	可靠性增长试验	环境应力筛选
试验目的	消除产品由固有缺陷造成的故障,提高同类产品的固有可靠性	消除产品由诱入缺陷造成的故障,提高筛选产品的现场使用可靠性
试验子样	按增长模型、增长目标确定	原则上产品应该100%开展
故障类型	产品使用寿命期的偶然故障	产品早期故障
环境条件	模拟真实的环境条件	有利于故障诱发的环境条件,与实际环境条件没有关系
应力量级	实际经历的最大环境应力、实际经历的环境应力与安全因子的乘积	以有效诱发潜在缺陷,不损伤产品为原则的加速应力
应力施加顺序	根据产品实际经历的环境顺序	根据筛选效果进行组合

3.4.2　基于模型的可靠性增长试验

依据确定的可靠性增长模型开展的可靠性增长试验,一般称为已知模型的可靠性增长试验,此类增长可以借助模型,通过可靠性增长试验中的故障次数或故障时间序列,在跟踪过程中可以评估产品当前的可靠性水平,以及在试验结束后能够最终达到的可靠性水平。已知模型可靠性增长试验的基本流程是:试验前明确可靠性增长模型,制定可靠性增长试验方案,绘制可靠性增长试验曲线,严格按增长试验方案的规定开展试验。在试验过程中,不断地将实测的可靠性特征量值(如 MTBF)与计划的增长值进行比较,及时做出调整,对增长率和资源进行控制和再分配,以最终达到可靠性增长的目标值。增长模型可以是某个理论模型,描述产品在可靠性增长试验过程中产品可靠性增长的规律或总的趋势;增长模型也可以是工程研制中的经验总结,但应该经过了实践的验证。基于模型的可靠性增长试验的要求和方法,必须与可靠性增长模型相配合,利用模型制定可靠性增长计划曲线,根据计划安排实施可靠性增长试验。为此,必须正确选用可靠性增长模型,避免使用不合实际的或缺乏试验数据基础的可靠性增长模型。

开展基于模型的可靠性增长试验,应该注意以下方面。

(1)必须正确选用可靠性增长模型,可靠性增长试验的条件、程序、工作项目必须严格遵循可靠性增长模型,使用不合实际的或缺乏试验数据基础的可靠性增长模型,会影响可靠性增长分析结论的准确性与真实性。

(2)必须依据可靠性增长模型的理想曲线,制定可靠性增长计划曲线,在可靠性增长跟踪过程中,及时比较分析实际增长曲线与理想增长曲线的差距,原则上,在可靠性增长试验的过程中,可以中止但不能调整增长试验方案。

可靠性增长试验一般应是定时试验,这种定时试验的总时间是使"现有可靠性"增长到"可靠性目标值"所需的最长时间。一般情况下,当 MTBF 的要求值为 50～200h 时,试验时间为要求值的 5～25 倍;当 MTBF 值的要求值在 2000h 以上时,总的试验时间至少应该是 MTBF 值的一倍。

在试验过程中,若没有出现故障,则可以允许在总试验时间内的某一时刻采取定时截尾。例如,当试验进行到某一时刻,已达到 MTBF 值的 2.5 倍时,故障数仍为零,则可以以 90% 的置信度确信受试产品的 MTBF 已达到了规定值,从而提前结束试验。但当具体模型有规定的要求时,应该按模型的要求进行。

3.4.3　未知模型的可靠性增长试验

有些产品受技术条件、试验子样、试验时间的限制,不能利用已知的可靠性增长模型开展可靠性增长试验,而是根据产品研制计划(包括可靠性增长计划)实施可靠性增长试验,是试验—暴露问题—分析—改进—再试验的迭代过程,最终达到预定的可靠性目标。一般称此类可靠性增长试验为未知模型的可靠性增长试验,实施未知模型的可靠性增长试验时,应该制定严格的可靠性增长计划,制定可靠性增长试验实施流程,严格按可靠性增长试验实施流程开展可靠性增长试验。

可靠性增长试验的宗旨是通过试验来诱发产品的故障,找出产品的薄弱环节,采取纠正措施并验证纠正措施的有效性,使产品的可靠性得到提高。未知模型的可靠性增长试验流程也应该反映此可靠性增长试验的基本宗旨,未知模型的可靠性增长试验应该遵循的基本流程是:故障(潜在隐患)发现(机理分析)—针对故障的设计改进(再设计)—试验验证(发现新的故障隐患)的迭代过程,按照台阶式可靠性增长计划实施,是在可靠性增长计划约束下的多阶段接力式可靠性增长。制定此类接力式试验方案时,应该根据当前阶段可靠性要求值,结合以前所有阶段试验信息,制定下一个阶段的试验方案;如果仅单一地分别根据各阶段可靠性要求值来制定各阶段试验方案,未考虑对以前各阶段试验信息的利用,这样的试验方案不符合接力式特点。未知模型的可靠性增长试验也需要对增长过程进行跟踪,也存在定量的约束,只不过这种增长跟踪、定量约束没有相应的可靠性增长模型。

为了达到可靠性增长目标,未知模型的可靠性增长需要确定可靠性增长特征量。一般应该在产品特性分析的基础上,选择有典型物理意义或工程意义的增长特征参数,并相对准确地归纳出这些参数的选择范围、选取原则;在围绕这些参数开展可靠性增长时,能逐步准确地选取参数量值,形成可靠性增长的量化指标。未知模型的可靠性增长试验中,产品的可靠性处于不断变动之中,通常用可靠性评估确定未知模型可靠性增长过程中产品的可靠性水平。

开展未知模型的可靠性增长试验,应该注意以下几个方面。

(1)未知增长模型的可靠性增长试验也存在定量的约束,但这种定量约束没有明确的可靠性增长模型;未知模型的可靠性增长试验必须通过再试验,以验证纠正措施的有效性,对不能进行试验验证的增长措施,应该采取仿真分析,并通过寿命试验、评估等方法验证可靠性增长阶段目标值。

(2)未知增长模型的可靠性增长试验,应该在模拟实际环境的条件下进行,试验施加的应力条件应该在综合考虑产品任务剖面所遇到的最大使用应力条件和鉴定试验规定的条件后确定。当小于此应力条件,则不能起到激发所有的故障模式的作用;但如果施加应力条件超出设计规范容许范围(即加速条件)时,要避免发生新的失效机理,需要找到加速应力下的试验结果与正常应力下的试验结果之间的等效关系,即环境转换因子,否则,也会影响可靠性增长分析结论的准确性与真实性。

(3)未知模型的可靠性增长试验,应该是在可靠性增长计划约束下的多阶段接力式的可靠性试验,应该根据某阶段可靠性要求值与其以前所有阶段试验信息相结合来制定下一个阶段的试验方案。如果仅按照跳跃式的可靠性增长计划,孤立地分别根据各阶段可靠性要求值来制定各阶段试验方案,未考虑对以前各阶段试验信息的利用,这样的可靠性试验方案会减弱对产品可靠性增长的贡献。

3.4.4 航天器可靠性增长试验

一般情况,航天器部分新研产品、关键产品开展已知模型的可靠性增长试验;大部分航天器产品开展的是未知模型的可靠性增长试验,采用这种试验方案比较符合航天器的研制特点,可以在经费和时间有限的情况下,解决产品的故障和隐患,提高航天器产品的可靠性。产品是否需要进行可靠性增长试验,可根据其特点并综合考虑其复杂性、关键性、成熟性、使用环境、故障频次、研制经费、尤其是费用效益等要素来确定。

在航天器的研制过程中,对下列产品应该提供足够的经费和时间来保证可靠性增长试验的实施。

(1)对系统可靠性、安全性、维修保障等有重要影响的产品。

(2)新研产品、作重大改型的产品、复杂关键产品等。

(3)沿用有成功使用经历,但不能满足新型号变化了的可靠性或环境条件要求的产品。

由于航天器产品的特殊性,实施航天器可靠性增长试验时,主要采用未知模型的可靠性增长试验,如图 3.4.1 所示。

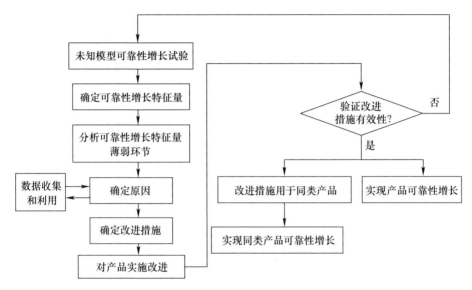

图 3.4.1　未知模型可靠性增长试验

在此类可靠性增长试验中,应以激发出故障为目的,而不重点关注产品可靠性特征量增长的定量数值,但需要定量给出可靠性增长特征量的变化。通过试验激发故障和隐患,围绕增长特征量,在相应的设计或生产过程中采取纠正措施,并进行性能检测、故障检测和故障确认,以保证此类故障不再出现,并确保不引入新的故障模式,最终固化改进措施,增长产品的可靠性。

航天器开展可靠性增长试验应该注意以下几个方面。

(1) 一般应该安排在初样研制阶段的中、后期进行,如可以安排在产品通过了环境鉴定试验之后、可靠性鉴定试验之前的时间段。在初样阶段安排可靠性增长试验,此时设计更改容易、试验费用较低。

(2) 初样研制阶段的早期,一般不安排可靠性增长试验。产品研制早期发生的故障模式,故障定位困难、故障原因复杂,会影响可靠性增长的有效性。生产和使用阶段一般不安排专门的可靠性增长试验,主要是充分利用生产和使用经验以及相关试验获得的信息,通过消除制造工艺缺陷和局部设计更改来实现可靠性增长。

(3) 可以根据产品技术条件规定的可靠性要求,将可靠性增长试验与可靠性鉴定试验结合进行,对于价格昂贵、试验子样较少的航天器产品,应该加强可靠性增长试验,减少可靠性鉴定试验,更符合工程实际,经用户方认可的成功的可靠性增长试验可以免去可靠性鉴定试验。

（4）可以采用设备级与分系统级相结合的方案来进行可靠性增长试验。这种方案可以同时解决产品接口部分以及分系统级产品的可靠性增长，试验的效费比较高。

航天器未知模型可靠性增长试验的试验步骤和试验内容一般有以下几方面。

试验步骤：施加足以诱发故障的应力，系统地暴露和检测产品设计与工艺的薄弱环节，进行薄弱环节信息的收集与反馈；分析确定增长特征量，改进设计工艺，开展可靠性增长验证和评估。

试验内容：试验前对分析受试产品的状态，编制试验大纲、测试细则及操作规程等；试验中对产品的可靠性增长率进行控制，对产品的技术状态进行跟踪；试验后对产品可靠性水平的评估等。

具体操作过程的各项要求如下。

1）试验前产品状态分析

为了确认产品的技术状态，需要对产品过往信息进行分析，一般需要准备以下文件。

（1）产品的可靠性设计分析报告，如分配和预计报告、FMEA报告等。

（2）产品的验收测试报告，如性能测试报告、环境适应性试验报告等。

（3）产品已开展的可靠性试验报告，如可靠性研制报告、环境应力筛选报告等。

（4）产品故障分析报告，如故障归零报告、故障信息分析汇总等。

2）编制试验大纲、测试细则及操作规程

（1）编制试验大纲，试验大纲中应该包括规定的试验方法、试验程序和综合试验剖面等基本内容，还应该：

① 有增长模型的，明确所选用的可靠性增长模型；

② 没有增长模型的，进行必要的原因说明，并明确全过程各阶段的增长方法；

③ 根据产品实际情况定出起始点、增长率，做出计划增长曲线；

④ 明确故障定义和故障判据及故障处理方法。

（2）编制测试细则，测试细则除了通常规定的试验前、试验中和试验后等各项测试的基本要求外，还应该：

① 对受试产品技术状态进行测试检查的内容、方法和要求；

② 给出判断受试产品技术状态是否符合技术条件的判据。

（3）制定操作规程，操作规程除了针对明确的受试产品、试验设备，规定试

验过程的各项操作外,还应该:

① 受试产品应经过环境应力筛选,并经验收证明其功能性能符合要求;

② 试验设备应具有同时施加电应力、温度应力与振动应力的能力,具有对应力施加时间、大小、变化速率等记忆与程序控制的功能,有实时监控和测量的窗口。

3)试验中的跟踪分析

(1)严格按程序进行可靠性增长试验的跟踪管理,并依据跟踪的结果实施有效的控制;对故障事件进行故障机理分析,采取纠正措施,并在与发生故障时的同样环境条件下,对纠正措施进行有效性验证。

(2)安排合理充分的产品技术状态监测点,详细、真实、具体记录试验数据和产品状态,对受试产品的技术状态进行全过程跟踪。

(3)对增长试验目标指标进行跟踪。对故障采取即时改进方式时,要采用试验大纲规定的增长模型跟踪可靠性指标;对故障采取延缓改进方式时,要定期分析评审所有试验数据,试验中每一次故障与纠正后反映在产品上的可靠性水平的变化,都应该有对应的量化关系。

4)试验后的可靠性评估和评价

可靠性增长试验结果的可靠性评估,也是可靠性增长试验的核心环节,只有对试验进行有效的跟踪与评估,才能知道试验的进展情况、产品可靠性的发展趋势以及产品已达到的可靠性水平。应该按试验大纲规定的方法,对试验结果进行可靠性量化评估;在一次试验过程中,评估方法一般不能随便更换,确需调整时,应该按规定的程序进行。对可靠性增长试验的结果、产品可靠性水平给出评价,并将产品增长后的可靠性水平,落实到产品规范等有关文件中,以反映产品最新的技术状态水平。

3.5　可靠性增长验证

可靠性增长验证有两方面:一是验证产品可靠性的增长情况;二是验证产品是否由于可靠性增长而降低了原来的功能、性能以及适用范围。这两方面的验证可以归结到对产品可靠性特征量的增长验证、产品可靠性增长特征量的增长验证,以及对产品应用状态的增长验证;有特定要求时,还需要对产品完成规定功能的能力进行验证。可靠性增长验证方法可以有分析验证、仿真验证、试验验证和可靠性评估和评价等。对于复杂产品,一般采用定量和定性相结合、试验和仿真相结合的验证方式。

3.5.1 可靠性增长验证通用要求

航天器可靠性增长验证对象应该包括单机产品级、分系统级、系统级和在轨应用等多层级的组合,各层级验证的目的和意义是不同的,可靠性增长验证尽可能在多层次上进行,可以在单机产品试验中进行定量试验验证,在系统级联试中进行定性验证。验证试验可以结合其他试验开展,可以通过产品级的功能和性能试验、分系统级的匹配性和兼容性试验,系统级的环境适应性试验,以及航天器在轨运行进行验证。

可靠性增长验证方法包括仿真分析、试验验证和测试验证等。不同的技术指标要求可以采取不同的方法验证,同类指标要求也可以用一种或多种方式进行验证;不同验证方法会不同程度地存在其特有的局限性,验证结果的符合性会存在一定差异。无论是哪种验证方式,都要分析验证工作本身的合理性和正确性,并且要求验证过程具有状态检测、故障监测及快速故障定位的能力。

1)仿真分析验证

用于可靠性增长的仿真验证,应该结合产品在轨应用的任务剖面和寿命剖面、产品在轨可靠性数据变化趋势,确定仿真分析模型及边界条件。结合产品地面试验数据的统计分析,如寿命或加速寿命试验数据、性能退化或加速退化数据、可靠性增长试验数据等,通过数据融合技术研究,分析获得可靠性数据类型及分布特点,开展可靠性增长的仿真验证。

2)试验验证

安排专项验证试验,进行可靠性特征量和可靠性增长特征量进行试验验证。可靠性增长验证试验与可靠性增长试验有联系又有区别。其联系:一次成功的可靠性增长试验可以代替可靠性验证试验;在进行可靠性验证试验中,如果又发生了新的故障,也必须采取改进措施,使可靠性获得增长,从而演变为一种无模型的可靠性增长试验。其区别:可靠性验证试验基本目的是验证产品的可靠性,而不是暴露问题,因此要求产品的技术状态是"冻结"不变的;可靠性增长试验的主要目的是暴露问题并采取改进措施,从而产品技术状态也随之相应变动。

3)测试验证

结合航天器综合测试开展可靠性增长验证,包括单机级、分系统级和系统级的测试,以及航天器的在轨测试,并开展航天器测试覆盖性分析,以保证对航天器功能、性能和可靠性指标实现情况验证的充分性。

系统综合性测试验证有系统测试、测试仿真等多种方式。测试验证试验一般应该在系统级、重要分系统级开展,可结合产品可靠性试验、性能试验等进行,也可以安排专项测试验证试验。对影响任务成败的故障模式,当不能从可靠性试验、鉴定试验等试验中获得足够数据时,要单独开展系统级的故障模式测试验证。

对于复杂大系统,实施以可靠性为中心的测试性,测试性是通用质量特性中的一个指标,是指产品在研制过程或使用过程中,能被及时、准确地确定产品状态,包括可工作、不可工作或性能下降程度,并隔离其内部故障的能力;测试项目可以根据任务书或技术要求规定的技术性能指标参数,以及产品故障测试的参数,一般都是指在本级产品测试中能直接获取数据的项目。

开展故障测试性验证,其流程和基本要求如下。

(1)结合 FTA、FMEA 分析结果,获取系统、分系统的全部故障模式信息;覆盖任务剖面、寿命剖面,针对故障模式制定故障用例;

(2)将系统、分系统作为受试产品,注入相应的故障用例,用规定的测试方法验证产品故障检测与隔离能力;对产品的故障检测能力进行分析,评价故障检测能力能否满足任务要求。

重点关注:

① 设备内部冗余环节的检测。对主、备份功能模块应单独进行完备的测试,对主备切换逻辑和电路单元的状态进行测试,对并联熔断器等应设置专门的检测通道以能够确认其状态。

② 设备内部容错功能的检测。应通过设计专门的错误注入方法,对容错电路和软件的状态进行检测,如对 SRAM 的 EDAC 功能、对 FPGA 配置的纠检错功能、硬件三取二表决电路的功能等进行检测。

(3)对影响任务成败的重大故障模式,应对测试用例的覆盖性和充分性进行定性分析,对故障检测率、故障隔离率等指标进行定量分析。常用方法有以下几种。

① 二项分布法。适用于验证服从二项分布的参数,如故障检测率等。

② 泊松分布法。适用于验证服从泊松分布的参数,如平均虚警率等。

③ 正态分布法。适用于验证具有渐近正态分布的参数,如故障隔离率等。

④ 多项分布法。适用于同时验证具有多个层次的故障隔离率等。

综合定性分析和定量评估结果,验证实施可靠性增长的产品是否达到规定要求。

3.5.2　可靠性特征量的验证

可靠性特征量的验证,是验证产品经过可靠性增长后,产品可靠性特征量的增量。一般是通过可靠性增长试验、可靠性鉴定试验等进行验证,不具备试验条件时,也可以通过可靠性评估验证。

3.5.2.1 明确验证的可靠性特征量

应该在可靠性增长前明确所选择的可靠性特征量,不同的特征量,其验证的重点会有不同。

1) 明确增长的是什么可靠性

可靠性是产品在规定的条件下和规定的时间内,完成规定功能的能力,但不同范畴的可靠性,其验证方式也会有差异。

(1) 基本可靠性。产品在规定的条件下,规定的时间内,无故障工作的能力。

(2) 固有可靠性。设计和制造赋予产品的,并在理想的使用和保障条件下所具有的可靠性。

(3) 任务可靠性。产品在规定的任务剖面内完成规定功能的能力。

(4) 使用可靠性。产品在实际的环境中使用时所呈现的可靠性,它反映产品设计、制造、使用、维修、环境等因素的综合影响。

基本可靠性反映了产品对维修资源的要求,验证产品的基本可靠性增长时,应该统计产品的所有寿命单位和所有的关联故障;验证使用可靠性值时,应该反映产品设计、制造、使用、维修、环境等因素的综合影响;验证任务可靠性时,应该考虑产品各单元在完成任务过程中的预定作用,应该考虑以可靠性为中心的维修性、测试性、保障性等的综合作用效果。

在具体分析增长效果时,一般还可以从可靠性定义的内涵出发,针对更加具体的特征量评定其增长效果,如产品的寿命、平均故障间隔时间等。常用的指标示例如下。

(1) 耐久性。产品在规定的使用、储存与维修条件下,达到极限状态之前,完成规定功能的能力,一般用寿命度量。其增长特征量一般为疲劳、磨损、腐蚀、变质等耗损性指标。

(2) 平均故障间隔时间(MTBF)。可修复产品的一种基本可靠性参数。其度量方法为:在规定的条件下和规定的时间内,产品寿命单位总数与故障总次数之比。

(3) 平均故障前时间(MTTF)。不可修复产品的一种基本可靠性参数。其度量方法为:在规定的条件下和规定的时间内,产品寿命单位总数与故障产品总数之比。

(4) 平均不能工作事件间隔时间(MTBDE)。时间与完好性有关的一种可靠性参数。其度量方法为:在规定的条件下和规定的期间内,产品寿命单位总数与不能工作的事件总数之比。

(5) 平均严重故障间隔时间(MTBCF)。平均严重故障间隔时间也称为致命性故障间的任务时间,与任务有关的一种基本可靠性参数。其度量方法为:在规定的一系列任务剖面中,产品任务总时间与严重故障总数之比。

(6)故障率。产品可靠性的一种基本参数。其度量方法为:在规定的期间内,产品的故障数与寿命单位总数之比。

(7)故障检测率(FDR)。用规定的方法正确检测到的故障数与故障总数之比,用百分数表示。

(8)故障隔离率(FIR)。用规定的方法将检测到的故障正确隔离到不大于规定模糊度的故障数与检测到的故障数之比,用百分数表示。

2)可靠性特征量之间的关系

各类可靠性特征量不是孤立的,在符合一定的条件下,可由其中的一个可靠性特征量,通过一定的关系,推导出其他的可靠性特征量。

例如,MTBF 与可靠度 $R(t)$、故障率 $\lambda(t)$、累积故障率 $F(t)$、概率密度函数 $f(t)$ 的关系如图 3.5.1 所示。

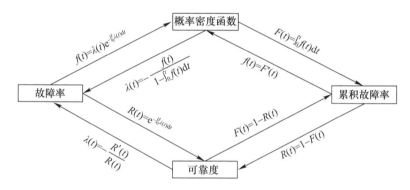

图 3.5.1　可靠度 $R(t)$、故障率 $\lambda(t)$、累积故障率 $F(t)$、概率密度函数 $f(t)$ 的关系

累积 MTBF 是累积故障率的倒数,即,$\theta(t) = 1/\lambda(t)$。当产品的故障服从指数分布时,故障率为常数,产品可靠度的表达式为 $R(t) = \mathrm{e}^{-\lambda t}$。

由于累积故障率、累积 MTBF 计算简便,不包含模型中任何未知参数,所以对可靠性增长情况进行评价时,经常将累积故障率、累积 MTBF 作为可靠性增长的验证评价指标。

累积故障率 $\lambda(t)$ 是指产品试验到 t 时刻的累积故障数 $N(t)$ 除以累积试验时间 t,即 $\lambda(t) = N(t)/t$。在可靠性增长试验中,$\lambda(t)$ 和 $N(t)$ 中的 t 是指产品做增长试验的时间,或者说是增长试验进行到某一时的 t 时刻。在广义的可靠性增长过程中,$\lambda(t)$ 和 $N(t)$ 中的 t 是指产品实施增长的累积时间,或者说是增长过程进行到某一时的 t 时刻。累积故障率不是产品在 t 时刻的故障率,但包含了产品增长过程的信息和产品在 t 时刻的故障率信息。如果产品试验到 t 时刻之后不再纳入纠正措施,则可以认为可靠性不再增长。在可靠性增长工程中,一般用某一时间段内的累积可靠性度量进行增长效果的评价,很少用瞬时可靠性度量。

3.5.2.2　通过可靠性增长试验验证

可以通过可靠性增长试验进行可靠性特征量的定量验证。在有模型的可靠性增长试验中,根据可靠性增长模型,以试验数据为基础,对产品增长过程中的可靠性特征量进行验证。在未知模型的可靠性增长试验中,应该安排专项试验验证,一般可以将 $2.3\theta_T$ 作为验证试验时间,在该试验时间内没有发生同类故障,验证的置信度可由下式求得

$$C = 1 - e^{-t/\theta_T}$$

式中:t 为验证试验时间;θ_T 为产品 MTBF 目标值的增长量。可见,在 $t = 2.3\theta_T$ 时,试验验证的置信度约为 90%。

可以对产品的即时状态进行可靠性评估,在产品可靠性增长的某一状态,根据综合数据的增长分析,得到当前可靠性水平的估计值;也可以在各个试验阶段设置可靠性检测点,评估此阶段结束时可靠性特征量的增长情况。如可以在每个试验段结束时,对增长产品达到的 MTBF 进行评价,或对产品的瞬时可靠性水平进行评估,得到相应的验证值。

在可靠性增长试验中,在符合一定条件的情况下,可以通过预测的方法进行验证。可靠性预测值是对未来某时刻的可靠性水平的估计值,预测值是相对于即时状态而言的。预测值可以分为外推预测值和纠正预测值两种,纠正预测值是指产品在纠正试验段结束后,利用增长预测模型,计算经纠正的产品,在下一试验开始时的可靠性预测值;外推预测值是指在连续增长过程中,在试验条件与增长过程控制程度保持不变的条件下,以同样增长模型外推得到的产品在未来某时刻的可靠性估计值,也就是把跟踪曲线延长到未来某个时刻的可靠性估计值。累积故障率、平均故障间隔时间都可以用外推的方法评定可靠性增长的效果。但外推可靠性度量并不适用于初样研制阶段的可靠性增长,对于初样研制阶段的可靠性增长应该通过试验综合信息的分析得出验证值。

可靠性验证值、外推预测值、纠正预测值的示意图如图 3.5.2 所示。

通过预测值进行可靠性增长验证时应该注意:

(1) 预测结果只适用于正在进行可靠性增长的产品,而不适用于后续的同类产品。

(2) 外推可靠性度量仅限于时间外推,并且前面的试验条件和纠正性更改程序都维持不变,假设今后有同样的趋势时,可以利用以往的数据,利用可靠性增长模型或增长计划曲线外推估计可靠性值。

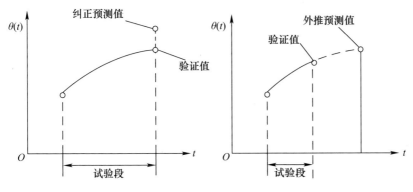

图 3.5.2　验证值、纠正预测值和外推预测值

（3）对于可靠性增长试验过程中发现的系统性故障的纠正,其有效性应加以专项验证,否则会影响预测值的正确性,专项验证可以安排在后续的试验时间段完成,也可单独安排进行。

3.5.2.3　通过可靠性鉴定试验进行验证

可以通过可靠性鉴定试验进行可靠性特征量的定量验证。按相关标准规定对开展了可靠性增长的产品,进一步安排可靠性鉴定试验,验证实施可靠性增长后产品的可靠性指标。

通常情况下,产品可靠性鉴定试验时间比较长,所需费用也是相当高的。所以,对系统安全和系统可靠性影响大,并且其 MTBF 指标比较适中的产品,可以采用此类验证方法。一般认为,开展了成功的、充分的可靠性增长试验,验证了产品的可靠性特征量,可以不开展可靠性鉴定试验。"成功的可靠性增长试验"至少应满足下列条件。

（1）具有可靠性鉴定试验所规定的试验环境条件、故障判定规则以及试验组织管理。

（2）进行了严格的可靠性增长试验过程的跟踪管理,有完整的故障记录、故障纠正和验证过程。

（3）对可靠性增长试验结果的评价方法是经过验证的,置信度选取符合要求。

（4）产品通过可靠性增长后的 MTBF 水平,达到或超过可靠性鉴定试验要求。

3.5.3　可靠性增长特征量的验证

可靠性增长特征量的验证应该开展特征参数的专项验证试验。一般不同产品在不同成熟度时期所选择的增长特征量、采取的增长方式不完全相同,如机械类、机电类、电子类、光学类等不同属性产品,热、降额、电磁兼容性、耐久性、防变形等不同设计特性指标,都有其特定的验证方式。所以可靠性增长特征量的每一个专项验证试验,都需要根据产品状态,制定试验方案、试验大纲、试验细则,并严格按照要求开展验证试验,这样得到的特征量增长验证情况才是真实的。

有时,可靠性增长特征量的验证试验技术需要与增长工作同步开展研究,以保证验证工作的有效性。

例如,对大功率产品进行热设计特性参数的增长验证。验证试验方案:确定通过热仿真分析、热成像检测和热平衡试验3个步骤进行验证。首先需要建立产品热特性元件、模块和整机的热仿真分析模型,对产品进行热仿真分析验证;其次通过真空红外热像系统,对产品进行红外热像测试;最后开展热平衡试验,验证增长后产品的热分布特性。通过上述3项工作,完成大功率产品热设计增长特征量的验证。

例如,对转动类产品进行耐损耗增长验证。验证试验方案:确定通过温度拉偏试验和寿命摸底试验组合进行验证。依据产品工作实际情况确定试验流程、失效判据以及各测试点的测试内容,模拟使用中实际疲劳和磨损情况确定转动范围和转速,在真空环境下带惯性负载进行,试验前、后和试验过程中分别测试转动组件的特性参数,如转动频率、运转精度等。

例如,对高频摆动类产品进行寿命增长验证。根据摆动机构的工作原理,影响机构寿命和可靠性的主要因素是摆动连接件如摆动簧片,机构的转动寿命主要取决于摆动簧片的结构状态。摆动簧片是用于往复运动机构的零件,在工作过程中零件内部应力–应变的循环变化造成零件的疲劳损伤,可能导致转动机构的失效。对摆动簧片材料、工艺及疲劳性能等进行疲劳分析、测试和试验;摆动轴系属于超高周次疲劳的范畴,轴系疲劳分析和寿命评估分为3个层次,材料级、零件级、轴系组件级;采用疲劳寿命分析方法,通过疲劳分析,建立数学模型,对扫描轴系进行寿命评估。

其他如验证接口的可靠性、冗余设计的有效性、系统的健壮性等,都需要开展专项的试验验证。

3.5.4 产品技术状态的验证

产品开展可靠性增长后,产品的设计、工艺状态发生了改变,对增长后产品技术状态的验证,是可靠性增长工作不可缺失的重要方面。

产品技术状态验证,应该根据验证产品相关设计规范和设计要求的具体内容确定;验证符合性判据应该遵循设计规范,结果应该与设计规范要求一致;验证范围应该包括可靠性特征量、可靠性增长特征量的验证,产品功能性能的验证,以及产品应用状态的验证,要保证验证的全面覆盖性。应该统筹策划产品可靠性特征量、增长特征量、功能性能增长量的综合验证,通过验证增长后产品的功能、性能、可靠性能力水平,以验证增长产品改进措施的合理性和增长的有效性。

从试验条件出发,产品技术状态验证应该包括:

(1) 正常工况下的系统综合性测试验证;

(2) 拉偏工况下的系统性仿真和试验验证;

(3) 故障工况下的系统性测试、仿真和试验验证等。

对已经确定应用对象的产品,可以直接开展产品应用技术状态的验证,如可以直接按应用型号要求开展验收试验和鉴定试验,以验证产品的应用状态。通用产品应该在开展产品技术状态验证后,才能确立新的基线状态,按新基线进行基线产品的管理和应用。

3.5.5　航天器可靠性增长验证

航天器产品经过可靠性增长后,应该对可靠性增长的效果进行充分的定性评价和定量评估,才能得出产品可靠性得到增长的结论。对航天器单机、分系统和系统进行分层次的可靠性增长验证,验证设计更改措施的有效性,以及产品当前具有的功能性能特性,验证经可靠性增长设计更改的产品,没有降低其原有的功能性能指标。

3.5.5.1　单机产品可靠性增长验证

航天器单机产品级的可靠性增长验证,从功能性能设计符合性、可靠性安全性设计符合性、质量控制措施符合性等方面进行验证。通常采用试验验证和可靠性评估相结合的方式开展,通过可靠性评估对产品的可靠性增长情况进行评估验证,是航天器可靠性增长效果评价的常用手段,在航天产品可靠性增长中起着重要作用。试验验证包括薄弱环节改进措施有效性的验证、环境适应性包络验证和产品长寿命高可靠验证。验证应该注意边界条件、安全底线和接口特性的准确性,否则会影响到试验结果的有效性,或者即使通过了单机级的验证,也不能通过系统级验证。

具体要求如下。

1) 产品功能性能设计符合性验证

(1) 按照产品技术规范进行单机功能和性能测试试验,并根据试验结果评价产品的可靠性、不确定性或裕度。

(2) 通过分析和摸底试验,验证产品性能参数和接口参数的实现裕度。

（3）根据单机参加系统级测试和试验的结果，验证单机与分系统、系统的匹配性和协调性。

（4）对于在增长中改动较大的单机，应完成环境适应性分析和必要的试验验证，验证产品通过环境试验后的状态完好性，评估其对环境的适应裕度。

2）产品可靠性安全性设计符合性验证

（1）开展有关可靠性、安全性验证试验。

（2）对于无法进行试验验证的项目，应通过分析、仿真等手段对其符合情况进行确认。

（3）验证冗余设计的有效性，验证冗余单机外部切换方式的有效性、内部单点失效环节识别的充分性。

3）产品质量控制措施符合性验证

（1）产品生产过程中采用的新工艺必须通过专项工艺鉴定。

（2）软件产品应按照软件工程化要求完成规定的评审和测试。

（3）单机所选用的新器件、新材料通过相应的认定和鉴定。

（4）对外协及多次外协承制单位的质量保证能力及相关体系、规范进行检查和确认。

4）单机产品可靠性评估

（1）针对不同的单机产品，研究选择规范适用的评估模型，不同产品的可靠性评估模型在底层逻辑上应该建立关联性。

（2）针对不同成熟度的产品，统一策划界定可靠性评估数据的来源，应该充分利用产品地面试验数据、在轨使用数据，以及同类产品数据、相似产品数据等，并统一制定数据采用规则。

（3）一般不安排仅仅为了可靠性评估而开展的专项试验。

3.5.5.2 系统级可靠性增长验证

航天器系统级验证活动一般有系统级环境试验、系统联试、系统仿真等，可以通过系统联试、分系统联试、电性能测试、各种环境适应性试验等，进行可靠性增长验证，如整星 EMC 试验、力学环境试验、热环境试验、设备机械接口匹配性试验、太阳电池光照试验、蓄电池组充放电试验、自动飞控功能测试、星模试验等。

在研制阶段开展的产品可靠性增长，其增长方式比较复杂，如有通过开展可靠性增长试验、可靠性研制试验等多种方式实现的可靠性增长，所以研制阶段产品的增长验证不能仅仅在同级产品中评价可靠性增长的有效性，需要"站在系统审视单机"。例如，对单机产品的可靠性增长有效性评价，应该分别在单机产品可靠性增长活动结束时进行验证，以及在分系统级、系统级评价单机产品的增长有效性。

系统级需要从功能性能设计符合性、可靠性安全性设计符合性等方面进行验证确认。

具体要求如下。

1）系统功能性能设计符合性验证确认

（1）按照航天器研制总要求的规定，根据实际测试结果，对系统功能性能符合性进行确认。

（2）按照航天器系统与工程其他系统接口控制文件的规定，根据系统间对接试验结果、相关测试和试验数据，确认航天器与工程其他系统的匹配性和协调性。

（3）根据系统功能性能验证矩阵的规定，对整个系统功能、性能测试项目的完备性和测试结果的符合性进行确认。

（4）对于在地面无法直接验证的项目，应通过分析、仿真等手段对其符合情况进行验证确认。

2）系统可靠性安全性设计符合性验证确认

（1）根据系统级环境试验结果，确认系统对环境的适应性及裕度。

（2）通过分析和相关测试、试验结果，对系统级关键性能参数的实现裕度进行确认。

（3）通过分析和测试，对系统级冗余设计的有效性和可测试性进行确认。

（4）对系统级故障模式的测试充分性进行确认。

3.6　可靠性增长管理

可靠性增长管理是可靠性增长工程的重要组成部分，是一项贯穿可靠性增长全过程的工作项目，它不能代替其他的可靠性增长工作项目，但可靠性增长管理可以作为一种手段，可以对所有的可靠性增长活动和要素进行监督和管理。

本节重点介绍对产品的可靠性增长过程进行跟踪、控制和管理。

3.6.1　可靠性增长管理概念

可靠性增长管理通常是指为达到预定的可靠性增长目标，在系统全寿命期内，科学运用各种技术，合理分配各类资源，有效控制可靠性增长过程的一系列工程管理活动，如图 3.6.1 所示。

可靠性增长管理的本质是对增长过程进行跟踪、监督与控制，可以通过可靠性增长管理，调整增长策略、增长计划、调整资源分配，对增长率进行控制。确定

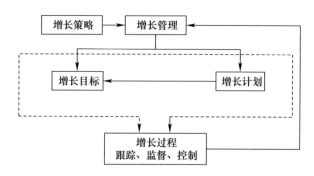

图 3.6.1 可靠性增长管理

了可靠性增长目标和增长计划后,需要对实际增长过程进行控制,以保证增长过程可以按增长计划进行,实现增长目标。计划增长曲线的跟踪过程是进行可靠性增长管理的依据,在产品的可靠性增长管理中,跟踪实测值与计划值的符合情况,努力实现计划曲线中所规定的既定目标。对于高可靠产品,由于在整个增长过程中的故障数据较少,可能逐段地跟踪增长信息已失去意义,因此需要将各段增长过程叠加成一个增长过程进行管理,跟踪管理整个增长过程中的故障率、增长率和纠正率等参数,按照即时纠正方式进行跟踪,并绘制跟踪曲线;计算外推预测值,并在整个增长过程结束时计算验证值。

通过可靠性增长管理对产品进行的试验进行管理。试验能充分暴露产品的薄弱环节,能有效地验证设计更改,是可靠性增长的最重要的信息来源;通过对试验数据的分析,可以对产品的可靠性水平做出直接的客观度量。所以为了充分利用有限的试验资源,应该尽可能地将产品研制过程中的各项非可靠性试验纳入到可靠性增长管理中,如产品研制中的性能试验、部分环境试验、安全试验、现场运行试验等都可以成为可靠性增长管理的对象。

对于复杂系统产品,可靠性增长管理的作用更加重要。

例如,科学合理地安排可靠性增长试验。复杂系统可靠性增长试验不适合在工程研制阶段的前期进行,但在研制阶段后期进行薄弱环节的设计更改需要耗费比较大的资源,其效费比会降低,所以可以通过可靠性增长管理,在最合适时安排可靠性增长试验。

例如,可靠性增长试验的时间,仅占研制过程中全部试验时间的很小部分,通过试验手段对产品可靠性增长实施管理和控制的时间较少,当增长过程中需要重大变动和调整时,其能调整的资源非常有限,对一个复杂大系统工程,有时这种变化会很难实现。因此,需要实施可靠性增长管理,可以及时地发现问题,并解决问题。

3.6.2　可靠性增长管理量化参数

可靠性增长管理需要控制的量化参数可以分为三类：第一类是反映增长所需的保障情况的，如经费、技术人员、时间、试验设备等，这些是基础保证，决定了可靠性增长工作是否能进行；第二类是反映增长技术方向的可靠性特征量，如可靠度、MTBF、故障率、纠正率、增长率等，这些是可靠性增长的共性参数；第三类是确定增长实施效果的特征参数，如产品的热特性参数、振动特性参数、耐久性参数等，与具体产品紧密相关。下面重点讨论故障率、增长率和纠正率 3 项典型共性增长参数。

3.6.2.1　故障率

故障率是产品可靠性的一种基本参数，产品的故障率一般可以用累积故障率和瞬时故障率表述。在分析产品的故障率时，应该区分故障的不同属性，这样定量计算统计的故障率才有意义；故障率计算的关键是定义统计范畴，限定母体边界，根据不同用途可以有不同的定义，但在同一次分析计算中，不同的部分都应该采用同一种定义。

在可靠性增长理论中，把产品全部故障分为 A 类故障和 B 类故障两类，根据上述分类方法，故障率可以表示为

$$\lambda(t) = \lambda_B(t)/(\lambda_A + \lambda_B)$$

累积故障率可以表示为 $\lambda(t) = N(t)/t$，$N(t)$ 为产品在累积时间 t 内的累积故障数。

瞬时故障率可以表示为 $\lambda(t) = \mathrm{d}N(t)/\mathrm{d}t$，$\lambda(t)$ 为产品在 t 时刻的故障变化率。

航天器产品一般根据故障发生时间和故障模式，将产品故障分为首发故障、常驻故障和可恢复故障，这三类故障包含了系统性故障和残余性故障，在分类时首先应该将残余性故障剔除，余下的系统性故障是归属于 A 类故障还是 B 类故障，应综合考虑技术可行性、经济合理性、任务成败性和目标贡献性等因素，选择最符合产品特性状态的故障分类。

（1）技术可行性。识别、消除故障的技术成熟度等级，能否保证识别的覆盖性以及不会带来新的故障隐患。

（2）经济合理性。产品可靠性得到增长所需的费用，是否在效费比的合理范围之内。

（3）任务成败性。故障的危害度等级，是否危害到任务成败。

（4）目标贡献性。产品通过可靠性增长后，对系统可靠性目标的贡献程度。

航天器可靠性增长的 A、B 类故障分类情况，还与增长的纠正方式有关，对

于即时纠正的可靠性增长,遵循常规的 A、B 类故障分类;对于延缓型的航天器可靠性增长,如在一次飞行后的可靠性增长,应该根据产品技术状态、应用背景等因素,对 A 类与 B 类故障进行重新分类。对于航天器复杂大系统,A 类故障的存在是不可避免的。

3.6.2.2 增长率

可靠性增长率表征了产品的可靠性增长速度,研究和分析产品的可靠性增长率有以下作用。

(1)在可靠性增长过程中,跟踪产品的可靠性或故障情况,对可靠性随时间的改变进行增长率的分析,可以及时掌握产品的可靠性增长情况,对可靠性增长过程实施有效的控制。

(2)可以根据产品当前可靠性度量值的增长率,预计产品未来的可靠性值。

(3)在新研产品的研制过程中,通过可靠性增长率分析,可以预测新研产品的可靠性水平。

增长率的定量控制方法有以下几项。

1)跟踪增长过程

在实际增长过程中,实时地确定产品可靠性定量值,并绘制出可靠性增长的跟踪曲线,将跟踪曲线与计划曲线相比较,及时发现偏差,分析这些偏差产生的原因和对目标实现的影响,并提出相应的对策,为可靠性增长控制提供依据,使产品的可靠性能在预定的时间期限内增长到预定的目标。

2)掌握增长效果

在产品可靠性增长过程中,及时掌握故障信息,依据选用的模型或方法,对产品可靠性水平做出评估,评估包括试验段结束时的可靠性验证值、延缓纠正预测值,对连续增长过程还应包括跟踪曲线和外推预测值。

3)控制增长速度

主要适用于可靠性增长试验的控制分析。验证值、预测值与计划目标值相比较,当验证值、预测值低于计划目标值时,应该采取措施加快增长速度;当跟踪曲线明显高于计划曲线时,可以采取措施适当减缓增长速度;当验证值、预测值高于计划目标值太多时,需要重新复查增长过程。应该注意,当产品的实际增长率高于计划增长率时,有可能是实际情况就是如此,也有可能是出现了错误的状态。如产品试验、分析与纠正过程中有某些点可能发生了失控状况,选择的增长模型可能不正确,可能没有正确地区分 A 类故障与 B 类故障等,特别注意对试验方法和仪器设备进行检查,以提高故障检测精度,防止故障漏检,应该认真地分析故障数据,查找原因,以反映真实的增长过程。

延缓纠正型增长跟踪过程及预测值如图 3.6.2 所示,即时纠正型增长跟踪过程外推预测值如图 3.6.3 所示。

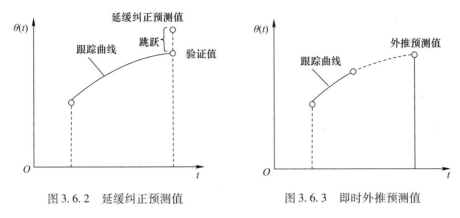

图 3.6.2　延缓纠正预测值　　　　　　图 3.6.3　即时外推预测值

3.6.2.3　纠正率

可靠性增长纠正率是指 B 类故障率与产品总故障率之比,可以用纠正比和纠正有效性系数表述。

纠正比用公式表示为

$$K = \lambda_B / \lambda_1$$

式中:K 为纠正比;λ_1 为总故障率,$\lambda_1 = \lambda_A + \lambda_B$,$\lambda_A$ 为 A 类故障的故障率,λ_B 为 B 类故障的故障率。

纠正比 K 值反映了产品设计的成熟程度,K 值越大,说明产品的设计成熟度、制造成熟度越低。对于复杂新研产品,K 的选值范围一般在 0.85 左右;对于通用产品,K 的选值范围一般在 0.95 左右;对于关键产品,K 值应该达到 0.98以上。若纠正率有较大的偏差,则需要分析偏差原因和影响因素,采取积极的对策,完善调整可靠性增长计划,使产品的可靠性能在预定的时间期限内增长到预定的目标。

纠正有效性系数是指对产品的某个或某类故障纠正后,其故障率被减少的部分与纠正前的故障率之比,它表征纠正措施的有效程度。记 B 类故障纠正前的故障率为 λ_B,纠正后的故障率为 λ_B',则纠正有效性系数 d 为

$$d = (\lambda_B - \lambda_B') / \lambda_B$$

要逐次估计 B 类故障的纠正有效性系数 d 是比较困难的,但对于产品的整个 B 类故障而言,估计纠正有效性系数 d 是可能的。一般情况下,产品纠正有效性系数 d 的取值范围为 0.80 ~ 0.85,提高纠正有效性系数可以增大产品的增长潜力,促进产品的可靠性增长。

无论是已知模型还是未知模型的可靠性增长,增长过程中纠正比和纠正有

效性系数的数值都会受各阶段纠正方式的影响。如在已知模型的可靠性增长试验的纠正方式下,需要考虑各阶段增长试验的实际纠正方式,计算得出纠正比和纠正有效性系数。

如采用 AMSAA 增长模型时,在延缓纠正方法试验段时实际纠正比可以按下式计算:

$$\bar{K}_\lambda = \bar{\lambda}_B / (\bar{\lambda}_A + \bar{\lambda}_B)$$

式中:$\bar{\lambda}_A = K_A/T$,$\bar{\lambda}_B = K_B/T$,T 为试验时间,K_A 为 A 类故障的故障数,K_B 为 B 类故障的故障数。

为了计算纠正有效性系数,需要有相邻两个试验段,以前一阶段采取含延缓纠正方式、后一阶段采取延缓纠正方式为例,可以按下式来计算纠正有效性系数:

$$d = [\bar{\lambda}_A + \bar{\lambda}_B - \bar{\lambda}_{2D}] / [\bar{\lambda}_B - \bar{h}(T)]$$

式中:$\bar{\lambda}_A$、$\bar{\lambda}_B$ 是由前一试验段得到的 A 类故障率和 B 类故障率;$\bar{h}(T) = M\bar{b}/T$,M 为前一试验段中 B 类故障的种类数,$\bar{b}$ 为 M 种 B 类故障首次故障时间的 AMSAA 形状参数估计值;$\bar{\lambda}_{2D} = N'/T'$,$N'$ 为后一试验阶段中的累积关联故障数,T' 为后一试验段的试验时间。

3.6.3　航天器可靠性增长管理

航天器可靠性增长管理是指从航天器研制开始,对航天器可靠性增长策划、增长目标制定、增长技术研究、增长资源筹备、增长成果应用,以及可接受的增长效费比等一系列活动和要素进行管理,并且跟踪增长计划的实施,直到达到可靠性增长的目标值。航天器可靠性增长管理除了上述通用的可靠性增长管理内容外,还包含了具有航天器特色的可靠性增长管理内容。下面重点介绍航天器的产品故障管理、产品技术状态管理和产品综合试验管理等可靠性增长管理内容。

3.6.3.1　增长产品的故障管理

在不同的专业领域,故障管理的内涵有不同的侧重,从可靠性增长工程的角度讨论,故障管理的内容是指对产品故障进行系统预防、检测、隔离、诊断以及纠正的一系列工程活动。故障管理的范围既包括增长过程中的故障管理,也包括产品全寿命周期的故障管理,而且不仅仅局限在故障,还应该包括一切可能引起故障发生的因素,故障管理的根本目的是保证任务成功。

故障管理策略是故障管理的核心,故障管理策略可以根据系统任务和系统构成特点分多个等级实现,如将故障管理策略分为预防故障发生、隔离故障传播、控制故障危害、降低单点失效等。可靠性增长的产品故障管理策略有以下几方面。

（1）预防故障发生。开展 FMEA、FTA、PRA 等分析工作,采取预防措施,杜绝潜在故障模式的发生,有针对性地开展研制阶段和生产阶段的可靠性增长。

（2）隔离故障传播。结合可靠性增长,加强测试性设计,对在低一级产品发生的故障,防止向上一级蔓延,完善故障隔离设计效果。

（3）控制故障危害。结合可靠性增长,开展 PHM、FDIR 以及冗余备份、维修备例等设计,并采取相应措施,将某些故障发生的危害控制在可接受范围之内;通过加强维修性、保障性设计,对发生的故障能在规定时间内得到修复,及时恢复系统功能,保证不影响任务完成。

（4）降低单点失效。研究单点故障模式发生的时序和传递的路径,分析单点故障的关联性,评估或量化系统失效的可能性;分析多种失效共同作用的影响,检查功能或物理依赖性及其对系统的影响,减少或消除发生单点功能失效的因素。

故障管理信息是故障管理中的重要内容,包括以下几个方面。

（1）产品形成过程信息,包括可行性需求分析、可靠性设计分析、故障模式影响分析等活动的过程信息。

（2）产品历史故障技术归零信息,包括现场使用中的故障归零信息,可靠性研制试验、产品验收试验、环境适应性试验等过程中的故障归零信息等。

（3）同类产品举一反三故障信息,包括同类产品、技术、设备的故障信息;产品再分析、再设计、再试验的"三再"信息等。

对故障管理的评估分析,应该采用多种不同的方法,如 FMEA、PRA、危险分析、失效响应分析等,在研制的不同阶段逐步深入,并同步开展失效想定、故障排序和故障预案的制定工作。

3.6.3.2　增长产品的状态管理

可靠性增长产品的状态管理包括产品技术状态管理和产品型谱状态管理。

航天器产品技术状态是指产品的硬件与软件所具有的各种功能特性与物理特性。功能特性一般是指产品的性能参数、设计约束条件和使用保障要求,如性能指标,可靠性、安全性和维修性等要求;物理特性一般是指产品的形体特性,如尺寸、表面状态、形状、公差、重量等。

产品型谱是指以最少数目、不同规格为标志的,能适应较长时期和未来发展及一定范围内全部使用要求的产品系列。产品型谱应该用最少规格数量覆盖已识别的产品需求,若型谱内所列的产品规格是完整齐全的,则前后规格产品在满足应用需求上应该无缝衔接;若型谱内所列的产品规格变化是步进的,则在服从使用要求的前提下,间隔、跨度需适当,既无漏项也不要重复。型谱不仅要包括成熟产品、工程产品和飞行产品,而且包括预研产品及根据未来发展需求有待开发的产品,以保证本类产品的持续发展、满足航天器发展的持续要求。

在产品的研制过程中,存在着大量更改产品技术状态的客观因素,如研制过程中的可靠性增长、产品功能性能完善、生产过程中的超差与代料等。产品技术状态更改与变动是必然的,也是必需的,但要加强对技术状态的控制与管理。

对于因为产品可靠性增长的设计优化而发生的产品技术状态变化,要分类进行验证。产品状态更改引起的变化及其相应的验证要求一般有以下 3 类。

1)一类更改

涉及产品功能特性和物理特性的重大更改。一类更改一般已经涉及产品关键特性的更改,更改措施要经过试验验证,对更改后技术状态的整机产品还应该进行系统试验验证和飞行验证。

2)二类更改

涉及产品功能特性和物理特性的一般性更改。二类更改不涉及产品的关键特性,可以按照技术状态控制的要求,根据产品的应用条件,完成相应的地面验证。

3)三类更改

不涉及产品功能特性和物理特性的文件性更改。三类更改不涉及实物产品,所以不影响指标、应用条件等的变化,不需要进行更改验证。

原则上,以上三类更改没有达到产品更新换代的程度,不影响产品型谱代号变化,不影响型号应用时的产品分类。

3.6.3.3 增长产品的综合试验管理

在可靠性增长工程中,综合试验管理的核心,是将产品研制过程中的各项非可靠性试验信息,纳入到"试验、分析与纠正"的过程。航天器整个研制过程中,试验贯穿于全过程,每项试验都有其自身的试验目的、试验要求和试验内容,同时,这些试验的目的和结果都具有内在的联系。从时间分布,前面的试验为后面的试验提供决策依据;从产品层次,低层次产品的试验为高层次产品的试验提供基础数据。所以对于航天器大型复杂系统,产品需要在不同研制阶段实施可靠性增长,就更加依赖综合试验的管理。

在航天器可靠性增长工程中,将各种试验信息纳入可靠性增长管理,科学合理地确定可靠性增长活动。例如,工程研制试验、性能验证试验、环境适应性试验,甚至是航天器搭载试验等,这些非可靠性试验本身有着大量与产品性能指标和可靠性有关的信息。尽可能地利用产品研制过程中各项试验的信息资源,把非可靠性试验与可靠性试验结合,如将产品的可靠性研制试验与性能验证试验的信息整合,纳入到可靠性增长为目的的综合管理之下,可以使产品更加经济、高效地达到预定的可靠性目标。

在航天器可靠性增长管理时,需要统筹规划合理安排各类试验,才能达到最高的试验效费比。产品的研制试验和各类可靠性试验都是通过试验来诱发产品的故障,找出产品的薄弱环节,采取纠正措施并验证纠正措施的有效性,使产品的可靠性得到提高;可靠性增长试验是为提高产品可靠性所做的一种专项试验,需要在有限的资金范围内,在规定的时间内,通过试验—分析—改进—试验的方法使产品的可靠性达到要求的指标,两者有共同的目的。另外,如环境适应性验证试验、极限试验、可靠性强化试验等,与上述试验也是既有区别又高度关联的,应该通过可靠性增长管理将几种试验统筹安排,在增长过程的跟踪中,应该依次逐段地对各个试验段按可靠性增长管理要素进行管理和控制。

由于产品研制过程的各种试验中,试验对象包含了从初样到应用的各阶段产品状态,受试产品的性能、成熟度、应用条件可能有所不同;不同对象的试验目的、试验条件也是各不相同的。所以在可靠性增长中利用综合试验信息时,要特别注意这些信息存在的差别,通常先要对这些试验提供的信息进行必要的处理。

3.7　可靠性增长实施程序

可靠性增长的实施是一个反复迭代的过程,通过建立规范的可靠性增长流程,把迭代过程中的各项可靠性增长要素和工作项目贯穿起来。可靠性增长实施程序是否科学规范,直接影响可靠性增长的有效性。

3.7.1　可靠性增长通用程序

实施产品可靠性增长的 3 个基本要素是:确定故障源、实施改进优化、验证改进优化措施,可靠性增长通用流程应该是围绕这 3 个基本要素开展的。

在多数情况下,故障源是通过试验发现的,因此比较熟知的可靠性增长流程是试验—分析—改进(TAAF)的迭代过程,如图 3.7.1 所示。

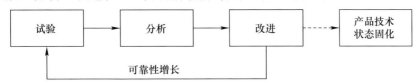

图 3.7.1　可靠性增长的 TAAF 基本通用程序

可靠性增长的 TAAF 基本通用程序,适用于有模型的可靠性增长试验,以及基于故障和失效的可靠性增长。通过试验进行故障复现和故障定位,进行故障检测,找出故障原因,并有针对性地采取改进措施。

对于未知模型的可靠性增长,可靠性增长的程序演变为薄弱环节分析确认、改进优化和测试验证的迭代过程,即可靠性增长的 WAFT(Weak – link, Analysis, Fix, Test – verification)基本通用程序,如图 3.7.2 所示。

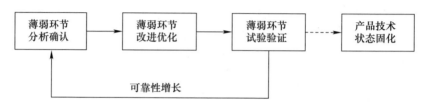

图 3.7.2　可靠性增长的 WAFT 基本通用程序

可靠性增长的 WAFT 基本通用程序,适用于未知模型的可靠性增长试验,以及基于效能和裕度的可靠性增长。

可靠性增长的实际情况是复杂的,薄弱环节的分析、改进和改正验证的具体内容也是多样的。对于复杂大系统,薄弱环节的确定,除了通过试验直接激发故障外,还可以通过专业工具在全面技术分析的基础上准确定位,如仿真分析、现场数据统计分析、FMEA 等。薄弱环节的改进也存在很多不确定的因素,它不是简单的可靠性"再设计",改进的约束条件比首次正向设计规范流程中的可靠性设计更复杂,有时存在关键技术攻关等内容,还应该避免不完善的设计更改带入新的故障模式或隐患。薄弱环节改进验证的要求更加严苛,不仅需要通过验证增长的效果,还要验证产品的技术状态,经常会增加摸底试验、拉偏试验等可靠性极限试验等内容。

可靠性基本通用程序,在具体实施时,要根据不同情况进行拓展和深化,可能的不同情况有以下几种。

(1)不同的增长对象,如单机产品、分系统级、系统级产品等。

(2)不同的研制阶段,如设计方案阶段、初样研制阶段、产品第一个"V"过程,以及后续产品的若干"V"过程。

(3)不同的增长目的,如消除已经发生的故障、减少产品的设计薄弱环节、提升产品的设计裕度和综合效能等。

(4)不同的可靠性特征量,如产品的 MTBF、固有可靠性、任务可靠性等。

根据不同的情况,流程中各环节都有丰富的输入内容,但不会影响其增长的基本流程,WAFT 的基本通用程序是不变的,如图 3.7.3 所示。

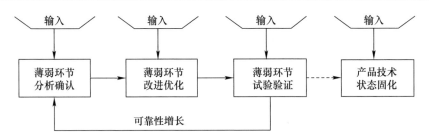

图 3.7.3　可靠性增长的 WAFT 基本通用程序

3.7.2　产品可靠性增长程序

在具体实施产品的可靠性增长时,增长流程需要体现产品的可靠性增长特点和要求。在产品可靠性实现的流程中,已经正常实施了产品可靠性设计、分析、试验和验证的流程,可靠性增长不是简单地重复这个过程,可靠性增长的设计、分析、试验和验证有特定的要求和任务,如图 3.7.4 所示。

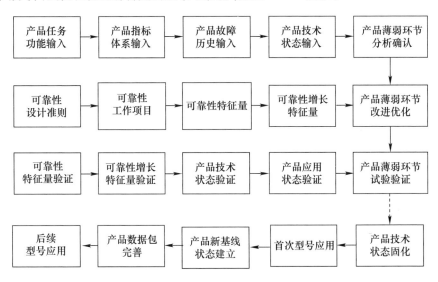

图 3.7.4　单机产品可靠性增长通用程序

产品可靠性增长通用程序中,薄弱环节的分析确认、改进优化、试验验证 3 个环节的输入如图 3.7.5 所示,应该包括以下方面:

1)薄弱环节分析确认环节的输入

(1)产品任务功能分析,如任务剖面分析、寿命剖面分析等情况。

(2)产品指标体系,如产品功能、性能指标、可靠性等通用质量特性指标、生产工艺指标等。

（3）可靠性工作项目,如可靠性分析的 FMEA、FTA、SCA、WCCA 等闭环情况。

（4）产品技术状态,如产品的功能基线、研制基线、生产基线状态及其变更信息等,产品成熟度等级。

（5）产品故障历史,如产品的故障归零情况、同类产品的举一反三情况、相似产品的故障数据等。

2）薄弱环节改进优化环节的输入

（1）可靠性设计准则执行情况,产品的可靠性通用设计准则、产品的可靠性增长设计准则等。

（2）可靠性设计工作项目闭环情况,如可靠性热设计、降额设计、抗力学环境设计等。

（3）可靠性试验开展情况,如可靠性研制试验、HALT、HASS、寿命试验、加速寿命试验等。

需要确保改进措施不会引入新的故障模式,有时即使改进措施科学合理,也存在着一定的新失效风险,应该分析利弊得失。避免解决了一个"大问题",却引入了一个"小问题"。

3）薄弱环节试验验证环节的输入

（1）可靠性特征参数指标的验证,如 MTBF、可靠度、寿命、故障率等。

（2）可靠性增长特征参数指标的验证,如热设计指标、EMC 指标、抗空间环境设计指标等。

（3）与产品任务剖面、寿命剖面相应的环境适应性验证。

（4）产品应用状态验证,或者是产品技术状态验证。

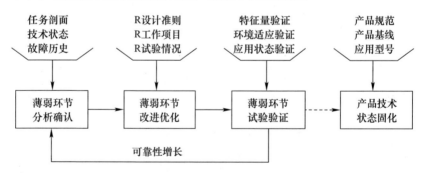

图 3.7.5　单机产品可靠性增长 WAFT 流程

3.7.3　航天器可靠性增长基本程序

航天器可靠性增长的基本流程是在通用可靠性增长程序的基础上,突出了航天器可靠性增长工程的特点。

航天器可靠性增长的基本程序如图 3.7.6 所示。

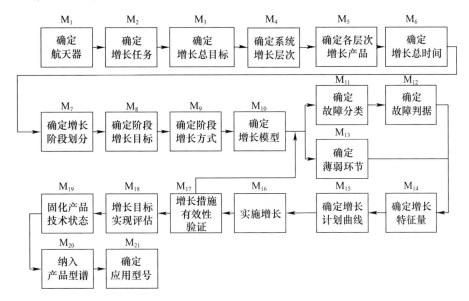

图 3.7.6 航天器可靠性增长基本程序

航天器可靠性增长流程说明如下。

（1）M_1。确定需要开展可靠性增长的航天器。

（2）M_2。确定可靠性增长任务。

（3）M_3。确定可靠性增长总目标。

（4）M_4。确定需要开展可靠性增长的航天器系统层次。

（5）M_5。确定各层次需要开展可靠性增长的具体产品。

（6）M_6。确定本次可靠性增长总的时间。

（7）M_7。确定可靠性增长的划分阶段。

（8）M_8。确定各阶段的可靠性增长目标。

（9）M_9。确定各阶段的可靠性增长方式。

（10）M_{10}。对于有模型的可靠性增长,确定可靠性增长模型。

（11）M_{11}。确定故障分类。识别所有可能的故障模式,分析每种故障模式的影响,确定故障模式的严酷度类别,识别单点故障模式,确定故障模式的发生可能性,确定风险评价指数。

（12）M_{12}。确定故障判据。故障检测方法、故障判别方法。

（13）M_{13}。确定薄弱环节。对产品的可靠性要求进行分析,针对指标要求和目标值,分析差距、确定薄弱环节。

（14）M_{14}。确定增长特征量。分析故障原因,找出影响故障发生的指标参数,定为可靠性增长特征量。

（15）M_{15}。确定增长计划曲线。有模型的增长,根据理想曲线确定增长计划曲线;没有模型的增长,根据增长基线的可靠性值、增长目标值、增长总时间、增长阶段划分、增长阶段目标,确定增长计划曲线。

（16）M_{16}。实施增长。制定薄弱环节的改进方案,提出相应的预防/纠正措施和在轨补偿措施,从增长基线开始,按照增长计划曲线,实施可靠性增长。

（17）M_{17}。增长措施有效性验证。针对改进措施,进行有效性验证,并进行产品的环境适应性验证、长寿命高可靠性验证。

（18）M_{18}。对增长目标的实现效果进行评估。

（19）M_{19}。固化产品技术状态。

（20）M_{20}。纳入产品型谱。

（21）M_{21}。确定应用型号。

3.8 可靠性增长实施方法

对可靠性增长方式按增长模型、增长计划进行分类,可以分为三类可靠性增长方式:有计划有模型增长方法（A 类）、有计划无模型增长方法（B 类）和无计划无模型增长方法（C 类）。

3.8.1 有计划有模型增长方法

A 类有增长计划、有增长模型的可靠性增长。在实施可靠性增长前,确定合适的可靠性增长模型,制定可靠性增长计划,绘制可靠性增长曲线,按增长模型、增长计划开展产品可靠性增长试验,并进行可靠性增长评估,得出产品通过可靠性增长后的目标值。

A 类可靠性增长的增长率明确、量化,是比较规范、比较完整的可靠性增长方式。实施 A 类可靠性增长时,应该注意:

（1）必须选用科学、适合的可靠性增长模型,并严格按照增长模型制订可靠性增长计划,如果增长计划与模型不匹配或增长模型不适用,则会得出错误的增长结论。

（2）预先确定试验总时间、试验子样数,一个典型的 A 类可靠性增长过程总时间达数千小时,并且需要一定数量的子样,需要在增长计划中确定。

3.8.2　有计划无模型增长方法

B 类有增长计划、无增长模型的可靠性增长。B 类可靠性增长实施前必须明确可靠性增长目标、可靠性增长基线。在实施可靠性增长前,制定可靠性增长计划,确定产品可靠性增长的起始值和可靠性增长后的目标值,明确可靠性增长的阶梯量,并给出增长计划曲线。可靠性增长应该围绕增长目标,从可靠性增长基线开始,严格按照可靠性增长计划实施。通过设计改进,消除或减少缺陷,再通过分析、仿真、试验、评估等进行可靠性增长验证,达到可靠性增长的目标。

实施 B 类可靠性增长时应该注意以下方面。

(1) 必须有充分的验证,如果改进措施的实施未经验证或只作简单判断,不能得出产品可靠性获得增长的结论,可以通过试验验证和分析评估等方法验证可靠性增长的量化目标。

(2) 实施前必须明确可靠性增长总目标,为了保证可靠性增长总目标的实现,可以将可靠性增长过程划分为若干阶梯式增长阶段,在每一阶段按 B 类增长方式开展可靠性增长。

(3) 应该科学、合理地确定 B 类可靠性增长的 4 个参数,即增长起始值、增长后目标值或规定值,增长的阶段划分数、增长率或增长目标的阶梯量,这是确定增长计划曲线的重要保证。

B 类可靠性增长的有效程度还取决于对薄弱环节分析的准确性。影响航天器产品可靠性的因素很多,特别是一些多因素同时诱发才会发生的故障隐患的准确定位有一定难度,应该重视收集产品在生产、测试、试验、发射和在轨运行中发生的故障信息,重视 FMECA 等可靠性设计分析工作,并及时开展故障原因、故障机理分析;通过开展产品的可靠性摸底试验、可靠性研制试验以及长寿命产品的寿命试验、高加速寿命试验(HALT)等,暴露设计隐患,确定产品的薄弱环节。

B 类可靠性增长解决了大部分产品没有适用的增长模型可循,或者由于时间、经费限制无法按模型实施,但又需要开展可靠性增长的问题,只要严格按照增长计划开展 WAFT 的迭代过程,同样能达到可靠性增长的目的。可能因为子样数量不足等原因,不能进行增长计划曲线的拟合和评估,增长后不能即时给出单次增长的量化评价,但其增长的增长率是可以预测的,可以通过逐步积累可靠性增长的数据,在产品多次增长后,再开展可靠性增长后产品可靠性的评估。

3.8.3　无计划无模型增长方法

C 类无增长计划、无增长模型的可靠性增长。在产品的研制过程中,不断地发现可靠性问题,针对问题开展设计、工艺、生产和管理改进,使产品的可靠性得到提高,这也是一种可靠性增长的过程,但是一种自然的可靠性增长。

C类可靠性增长的增长率较低并不可预计,原则上只有在不具备开展A类、B类可靠性增长时,可按C类增长方式开展可靠性增长,在产品的性能、功能等基本技术状态稳定后,不建议采用C类可靠性增长方式。C类可靠性增长,适用于产品研制早期阶段,此时产品的性能、功能还没有稳定,还不具备开展A类、B类可靠性增长的条件。

3.8.4　航天器可靠性增长方法

航天器可靠性增长,可以根据产品特点、成熟度等级、研制阶段,选择A类、B类和C类三类增长方法中的一种。航天器可靠性增长一般划分为若干个阶段,可以在不同的阶段,针对阶段增长目标,选择不同的增长方式实施。

从目前航天器产品的研制过程来看,在研制阶段实施A类可靠性增长受到各种客观条件的限制,特别是受到产品特点、研制周期和费用的限制,因此全部按照A类增长方式开展航天器产品的可靠性增长是不现实的。

选择确定航天器产品可靠性增长方式,应该考虑以下方面。

(1)应该根据航天器产品不同的研制阶段与技术状态,采取不同的可靠性增长方式,关注产品的可增长率与产品实际的增长率,使可靠性增长的效益最大化。

(2)航天器关键产品的可靠性指标达不到要求时,应该严格按照A类增长方式实施可靠性增长。

(3)在航天器产品第1个"V"的初样研制过程中,建议采用B类可靠性增长方式,也允许C类可靠性增长方式的存在。在航天器可靠性增长工程中,对第1个"V"研制过程产品的可靠性增长,也应该采用B类可靠性增长方式,而且不允许存在C类增长方式。

(4)B类可靠性增长是目前航天器产品采取得最多的增长方式。通过不断地找出产品设计与制造中存在的缺陷,不断地加以改进,切实消除系统性薄弱环节,实施薄弱环节的分析识别—改进优化—测试验证(WAFT)的迭代过程,最终实现可靠性增长,如图3.8.1所示。

(5)航天器的一次飞行后产品,即产品的第2个"V"过程和以后若干个"V"过程的可靠性增长,与第1个"V"过程的可靠性增长方法不同,必须实施A类或B类有增长计划的可靠性增长,不然增长率会降低,事倍功半。

目前,航天领域提出的"再设计、再分析、再验证"也是一种产品的可靠性增长过程,但是按C类还是按A类或B类增长方式开展"再设计、再分析、再验

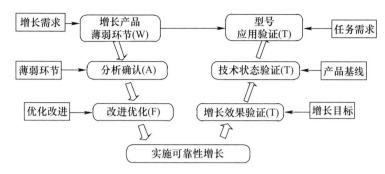

图 3.8.1　航天器产品第一个"V"过程的可靠性增长

证",其增长的实际效果会相差甚远。

3.9　可靠性增长实施时机

可靠性增长是一项高投入、高风险的可靠性工程,应该采取有效措施提高增长工作的效费比,尽量满足在最低寿命费用条件下,达到最高的可靠性。提出可靠性增长实施时机的概念,主要是考虑可靠性增长实施的效费比。

3.9.1　实施时机确定原则

在产品的任何阶段都可以实施可靠性增长,但在不同阶段开展可靠性增长时,其增长的基线状态是不同的,因此增长的方法、增长的程序、增长的效果也会有很大的不同,这些不同归根到底会造成产品实施可靠性增长的效费比的不同。

可靠性增长是产品可靠性工作项目之一,在产品可靠性指标的实现中,有重点地将可靠性增长与其他的可靠性设计、分析、试验等可靠性工作项目结合实施,能有效地提升产品的可靠性和降低产品可靠性研制费用,包括可靠性指标实现费用和可靠性维修性保障性费用。

按产品工程理论,航天器产品的研制过程是一个多次迭代的"W"模型,在"W"模型的两个"V"过程中,第 1 个"V"过程是产品可靠性的形成和增长过程;第 2 个"V"过程是依据产品实际应用情况,对第 1 个"V"过程的产品实施设计、验证和增长的迭代过程,如图 3.9.1 所示。

在航天器产品研制不同的"V"过程,都可以实施产品的可靠性增长。在产品实现的什么阶段实施可靠性增长,如何以最低的费用实现所要求的可靠性增长,或在给定的费用下尽快达到所要求的可靠性水平,应根据其产品的现有可靠

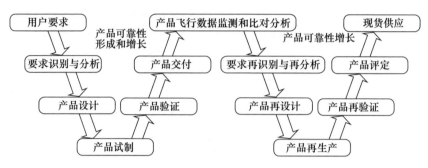

图 3.9.1 航天器产品研制过程的"W"模型

性水平、系统对产品的可靠性要求,以及可靠性增长技术在不同阶段所能达到的效能等综合因素确定。

例如,并不是产品研制过程的所有阶段都适合开展可靠性增长试验。可靠性增长试验是提高产品可靠性的有效手段,其宗旨是通过试验来诱发产品的故障,找出产品的薄弱环节,采取纠正措施并验证纠正措施的有效性,使产品的可靠性得到提高。因此,原则上在产品研制的初样、正样、使用各个阶段,都可以安排可靠性增长试验,但在不同阶段的可靠性增长试验,其试验的效费比是不同的。不是产品的所有阶段都适合做可靠性增长试验,应该根据开展可靠性增长的目的和目标,确定开展可靠性增长试验的合适时机。

例如,并不是所有产品都是越早开展可靠性增长,效费比就一定越高。故障信息源具有及时性和确实性的特性,产品寿命期内不同阶段的故障信息源,对可靠性增长效费比的影响是不同的。

(1)故障信息源的及时性。同一个故障,如果是在产品寿命期的初期,从产品设计阶段的信息源中识别,则可经济地实现设计更改和可靠性增长;如果是在产品寿命期的后期,从使用阶段的信息源中识别,则可靠性增长的效费比要低得多,这是故障信息源的及时性的体现。

(2)故障信息源的确实性。同一个故障,如果是在产品寿命期的早期进行设计更改,所依据的信息往往会包含许多不确定因素,如不同功能单机之间、故障传递路径之间的相互影响等;如果是在产品寿命期的后期,由于硬件趋于成熟,未知因素越来越少,设计更改往往具有准确的指向,可靠性增长更有针对性,这是故障信息源确实性的体现。

航天器复杂系统的可靠性增长,应该系统性策划增长的实施时机,应重视各种输入信息源的有效组合,兼顾信息源的及时性与确实性,经济有效地实现可靠性增长,提升系统可靠性增长的效费比。

具体应该综合考虑以下因素。

1）产品复杂性

系统层次在 3 层以上的产品，应该从顶层开始策划，从底层开始实施，实施时机依次从低往高拓展。

2）产品关键性

影响系统可靠性目标实现，特别是影响系统任务关键功能的产品，应该策划多次可靠性增长的迭代。关键产品的可靠性增长，应该在产品研制早期开始策划，结合产品的研制过程，安排多种方式的可靠性增长，使产品固有可靠性、任务可靠性增长到规定的要求。从产品的设计阶段进行可靠性增长，可以综合利用产品可靠性实现过程的可靠性设计、分析和试验等可靠性项目的作用，充分利用产品的综合信息提升产品的可靠性，提升产品可靠性增长的效费比。

3）产品成熟度

对于通用产品，一般从产品三级成熟度开始实施可靠性增长，原则上，在产品成熟度的三级至六级都可以安排可靠性增长活动，但不建议对成熟度二级以下或六级以上的产品开展可靠性增长。产品从三级成熟度，基本形成了产品的各类基线，包括功能基线、研制基线和生产基线，此时产品已经具备符合规定要求的初始可靠性水平，如可靠性的最低可接受值；再通过可靠性增长，从最低可接受值开始往可靠性规定值增长，增长过程明确可控制，增长的效费比会比较高。

4）产品故障率

针对发生了故障的产品，应该根据产品的故障原因、设计改进的技术难度、故障危害程度，决定开展即时可靠性增长或延缓可靠性增长。此种情况下增长效费比的构成比复杂，应该根据产品费用效益等综合要素来确定可靠性增长的目标，以最佳的效费比分阶段实施可靠性增长。

航天器产品研制的第一个“V”过程的可靠性增长，决定了首发型号的可靠性，其重要性不言而喻。此阶段的可靠性增长应该在型号初样阶段开展，特别是应该开展关键、新研产品的可靠性增长试验，通过可靠性增长，使产品的设计逐步细化和成熟、可靠性逐步增长，在产品交付时其可靠性应该增长到预定的水平。

3.9.2　初样阶段增长时机

一个产品从方案论证到退役，其寿命周期可分成如图 3.9.2 所示的 5 个阶段，其中前 3 个阶段称为早期阶段，后 2 个阶段称为后期阶段。为了获得最佳效费比，应在符合可靠性增长条件的前提下，尽可能早地开展可靠性增长工作的策划，因为薄弱环节发现得越早，就越容易进行设计优化更改，而且纠正设计越早，所需费用也越少;从产品寿命期的早期开始,结合产品可靠性的实现过程,策划设计可靠性增长工作,可以使产品在较短的时间内实现可靠性指标,缩短产品的研制周期,降低寿命期费用。

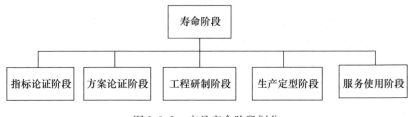

图 3.9.2　产品寿命阶段划分

新研产品应该在研制的早期阶段开展可靠性增长,早期阶段一般包括技术指标论证、方案论证及确认和初样研制 3 个阶段,其中在初样研制阶段开展可靠性增长是最合适的,初样研制阶段进行设计更改容易、费用低。早于初样研制阶段的产品,研制基线还没有确定,可能不具备开展可靠在增长的条件。产品初样研制阶段的任务是完成全系统的所有设计、制造和验证工作,确定系统和单机的生产基线,并在此基础上确定后续正样单机生产和系统集成的保证措施。设计活动围绕两个方面进行:按照型号任务要求规定的使命任务、功能性能指标、工程约束条件等完成系统和单机的基本设计;在基本设计的基础上,以可靠性为中心,以提升测试性等通用质量特性、提升系统健壮性为目标,完成系统和单机的工程化设计。

在产品初样研制阶段,应该对下列情况的产品提供足够的经费和时间,保证可靠性增长的实施。

1)关键通用产品

对任务完成起关键作用的,对系统可靠性、安全性等有重要影响的关键产品,以及在多个系统通用的通用产品。提升了关键通用产品的可靠性,可以保证多个系统或整个系统的可靠性。

2)新研复杂产品

新研制产品,包括做了重大改型的重要产品、国产化替代产品、更新换代产品,以及涉及多学科、多专业的复杂产品。这类产品一般具备“多新”特点,如采用了新技术、新材料、新器件,或者新流程、新人员等。复杂产品的可靠性规律难以掌握,不能以“一次不出问题”来保证“次次不出问题”,需要安排多轮可靠性增长迭代,解决新研复杂产品的可靠性问题,可以降低产品的故障率。

3)变化继承产品

沿用已成功型号的产品,但产品的部分指标是否能满足新型号变化了的可靠性要求、环境条件要求,还没有得到充分的验证。这类可靠性增长,不一定需要设计改进,有时需要对产品的能力极限进行摸底,重新确定产品的相关裕度,提升产品的任务可靠性。

在初样研制阶段实施可靠性增长应该注意以下问题。

（1）不能将可靠性增长试验与可靠性研制试验、工程试验混淆,但应该将各类试验的信息融合,应用于产品的可靠性增长。

（2）不能将可靠性增长中的设计改进与产品原有的可靠性设计项目混淆,可靠性增长应该是在产品充分的可靠性设计和经过可靠性设计评审基础上开展的有针对性的设计改进。

（3）新研制的复杂系统及其关键分系统、设备等,应该实施产品的可靠性增长管理,固化增长成果、确定增长应用计划,完善可靠性增长后的产品体系和型谱。

（4）产品初样阶段是开展可靠性增长的最佳阶段,但其不足之处是产品的故障信息少、故障影响等尚不十分明了,设计更改包含着许多未知因素。所以,一般在产品的初样研制阶段的中、后期安排可靠性增长,有利于兼顾确定故障原因、实施设计更改、降低试验费用和控制风险等多方面因素。

3.9.3　一次飞行产品增长时机

影响航天器产品可靠性的因素很多。产品的固有可靠性是通过设计赋予的,通过制造实现的,需要生产给予保证的,生产过程中的制造工艺及质量控制也是影响系统可靠性的重要因素;航天产品子样少,研制周期相对较短,使用环境复杂,其中复杂的环境条件是最主要的故障诱发因素。

产品的设计确定后,原则上,产品的固有可靠性是确定的,但复杂系统从研制到生产的过程,经常出现可靠性下降的现象,原因有很多。例如,工艺的先进性与设计不一定匹配,可能无法精准实现设计要求等因素;航天器产品不存在传统意义上的批量生产,对产品内在的缺陷和隐患在研制、生产阶段不能得到充分暴露和改进等,都会降低产品的固有可靠性。因此,对于重复生产的产品,需要在首次重复生产前,也就是产品工程的第二个"V"开始,安排可靠性增长,通过工艺控制技术及生产过程的再设计,消除制造过程中引入的系统性缺陷及生产中的薄弱环节,实现产品的可靠性增长。

航天器在不同的任务剖面,经受着各种不同组合的环境应力。例如,航天器发射过程的点火升空、级间分离,变轨产生的振动、噪声、冲击、加速度等力学环境;在轨运行过程中的真空、冷黑、辐射、原子氧、空间碎片、微流星等空间环境。这些综合环境是难以通过地面试验去完全识别产品的故障隐患的。因此,飞行产品的信息是最宝贵的可靠性增长信息来源,应该针对飞行监测数据情况,有针对性地开展产品的摸底拉偏试验、FTA、WCA、SA 等工作,查找产品的设计、工艺隐患,开展可靠性增长。

经历了一次飞行的产品,一般具备以下基础。

(1)生产基线明确,技术状态更改控制和更改分析验证充分到位。

(2)对工艺与过程控制关键特性充分识别和控制到位,过程不合格得到有效控制,产品缺陷得到有效剔除。

(3)产品数据包完整、清晰,产品质量可追溯。

(4)产品维修性、系统健壮性、飞行故障预案得到在轨验证,残余风险清楚。

所以对一次飞行产品飞行试验信息的综合利用,是节省费用和缩短周期的重要手段,对一次飞行的产品开展可靠性增长,可以为后续型号提供可靠性水平更高的产品,也可以为产品的更新换代打好基础。实施航天器产品若干"V"过程的逐级可靠性增长,为推进航天器产品化进程、促进航天器货架产品体系建设奠定基础,如图 3.9.3 所示。

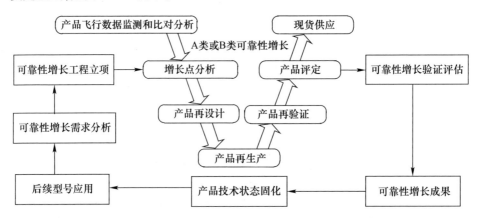

图 3.9.3　航天器产品若干"V"过程的逐级可靠性增长

第 4 章

航天器可靠性增长工程常用工具

航天器可靠性增长的有效程度,取决于薄弱环节发现改进的全面性和改进验证的充分性,这些可靠性活动依赖于有效的可靠性工具。本章总结了航天器可靠性增长工程中薄弱环节识别与改进验证的常用工具,如故障识别与分析工具、寿命试验与可靠性评估工具等,其中 FMEA、FTA、高加速应力试验(HAST)等是传统工具在可靠性增长工程中的创新应用,特性分析、成功包络分析等是航天特色工具在可靠性增长工程的创新实践。

4.1 寿 命 试 验

寿命试验是航天器可靠增长的常用工具,按不同的目的和方式可以将寿命试验分为不同的种类。寿命试验按试验终止方式,可以分为完全寿命试验和截尾寿命试验;按试验应力强度,可以分为常规寿命试验和加速寿命试验;按试验观测对象,可以分为一般寿命试验和退化试验;按试验应力数量,寿命试验还可以分为单一应力试验和综合应力试验,并可按试验应力类型进一步细化分类,如温度循环试验、振动试验、湿度试验、温 - 湿度试验,以及机械疲劳试验、热疲劳试验等。

4.1.1 常规寿命试验

常规寿命试验是指为验证产品在规定条件下的寿命所进行的试验,在可靠性增长工程中,通过常规寿命试验查找设计中可能发生的故障,特别是耗损故障,确定其根本原因并制定纠正措施。

4.1.1.1 分析适用对象

常规寿命试验又称 1:1 寿命试验,其寿命包括使用寿命和储存寿命,一般是模拟实际的使用应力条件进行寿命试验。常规寿命试验的适合对象以机械类或机电类产品为主,这类产品在使用过程中会发生如磨损、腐蚀或老化等耗损性故障,并且故障机理在现有技术条件下难以进行加速或加速模型未知,如电推力器离子溅射腐蚀、阴极发射体材料挥发等。常规寿命试验主要在设备级及以下层次开展,关键新研产品应开展寿命试验,对于某些简单的小型系统在条件允许情况下也可以进行。

在可靠性增长工程中,进行常规寿命试验时,需对产品寿命特性和寿命试验要求进行分析,收集产品的故障数据,并在试验前进行分析。分析内容一般包括以下几方面。

(1)研制现状。分析产品的技术状态、寿命现状,明确改进后产品期望达到的寿命水平;对于寿命验证试验,应分析是否能达到产品寿命指标要求。

(2)薄弱环节。分析影响产品寿命的薄弱环节及相关模块/部组件,明确主要故障模式及其机理。

(3)试验产品层次(级别)。明确进行试验的是整机级还是模块/部组件级。在整机内部存在多个相同或相似模块的情况时,可以在模块/部组件级开展试验;也可以采取模块/部组件级与整机级相结合的方式,选取关键模块/部组件级投入较多样本进行试验,整机级仅投入 1~2 个样本进行补充验证。对于某些产品,拆解为关键模块/部组件后无法工作或无法模拟工作状态,则只能进行整机级试验,如离子推力器的栅极组件只能在整机中进行试验。

(4)试验条件。试验前应对产品环境条件、工作条件和使用维护条件进行分析,产品实际使用中,会经历各种自然环境和诱发环境,还要承受工作载荷,同时接受使用维护,如定时刷新等。明确对产品寿命有影响的要素,考虑现有的实验室试验设施可能提供的试验条件,确定试验应力及其施加方式。

4.1.1.2 制定试验剖面

常规寿命试验剖面应尽可能真实模拟产品的实际使用条件,这样试验结果才能更真实地反映产品实际使用中的情况,可信性更高。卫星产品常规寿命试验剖面制定应考虑以下方面。

(1)应对产品使用条件进行分析,确定影响产品寿命的主要工作应力和环境应力。例如,产品寿命主要取决于工作应力,与环境应力关系不大,则试验剖面中可以只保留对产品寿命影响较大的工作应力;反之亦然。

(2)应优先选用产品在实际使用中的实测应力数据来制定试验剖面。例如,无法得到实测应力,可根据处于相似位置、具有相似用途的产品在执行相似任务时测得的数据,经过分析处理后确定的估计应力;在无法得到实测应力或估计应力的情况下,也可以使用参考应力。对于产品使用位置等不确定的产品,如通用产品,可根据技术规范中的技术指标按照最大能力考核。

（3）充分借鉴以往产品寿命试验取得的经验，如果以往产品寿命试验条件能覆盖新产品的寿命验证要求，则可以将它用作新产品的寿命试验，或根据新产品特点修改后使用。

（4）在满足试验要求的条件下，试验剖面应尽可能简化，忽略对产品寿命影响较小的应力或应力量值。

4.1.2　加速寿命试验

加速寿命试验是为缩短时间，在不改变故障模式和故障机理的条件下，用加大应力的方法进行的寿命试验。其是在合理的工程及统计假设的基础上，利用与物理失效规律相关的统计模型，对加速应力环境下获得的可靠性信息进行处理，得到试件额定应力水平下可靠性特征的数值估计结果，加速寿命试验过程是可重复、可复现的。加速寿命试验采用加速应力开展试件的寿命试验，能够有效缩短试验时间，提高试验效率，降低试验成本，在可靠性增长工程中，有力支撑了高可靠长寿命产品的可靠性增长验证工作。

按照试验应力的加载方式，加速寿命试验可分为恒定应力试验、步进应力试验和序进应力试验。恒定应力试验把全部样品分组，每组样品都在某个恒定加速应力水平下进行的寿命试验。步进应力试验是把全部样品先在某个较低的加速应力水平下进行寿命试验，到达预先规定的截止条件，如定时截尾或定数截尾时，把试验应力提高到下一更高的应力水平下继续试验，如此循环，直至达到总截尾时间或总截尾数时结束试验。序进应力试验和步进应力试验类似，只是施加的加速应力是一个随时间增加连续上升的函数。

4.1.2.1　加速模型

加速模型可分为物理加速模型、经验加速模型和统计加速模型，如图 4.1.1 所示。物理加速模型是基于对产品失效过程的物理化学解释而提出的，如阿伦尼斯（Arrhenius）模型和艾林（Eyring）模型。经验加速模型是基于对产品性能长期观察提出的，如逆幂律模型（Inverse Power Model）、Coffin - Manson 模型等。统计加速模型是基于统计分析方法给出的，常用于分析难以用物理化学方法解释的数据，又分为参数模型和非参数模型，参数模型中参数的个数及其特性都是确定的，但是需要预先确定产品的寿命分布形式；非参数模型是一种无分布假设的模型，模型参数的个数及其特性是灵活的，并不需要预先确定。

下面主要介绍常用的两种加速模型：Arrhenius 模型和 Coffin - Manson 模型。

1）Arrhenius 模型

温度是最常见的一种加速应力，这是因为高温能使产品（如电子元器件、绝缘材料等）内部加快化学反应，促使产品提前失效。Arrhenius 模型，即

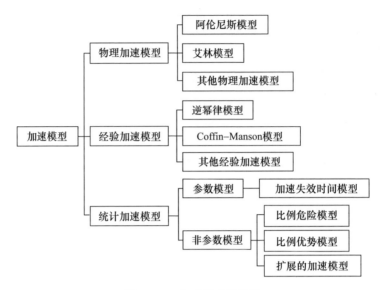

图 4.1.1　加速模型的分类

$$\frac{\partial P}{\partial t} = \text{rate}(t) = A\exp\left(-\frac{E_a}{RT}\right) = A\exp\left(-\frac{E_a}{KT}\right) \qquad (4.1.1)$$

式中：P 为产品某特性值或退化参数；$\text{rate}(t)$ 表示绝对温度 T 下的反应速率；A 是常数；R 是气体常数，$8.31446\text{J} \cdot \text{K}^{-1} \cdot \text{mol}^{-1}$；$K$ 是玻耳兹曼常数，为 $8.617 \times 10^{-5}\text{eV/K}$；$RT$ 可看做平均动能；E_a 是激活能，或称为活化能，单位是 eV。

当温度恒定时，反应速率为定值，产品由初始时间正常状态 P_1 到故障时刻故障状态 P_2 所需的时间即为产品寿命，则有

$$t = \frac{P_2 - P_1}{A}\exp\left(\frac{E_a}{KT}\right) = A^*\exp\left(\frac{E_a}{KT}\right)$$

加速因子为

$$\text{AF}(T) = \exp\left[\frac{E_a}{K}\left(\frac{1}{T_0} - \frac{1}{T}\right)\right]$$

从广义宏观上来看，激活能表征了产品从正常未失效状态向失效状态转换过程中存在的能量势垒。激活能越大，则发生失效的物理过程进行得越缓慢或越困难，反之则更快更容易。激活能对基元反应才有较明确的物理意义，对复杂反应，实验测得的是各基元反应激活能的组合，即表观激活能。

工程实际中测得或计算得到的都是宏观表现出来的激活能，即表观激活能。由于激活能来源于化学反应速率，因此它主要用来描述非机械（或非材料疲劳）的

且取决于化学反应、腐蚀、物质扩散或迁移等过程的失效机理。MIL - HDBK - 338 和 ECSS - Q - 30 - 1 给出了典型元器件激活能参考值,见表 4.1.1 和表 4.1.2。

表 4.1.1　MIL - HDBK - 338 中各种硅半导体器件失效机理的激活能

产品	失效机理	相关因子	加速因子	激活能
硅氧化物	表面电荷聚集	自由离子、电压、温度	温度	两极:$E_a = 1.0 \sim 1.5eV$ 金属氧化物半导体 $E_a = 1.2 \sim 1.35eV$
	介质击穿	电场、温度	电场	$E_a = 0.3 \sim 2.0eV$
硅 - 硅氧化物界面	电荷注入	电场、温度	电场、温度	$E_a = 1.3eV$(慢俘获) $E_a = 1.2eV$(P 沟道) $E_a = 1.05eV$(N 沟道)
金属化	电荷迁移	温度、电流密度、温度和电流密度梯度	温度、电流密度	$E_a = 0.5 \sim 1.2eV$
		晶粒度		$E_a = 0.3eV$ 小晶粒 0.5eV 典型铝 0.9eV 接触窗
	化学腐蚀	污染、湿度	湿度、电压、温度	强湿度影响 $E_a = 0.3 \sim 0.6eV$(对于电压可能有门限值 $E_a = 0.9eV$)
	电流电解	电压、温度		
键合及其他机械接口	金属内部疲劳增大	温度、杂质、键合强度	温度	铝 - 铜:$E_a = 1.0 \sim 1.05eV$
		温度	循环温度极限	$E_a = 0.3 \sim 1.0eV$

表 4.1.2　ECSS - Q - 30 - 1 中的典型激活能值

产品	种类	激活能/eV
半导体	砷化镓	1.4
	硅	1.1
电阻	金属膜电阻	1.35
	碳电阻	1
	绕线电阻	1
电容	陶瓷电容	1.67
	玻璃薄膜、云母电容	1.1
	塑料薄膜电容	3.4
	钽电容	0.43

大部分产品的表观激活能无法直接确定。当试验样品充足时,可以在多个加速应力水平下开展试验,根据各个应力水平下的故障数据估计表观激活能,但

是,对于多数航天器产品而言,试验样品有限,难以通过多应力加速寿命试验等常规方法获取其激活能。对此,可依据薄弱环节理论,基于工程经验确定激活能。首先,根据 FMEA、可靠性预计以及历史试验和在轨工作情况,将产品中固有失效率较大、工作应力较为严酷、地面试验或在轨飞行过程中发生过失效的元器件列为关键元器件,作为产品的薄弱环节。然后,根据 MIL - HDBK - 338 和 ECSS - Q - 30 - 1 给出的典型元器件激活能参考值或其他可靠的激活能数据源确定各关键元器件的激活能,取最小值作为整个产品的激活能。

2) Coffin - Manson 模型

Coffin - Manson 模型主要用来描述低周疲劳引起的产品失效规律,适合塑性变形较大的疲劳问题,如温度循环引起的低周热疲劳等,即

$$N = C \left(\Delta \varepsilon_p \right)^{-\alpha} \tag{4.1.2}$$

式中:N 是循环次数,小于 10^6;$\Delta \varepsilon_p$ 为低周疲劳的应变幅,如温度循环上下限温度分别为 80℃ 和 -40℃,则 $\Delta \varepsilon_p = 80 - (-40) = 120℃$;$\alpha$ 和 C 都是常数,与材料、试验方法、试验循环都有关,一般塑性材料 $\alpha = 1 \sim 3$,高强硬质材料 $\alpha = 3 \sim 6$,脆性材料 $\alpha = 6 \sim 9$。

加速因子为

$$AF(\Delta \varepsilon_p) = \left(\frac{\Delta \varepsilon_{p0}}{\Delta \varepsilon_p} \right)^{-\alpha}$$

对于以温度循环为试验应力的试验,Coffin - Manson 模型为

$$t(f, \Delta T, T_{max}) = \frac{A}{f^\alpha \cdot \Delta T^\beta} \exp\left(\frac{E_a}{K T_{max}} \right) \tag{4.1.3}$$

式中:f 为循环频率;$\Delta T = T_{max} - T_{min}$ 为温度循环的温变范围;T_{max} 和 T_{min} 为温度循环的最高温度和最低温度;A 为常数;α、β 为修正系数;E_a 为激活能;K 为玻耳兹曼常数。

加速因子为

$$AF = \left(\frac{f}{f_0} \right)^\alpha \left(\frac{\Delta T}{\Delta T_0} \right)^\beta \exp\left[\frac{E_a}{K} \left(\frac{1}{T_{max,0}} - \frac{1}{T_{max}} \right) \right]$$

4.1.2.2 试验前分析

(1) 试验产品层次(级别)分析。加速寿命试验前,要分析产品层次结构及相应的故障模式,以确定选取的加速对象。一般选取决定产品寿命的关键模块/部组件开展试验,模块或部组件比较容易建立表示失效率与使用应力间函数关系的加速模型。更高级别的产品由于其设计复杂、层次多,往往多个失效机理并存,导致加速应力可能出现多样化,加速模型建立困难。

（2）产品可加速性分析。加速寿命试验开展有两个基本条件：一是产品可靠性和寿命随着应力条件的严酷而降低；二是加速试验应力下的故障机理与正常应力下的故障机理是一致的。有时,加速应力下的故障模式虽然与正常应力下的故障模式相同,但故障机理已经发生了变化,那么,该加速应力是不可取的,这个问题在临界润滑中非常典型,增大载荷极有可能改变润滑状态,虽然故障模式都是磨损失效,但是机理不同。另外,当加速应力施加困难或代价巨大时,产品的可加速性也属于是比较差的,应综合分析后决定是否开展加速试验。

（3）故障判据和测试项目分析。分析明确故障判据,并针对故障判据给出测试项目及测试时机。对于不能即时判断是否故障的情况,通常采取定期测试的方式,此时应明确测试间隔。

4.1.2.3　试验方案

开展加速寿命试验,应该制定试验方案以明确以下内容。

1）试验样本量

加速寿命试验是一种基于失效物理并结合数理统计方法,预测产品寿命、估计产品可靠性的试验方法,需要较大的样本量。对于恒定应力加速寿命试验,每个应力水平的试样样本量一般应大于 10 个,最少不低于 5 个。对于步进应力加速寿命试验,通常试验样本量不得少于 12 个;在加速模型和分布参数有一定先验信息的情况下,也可以利用加速寿命试验优化设计方法来确定试验样本量。

但是由于航天器产品极小子样的特点,上述原则往往很难满足,特别是在模块和设备级等较高层次产品上。如果仅以验证产品寿命为目标,也可采用单应力单水平的加速寿命试验形式投入 1~2 个产品进行试验,加速因子可根据工程经验给出。

2）应力水平

恒定应力和步进应力加速寿命试验的应力水平选择原则如下。

（1）应力水平应为 3~5 个。加速模型中一般有 2 个或以上待定参数,从工程可操作性和统计评估的角度来看,应力水平为 3~5 个是比较合适的。例如,对于恒温加速试验,温度条件可选择 50℃、60℃、70℃和 75℃ 4 个应力水平。

（2）最高应力水平不应超出产品的工作极限,最低应力水平应当接近正常应力水平,以提高外推评估结果的可信性。

（3）应力水平应合理散布。应力水平分布区间尽可能宽,即最低和最高应力水平尽可能间隔远一些。从试验效率上考虑,较低应力水平可以间隔远一些,较高应力水平可以间隔近一些,这样可以有效压缩试验时间;但是从加速模型可以看出,对数寿命一般与应力的倒数或对数应力满足线性关系,较高应力水平密集会导致应力的倒数或对数应力过分密集,对加速模型估计精度不利。因此,工程实际应用时经常等间隔分布。

3）试验时间

由于加速模型统计分析的需要,每个应力水平下一般应保证至少有1~2个故障,特别是低应力水平下的故障数据。对于恒定应力加速寿命试验,应保证在试验结束的时间内,每个应力水平下有30%以上的产品发生故障;对于步进应力加速寿命试验,应保证每个应力水平都有产品发生故障,并且多数应力水平下的失效数最好达到4个或以上。在加速模型和分布参数有一定先验信息的情况下,也可以利用加速寿命试验优化设计方法来确定试验时间。对于航天器产品常见的单应力单水平加速寿命试验,可根据验证寿命要求、加速因子参考值估算试验时间。

4.1.3　摸底试验

航天器产品摸底试验主要包括环境适用性摸底、工作负载能力摸底及寿命摸底。在可靠性增长工程中,航天器产品寿命摸底试验主要通过加速退化试验的方式开展,加速退化摸底试验为解决高可靠长寿命产品小子样无失效问题提供了有效的技术途径,是对加速寿命试验的有力补充。

4.1.3.1　试验项目内容

摸底试验项目和试验内容应针对产品的敏感因素和薄弱环节制定,环境适应性摸底和工作负载摸底试验项目设置的一般原则见表4.1.3和表4.1.4。

表4.1.3　不同类别产品环境摸底试验项目

序号	产品类型	环境摸底
1	电子设备	至少进行热循环试验;如设备对真空环境敏感,需进行热真空试验
		振动试验
		低温断电启动试验
2	机电设备	至少进行热循环试验;如设备对真空环境敏感,将热循环改为热真空试验
		振动试验
		其他敏感环境摸底试验
3	机械设备	至少进行正弦振动、随机振动或压力试验
		其他敏感环境摸底试验
4	光学敏感设备	力学环境摸底试验
		相关敏感环境摸底试验,具体试验项目由使用方、承制方依据产品特点确定

航天器设备负载摸底试验主要工作项目见表4.1.4,可根据电子产品特点对试验项目进行剪裁,如可不开展驱动能力摸底测试。

表 4.1.4　典型航天器设备负载摸底试验项目

序号	产品类型	负载摸底试验项目
1	结构类(整星结构、太阳翼结构等)	结构强度摸底
2	机构类(天线、太阳翼转动机构等)	驱动能力摸底
3	机电类(太阳帆板驱动机构、动量轮、天线驱动机构等)	驱动能力摸底
4		轴承承载能力摸底
5		电源摸底
6	电子类(低频类)	接口容差摸底:电源摸底、指令摸底、总线信号特性摸底等
7	电子类(射频类)	接口容差摸底:电源摸底、指令摸底、总线信号特性摸底等
8		接收信号电平范围摸底,接收频率带宽摸底
9		信号过激励摸底
10		微放电摸底
11	压力容器类(贮箱、气瓶、推进剂管路等)	爆破压力试验
12	蓄电池	充电终止电压摸底、放电终止电压摸底
13		单体爆破压力试验
14	发动机/推力器	点火工作时间摸底(启动次数、一次最长连续点火时间、累次点火时间)
15		输入压力摸底
16		电磁阀工作电压摸底

4.1.3.2　试验原理方法

加速退化试验是在故障机理不变的基础上,通过提高应力水平来加速产品性能退化,采集产品在高应力水平下的性能退化数据,估计产品可靠性及预测产品在正常应力下的可靠性和寿命。在加速退化试验中,"故障"一般定义为性能参数退化至不能满足给定的工程指标(即退化阈值),产品性能参数随测试时间退化的数据称为退化数据。针对加速退化数据,可以通过分析加速退化轨迹与寿命分布、加速方程之间的关系,建立基于伪失效寿命的可靠性模型;也可以通过分析性能退化量分布随时间的加速变化规律,建立基于性能退化量分布的可靠性模型,进而对正常应力水平下的产品寿命和可靠性进行评估。

加速退化试验和加速寿命试验本质相同,都是在保证故障机理一致的前提下,通过提高应力水平加快产品故障进程,缩短试验时间,区别在于观测对象。加速寿命试验直接对故障进行观测,对故障时间进行统计分析;加速退化试验不直接观测故障,而是观测故障进程即性能退化的过程,对性能退化过程进行统计分析。

退化试验和加速退化试验也有其局限性。首先,它们要求产品性能具有退化性,即可观测的性能随着试验时间的增加具有不可逆的变化。对于突发性故障、性能变化可逆的故障、退化不可观测的故障,退化试验和加速退化试验并不适用。对于加速退化试验,还要求具有可加速性,即应力的提高会加速退化过程。

加速寿命试验的加速模型同样适用于加速退化试验。除了加速模型,还需建立描述退化过程的退化模型。根据对产品性能退化机理的了解程度,可以将退化模型分为以下两种基本类型。

(1)基于物理或经验的退化模型,适用于对产品的退化机理有清晰认识理解的情况。

(2)基于统计数据的退化模型,直接利用统计模型来描述退化数据,在工程中适用性更广,如基于线性回归理论的退化轨迹模型、随机过程模型等。

加速退化试验一般采用恒定应力方式实施。试验样本量相比加速寿命试验可适当减少,每个应力水平下一般应不低于两个。应力水平选择可参照加速寿命试验相关原则执行。试验时间确定上,无须观测到真实故障,但是为了保证外推精度,在时间上应尽量观测到产品寿命的 1/2 以上。

4.1.4 寿命试验实例

4.1.4.1 电源控制器加速寿命试验

电源控制器加速寿命试验在模块级开展,以关键模块为试验对象,采用与正样产品技术状态一致的试验件,以验证电源控制器能否满足 15 年在轨工作寿命要求。使用温度作为加速应力,采用恒定应力法在单一水平下进行,加速模型采用 Arrhenius 模型。根据鉴定件环境试验及热平衡试验的结果,综合权衡试验时间、试验设备的能力及试验件产品内部器件对温度的适用能力,选取电源控制器加速试验温度为 72℃。参考 MIL - HDBK - 338《电子设备可靠性设计手册》,考虑整机热分析及元器件分析结果,激活能取值为 0.6eV。电源控制器使用温度按照 45℃计算,计算加速因子为 5.55。

试验准备了 1 个试验子样,试验对象(模块)在卫星进入地影期间工作,用于蓄电池放电管理。根据工作轨道,15 年内进入地影 1350 次,单次最长地影时间 72min,则该模块寿命期内工作时间不超过 1620h,试验时间为 1620 ÷ 5.55 =

292h(约 13 天)。

4.1.4.2　蓄电池旁路开关压簧加速退化试验

蓄电池旁路开关用于卫星锂离子蓄电池组中对故障电池进行通路切除与旁路保护。锂离子蓄电池组在轨工作时,发生电池开路、短路或严重容量损失等故障条件下,单体电池电压会严重异常,驱动旁路开关装置动作可以将该模块单元电池从充放电回路中切换出来,防止失效电池发生故障扩散,确保蓄电池组的正常工作。

压簧为旁路开关实现开关驱动的关键零部件,为验证开关抗蠕变能力能否满足 15 年在轨工作寿命要求,采用与正样产品技术状态一致的试验件,以温度为加速应力,在不同温度下进行连续应力松弛测试。模拟实际工况将压簧安装在夹具上,在常温下及高温箱中模拟旁路开关未触发时的状态位置进行耐久性试验。

应力松弛过程可认为是位错缺陷等引起的热激活过程,应力松弛率 ν_s 与温度 T 及位错通过障碍所需激活能 Q 的关系用 Arrhenius 方程描述,即

$$\nu_s = \gamma \exp(-Q/KT) \tag{4.1.4}$$

式中: $\nu_s = \dfrac{\mathrm{d}(\Delta P/P_0)}{\mathrm{d}(\ln t)}$; P_0 为弹簧初始状态承受的负载, ΔP 为弹簧负载损失量; K 为玻耳兹曼常数; γ 为常数。

根据工程经验,压簧的负载损失率 $\Delta P/P_0$ 与加载时间的自然对数具有较好的线性关系,即

$$\Delta P/P_0 = A + \nu_s \cdot \ln t \tag{4.1.5}$$

取应力松弛时间 $t = 1\mathrm{h}$,则 $A = \Delta P_{(1\mathrm{h})}/P_0$ 。因此,可将常数 A 理解为弹簧应力松弛 1h 后的负载损失率,那么

$$A = \int_0^1 \nu_s \mathrm{d}t = \int_0^1 \gamma \exp(-Q/KT)\,\mathrm{d}t = \gamma \exp(-Q/KT)$$

$$\ln A = \ln \gamma - \frac{Q}{K} \cdot \frac{1}{T}$$

试验与分析步骤:利用动态应力松弛测试装置,在一系列加速试验温度下做应力松弛试验,获得温度与负荷损失率的关系;以应力松弛率的自然对数为纵坐标,松弛温度的倒数为横坐标作图,确定应力松弛速率,遵循 Arrhenius 定律的温度范围,计算应力松弛激活能 Q ;选择任一加速试验温度,计算加速试验所需要的时间,然后计算工作温度下松弛不同时间后的负荷损失率。

4.2 高加速应力试验

高加速应力试验(HAST)是加速应力试验的一种,使用远高于产品使用中会遇到的最严酷的应力或规范规定的最高应力,帮助快速发现产品缺陷和获取最大的应力裕度。HAST是高加速寿命试验(HALT)和高加速应力筛选(HASS)试验的统称。研制阶段早期,HALT用于识别设计薄弱环节,与设计改进相结合、反复迭代进行;生产阶段,HASS用于帮助寻找和排除制造缺陷,是生产过程质量控制和检验的有效方法;HAST可以用于寻找产品的设计、工艺和制造缺陷,为改进设计或消除早期故障提供信息,实施产品的可靠性增长。

4.2.1 HALT

高加速寿命试验通过系统地施加工作应力和逐步增大的环境应力(可能远远超过正常使用水平),快速激发产品潜在缺陷,使其以故障形式表现出来,通过故障原因分析、失效模式分析和改进措施消除缺陷,提高产品可靠性,并大幅度提高试验效率、降低成本。

4.2.1.1 HALT的概念和内涵

高加速寿命试验就是寻找产品的最薄弱环节,根据失效物理技术分析导致故障的根本原因,制定纠正措施排除故障,提高设计裕度,通过反复迭代,最终实现产品的可靠性提高。

高加速寿命试验中各种应力量级的关系、各种应力量级定义如图4.2.1所示。

(1)技术规范极限。由产品使用者或制造者规定的应力极限,产品预期在该极限内工作。

(2)设计极限。产品在该极限内能够完成规定的功能,是设计的要求值;设计极限与技术规范极限之差称为设计余量。

(3)工作极限。产品在该极限内能够完成规定的功能,是设计极限的具体实现值;工作极限与技术规范极限之差称为工作裕度。

(4)破坏极限。产品能在该极限内工作但不能完成规定的功能,但这种故障是可恢复的,降低至工作极限内故障自动消除;破坏极限与技术规范极限之差称为破坏裕度。当环境应力超过破坏极限时,产品破坏,即使恢复到正常条件,产品也不再能正常工作。

一般地,产品寿命期内受到的环境应力和工作极限应力呈正态分布,如图4.2.2所示。在高加速寿命试验中,采用步进应力不断激发产品缺陷并进行

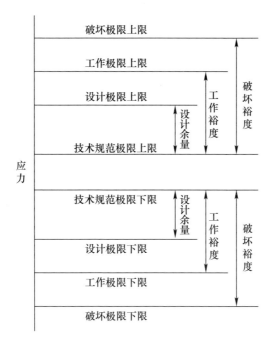

图 4.2.1　高加速寿命试验中各种应力量级的关系

设计改进,使产品的工作极限不断提高,即曲线 $f_S(s)$"右移",减小 $f_S(s)$ 曲线与 $f_E(e)$ 的重叠区域,可以降低失效发生的可能性,提高产品的可靠性。

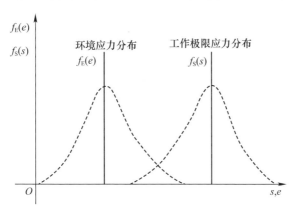

图 4.2.2　环境应力分布和工作极限应力分布示意图

高加速寿命试验有如下技术特点。

(1) 不要求模拟环境的真实性,而是强调环境应力的激发效应,快速暴露产品缺陷。

（2）采用步进应力试验方法，施加的环境应力是递增变化的，应力超出技术规范极限甚至达到破坏极限。

（3）可对产品施加三轴六自由度振动（以下简称全轴振动）应力，也可对产品施加单轴随机振动应力，以及高温变率应力。

高加速寿命试验和加速寿命试验均属于加速试验，都是通过加大试验应力来提高试验效率，缩短试验周期，但在试验目的、试验应力水平、试验周期等方面也存在区别。

高加速寿命试验属于工程试验，主要目的是激发故障，识别潜在的设计和工艺缺陷，不要求对产品可靠度或寿命进行评价；为了快速激发故障，施加的应力水平一般从技术规范极限或低于技术规范极限的应力水平（如正常应力水平）起步，试验终止时的应力水平一般高于加速寿命试验的最高应力水平，试验周期仅需数天。

加速寿命试验属于统计试验范畴，主要目的是对产品可靠性或寿命指标进行评估或验证，为此，需要根据目标可靠度或寿命、要求的置信度、费用约束等进行试验设计，确定试验条件，包括施加应力类型、方式和大小等，以及样本量、试验持续时间、加速因子等试验参数；加速寿命试验的基本条件之一是保持失效机理不变，施加的应力水平一般高于技术规范极限、低于工作极限，试验周期控制在可接受的范围内即可，一般需几周到几个月。

虽然在试验效率方面，高加速寿命试验效率远远高于常规试验，但由于高加速寿命试验普遍用时较短，无法揭示依赖于时间的失效模式，特别是长期累积效应造成的失效，如耗损型失效，所以，不是所有产品都可以采用高加速寿命试验的。高加速寿命试验主要适用于电子类、机电类产品，如电源控制器、蓄电池接口管理单元、配电器、中心计算机、综合业务单元、测控固放、姿轨控制计算机、帆板驱动机构、电源处理器、接收机、天线控制器等。

4.2.1.2 HALT 的方法和要求

高加速寿命试验的最终目的是提升产品的设计裕度，基本方法是通过施加步进应力，不断地加速激发产品的潜在缺陷，并进行改进和验证，使产品耐环境能力提高，直到认为产品的工作极限和破坏极限足够大，或故障机理发生改变为止。HALT 的基本要求有以下几方面。

（1）HALT 的试验层次。高加速寿命试验应按照由低到高的层次进行试验。对于电子产品，高加速寿命试验可以按照元器件级、印制电路板级或模块级、设备级的层次顺序开展。这种自下而上的层次开展方式有利于缺陷的准确定位和纠正，从根本上保证产品的可靠性。对于复杂单机产品，出于试验成本控制，可在模块级开展试验，并可考虑仅对关键模块进行，模块产品的试验接口应与其在单机内的实际接口状态相符。

（2）HALT 的试验样本量。高加速寿命试验的目的在于潜在缺陷的识别，只要能够暴露出缺陷即可，但为了保证试验暴露的故障模式具有代表性而非个例现象，应该满足可能重复发生的，需要复数个试验件，试验样本一般为 2 ~ 6 个。

（3）HALT 的试验设备及试验环境。应在满足高加速寿命试验要求的设备上进行。高加速寿命试验系统一般由高变温率温度箱、三轴六自由度振动台组成，变温速率要求达 60℃/min 以上，振动频率的范围最高可到 10kHz 左右。

（4）HALT 的试验顺序。高加速寿命试验最常用的试验应力包括温度应力、高速温度循环、随机振动、温度和振动综合应力等。为了获得尽可能多的信息，应合理安排试验项目及各个试验项目的顺序。在应力类型施加顺序上，应先安排破坏性比较弱的应力类型，再安排破坏性较强的应力类型，将破坏性试验安排在最后进行。对于常用的热应力和振动应力，强化试验顺序为低温、高温、快速温度变化、振动，然后是温度和振动综合应力。

HALT 的一般技术流程如图 4.2.3 所示。

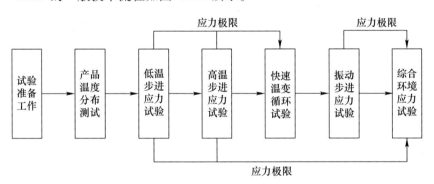

图 4.2.3　高加速寿命试验一般技术流程

对于单个试验项目，实施流程如图 4.2.4 所示。

高加速寿命试验剖面图是整个高加速寿命试验工作的核心，指导着整个试验过程的开展，它涉及应力类型的选择、应力的施加方式、应力的施加顺序和试验停止原则等。

（1）应力类型的选择。没有哪一种缺陷对所有的环境应力激励都敏感，在试验过程中必须根据不同的试验对象和目的选择相应的应力类型。因此，在对具体产品进行高加速寿命试验时，必须深入研究以下几个问题：产品可能有那些缺陷？采用哪些应力才能有效地激发出这些缺陷？在高加速寿命试验过程中怎样综合各种应力才能更加有效地激发出各种潜在缺陷？特别要注意参照同类型

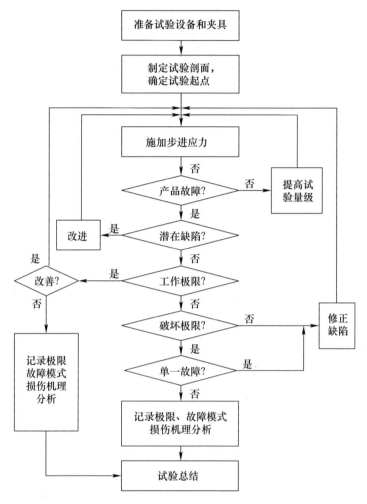

图 4.2.4　高加速寿命试验实施流程

产品成功的高加速寿命试验方法,依据历史经验和实际情况,选择到适用于该产品的最有效的应力类型和应力综合方式。

　　(2)应力的施加方式。在高加速寿命试验中,采用步进式应力施加方式。应力可以是环境应力,如温度或振动;或者是工作应力,如电压;也可以是这些应力的组合。用步进应力的台阶表示试验过程中所施加应力的变化,各台阶的长度表示在试验过程中各应力量级作用时间的长短,第一级或第一步通常处于或低于规范应力极限,这一步完成后将失效的零件拆除并进行分析改进,改进完成后可继续在该应力量级进行试验,直至改进成功,然后再逐步增大应力等级,重复"试验—改进—再试验"过程。

在应力步进施加过程中,应力增量的选择和各应力量级停滞时间的选择是两个关键性的问题。

（1）应力增量的选择。在应力步进施加过程中,应力类型对不同的失效模式有不同的影响,应力大小对不同的失效模式又有着不同的加速指数。设置步进应力增量的一般方法是:参照同类产品确定试件在各应力作用下的破坏极限,将其与实际应用中所承受的应力值之差分成 10 等份,把各等份值作为步进应力的增量。这种方法有两大优点:一是易于实施;二是在假设实际应用中各种环境应力对试件造成破坏的机会是均等的前提下,它能保证产品在各应力作用下各种形式的破坏是均匀发生的。合理的产品设计应该使产品遭受各种应力的累积损伤是均等的,所以这种假设是合理的。

（2）各应力量级停滞时间的选择。各量级应力作用于试件的时间长短取决于失效的类型、严重程度、故障性质,如间歇故障或永久故障等,以及所采用的量级大小和试件类型,选择的是否合适将直接影响着高加速寿命试验的有效性。如果在较低的应力量级持续太长的时间,将会导致产品产生累积损伤和疲劳损伤,而不能准确地确定出其破坏极限。一般在振动环境应力试验过程中,在各步进应力量级停留 5 ~ 10min 就足够确定产品破坏极限和工作裕度。对温度而言,在端点温度停留的时间主要根据具体的产品来决定,如果温度循环是为了产生极大应力来激发故障,则端点温度停留时间不要停留到产品完全达到温度平衡,最多达到 90% ;如果温度循环试验是为了确定产品的工作裕度和破坏极限,则在温度端点停留的时间至少要保证产品达到 100% 的温度平衡为止。

高加速寿命试验是不断增加应力量级,不断重复"试验—改进—再试验"的过程,直到出现下述情况之一。

（1）全部零件都失效。

（2）应力等级已经达到或远远超过为验证产品设计所要求的水平。

（3）更高的应力等级引入新的故障机理,不相关故障开始出现。

高加速寿命试验最常用的试验应力包括温度应力、高速温度循环、随机振动、温度和振动综合应力等,各类应力试验剖面举例如下。

（1）温度应力试验。温度应力试验包括高温步进应力试验和低温步进应力试验。两者试验过程类似,在此以高温步进试验为例进行简单介绍。设定起始温度为 +30℃,待设备完全热透后保持 10min 再进行测试,如果测试结果正常,则温度升高 5℃;当温度稳定后持续 10min,之后至少进行一次功能性能测试,如果一切正常则将温度继续升高 5℃;当温度稳定后维持 10min 后测试,依次类推,直至达到工作极限或破坏极限或试验方案中规定的试验终止条件。

（2）高速温度循环试验。温度循环试验是将温度应力试验所得到的低温和高温工作极限作为此处的高、低温界限，以 70℃/min 的快速温度变化率在此区间内进行高速温度循环；在每个循环的高、低温区停留时间都要满足设备冷透、热透时间要求，并满足功能性能测试的时间要求；如果发现被检测产品发生可恢复性故障，则将温度变化率减小 5℃/min 再继续温度循环，直至无可恢复性故障发生，则此时的温度变化率即为试验的工作极限。

（3）随机振动试验。传统的随机振动是在三轴向以规定的加速度、时间进行，之后恢复到常态。可靠性强化随机振动试验是在 6 自由度，即 3 个垂直的轴向以及转动方向进行，将振动的加速度自 5g 开始，每次以 2～5g 递增，并保持 10min 后在振动持续条件下进行功能性能测试，以判断其是否达到工作极限或破坏极限。

（4）温度与振动综合应力试验。该试验同时施加高速温度循环及随机振动两项应力，使用先前的高速温度循环温度的上下限以及温变速率，同时随机振动应力自 5g 开始施加，每个循环递增 2～5g，并使每个循环的最高及最低温度持续 10min，待温度稳定后进行功能性能测试，如此重复至达到工作极限或破坏极限为止。

高加速寿命试验完成后，要建立保存试验信息的数据库，并对产品缺陷所采取的改进措施以及可靠性增长过程进行总结。高加速寿命试验数据的全面记录，对开展产品可靠性影响分析及产品改进，以及后续同类产品的试验具有重要意义。

4.2.2 HASS

高加速应力筛选（HASS）是在传统的 ESS 和 HALT 试验的基础上发展起来的，是一种剔除批生产过程引入产品内的潜在缺陷的筛选方法。HASS 用于研制阶段经过了 HALT 试验的产品，在产品批生产过程向统计过程控制，达到受控状态或稳定状态时，产品 100% 应该进行 HASS。

4.2.2.1 HASS 的概念与内涵

HASS 一般用快速温度循环和随机振动两个应力综合进行，使用的应力远高于产品规范规定的应力，具体根据 HALT 得到的产品的工作应力极限和破坏应力极限确定。

传统的环境应力筛选（ESS）技术是剔除批生产产品中由制造引入的缺陷的有效方法，ESS 是向产品施加适当的环境应力，以充分暴露其存在的制造工艺和元器件等缺陷，并及时加以剔除的一种有效手段。HASS 技术是在 ESS 技术的基础上加大了筛选力度,可以用更短的时间达到同样的筛选效果。HASS 在原理和用途上与 ESS 是基本一致的,由于其施加的应力远高于 ESS 的应力,因此激发缺陷的有效能力大大提高,通过合理确定应力筛选方案,科学设计试验剖面,通过 HASS 剔除由于工艺缺陷和元器件缺陷引起早期故障的时间大大缩短,从原来 ESS 的 80~120h 减少到 1~2h,可以在保证筛选效果的前提下大幅度缩短筛选周期、提高筛选效率、节省试验费用。但是 HASS 只能适用于研制阶段进行过 HALT 的产品,如不具备此条件的产品,还只能应用传统的 ESS。

HASS 剖面应力设计范围如图 4.2.5 所示。

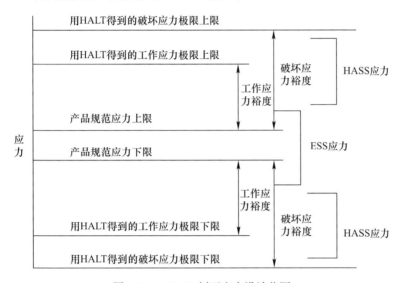

图 4.2.5　HASS 剖面应力设计范围

HASS 和 HALT 都是一种激发性试验技术,其理论依据是故障物理学。把故障或失效当作研究的主要对象,通过激发、分析和改进产品的设计缺陷和制造缺陷,提高产品的使用可靠性。HALT 用于研制阶段改进设计,对应于传统的可靠性研制/增长试验,HALT 是考核产品的耐应力极限;HASS 用于批生产阶段剔除早期故障,对应于传统的环境应力筛选,HASS 是对批生产的每个产品进行的。HASS 和 HALT 尽管都有对应的传统试验,但其效率远高于传统试验。

HASS 和 HALT 随着产品的研制阶段的进展,必要时应该进行复核,因为在生产阶段,尽管设计已经冻洁,但工艺会发生变化,定期复核产品设计裕度是否有所下降。如果裕度已下降,则根据原来的裕度确定的 HASS 剖面会变得不安全,用原来 HASS 剖面对产品进行筛选就可能使产品过于接近寿命终点,或者甚至超过了寿命的终点。在这种情况下,如果不用 HALT 去恢复原来的裕度,则只能降低 HASS 剖面的应力强度,并重新验证其安全性。

4.2.2.2 HASS 的方法和要求

HASS 的方法和要求有以下几个方面。

(1) HASS 应力类型的选择。筛选的原则是不能改变故障产品的失效机理,而且筛选产品的缺陷不是对所有环境应力的激励都敏感。所以在制定加速应力筛选方案时,应根据设计各产品的不同特点进行选择,因为筛选应力越高,产品的疲劳和破坏程度越快。一般考虑以温度循环和随机振动作为试验应力。

(2) HASS 应力水平的确定。确定 HASS 应力水平的原则是既要快迅地激发出缺陷,又不损伤产品。为保证应力施加的有效性,必须对试验过程持续监视,在试验中观察故障是否发生。如果出现故障,则应先判断是应力过大造成的,还是被测产品本身质量问题。如果应力过大,则应放宽温度应力及振动应力 10% 后再进行测试;如果是被测产品本身的质量问题,则表示测试条件是有效的。如果无故障情况发生,则须加严试验应力的 10% 后再进行测试。

(3) HASS 数据的处理。为了评价筛选的有效性,必须采集筛选数据,采集的试验数据是帮助分析与改进设计和试验方法的关键。试验中应做好产品的功能监视和参数测量,观察故障现象、分析故障原因、压缩故障范围、排除故障、检测与调试以及试验后产品的恢复与保养等工作。试验过程中应严格按照确定的试验方案、试验条件、试验应力和试验周期实施,加强试验的组织管理。

(4) 多规格产品一起进行 HASS 试验的要求。为了满足批生产大量筛选任务的需求,往往在试验设备中同时安装或放置多种产品同时进行筛选。用于高加速试验的试验设备箱内温度和安装在箱底夹具输入振动的量值,随着箱内空间和在夹具上位置的变化会发生很大变化,即箱内温度不均匀,振动量值也不一致。但是如果产品通过了 HALT 已获得了较大的应力裕度,HASS 应力剖面的不一致性,不一定导致 HASS 结果的不一致性。产品应用 HALT 得到的裕度较大,它允许的箱内各位置应力变化幅度也可越大,HASS 应力的不一致性就越不重要,即 HASS 应力可变范围增大,从而结果总是相同。因此,多规格产品一起进行 HASS 试验不影响试验结果的前提是产品通过 HALT 获得了较大的应力裕度。

高加速应力筛选试验的试验剖面举例如下。

HASS 剖面中主要涉及温度循环和振动两类应力。温度循环涉及的应力参数有上下温度极值,温度变化速率和在温度极值上的停留时间;振动应力涉及的参数是振动谱和加速度均方根值,由于振动谱型取决于选用的 HALT 试验箱产生振动激励系统的材料和结构,因此,一旦试验箱选定,振动谱型就已确定,没有选择的余地,唯一可选择的是加速度均方根值的大小。HASS 应力选择的依据是 HALT 过程确定的该产品的工作应力极限和破坏应力极限。

一般情况下,温度极限值取上下工作应力的 80% ~ 85%,温度变化率一般大于 30℃/min,振动应力取振动破坏极限的 50%。应当根据产品特点和其他情况对已确定的这些环境参数进行适当调整。经验表明,100℃ 的温度变化范围和 10 ~ 15Grms 的振动(响应值)比较有效,即使工作温度超过 100℃,也不必使用超过 100℃ 的极值,这样对缺陷筛选不会有很大的帮助,但却会加大液氮、电和时间的消耗。

温度循环在高、低温台阶上的停留时间只需要能完成产品的功能、性能检测或达到温度稳定即可(长者为准)。一般规定为 10min,此时,如果检测时间短于停留时间,则可反复进行系统测量。如果产品某一部分测试项目多且时间长,就有可能造成另一部分的故障漏检。

4.2.3　高加速应力试验实例

以前文介绍的蓄电池旁路开关为例,进一步说明高加速寿命试验方法。

根据工程经验和 FMEA 分析结果,旁路开关的主要故障模式为误动作和不动作,本试验通过施加步进的环境应力,振动、低温、高温、温度循环等,暴露导致旁路开关误动作和不动作的潜在缺陷,并通过不断地设计改进,确定和提高产品的工作极限和破坏极限,提高旁路开关可靠性。

旁路开关高加速寿命试验包括随机振动试验、高低温试验、快速温度循环试验及综合应力试验。其中,振动试验针对可能导致旁路开关误动作的潜在缺陷进行激发,并通过设计改进提高抗振动应力工作极限;温度试验针对可能导致旁路开关不动作的潜在缺陷进行激发,并通过设计改进提高抗温度应力工作极限;综合应力试验对旁路开关的综合性能进行考核,提高并确定其综合环境应力下的工作极限。

旁路开关高加速寿命试验存在两个平行试验流程。

(1)随机振动试验。

(2)低温试验、高温试验、快速温度循环试验。

两个平行试验流程可同时开展,两条平行试验流程结束后,根据试验结果开展综合应力试验。

综上所述,旁路开关高加速寿命试验流程如图 4.2.6 所示。

旁路开关高加速寿命试验的实施过程如下。

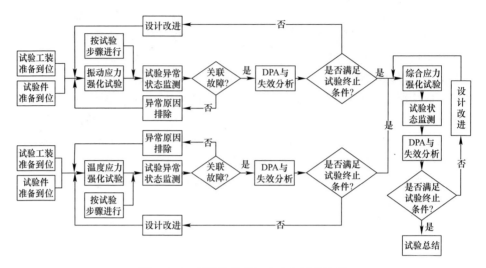

图 4.2.6　旁路开关高加速寿命试验流程

1）步进随机振动试验

（1）试验目的。通过施加比技术规范极限更加严酷的步进随机振动应力，加速暴露导致旁路开关误动作的潜在缺陷，并通过不断改进和验证，提高和确定其随机振动环境下的工作极限。

（2）产品初始技术状态。旁路开关未触发时的状态，触发电路不通电。

（3）试验条件。

① 随机振动应力初始值。初始试验条件见表 4.2.1，试验方向为开关 3 个相互垂直轴线（X、Y 和 Z）方向，15min/向。

② 每步停留时间。振动稳定后停留 15min/向。

③ 振动步进应力步长。加速度谱密度在初始条件加速度的基础上每次递增 $0.1g^2/Hz$，其余参数不变。

表 4.2.1　随机振动试验条件

频率/Hz	量级（三向）
10 ~ 60	6.7dB/oct
60 ~ 150	$0.3g^2/Hz$
150 ~ 180	6dB/oct
180 ~ 446	$0.7g^2/Hz$
446 ~ 600	−6dB/oct
600 ~ 2500	$0.244g^2/Hz$
总均方根	27g

（4）测试要求。

① 试验过程中实时监测旁路开关触发特性，包括闭合触点断开时间、断开触点闭合时间等。

② 每个加速度谱密度档的试验结束后进行目视检查，试验件零部件应无破碎、松动、变形及位移等现象，并在常态下测试接触电阻、熔丝电阻、介质耐压和绝缘电阻。

③ 全部试验完成后，在常态下测试接触电阻、熔丝电阻、介质耐压、绝缘电阻、熔丝熔断时间、先通后断过渡时间、动作时间、触点弹跳时间。

（5）故障处理。在步进随机振动试验过程中，一旦旁路开关误动作或某量级试验结束后参数检测中出现异常，应立即暂停试验并对故障原因进行分析，确定薄弱环节并进行设计改进。改进完成后，从导致旁路开关故障的上一试验量级开始，如此循环，直至满足试验终止条件。

（6）试验终止条件确定。试验符合以下任一情况时终止。

① 试验过程中产生大范围故障，并且难以进行设计改进。

② 受试产品产生不可恢复的故障。

③ 试验量值超过设备极限。

（7）随机振动应力极限的确定。低一试验量级没有误动作且各项性能测试结果满足技术指标要求，高一量级误动作或某些性能测试结果不能满足技术指标要求，则低一试验量级为旁路开关的随机振动工作极限；试验终止的前一量级即为旁路开关的随机振动破坏极限。对于试验量值达到设备极限但无故障的情况，最高试验量级定为随机振动工作极限和破坏极限。

2）步进低温试验

（1）试验条件。

① 试验起始温度。选择验收试验温度下限。

② 每步保持时间。降至规定温度后保温 1h 再进行触发。

③ 步长。选为 5~10℃。

（2）测试要求。每个应力水平下待试验件降至规定温度后保温 1h 再随机选取 1~2 个试验件进行触发，记录触发情况，并触发前后测量接触电阻。

其他各项与步进随机振动试验类似。

3）步进高温试验

步进高温试验的起始温度选取验收试验温度上限。其他各项与步进低温试验类似。

4）步进温度循环试验

试验条件：

（1）上下限温度。选择高温工作极限减5℃，低温工作极限加5℃。

（2）温变率。选择40～80℃/min。

（3）步长。选取5℃/min。

（4）上下限温度驻留时间。达到上下限温度后保温1h。

（5）温度循环次数。温度循环次数根据选择的温变率确定，原则上，温变率越高，所需试验次数越少。

试验循环次数参考表4.2.2，温度变化率超过70℃/min后，建议循环次数均取5次。

表4.2.2　温变率与循环次数的关系

温度变化率/(℃/min)	循环次数/次	温度变化率/(℃/min)	循环次数/次
40	11	60	7
45	10	65	6
50	9	70	5
55	8		

其他各项与步进随机振动试验和步进低温试验类似。

5）综合应力试验

（1）试验目的。通过同时施加温度循环与随机振动应力，加速暴露导致旁路开关不动作与误动作的潜在缺陷，并通过不断改进和验证，提高和确定其综合环境下的工作极限。

（2）试验条件。

① 温度循环应力。温变率为步进温度循环试验确定的温变率工作极限，温度循环应力的施加方法，步进温度循环试验。

② 随机振动应力。根据已完成试验获得的随机振动工作极限和设定的温度循环参数确定步长，具体量级的取值应在步进振动试验完成后确定。

其他各项与步进随机振动试验类似。

4.3　故障识别与分析

故障模式及影响分析（FMEA）和故障树分析（FTA）是有效且常用的故障识别与分析工具，在可靠性增长工程中，用以识别和发现产品设计的薄弱环节，指导采取设计措施，提升产品可靠性。本节将对两种工具的分析过程进行详细说明，并以单点故障模式和共因故障模式的识别为应用场景，介绍了FMEA和FTA相结合的分析思路。

4.3.1 FMEA

故障模式及影响分析是分析产品所有可能的故障模式及其可能产生的影响,并按每个故障模式产生影响的严重程度及其发生概率予以分类的一种归纳分析方法,属于单因素的分析方法。FMEA作为一种系统的风险分析方法,是可靠性增长工程的常用工具。

FMEA应用于产品设计、生产到使用的各个环节,可以分为设计FMEA、过程(工艺)FMEA和使用FMEA等。下面对设计FMEA和工艺FMEA的详细方法进行说明。

4.3.1.1 设计FMEA

设计FMEA分为功能FMEA与硬件FMEA,根据产品的不同研制阶段以及设计的详细程度选择适合的方法,其综合比较见表4.3.1。

表4.3.1 功能及硬件FMEA方法的综合比较

序号	项目	功能FMEA	硬件FMEA
1	分析对象	产品的功能	执行功能的硬件
2	层次关系	一般从高层次产品向下分析,先进行高层次的分析,即自上而下的分析。也可以从产品任一功能级开始向任一方向进行分析	一般从元器件级直至系统级,即自下而上的分析,也可从任一层次产品开始向任一方向分析
3	使用条件及时机	产品的构成尚不确定或不完全确定时,或系统复杂的情况。一般用于产品的论证、方案阶段或工程研制阶段早期	产品设计图纸及其他工程设计资料已确定。一般用于产品的工程研制阶段
4	优点	分析相对比较简单	分析比较严格,应用广泛
	缺点	可能忽略某些功能故障模式	需有产品设计图及其他设计资料

各级产品的FMEA工作并非是孤立的工作项目,而是与产品研制过程紧密结合。FMEA一般工作流程如图4.3.1所示。从研制初期自上而下的要求分解,到之后自下而上的验证迭代,各级产品的FMEA工作有机结合,构成了一个"V"字形流程。

功能FMEA一般用于产品的论证、方案阶段或工程研制阶段早期系统硬件尚不能最终确定或系统复杂的情况,通过分析研究产品功能设计的缺陷与薄弱环节,为产品设计的改进和方案的权衡提供依据。功能FMEA的步骤如图4.3.2所示。

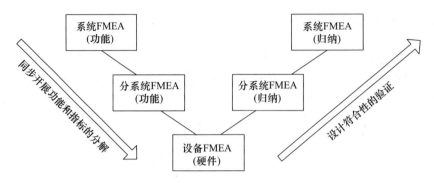

图 4.3.1　FMEA 工作流程

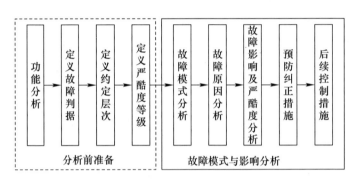

图 4.3.2　功能 FMEA 实施步骤

　　硬件 FMEA 适用于产品的详细设计,如初样、正样阶段。硬件 FMEA 的工作步骤如图 4.3.3 所示。低层次产品的 FMEA 应该通过向上迭代、综合到高层次产品的 FMEA 中。不同层次产品的硬件 FMEA 之间的迭代关系如图 4.3.4 所示。

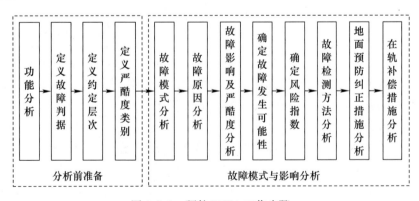

图 4.3.3　硬件 FMEA 工作步骤

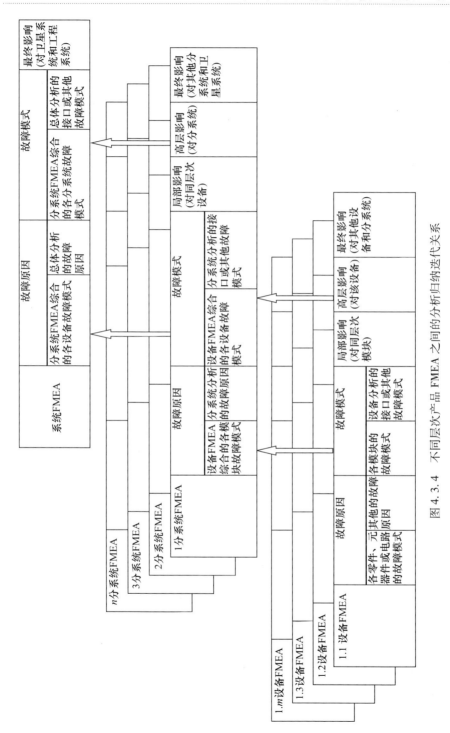

图 4.3.4 不同层次产品 FMEA 之间的分析归纳迭代关系

下面对各个环节的具体分析过程进行说明。

1）分析前准备

（1）功能分析。功能分析根据任务要求，确定系统的功能，并进行功能分解，对所有功能及其相互关系进行描述。功能分析是一个自上而下的分解过程，分析的层次和深度由设计的完备程度及掌握的输入资源来决定。

（2）定义故障判据。故障判据是判别产品故障的界限。它一般是由承制方和上级产品或使用方根据产品的功能、性能指标、使用环境等允许极限共同确定的。确定故障判据时一般应考虑如下几个方面。

① 产品在规定的条件下，不能完成规定的功能。

② 产品在规定的条件下，某些性能指标不能保持在规定的范围内。

③ 产品在规定的条件下，引起对人员、环境、能源和物资等方面的影响并超出了允许范围。

④ 技术要求或其他文件规定的故障判据。

（3）定义约定层次。设备级 FMEA 的最高约定层次为设备，中间的约定层次为设备内部各级子模块，分析对象的约定层次及最低约定层次均为元器件、零部件。分系统 FMEA 的最高约定层次为航天器系统，分析对象的约定层次为单机（包括设备和组件级产品），最低约定层次为单机内部的模块或元器件。FMEA 的最高约定层次为系统，分析对象的约定层次为分系统，最低约定层次为单机。

（4）定义严酷度类别。在进行故障模式分析之前，应对故障模式的严酷度类别进行定义，如表 4.3.2 所列。各级产品应依据产品定义中的功能分析结果和故障判据对严酷度分类进行细化，性能指标的故障限制应尽可能量化。例如，某电源模块的 Ⅱ 类故障判据之一为"输出电压，$80\% U_e < U_0 \leqslant 98\% U_e$"；Ⅲ 类故障判据之一为"输出电压，$102\% U_e < U_0 < 120\% U_e$"。

表 4.3.2　严酷度分类示例

严酷度类别	设备级	分系统级	系统级
Ⅰ 灾难的	导致设备主要功能完全损失，或造成其他设备或分系统功能下降（故障蔓延）	导致分系统主要功能丧失，或使其他分系统或系统功能下降（故障蔓延）	导致卫星及其全部任务失败，或使卫星寿命降低 1/2
	安全性：人员死亡或不可恢复的能力丧失		
Ⅱ 严重的	导致设备主要功能或性能严重下降	导致分系统功能或性能严重下降	导致完成任务的能力部分丧失或严重下降，或使卫星寿命降低 1/4～1/2
	安全性：人员严重伤害（暂时性、可恢复的能力丧失但不威胁生命）或职业病		

严酷度类别	设备级	分系统级	系统级
Ⅲ 一般的	导致设备主要功能或性能的可接受的降级； 导致设备次要功能损失	导致分系统功能或性能的一般降级	对完成任务没有大的影响，或使工作寿命降低 1/4 以下
	安全性：人员轻度伤害（可及时得到救治，并且没有后遗症）		
Ⅳ 轻微的	对设备功能、性能几乎没有影响	对分系统功能、性能几乎没有影响	对卫星任务的完成几乎没有影响

2）故障模式及影响分析

（1）故障模式分析。从功能件实现或硬件故障的角度进行故障模式的收集和预想。凭借产品的故障模式积累、设计者的专业知识与设计经验进行逻辑分析推理，从而识别故障模式。元器件的故障模式来源首选厂家提供的数据，其次是各类国家标准、行业标准中提供的数据。

（2）故障原因分析。逐项分析每个故障模式产生的原因，尽量用可以被纠正、控制的问题来描述。

常见的故障原因如下。

① 各种设计缺陷，包括系统软件、应用软件、硬件、软硬件接口等。

② 原材料、元器件的选用。

③ 环境影响（包括正常的、不正常的和偶然性的）。

④ 下一层次产品的故障模式，如分系统级故障模式的故障原因多为低一层次设备的故障模式。

⑤ 单机间的接口、分系统之间的接口关系等。

故障原因表述应尽可能具体、明确；引起每一故障模式的原因可能不止一个，多个故障原因之间应彼此具有独立性。

（3）故障影响及严酷度分析。故障影响分析的目的是找出产品的每个可能的故障模式所产生的影响，并对其严重程度进行分析。故障模式的影响一般分为三级：局部（本级）影响、高一层次（上级）影响和最终影响。其中局部影响是对故障后果的最基本、最初级的判断，在某些情况下可能就是故障模式本身；最终影响是对初始约定层次产品的影响，是在初始约定层次的范围内故障影响逻辑分析的终点，也是严酷度类别判断的根本性依据。

在确定故障影响的严酷度类别时，应注意以下事项。

① 严酷度类别要依据最终影响的严重程度进行确定。

② 严酷度与故障模式相对应，不与故障原因相对应。

③ 进行严酷度分类时，不考虑采取的冗余设计等补偿纠正措施，应假设设

备在没有冗余设计及保护等措施,并在轨正常工作时,发生故障后对设备的功能性能的影响。

(4)确定故障发生可能性。计算或估算每一个故障模式的发生概率,根据已确定的分类原则,确定每一个故障模式发生的可能性。故障发生可能性的分类原则见表4.3.3。

发生可能性应尽量定量描述,给出发生概率值。计算发生概率时,如果没有确切的数据来源可由工程经验估计概率类别。但是为了便于发生概率的向上迭代和量化控制,在向上迭代计算时可参考表4.3.4进行取值。

表4.3.3　故障模式出现的可能性

概率分类	发生可能性	发生概率定量描述		
		设备级	分系统级	系统级
A	频繁	$\geq 10^{-3}$	$\geq 10^{-2}$	$\geq 10^{-1}$
B	有时	$< 10^{-3}$且$\geq 10^{-4}$	$< 10^{-2}$且$\geq 10^{-3}$	$< 10^{-1}$且$\geq 10^{-2}$
C	偶然	$< 10^{-4}$且$\geq 10^{-5}$	$< 10^{-3}$且$\geq 10^{-4}$	$< 10^{-2}$且$\geq 10^{-3}$
D	很少	$< 10^{-5}$且$\geq 10^{-6}$	$< 10^{-4}$且$\geq 10^{-5}$	$< 10^{-3}$且$\geq 10^{-4}$
E	极少	$< 10^{-6}$	$< 10^{-5}$	$< 10^{-4}$

表4.3.4　故障模式可能性分类与参考值(无失效数据时)

概率分类	故障模式发生概率取值		
	元器件、材料级	组件、模块级	设备级
A	1×10^{-5}	1×10^{-4}	1×10^{-3}
B	1×10^{-6}	1×10^{-5}	1×10^{-4}
C	1×10^{-7}	1×10^{-6}	1×10^{-5}
D	1×10^{-8}	1×10^{-7}	1×10^{-6}
E	1×10^{-9}	1×10^{-8}	1×10^{-7}

(5)风险评价指数。风险评价指数用于评价故障模式的危害性,是由故障严酷度和故障发生可能性二者综合权衡产生。航天器产品常用的矩阵形式见表4.3.5。

表4.3.5　风险评价指数矩阵

风险评价指数		故障严酷度			
		I	II	III	IV
故障发生可能性	A	1	3	7	13
	B	2	5	9	16
	C	4	6	11	18
	D	8	10	14	19
	E	12	15	17	20

（6）故障检测方法。在轨故障检测是指航天器在轨运行中，某故障模式出现后对故障诊断或检测的方法，包括通过遥测数据或间接工程判断等。需要明确给出在轨发生此类故障模式后，遥测参数的变化或者地面工程判断的方法。如果没有明确的检测方法，应给出可观测到的现象，如参数变化。具体的检测方法应尽可能说明以下方面内容。

① 故障的测试指标，如电流、电压、脉冲宽度等。

② 遥测参数名称或标识。

③ 对于采用冗余设计的部分，应确定能否对各冗余单元故障进行独立的检测。

④ 对于无法检测的故障，给出标识及简要说明。

（7）地面预防/纠正措施。地面预防/纠正措施是指可以在地面采取的为消除或减小该故障原因发生的措施。其中预防措施是为最大程度上避免各类必然性或偶然性故障的发生而采取的各种针对性措施，如冗余设计、裕度设计等，可减小故障的发生概率。故障纠正措施是一类特殊的故障预防措施，它是针对确定性因素的存在，如设计错误、设计缺陷、材料选错、工艺不当等导致故障发生而在设计、生产中采取的更正和改进措施，可在源头上杜绝必然性故障的发生。

针对每一个故障原因应有相应的预防/纠正措施，措施若不只有一个，要分条列出这些措施是发射前可采取的一切措施，包括设计、工艺、管理、试验等方面的措施；注意每个预防/纠正措施应具有针对性，尽量具体，可操作，切忌笼统与口号化。对于设计措施主要包括冗余、安全或保险装置、故障隔离与扩散控制等。

（8）在轨补偿措施。在轨补偿措施是为消除或减小某故障模式影响而采取的在轨应急补偿措施。其目的是在故障发生后，最大程度上消除或减轻故障后果的影响，将其控制在可接受的范围和程度之内。故障补偿措施不同于故障预防措施，它不能防止故障模式的发生，仅在其发生后发挥作用。

4.3.1.2　工艺FMEA

1）工艺FMEA的概念内涵

工艺FMEA又称为过程FMEA（PFMEA），是在过程完成之前确定各个中间状态的故障模式，并提供纠正措施的一种分析技术。工艺FMEA也是一种系统、全面地对工艺问题的"回想"和"预想"方法，通过分析工艺可能发生的失效及对产品、工装、环境和人员造成的影响，采取应对措施，从而保证和提高产品的可靠性。

工艺FMEA早在20世纪80年代中期起源于美国的汽车行业，应用的范围主要包括生产工艺过程，也涉及维修过程、运输过程等。本书主要对生产过程的工艺 FMEA 技术进行介绍。

生产过程的工艺 FMEA 技术通过对生产过程中每个工序可能发生的故障模式、原因及其影响,并按照故障模式的风险优先数值的大小,对工艺的薄弱环节制定改进措施,并预测或跟踪改进后风险优先数(RPN)的有效性,使 RPN 达到可接受的水平,从而提高产品的质量和可靠性。

通过有效的开展工艺 FMEA,可以识别工艺的潜在失效模式;确定潜在工艺失效的原因、评价工艺失效对产品、工艺装备、生产环境和人员的影响;建立一个考虑纠正(改进)措施的优先体系,并提出预防和控制工艺失效的针对性措施;对措施的有效性进行分析评价;为产品检验提供支持;为确定需要重点控制质量及生产工艺的薄弱环节提供信息;为工艺技术改造方案提供依据并积累数据。

2)工艺 FMEA 的通用原则

不同产品制造过程的工艺设计与过程有很大不同,即使相同的产品在不同时期生产或由不同生产线生产其工艺也会有些差别,所以在做具体工艺 FMEA 的分析时,要针对具体的工艺类型来分析。

开展工艺 FMEA 首先要明确开展工艺 FMEA 的目的,明确待分析的工艺过程中,每个工艺步骤可能发生的故障模式、原因及影响。工艺 FMEA 必须与生产工艺设计紧密结合,新工艺的 FMEA 应在工艺设计之初开始实施,制定相应计划,尽早开展。对于在现有工艺过程基础上更改的工艺过程,工艺 FMEA 应在更改方案初步形成后开始实施。工艺 FMEA 的初始约定层次为过程最终结果所属产品,约定层次为过程流程中的每个工序,最低约定层次为故障原因所在层次。

工艺 FMEA 故障模式严酷度分为四级。推荐的航天器产品工艺 FMEA 故障模式严酷度分类及说明见表 4.3.6。

表 4.3.6 工艺 FMEA 故障模式严酷度(SN)分类

严酷度(SN)等级	工艺故障模式影响的后果说明	严酷度(SN)评分
I	造成产品报废且经济损失重大的;对系统产品功能造成严重影响;对人员有伤害,如生命丧失或永久性致残性伤害或职业病	4
II	造成产品损伤或重大超差,无法返工返修;任务不能完成;暂时致残但没有生命威胁的伤害或暂时的职业病	3
III	造成本工序或后续工序加工困难;造成产品超差;返工返修困难;任务降级或过程降级	2
IV	超差可以让步接受;任何其他影响	1

工艺 FMEA 故障模式发生可能性又称为工艺 FMEA 故障模式发生度,通常

根据经验或工艺统计数据来确定分类,共分为四级。推荐的航天器产品工艺 FMEA 故障模式发生可能性分类及说明见表 4.3.7。

表 4.3.7　工艺 FMEA 故障模式发生可能性(ON)分类

发生可能性(ON)等级	工艺故障模式发生可能性说明	发生可能性(ON)评分
A	故障不可避免或发生	4
B	故障经常发生	3
C	故障时有发生	2
D	故障很少发生	1

工艺 FMEA 故障模式检测度分为四级。推荐的航天器产品工艺 FMEA 故障模式检测度分类及说明参见表 4.3.8。具体分析时,由分析责任人组织分析团队针对分析对象特点进行详细定义。

表 4.3.8　工艺 FMEA 故障模式检测度(DN)分类

检测度(DN)等级	工艺故障模式检测度说明	检测度(DN)评分
不能检测	没有已知的检测方法及手段能检测出故障模式	4
只能间接检测或目测	现行的检测方法及手段检测出故障模式比较困难,或只能在高一级装配或测试才能检测	3
完工后直接检测	在后续工序或产品上,用现行检测方法及手段能检测出故障模式	2
工序过程直接检测	在工序过程中用现行检测方法及手段能检测出故障模式	1

风险优先数(RPN)是 SN、ON 和 DN 的乘积,RPN 的取值范围为 1～64,RPN 值越大,表明该过程故障模式的风险越高。通过排序,应优先关注 RPN 值较高的工序或过程,并根据 RPN 值的大小以及 SN、ON 和 DN 的取值等因素综合确定需重点预防的故障模式。

如过程故障模式出现以下风险,则属于不可接受情况,并应确定为过程关键项目:

(1) SN 评分不低于 3。

(2) ON 评分为 4。

(3) DN 评分为 4。

(4) RPN 不低于 12。

工艺 FMEA 应该由熟悉产品生产过程工艺的人员完成工艺过程各个工序环节的人、工、料、法、环各个方面因素的故障模式识别;可靠性专业人负责分析技术指导;管理人员负责分工协调等一系列人员的团队合作完成,才能保证分析的有效性。分析过程以工艺 FMEA 表格为指导(表 4.3.9),逐栏完成各个工序故障模式、对后续工艺过程的影响、故障原因、故障检测方法、改进前的风险优先数、改进措施、责任单位、改进后的风险优先数等栏目的填写。

表 4.3.9 工艺 FMEA 工作表

标识号	工序名称	工序功能/要求	故障模式	故障影响			故障原因	故障检测方法	改进前的风险优先数(RPN)				改进措施	责任部门	改进措施执行情况	改进措施执行后的风险优先数(RPN)				备注
				对后续工序的影响	对整个过程的影响	对产品的影响			严酷度(SN)评分	发生可能性(ON)评分	检测度(DN)评分	风险优先数(RPN)				严酷度(SN)评分	发生可能性(ON)评分	检测度(DN)评分	风险优先数(RPN)	
(1)	(2)	(3)	(4)	(5)	(6)	(7)	(8)	(9)	(10)	(11)	(12)	(13)	(14)	(15)	(16)	(17)	(18)	(19)	(20)	(21)

3) 工艺 FMEA 的分析要点

工艺 FMEA 实际的工程实践中,为了达到有效的分析目的,需要注意以下几方面。

(1) 工艺失效的影响不仅要考虑对产品的影响,更主要的是对其他工序的影响,以及对完成工艺所需的工具、设备的不良影响,这是它与设计 FMEA 的最主要区别。因此,工艺失效的影响应该分析到对下道工艺/工序的影响、对产品的影响、对操作人员的影响和对环境及设施的影响。

(2) 与设计 FMEA 一样,工艺 FMEA 也应该从历史设计中汲取相关的故障模式、故障原因、发生概率等信息,建立相应的故障模式的数据库,这样才可以更好地指导后续的工艺 FMEA 工作。

(3) 要采取措施必须先找出原因,只有针对失效根本原因的措施方能保证它的有效性。在工艺失效分析中,需要对失效影响严重的工序采取控制和防护措施,以 RPN 临界值为参考,界定影响后果的严重程度。

在工艺 FMEA 分析中对超出 RPN 临界值的失效模式给予特别关注。对确实存在 RPN 值超出 RPN 临界值的工艺/工序,应采取补充的预防/纠正措施,使其风险降下来;对 RPN 值小于 RPN 临界值但大于临界值的某一比值(一般取80%)的失效模式虽然不一定非要采取补救措施,但也要引起足够的重视,如应作为工艺评审的重点项目,在检测、复查等工作中密切注意。

4.3.2　FTA

故障树分析（FTA）是以系统故障为导向，运用演绎法对系统自上而下逐级分析，发现导致系统故障的各种可能原因，直到最根本的原因，属于多因素分析。实施可靠性增长时可用于查找故障线索、开展事故分析等，可以通过逻辑关系的分析确定潜在的硬件、软件设计缺陷，以采取改进措施，对两状态（正常和故障）和无时序系统的分析尤为有效。

故障树分析方法逻辑性强、分析难度大、定量计算复杂，在航天器可靠性增长工程中，一般借助工具开展 FTA，用于关键产品的设计、质量问题的故障定位或管理风险分析等。

4.3.2.1　故障树分析程序

故障树分析程序如图 4.3.5 所示。

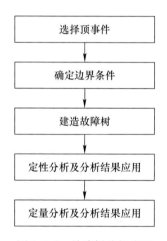

图 4.3.5　故障树分析步骤

1）选择顶事件

顶事件是预想的或已发生的故障事件。在选择顶事件时，通常应遵循下述原则。

（1）对顶事件发生与否要明确地定义，避免使用含糊不清的描述。一般在初步故障分析基础上确定顶事件，也可通过 FMEA 找出对系统/分系统危害最大的故障模式作为顶事件。

（2）顶事件应可以分解为若干个彼此独立的故障原因（即中间事件）；若有条件，还可以对故障发生概率进行统计分析。

（3）顶事件的选取。将航天器飞行事件保证链中关键事件的故障模式、影响航天器任务成败的关键分系统的故障模式作为顶事件进行故障树分析。如果航天器有多个目标任务时,可以对这些目标分别进行故障树分析。例如,以某天线无法实现电性能为顶事件开展故障树分析,而天线展开有几个不同的阶段,可以按不同阶段进一步细化顶事件,如抱环无法展开、展开臂无法展开、馈源阵无法展开等。在轨发生问题或在研出现质量问题时,可以直接选择具体的问题作为顶事件;在进行概率风险评估时,可以将事件链中的事件作为顶事件进行分析。

2)确定边界条件

边界条件包括设备的初始状态和假定的系统输入。故障树描绘了系统在规定的时间、规定的状态和规定的边界条件下的表现。在做 FTA 时,不能主观地把"看来不重要"的底事件压缩掉,会漏掉需要寻找的故障隐患。做到合理划定和简化边界的关键是:经过集思广益的推敲,做出正确的工程判断。例如,分析某卫星控制分系统的故障时,其边界条件应明确系统的方案、定义的工作模式、确定要考虑的设备故障,系统的接口应假定哪些接口不会发生故障,会发生故障的接口需要纳入到模型中。

航天器系统级故障树的底事件应考虑分系统之间的耦合及接口关系,并分析到系统的冗余单元。分系统故障树的底事件应考虑设备之间的耦合及接口关系,并分析到分系统的独立功能的设备。设备故障树的底事件应考虑设备内部的接口关系,并分析到设备的独立功能模块,必要时,分析到元器件。

3)建造故障树

建树基本过程:从已经选定的顶事件出发,首先寻找所有可能引起顶事件发生的最直接原因事件,这些直接原因事件通常是故障树的中间事件,并将它们逐一排列在顶事件之下。对于这些中间事件,如果每一个事件发生就能导致上一级事件发生,则用逻辑或门将这些事件与上一级事件连接起来;如果只有所有事件共同发生才能导致上一级事件发生,则用逻辑与门将这些事件与上一级事件连接起来。然后再逐一分析导致每一个中间事件发生的更低层次的原因事件,并按上述原则进行连接,逐级向下分析,直至不需要进一步分析为止,这些不需要进一步分析的事件构成底事件。为保证建树的正确性,建造故障树的过程通常是由充分了解系统的设计人员进行。

4.3.2.2 定性分析及分析结果应用

1)求最小割集

基于最小割集进行故障树定性分析。最小割集是指一些底事件的集合,这些底事件同时发生会导致顶事件必然发生,并且去掉任意一个底事件后就不会导致顶事件发生。最小割集一般根据故障树结构,通过布尔运算利用上行法或下行法求得。上行法是从所有底事件开始,逐级向上找事件集合,最终获得故障树的最小割集;下行法是从顶事件开始,逐级向下找事件的集合,最终获得故障树的最小割集。

2）最小割集的定性比较

最小割集之间的定性比较结果可用于指导故障诊断、确定维修次序或指示改进系统的方向。首先根据每个最小割集阶数排序,在各个底事件发生概率较小、差别相对不大的情况下,可按以下原则对最小割集进行定性比较。

（1）阶数越小的最小割集越重要。

（2）在低阶最小割集中出现的底事件比高阶最小割集中的底事件重要。

（3）在考虑最小割集阶数的条件下,在不同最小割集中重复出现次数越多的底事件越重要。

3）定性分析的结果应用

故障树定性分析的结果是求得全部最小割集。基本用途在于识别导致顶事件的所有可能的系统故障模式,避免遗漏重要的"想不到"的系统故障模式,有助于指导产品设计改进、故障诊断和制订使用维修方案。航天器研制过程中与故障相关定量分析数据通常积累不足,故障树定性分析尤其重要,不但可以识别导致顶事件的所有可能的故障模式,还可以进行定性比较,对每个"底事件最小割集"按包含的事件数目(阶数)排序,以确定底事件的重要程度。

4.3.2.3　定量分析及分析结果应用

如果能够对故障树中各个底事件发生概率做出推断,应当开展故障树定量分析。定量分析不仅能够给出顶事件的发生概率,还能够给出导致该发生概率的主要割集以及每个底事件的定量重要度。

（1）定量计算的前提条件。底事件相互独立,底事件发生概率已知。

（2）顶事件发生概率的计算。顶事件发生概率的计算方法包括精确计算方法和近似计算方法。在航天器可靠性增长工程中,考虑到底事件统计基础数据准确度、产品可靠性都有比较高等方面的因素,故非必要时不采用精确计算,近似计算一般采用容斥定理取首项近似(一阶近似)、容斥定理取部分项近似(二阶近似)、容斥定理上下限平均近似和独立近似等方法。

（3）底事件重要度的分析。底事件对顶事件的贡献称为该底事件的重要度,可用于改进系统设计、确定系统运行中需监测的部位、制定系统故障诊断时分析原因的次序等。常用的重要度有概率重要度、相对概率重要度和结构重要度。其中结构重要度为定性指标,可划归定性分析的范畴。

4.3.2.4　故障树分析要求

航天器可靠性增长过程中,为便于识别导致顶事件发生的故障原因,应以选定的顶事件具体展开进行故障树分析。具体要求如下。

（1）实施故障树分析的时机。实施时机与实施目的密切相关。如果为了识别系统单点故障模式，对设计进行改进，提高系统的可靠性安全性，必须在方案设计阶段或初样研制阶段开始；如果为了进行质量归零，利用故障树分析可以较为准确地进行故障定位。目前，航天器研制过程中 FTA 主要用于故障定位，在初样研制阶段开展 FTA 工作，即在可靠性增长工程中 FTA 工作时机应前移。

（2）应从上向下逐级建树。建树应从上向下逐级进行，每一层只找引起上一层故障事件的最直接原因事件，而不是直接找底事件，应不断利用直接原因事件作为中间事件进行过渡，逐步无遗漏地将顶事件演绎为底事件，以保证故障原因不遗漏。

（3）建树时不允许逻辑门与逻辑门直接相连。逻辑门与逻辑门之间必须用代表中间事件的长方形框连接，否则就是错误的故障树。

（4）边界条件应明确。故障树分析的边界要求一般包括以下几方面。

① 底事件的分析层次，例如，是否考虑设备内部的接口关系，分析到功能模块还是元器件。

② 是否考虑人为操作带来的故障原因。

③ 是否考虑涉及外部产品的错误等。

（5）故障事件应严格定义。对于中间事件，应当根据需要准确地表示为"故障是什么"和"什么情况下发生"，即说明部件故障的表现状态和此时的系统工作状态。

（6）对事件的抽象描述应具体化。为了故障树向下展开，必须用等价地比较具体的直接事件逐步取代比较抽象的间接事件，否则，在建树时也可能形成不经任何逻辑门的事件——事件串。

（7）应处理共因事件和互斥事件。共同原因故障事件简称为共因事件。共因事件会引起不同的部件故障甚至不同的系统故障。对于故障树中存在的共因事件，必须使用同一事件标号。不可能同时发生的事件，如一个元件不可能同时处于通电及不通电的状态为互斥事件。对于与门输入端的事件和子树应注意是否存在互斥事件，若存在则应该采用异或门变换处理，即表示为不同时发生。

（8）应对各项底事件进行分析。应对各项底事件的故障信息及防护设计措施有效性进行分析。

具体包括以下几方面。

① 故障部位、故障判断等相关信息的描述。

② 故障模式、故障原因及故障影响的分析。

③ 针对此故障所采取的防护设计措施及其有效性的分析。

（9）应给出薄弱环节分析与建议。根据故障树的定性分析结果,对应产品的当前状态,寻找产品是否有薄弱环节,并提出改进或补偿措施。

一般薄弱环节可考虑以下几个方面。

① 根据分析结果,判断系统设计是否存在漏洞或短板。

② 判断对下级产品的设计要求是否合理、全面。

③ 是否针对所有重要性较高的底事件都采取了防护设计措施。

④ 产品测试性设计是否合理,对所有重要性较高的底事件有故障监测措施。

⑤ 根据底事件的重要性分析,判断产品的系统维护方案是否合理。

4.3.3　单点故障识别

单点故障是指会引起系统故障,而且没有冗余或替代的操作程序作为补救的系统、分系统、单机产品故障。对于严酷度Ⅰ类、Ⅱ类的单点故障模式,如果无法从设计上消除,应该从生产、测试、验收、试验等过程进行严格的质量控制,并制定在轨故障的应急处理策略。

以通信卫星为例,常见的Ⅰ类、Ⅱ类单点故障模式及控制措施见表 4.3.10。

表 4.3.10　通信卫星常见的Ⅰ类、Ⅱ类单点故障模式及控制措施

序号	故障模式	故障原因	控制措施
1	太阳翼无法展开	火工切割器故障	火工品切割器点火器主备份设计;严格生产质量控制;采取 X 射线检测
2	天线无法展开		
3	太阳帆板驱动机构卡死	电机电机轴系卡死、齿轮卡死	轴承活动部件进行跑合和筛选;装配过程严格多余物控制
4	太阳帆板驱动机构功率通路短路	功率环短路	导电环导通和绝缘检查;功率导电环绝缘性测试;关键工序检查,严格多余物控制等质量控制
5	推进系统的漏气、漏液	气瓶、贮箱、管阀件外漏	原材料复验;超声探伤;焊缝无损探伤;验证压力试验;检漏
6	推进系统堵塞	管阀件堵塞	严格控制洁净度,每道工序完成后和装配前去毛刺和清洁处理
7	转发器无输出功率	大功率无源部件微放电	合理的防护设计;进行微放电试验验证

单点故障的识别与控制一直是产品风险分析与控制的焦点。由于系统设计复杂,涉及的产品数量、类型多,全面识别单点故障模式的难度较大。

目前单点故障识别主要通过 FMEA 进行,其方法已经较为成熟。为了更全

面地识别单点故障模式,可以采用 FMEA 和 FTA 相结合的方法,即 FMEA 自下而上分析归纳,与 FTA 自上而下逐级分解相结合,形成互补。一种典型的分析流程如图 4.3.6 所示。其过程描述如下。

(1)在方案论证阶段和方案初步设计阶段,开展系统级的功能分析和功能 FMEA。通过功能分析,将系统的功能定义传递到分系统和单机;通过功能 FMEA,对系统、分系统的方案进行权衡,指导冗余设计,并将系统的故障影响、故障严酷度传递到分系统和单机。

(2)在初样设计阶段,分级开展硬件 FMEA,将故障模式从单机到分系统、系统层层迭代,全面识别系统的Ⅰ、Ⅱ类单点故障模式;通过冗余有效性分析,进一步识别冗余系统潜在的单点。

(3)在方案设计阶段开始故障树分析(FTA)。首先确定一个或多个顶事件,随着方案设计的深入,从系统、分系统自上而下逐级建立故障树。进入初样阶段以后,建立单机级故障树。之后,故障树自下而上逐级合并,形成一颗贯穿单机、分系统、系统的完整故障树。

(4)分析系统故障树的最小割集,识别单点故障模式。

(5)综合 FMEA 和 FTA 的分析结果,得到较为全面的单点故障模式清单。

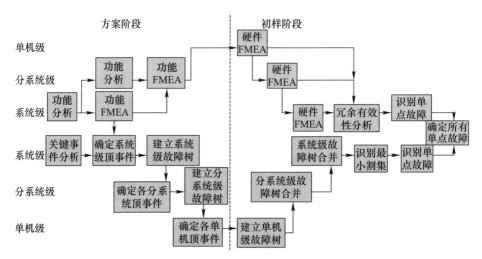

图 4.3.6　FMEA 和 FTA 相结合的单点故障识别流程

对于采用冗余或备份设计方案的产品,从分析结果上可能较少出现严重的单点故障,但产品设计中的相对薄弱环节总是客观存在的。冗余系统单点故障的风险点主要存在于接口部分和共用环节。为有效识别可能存在的单点故障,建议对这两个风险点开展专项分析。

（1）信号接口分析。对分系统和单机冗余系统输入、输出接口部分的电路故障模式及影响进行专项分析，判断发生故障时是否影响冗余通路的正常工作。根据信号输出端、接收端的连接关系图以及详细电路图，对电路中的接口芯片以及电阻、电容等元器件进行故障模式和影响分析，判断元器件的故障是否会影响冗余切换和备份通道的信号。

（2）主备共用环节分析。对于主备份的共用环节进行全面识别，检查冗余单元之间是否存在共用器件/电路、共用焊盘、共用过孔、共用印制线、共用内部导线、共用电连接器和节点；进一步分析这些共用环节是否存在导致冗余系统失效的单点故障模式，是否制定了相应的控制措施。

4.3.4　共因故障分析

共因故障是指不同产品由共同的原因引起的故障。共因故障是从属故障的一种，航天器产品常表现为多个冗余部件由于共同的原因在同时或在一段短时间间隔内相继发生故障。因此，在可靠性分析中要高度重视相同、相似冗余单元的共因故障识别与控制。

导致共因故障的原因包括根原因和耦合因素。一个事件发生的原因可以追溯到某个明确但可能未知的时间点上发生的事件，这些原因事件称为根原因。根原因有以下 4 种类型。

（1）硬件原因。某设备故障由于其中的部件的原因。

（2）人为原因。设备操作、测试、维修以及设计和制造的原因。

（3）环境原因。作用于设备上的来自设备之外工作场所之内环境应力的原因。

（4）外部原因。作用于设备上的来自工作场所之外的异常环境应力的原因。

耦合因素是一种用来解释某根原因如何传播并影响到多个设备的方式。3 种主要的耦合因素类型为功能耦合、空间耦合的和人因耦合。

（1）功能耦合。功能耦合包括相连设备之间共用的设计、共同的输入、循环依赖以及同一个设备提供多项功能的情形等，以及不相连设备之间相关的成功准则，如备用系统和它支持的主份之间的关系，如不相连设备之间耦合的较敏感的方式是环境传导的。

（2）空间耦合。空间耦合包括空间邻近和空间连接。空间邻近是指设备在一个公共的场所或有共同的屏障。空间连接是指在不同位置的设备，尽管没有功能上的联系，但会受到可能由于某屏障破裂而产生的极端环境条件导致的相同的影响。

（3）人因耦合。人因耦合是指关于设计、制造、安装、质量控制、设备管理、维修、测试等活动，以及操作规程、紧急情况处理程序、检查程序的实施等过程中人的因素。

共因故障分析是在若干故障事件中识别共因故障的一种分析方法。共因故障分析技术可用于各种类型的系统，对采用了冗余设计的安全性关键系统特别有效。共因故障分析可以结合 FMEA 和 FTA 开展，具体过程介绍如下。

1）基于 FMEA 的共因故障分析方法

基于 FMEA 的共因故障分析方法是在 FMEA 的框架下，在识别故障模式的环节进一步识别出共因故障模式，针对共因故障模式再按 FMEA 的分析逻辑分析故障影响和故障原因，然后针对故障原因采取相应的预防和纠正措施，实现可靠性增长。

识别共因故障模式首先要熟知常见的耦合因素及其与故障原因的关系。表 4.3.11 给出了实施 FMEA 过程中各种耦合因素的参考清单。

表 4.3.11　常见的耦合因素

序号	耦合因素
1	相同的使用方法
1.1	使用寿命（使用时间、工作中循环次数或事件数）
1.2	老化（新设备或应用，旧设备不再维护）
2	相同的工作环境
2.1	接近
2.1.1	冗余单元离得很近
2.1.2	单元与外部设备或系统离得近
2.2	相同的介质
2.2.1	周围空气
2.2.2	液体（冷却，工艺化学）
2.2.3	固体（安装区域）
3	功能耦合
3.1	相同的能量或公用源（信息流）
3.2	相同的输入或输出
3.3	相同的负载或负载介质
4	相同的人员
4.1	设计
4.2	安装/建造

序号	耦合因素
4.3	操作
4.4	维护
5	文件
5.1	不完整或不正确的程序、显示、制图或培训
5.2	程序步骤未包括足够的错误屏障
6	相同的标记、标签、显示模糊
7	产品类似(如厂商、材料和技术)

表 4.3.12 给出了故障原因和耦合因素的关系,包括应力层面的直接原因和相关的间接原因,这些都是根原因,每个原因给出了相应的耦合因素(耦合因素的序号来自表 4.3.11)。许多原因项都与多个耦合因素有关系。

表 4.3.12　故障原因与耦合因素的关系

原因类型	直接原因(应力)	间接原因	耦合因素
环境	温度、振动(包括微振动)、湿度、真空、微流星体与空间碎片、轨道摄动、辐射(包括电离总剂量、位移损伤、单粒子、表面充放电、内带电效应、太阳紫外辐射等)、原子氧、微重力、地球磁场、大气、行星特殊环境等	设备布局	2
	欠设计	设计问题	4.1
过载荷	机械载荷、电流、电压	功能使用	3,4.3
	欠设计	设计问题	4.1
	循环交变、冲击、振动、压力、循环率	操作问题	2、3、5、4.3
		不正确的安装	4.2
	超需求	设计问题	4.1
超出规范的输入	电源不足,高或低的压力或流量	设计问题	3
	不正确的连接或切换	安装或操作问题	3.1,4.2,4.3
	噪声或漂移	边际接口,不稳定或设备老旧	1.1,3.2,4.1
污染	灰尘、化学	操作或维护问题	2、5、4.3、4.4
		丧失过滤功能	3
		丧失过滤部件	6
老化、寿命终结、耗损、疲劳	设备或材料的使用超出时间或循环次数的限制	故障部件	6
		维护问题	1.1,4.4
		错误的设备使用	1.2,4.4

明确了耦合因素及其与故障原因的关系后,在 FMEA 工作表的基础上建立原因与耦合因素的综合关系矩阵,按矩阵提供的线索逐一分析已识别的故障模式,找出潜在的共因故障模式。

2)基于 FTA 的共因故障分析方法

基于 FTA 的共因故障分析方法是在演绎构建故障树的过程中,识别共因部件组,通过故障原因的逐步细化,识别出所有底事件,其中包含可能导致共因故障的根原因和耦合因素的底事件就是共因基本事件。该过程主要是依据工程判断进行分析,可利用总结的线索表找出根原因和耦合因素。针对识别出的共因基本事件,对照设计指南和预防策略提出相应的设计改进等预防和纠正措施,实现可靠性增长。有条件时可开展定量分析,即确定所有底事件(包括共因基本事件)的发生概率,进而计算顶事件的发生概率。图 4.3.7 给出了进行 FTA 时如何实施共因故障分析的工作程序。

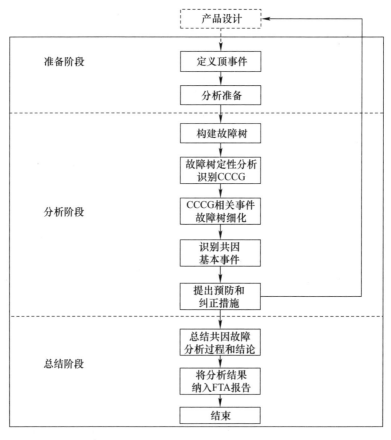

图 4.3.7 基于 FTA 的共因故障分析工作程序

4.4　可靠性评估

可靠性评估是利用产品寿命周期各阶段形成的可靠性数据,包括同类/相似产品或产品组成单元的可靠性预计/分析数据、特定试验的试验数据、产品现场使用数据等,以概率论为理论基础,运用数理统计方法,给出产品在某一特定条件下可靠性特征量的估计值的活动,属于定量分析的范畴。评估输出一般为给定置信度下的产品可靠性参数,如 MTBF、可靠度、可靠寿命等的置信下限估计。

4.4.1　可靠性评估的目的

可靠性评估在产品方案、研制、生产和使用过程中均有应用,是可靠性工程活动的重要内容之一,可为产品设计方案确定、薄弱环节识别、设计定型、产品验收、维修与保障方案制定及修订等提供依据。

根据不同应用阶段的需要,可靠性评估的目的也不尽相同。

(1) 在方案论证阶段,通过同类产品的可靠性评估,可为方案的比较和选择提供依据。

(2) 在研制阶段初期(初样阶段),利用此前不同时期的试验数据可对产品可靠性增长情况进行评定,并作为研制转阶段的重要依据;在整个研制阶段内(初样和正样阶段),通过可靠性数据分析,可识别可靠性薄弱环节,可用于指导故障纠正策略和设计改进措施的制定;在研制阶段末期(正样阶段结束时),根据可靠性评估结果,评定其可靠性水平是否达到设计要求,为产品设计定型和生产决策提供依据。

(3) 在生产阶段,根据验收试验数据评定可靠性,检验其生产工艺水平能否保证产品所要求的可靠性,并为产品维修与保障方案的制定提供信息。

(4) 在使用阶段,现场可靠性数据的收集和分析是一项重要工作。一方面,可用于产品早期故障识别并制定纠正措施(设计改进或加强质量管理等),提高产品的可靠性;另一方面,通过定期评估,可以更加准确地掌握产品真实可靠性水平,也可为产品维修与保障方案的动态修订提供依据。

在可靠性增长工程中,可靠性评估可以作为产品可靠性增长前、后定量评价产品可靠性指标的工具,可靠性评估过程中应用的可靠性特征量、可靠性数据等也可为可靠性增长试验方案制定、后续生产过程中可靠性数据的收集与整理提供支持。

4.4.2 可靠性评估数据及特征量

4.4.2.1 可靠性评估数据来源

地面可靠性验证试验和在轨运行数据是单机可靠性评估的主要数据来源，并以地面验证试验数据为主。本节将对单机可靠性评估中可用的数据来源分类进行分析。

航天器单机产品在研制、使用过程中开展了多项可靠性活动，产生了较多可用的可靠性评估数据，如产品可靠性预计结果、地面试验信息和在轨使用信息等。

航天器单机产品一般具有较好的继承性，这大大扩大了继承产品的可靠性信息来源。同时，单机产品可以看作由多个模块、部组件组成的小型系统，其下级产品的各类可靠性信息也可成为单机产品可靠性评估的数据来源。因此，单机产品可靠性评估不仅仅要考虑单一来源可靠性信息的分析处理，同时也是一项基于横向信息（如继承性信息）和纵向信息（如不同层次产品信息）的可靠性综合评估工作。

根据上述分析，单机可靠性评估数据的主要来源如下。

（1）可靠性预计结果。

（2）地面可靠性试验数据，包括寿命试验数据、可靠性增长试验数据以及能够反映产品可靠性的功能/性能数据，如火工品爆炸试验的成功次数、太阳翼展开试验的铰链锁定深度、蓄电池寿命试验的放电终止电压、太阳电池片辐照试验的功率衰减等。

（3）在轨运行数据，包括寿命数据以及能够反映产品可靠性的功能/性能数据。

（4）上级或下级产品的可靠性信息，包括可靠性预计结果、地面可靠性试验数据和在轨运行数据。

（5）相似产品（含被继承产品）的可靠性信息，包括可靠性预计结果、地面可靠性试验数据和在轨运行数据。

4.4.2.2 可靠性评估数据预处理

根据分析、试验、使用过程中采集方式的不同，形成多种可靠性信息类型，会直接影响可靠性评估方法的选取，尤其是在单元可靠性评估中。所以，对于收集得到的可靠性原始数据，一般还要进行预处理方可用于产品可靠性评估。可靠性数据预处理工作主要包括以下几方面。

1）数据一致性分析

对可靠性原始数据应进行一致性分析，明确原始记录中的工作条件、技术状态等与被评估对象是否一致；对于不一致的情况，应根据两者之间的差异，确定是否可视为相似产品数据引入可靠性评估。

2）关联故障与非关联故障的判别

关联故障是指可靠性评估时计为故障的故障,关联故障以外的其他故障均计为非关联故障。

对于关联故障,一般按照如下原则统计故障次数。

（1）间歇出现的同一故障,只计为一次故障。

（2）在有多个零部件或单元同时故障的情况下,当不能证明是一个故障引起了另一些故障时,每个故障均计为一次独立的故障。

（3）已经报告过的故障由于未能真正修复而又再次出现的,应和原来报告过的故障合计为一次故障。

（4）由于独立故障引起的从属故障不计入产品故障次数。

3）异常数据的判别

以下数据视为异常数据不可用于产品可靠性评估。

（1）由于使用不当、试验/监测设备故障、意外事故或误操作、其他产品等外部因素造成的数据异常,且无法修正的。

（2）由于生产环节出现异常情况导致的数据异常。

（3）由于安全性故障造成的数据异常。

（4）其他情况导致的试验数据不协调、异常的情况。

对于不能明确为异常数据的情况,可通过统计假设检验对数据一致性进行分析,剔除其中的异常值。但是统计假设检验存在弃真风险,应慎重使用。

4）分布类型假设检验

当产品可靠性数据较为充分时,应对可靠性数据的分布类型进行假设检验,为可靠性评估方案的合理性提供依据。

下文以正态分布的 S－W 检验为例,介绍正态分布假设检验的基本过程。

S－W 检验是基于顺序统计量对它们期望的回归,它是一个完全样本的方差分析形式的检验。检验统计量为样本顺序统计量线性组合的平方与通常的方差估计量的比值。

顺序统计量建立在顺序观测值的基础上,具体检验步骤如下。

（1）将样本从小到大排为顺序统计量:

$$x_{(1)} \leqslant x_{(2)} \leqslant \mathrm{K} \leqslant x_{(n)}$$

（2）查计算统计量 Z 必需的系数表得到对应与 n 值的系数 $\alpha_{k,n}, k=1,2,\cdots,l$,其中

$$l = \begin{cases} n/2, & n \text{ 为偶数} \\ (n-1)/2, & n \text{ 为奇数} \end{cases}$$

（3）计算检验统计量：

$$Z = \frac{\left\{ \sum\limits_{k=1}^{l} \alpha_{k,n} \left[x_{(n+1-k)} - x_{(k)} \right] \right\}^2}{\sum\limits_{k=1}^{n} \left[x_{(k)} - \bar{x} \right]^2}$$

（4）根据显著性水平 α 和 n 查表得到 Z 的临界值 Z_{α}。

（5）作出判断：若 $Z_{\alpha} \leqslant Z$，拒绝原假设；否则，接受原假设，即可认为样本服从正态分布。

4.4.2.3 可靠性评估特征量

可靠性评估特征量是指能够反映产品可靠性水平的可检测的随机变量。它具有以下3个条件。

（1）能够反映产品的可靠性水平，这是必须满足的条件。

（2）必须是可检测的参数。如果参数不可检测，则无法为可靠性评估提供有用的信息，这是为了进行可靠性评估活动而规定的条件。

（3）必须是随机的参数。如果参数是固定量，则不能反映产品故障分布的随机性，无法为可靠性评估提供必要的分散性信息。这是可靠性评估的基础理论和基本方法所要求的条件。

例如，某固体润滑轴承在使用过程中逐渐磨损，并且是该轴承失效的主要模式。由于材料、加工工艺、装配、使用工况等因素的影响，轴承失效时，使用寿命和磨损情况均具有随机分散性。毋庸置疑，寿命能够放映轴承的可靠性水平，而根据使用要求，轴承寿命终止可根据磨损的严重程度定量给出。所以，寿命和表征磨损情况的可检测量，如以质量、深度等表示的磨损量，使用时的振动大小等，均可作为可靠性评估特征量。在轨运行等其他阶段检测的可反映产品可靠性水平的随机变量均可作为可靠性特征量。

表4.4.1列出了一些航天器单机可靠性评估中常见的可靠性评估特征量。

表4.4.1 航天器单机常见可靠性评估特征量

类别	产品名称	可靠性评估特征量
电子	DC/DC	工作时间、输出电压稳定度
机械	火工切割器	失败次数
	太阳翼展开装置	展开力矩和阻力矩
	太阳翼锁定装置	锁定深度
	太阳翼锁定缓冲装置	冲击载荷
	热控涂层	太阳吸收率

类别	产品名称	可靠性评估特征量
机电	飞轮	转动次数、轴承组件储油室润滑剂耗损量、驱动电流、温升、滑行时间、振动
	陀螺	工作寿命、电机工作寿命、低速摩擦力矩、稳定工作电流、稳态工作功率、稳态功率波动、滑行时间、保持架含油率
	摆动扫描式红外地球敏感器	扫描轴系摆动次数、红外探测器工作寿命、红外探测器噪声
	天线驱动组件	旋转次数、旋转精度
	天线指向机构	旋转次数、旋转精度
	太阳帆板驱动机构	转动次数、每圈角度、每圈步数、零位精度
发动机	10N 推力器组件	电磁阀工作寿命(开关次数)、推力室寿命(点火时间)、推力、组件稳态点火时间、组件脉冲点火次数
一次电源	镍氢蓄电池组	充放电循环次数、充电终止电压、充电终止压力、放电中点电压、放电终止电压、容量
	太阳电池阵	功率衰降

4.4.3　可靠性评估方法

航天器可靠性信息来源多样,一个来源的可靠性数据可能同时包含多个特征量,这时需要进行综合评估,将特征量视为单元,根据各个特征量之间的可靠性逻辑关系,建立系统模型,先单元后系统,对系统进行可靠性评估。需要特别说明的是,本节中的单元、系统针对可靠性模型的上下级层次而言,与产品系统、分系统、单机、模块、部组件/元器件等产品层次无严格的对应关系。

4.4.3.1　成败型数据可靠性评估

成败型可靠性数据主要来自功能试验(仅给出成功与否的判断结果),如火工装置的发火试验等。该类数据可按成败型单元可靠性评估方法进行分析处理。

设产品可靠度为 R,投入 n 个产品进行独立试验,出现失效数为 f 的概率服从二项分布,即

$$P(X=f) = \binom{n}{f} R^{n-f}(1-R)^f \qquad (4.4.1)$$

则 R 的极大似然估计 $\hat{R}$ 及其置信度 $\gamma = 1-\alpha$ 的单侧置信下限 R_L 为

$$\hat{R} = \frac{n-f}{n}, \quad \sum_{r=0}^{f} C_n^r R_L^{n-r} (1-R_L)^r \leqslant \alpha \tag{4.4.2}$$

特别地,当 $f=0$ 时,R 的点估计 $\hat{R}$ 和置信下限 R_L 为

$$\hat{R} = 0.5^{1/n}, \quad R_L = \alpha^{1/n} \tag{4.4.3}$$

4.4.3.2 性能数据可靠性评估

性能试验根据性能参数是否落入规定的容许区间内作为成功判据。根据容许区间是固定还是随机,可以选择正态型单元或应力–强度型单元进行可靠性评估。

(1)若容许区间是固定的,可按性能正态型单元可靠性评估方法进行分析。

设产品性能参数 $X \sim N(\mu, \sigma^2)$,其密度函数为

$$f_N(x, \sigma^2, \mu) = \frac{1}{\sigma\sqrt{2\pi}} \exp \frac{-(x-\mu)^2}{2\sigma^2}$$

X_i 为第 $i(i=1,2,\cdots,n)$ 次独立性能试验获得的性能参数观测值,分别用 $\bar{X}$ 和 s 代表样本均值和样本标准差。

① 当仅给定单侧容许上限 U 时,产品可靠度点估计 $\hat{R}$ 由下式给出,其置信度 $\gamma = 1-\alpha$ 的单侧置信下限 R_L 根据 K_U 由 GB/T4885—2009 查表差值计算得到,即

$$\hat{R} = \Phi(K_U) \tag{4.4.4}$$

当 $n \geqslant 5$ 时,置信下限 R_L 为

$$R_L \approx 1 - \Phi\left(-K_U + u_\gamma \sqrt{\frac{1}{n} + \frac{K_U^2}{2(n-1)}} \right) \tag{4.4.5}$$

式中:u_γ 为标准正态分布的 γ 分位点。

② 当仅给定单侧容许下限 L 时,产品可靠度点估计 $\hat{R}$ 由下式给出,其单侧置信下限 R_L 根据 K_L 由 GB/T4885—2009 查表差值计算得到,即

$$\hat{R} = \Phi(K_L) \tag{4.4.6}$$

当 $n \geqslant 5$ 时,置信下限 R_L 为

$$R_L \approx \Phi\left(K_L - u_\gamma \sqrt{\frac{1}{n} + \frac{K_L^2}{2(n-1)}} \right) \tag{4.4.7}$$

③ 当给定双侧容许限 $[L, U]$ 时,产品可靠度点估计 $\hat{R}$ 及其单侧置信下限

$R_{\rm L}$ 为

$$\hat{R} = \varPhi(K_{\rm U}) + \varPhi(K_{\rm L}) - 1 \qquad (4.4.8)$$

$$R_{\rm L} = R_{\rm L}(K_{\rm U}) + R_{\rm L}(K_{\rm L}) - 1 \qquad (4.4.9)$$

式中:$R_{\rm L}(K_{\rm U})$ 和 $R_{\rm L}(K_{\rm L})$ 分别根据 $K_{\rm U}$ 和 $K_{\rm L}$ 由 GB4885 查表差值计算得到。

（2）若容许区间是随机的,可按应力 – 强度型单元可靠性评估方法进行分析。

应力 – 强度型可靠性数据源于机械领域的应力 – 强度干涉理论,在结构和机构产品可靠性评估中常常遇到,目前已推广到其他工程领域,其中强度泛指阻止产品失效的因素,应力泛指引起产品失效的因素。例如,机构阻力矩与驱动力矩就构成一组应力 – 强度数据,应力为阻力矩,强度为驱动力矩。

假设应力 X 和强度 Y 服从正态分布,且有 $X \sim N(\mu_X, \sigma_X^2)$,$Y \sim N(\mu_Y, \sigma_Y^2)$,则产品可靠度为 $R = P(Y \geqslant X)$。对于这类数据可按应力 – 强度型单元可靠性评估方法进行分析。根据应力和强度数据是否同时观测得到,分别采用以下方法进行分析处理。

① 对于应力和强度数据同时观测的情况,应力和强度数据不相互独立,属于成对数据。令强度余量 $MS = Y - X$,则 $R = P(MS \geqslant 0)$,应力 – 强度型单元转化为给定单侧容许下限的正态分布型单元,其中性能参数为 MS,单侧容许下限为 0,可按照本节第（2）条方法进行处理。特别地,对于明确规定 $Y \geqslant kX$ 的情况,应取 $MS = Y - kX$。

② 对于应力和强度数据分别观测的情况,可认为应力和强度数据相互独立。设 X_i 为第 $i(i = 1, 2, \cdots, n_X)$ 次独立性能试验获得的应力观测值;Y_j 为第 j $(j = 1, 2, \cdots, n_Y)$ 次独立性能试验获得的强度观测值,分别用 $\bar{X}$、s_X 和 $\bar{Y}$、s_Y 代表应力与强度数据的样本均值及样本标准差。

产品可靠度点估计 $\hat{R}$ 及其置信度 $\gamma = 1 - \alpha$ 的单侧置信下限 $R_{\rm L}$ 为

$$\hat{R} = \varPhi(W), \quad R_{\rm L} = \varPhi(W - u_\gamma s_w) \qquad (4.4.10)$$

航天器产品寿命数据主要包括指数分布和威布尔分布两种类型,本节主要介绍指数型单元和威布尔型单元可靠性评估方法。

1）指数型单元可靠性评估

设产品寿命 t 服从指数分布,平均寿命为 θ,总试验时间为 T,共有 r 个产品失效,则 θ 的点估计 $\hat{\theta}$ 及其置信度 $\gamma = 1 - \alpha$ 的单侧置信下限 $\theta_{\rm L}$ 为（包含中止数据的情况按定时截尾试验情况处理）

$$\hat{\theta} = \frac{T}{r}, \quad \theta_L = \begin{cases} 2T/\chi_\gamma^2(2r), & \text{定数截尾试验的情况} \\ 2T/\chi_\gamma^2(2r+2), & \text{定时截尾试验的情况} \end{cases} \quad (4.4.11)$$

特别地,当 $r = 0$ 时,θ 的点估计 $\hat{\theta}$ 和置信下限 θ_L 为

$$\hat{\theta} = 2T/\chi_{0.5}^2(2), \quad \theta_L = 2T/\chi_\gamma^2(2) \quad (4.4.12)$$

2) 威布尔型单元可靠性评估

对于威布尔型可靠性数据,可采用 BLUE、MLE 和威贝叶斯(Weibayes)方法进行分析。其中 BLUE 用于定数截尾试验数据,MLE 和 Weibayes 用于定时截尾试验数据(此时采用 BLUE 近似处理误差较大)。但是 BLUE 和 MLE 要求失效样本较多(不少于 3 个),否则分析精度很差;当失效数很少甚至无失效时,可采用 Weibayes 方法进行分析。

① 确定形状参数 m。当失效数 <3 时,根据工程经验确定形状参数;当失效数 $\geqslant 3$ 时,威布尔分布形状参数的点估计 $\hat{m}$ 通过解下列方程得到

$$\frac{1}{m} + \frac{\sum_{i=1}^{z} \ln t_i}{z} - \frac{\sum_{i=1}^{n} t_i^m \ln t_i}{\sum_{i=1}^{n} t_i^m} = 0$$

② 可靠度点估计。特征寿命的点估计 $\hat{\eta}$ 为

$$\hat{\eta} = \left(\frac{\sum_{i=1}^{n} t_i^{\hat{m}}}{z} \right)^{1/\hat{m}}$$

式中:t_i 为各子样试验时间;z 为关联失效数。无失效时,保守起见,令 $z = 1$。

在 t 时刻可靠性点估计为

$$\hat{R}(t) = e^{-\left(\frac{t}{\eta} \right)^{\hat{m}}}$$

③ 可靠度置信下限。可靠性置信下限确定的方法:如果有 n 个产品开展试验,试验时间分别为 $t_1, t_2, \cdots, t_n$,其中 z 为失效数,$t_1^{m_0}, t_2^{m_0}, \cdots, t_n^{m_0}$ 服从 $\theta = \eta^{m_0}$ 的指数分布,则

$$\theta_L = \eta^{m_0} = \frac{2T}{\chi_\gamma^2(2z+2)}$$

$$\hat{\eta}_L = \left[\frac{2T}{\chi_\gamma^2(2z+2)} \right]^{1/m_0}$$

$$\hat{R}_{\mathrm{L}}(t) = \exp\left[-\frac{t^{m_0}}{2T}\chi_\gamma^2(2z+2)\right]$$

式中：$T = \sum_{i=1}^{n} t_i^{m_0}$ 为累计试验时间；z 为关联失效数；$\chi_\gamma^2(2z+2)$ 为卡方分布分位数；t 为任务时间。

无失效时，有

$$\hat{\eta}_L = \left[\frac{T}{-\ln(1-\gamma)}\right]^{1/\hat{m}}$$

$$\hat{R}_L(t) = (1-\gamma)^{t^{\hat{m}}/T}$$

3）加速寿命试验可靠性评估

（1）当加速应力采用恒定温度时，加速模型一般采用下式给出的 Arrhenius 模型，加速温度 T 相对正常温度 T_0 的加速因子 AF 为

$$\theta(T) = A\exp\left(\frac{E_a}{KT}\right) \tag{4.4.13}$$

$$\mathrm{AF} = \frac{\theta(T_0)}{\theta(T)} = \exp\left[\frac{E_a}{K}\left(\frac{1}{T_0} - \frac{1}{T}\right)\right] \tag{4.4.14}$$

式中：$\theta(T)$ 为绝对温度 T 下的产品寿命分布参数，对于指数分布取平均寿命，对于威布尔分布取特征寿命；A 为常数；E_a 为激活能，根据决定产品寿命的关键元器件或关键材料的激活能经验值确定；K 为玻耳兹曼常数，$K = 8.6171 \times 10^{-5}\,\mathrm{eV/K}$。

（2）当加速应力采用温度循环时，加速模型一般采用下式给出的 Coffin - Manson 模型，加速温度循环$(f, \Delta T, T_{\max})$相对正常温度循环$(f_0, \Delta T_0, T_{\max,0})$的加速因子 AF 为

$$\theta(f, \Delta T, T_{\max}) = \frac{A}{f^\alpha \cdot \Delta T^\beta}\exp\left(\frac{E_a}{KT_{\max}}\right) \tag{4.4.15}$$

$$\mathrm{AF} = \frac{\theta(f_0, \Delta T_0, T_{\max,0})}{\theta(f, \Delta T, T_{\max})} = \left(\frac{f}{f_0}\right)^\alpha \left(\frac{\Delta T}{\Delta T_0}\right)^\beta \exp\left[\frac{E_a}{K}\left(\frac{1}{T_{\max,0}} - \frac{1}{T_{\max}}\right)\right] \tag{4.4.16}$$

式中：$\theta(f, \Delta T, T_{\max})$ 为温度循环$(f, \Delta T, T_{\max})$下的产品寿命分布参数，对于指数分布取平均寿命，对于威布尔分布取特征寿命；f 为循环频率；$\Delta T = T_{\max} - T_{\min}$ 为温度循环的温变范围；$T_{\max}$ 和 $T_{\min}$ 为温度循环的最高温度和最低温度；A 为常数；α、β 为修正系数，根据工程经验确定，卫星电子类产品可取 $\alpha = -1/3$，$\beta = 2$；E_a 为激活能，根据决定产品寿命的关键元器件或关键材料的激活能经验值确定；K 为玻耳兹曼常数，$K = 8.6171 \times 10^{-5}\,\mathrm{eV/K}$。

（3）当加速应力采用机械振动应力、电压、电流等非热应力时，加速模型一般采用下式给出的逆幂率模型，加速应力 S 相对正常应力 S_0 的加速因子 AF 为

$$\theta(S) = AS^{-B} \tag{4.4.17}$$

$$AF = \frac{\theta(S_0)}{\theta(S)} = \left(\frac{S_0}{S}\right)^{-B} \tag{4.4.18}$$

式中：$\theta(S)$ 为应力 S 下的产品寿命分布参数，对于指数分布取平均寿命，对于威布尔分布取特征寿命；A、B 为常数，B 可根据 MIL810F 中的相关规定参考确定。

（4）当加速应力采用环境温度和非热应力等多种复合应力时，可分别求解温度加速因子和非热应力加速因子后相乘得到总的加速因子；当加速放模型无法确定时，可根据工程经验等确定经验加速因子。

寿命试验数据获得的一个重要途径是加速寿命试验，加速寿命试验通过提高环境或工作应力加速产品失效过程，在较短时间内获得产品的失效数据。航天器单机加速寿命试验通常采用恒定应力方式，而且受限于试验成本常常仅在单一应力水平下进行。对于这种情况，传统的多应力水平加速寿命统计分析方法无法进行分析处理，一般通过经验模型等确定加速因子，将加速应力水平下的寿命数据等效到正常应力水平下。

某些产品加速寿命试验通过提高工作频率等缩短试验时间，"加速"体现在试验时间的减少上，产品寿命并未因应力提高而减小，称这类试验为"准加速寿命试验"。准加速寿命试验本质仍属于常规寿命试验，采用常规寿命数据分析方法进行可靠性评估。例如，太阳帆板驱动机构连续运转试验中提高转动频率缩短试验时间，但其实际转动次数并未减少，采用常规寿命数据分析方法，根据实际转动次数进行驱动机构的可靠性评估。

4.4.3.3 退化型数据可靠性评估

某些产品的性能随着工作时间的增加会逐渐劣化，当性能参数劣化到特定值（称为失效阈值）时产品失效。如果这个（些）性能可观测并且劣化过程不可逆，则可通过性能参数退化反映产品寿命期内的失效过程，进而评估产品可靠性。对于这类产品，在寿命试验过程中对具有退化特征的性能参数进行观测，称为退化试验。当退化试验在加速应力条件下进行时，称为加速退化试验。由于退化/加速退化试验无需观测到真实失效发生即可对产品可靠性进行评估，在无失效数据处理方面有很强的优势，可以大大缩短产品寿命试验时间。

退化试验数据分析可以采用以下思路开展产品可靠性评估。

（1）采用回归分析、随机过程分析等方法建立性能退化模型，并根据失效阈值估计各个试验样本的寿命（称为伪寿命），然后采用寿命数据分析方法进行产

品可靠性评估。

（2）采用回归分析、随机过程分析等方法建立性能退化模型，并估计给定任务时间下的性能参数分布，然后根据失效阈值采用正态分布型单元(失效阈值固定时)或应力 - 强度型单元(失效阈值随机时)可靠性评估方法等进行产品可靠性评估。

考虑到工程中的大量的性能退化过程可以用具有线性函数标准差的线性过程描述，本节给出一种性能退化数据的双线性过程回归分析方法。

线性过程 $Y(x)$ 可以表示为

$$y = a + bx + \varepsilon(x) \tag{4.4.19}$$

式中：a、b 均为待定参数，则称 $Y(x)$ 为双线性独立增量过程，简称双线性过程。

1）双线性过程的似然函数

设 $y_{ij} = y(x_{ij})$，$x_{i1} < x_{i2} < \cdots < x_{in_i}$，是双线性过程第 i 个样本函数的一组观测值。

因此，双线性过程 $y = y(x)$ 的似然函数为

$$L = \prod_{i=1}^{m} \left\{ \frac{1}{\sqrt{2\pi} I(x_{i1}) \sigma_0} \exp\left[-\frac{(y_{i1} - a - bx_{i1})^2}{2\sigma_0^2 I^2(x_{i1})} \right] \times \right.$$
$$\left. \prod_{j=2}^{n_i} \frac{1}{2\sigma_0 \sqrt{\pi\theta\Delta x_{ij} I(\bar{x}_{ij})}} \exp\left[-\frac{(\Delta y_{ij} - b\Delta x_{ij})^2}{4\theta\sigma_0^2 \Delta x_{ij} I(\bar{x}_{ij})} \right] \right\} \tag{4.4.20}$$

两边同时取对数可得

$$\ln L = -\frac{2n-m}{2}\ln 2 - \frac{n}{2}\ln\pi - \frac{n}{2}\ln\sigma_0^2 - \frac{n-m}{2}\ln\theta - \sum_{i=1}^{m}\ln I(x_{i1}) -$$
$$\frac{1}{2}\sum_{i=1}^{m}\sum_{j=2}^{n_i}\ln\left[\Delta x_{ij} I(\bar{x}_{ij})\right] - \frac{1}{2\sigma_0^2}\sum_{i=1}^{m}\frac{(y_{i1} - a - bx_{i1})^2}{I^2(x_{i1})} -$$
$$\frac{1}{4\theta\sigma_0^2}\sum_{i=1}^{m}\sum_{j=2}^{n_i}\frac{(\Delta y_{ij} - b\Delta x_{ij})^2}{\Delta x_{ij} I(\bar{x}_{ij})} \tag{4.4.21}$$

即为双线性过程 $y = y(x)$ 的对数似然函数，其中 $n = \sum\limits_{i=1}^{m} n_i$ 为 m 个试件总的测试次数。

2）双线性过程的参数估计

对式(4.4.21)分别求关于 a、b、σ_0 和 θ 的偏导数，并令其为 0，则根据极大似然原理并考虑估计量的无偏性，可以得到

$$\hat{a} = \bar{y}_1 - \hat{b}\,\bar{x}_1 \tag{4.4.22}$$

$$\hat{b} = \frac{l_{xy}}{l_{xx}} \tag{4.4.23}$$

$$\hat{\sigma}_0^2 = \frac{1}{\nu}\left(l_{yy} - \frac{l_{xy}^2}{l_{xx}}\right) \tag{4.4.24}$$

$$E(\theta) = 2\frac{l_{xy}}{l_{xx}}l_{xy\theta} - \frac{l_{xy}^2}{l_{xx}^2}l_{xx\theta} - l_{yy\theta} + \frac{n^* + \nu - n}{\nu}\left(l_{yy} - \frac{l_{xy}^2}{l_{xx}}\right) = 0 \tag{4.4.25}$$

求解时首先可由式(4.4.25)求得 θ,然后再由式(4.4.23)~式(4.4.24)得到估计值 $\hat{a}$、$\hat{b}$ 和 $\hat{\sigma}_0^2$。式(4.4.25)需迭代求解。由于 $E(\theta)$ 具有如下性质:设 θ_0 为 θ 的预估值,则当 $\theta_0 < \theta$ 时,$E(\theta_0) > 0$;当 $\theta_0 > \theta$ 时,$E(\theta_0) < 0$,而且 θ 必须位于区间 $[0, \theta_U]$ 内,其中 $\theta_U = \dfrac{1}{\bar{x} - x_{\min}}$,$x_{\min}$ 为 $x_{i1}(i = 1, 2, \cdots, m)$ 中的最小值,所以,可以方便地由二分法按所需精度求得 θ。

于是,回归方程可由下式给出

$$\hat{y} = \hat{a} + \hat{b}x \tag{4.4.26}$$

即

$$\hat{y} = \bar{y}_1 + \hat{b}(x - \bar{x}_1)$$

且

$$\hat{y} = \bar{y}_1 + \hat{b}(x - \bar{x}_1) : N\left(a + bx, \left[\frac{1}{\sum\limits_{i=1}^{m} I^{-2}(x_{i1})} + \frac{(x - \bar{x}_1)^2}{l_{xx}}\right]\sigma_0^2\right)$$

令 $\sigma^2(x) = [1 + \theta(x - \bar{x})]^2\sigma_0^2$,则标准差 $\sigma(x)$ 的估计量由下式给出

$$\hat{\sigma}(x) = \hat{\sigma}_0[1 + \theta(x - \bar{x})]$$

并且

$$\nu\hat{\sigma}^2(x)/\sigma^2(x) \sim \chi^2(\nu)$$

3) 可靠寿命点估计

给定 y_0,双线性过程 $y = y(x)$ 的自变量 x 的概率为 P 的百分位值 x_P 仍由下式给出。当 $b > 0$ 时,可得 x_P 的点估计 $\hat{x}_P$ 为

$$\hat{y}_{1-P}(\hat{x}_P) = y_0$$

即

$$a_{1-P} + b_{1-P}\hat{x}_P = y_0$$

因此

$$\hat{x}_P = \frac{y_0 - a_{1-P}}{b_{1-P}} = \frac{y_0 - \hat{a} + \hat{\sigma}_0(1 - \theta\bar{x})\beta u_P}{\hat{b} - \hat{\sigma}_0\theta\beta u_P}$$

当 $b < 0$ 时，x_P 的点估计 $\hat{x}_P$ 可由下式计算

$$\hat{y}_P(\hat{x}_P) = y_0$$

即

$$\hat{x}_P = \frac{y_0 - a_P}{b_P} = \frac{y_0 - \hat{a} - \hat{\sigma}_0(1 - \theta\bar{x})\beta u_P}{\hat{b} + \hat{\sigma}_0\theta\beta u_P}$$

对于给定的失效标准 y_0，概率为 P 的失效时间百分位值 t_P 的估计量 $\hat{t}_P$ 由下式给出

$$\hat{t}_P = \varphi^{-1}(\hat{x}_P)$$

从而可以得到给定可靠度 R 下的可靠寿命估计值 $\hat{t}_R$。

4）可靠寿命单侧置信下限

自变量 x 的概率为 P 的百分位值 x_P 的置信度为 γ 的单侧置信下限 x_{PL} 和单侧置信上限 x_{PU} 分别由下面两式定义，即

$$P\{x_{PL} \leqslant x_P\} = \gamma$$

$$P\{x_{PU} \geqslant x_P\} = \gamma$$

则当 $y_P(x)$ 是 x 的单调增函数时，x_{PL} 和 x_{PU} 分别可由下面两式计算：

$$y_{(1-P)U}(x_{PL}) = y_0$$

$$y_{(1-P)L}(x_{PU}) = y_0$$

即

$$a_{(1-P)\gamma} + b_{(1-P)\gamma}x_{PL} + u_\gamma c_0 \hat{\sigma}_0 \sqrt{c_1 + c_2 x_{PL} + c_3 x_{PL}^2} = y_0$$

$$a_{(1-P)\gamma} + b_{(1-P)\gamma}x_{PU} - u_\gamma c_0 \hat{\sigma}_0 \sqrt{c_1 + c_2 x_{PU} + c_3 x_{PU}^2} = y_0$$

当 $y_P(x)$ 是 x 的单调减函数时，可由下面两式求得

$$y_{PL}(x_{PL}) = y_0$$

$$y_{PU}(x_{PU}) = y_0$$

即

$$a_{P\gamma} + b_{P\gamma} x_{PL} - u_\gamma c_0 \hat{\sigma}_0 \sqrt{c_1 + c_2 x_{PL} + c_3 x_{PL}^2} = y_0$$

$$a_{P\gamma} + b_{P\gamma} x_{PU} + u_\gamma c_0 \hat{\sigma}_0 \sqrt{c_1 + c_2 x_{PU} + c_3 x_{PU}^2} = y_0$$

性能退化可靠性分析中遇到的大都是 $y_P(x)$ 为 x 的单调增或单调减函数的情况;对于 $y_P(x)$ 非单调情况,可计算 x_P 的单侧置信下限 x_{PL} 和单侧置信上限 x_{PU}。

给定失效标准 y_0,概率 P 的失效时间百分位值 t_P 的置信度为 γ 的单侧置信下限:

$$t_{PL} = \varphi^{-1}(x_{PL}) \tag{4.4.27}$$

则给定可靠度 R,可得到可靠寿命 t_R 的置信度为 γ 的单侧置信下限 t_{RL}。

5) 可靠度的点估计

对于给定失效标准 y_0,则概率 $P(x) = P\{y(x) \leqslant y_0\}$ 的点估计为

$$\hat{P}(x) = \Phi[\hat{u}_P(x)] \tag{4.4.28}$$

其中

$$\hat{u}_P(x) = \frac{y_0 - \hat{a} - \hat{b}x}{\beta \hat{\sigma}(x)} = \frac{y_0 - \hat{a} - \hat{b}x}{I(x)\beta \hat{\sigma}_0}$$

进而可得到可靠度 $R(x)$ 的点估计 $\hat{R}(x)$。

6) 可靠度单侧置信下限

对于给定的 y_0,概率 $P(x) = P\{y(x) \leqslant y_0\}$ 的置信度为 γ 的单侧置信上限 $P_U(x)$ 和单侧置信下限 $P_L(x)$ 分别可由下面两式计算得到:

$$P_L(x) = \Phi[u_{PL}(x)] \tag{4.4.29}$$

$$P_U(x) = \Phi[u_{PU}(x)] \tag{4.4.30}$$

于是,可得到可靠度 $R(x)$ 的置信度为 γ 的单侧置信下限 $R_L(x)$。

■ 4.5 特性分析

产品特性是指产品的性能、参数和其他技术要求。产品特性分析的目的就是提炼产品设计和实现过程的关键环节,分配合理的资源加以保障,使产品质量稳定可追溯。在航天器可靠性增长工程中,产品关键特性分析有助于确定可靠性增长特征量。

4.5.1　关键特性分析与识别

关键特性分析和识别应按照可靠性设计要求,在系统和单机两个层面开展FMEA、FTA 等可靠性分析工作,系统梳理和识别影响成败及性能的设计、工艺、过程与产品等关键特性。产品关键特性分析是面向产品的全过程、全链条进行分析,不同阶段得到的特性分析结果分别由设计、工艺和过程关键特性组成。

4.5.1.1　设计关键特性分析与识别

产品设计关键特性主要包括设计方案中存在因产品使用环境变化对产品功能性能变化敏感的设计参数、因方案中选用的制造工艺偏差对功能性能敏感的设计参数、产品在最终状态下存在不可测试的关键功能性能等,这些决定产品性能与可靠性的关键参数的总和称为设计关键特性。其中,应该特别重视系统兼容性、可实现性和可测试性环节的设计关键特性梳理。

产品设计关键特性可通过设计特性分析报告、技术要求、故障模式及影响分析、可靠性/安全性/维修性/保障性分析、测试覆盖性分析、产品环境适应性分析、试验验证充分性分析、技术风险分析、产品质量问题归零和举一反三情况等方面确定。

在软件产品研制中也应对其关键特性进行识别。软件关键特性指软件内部设计中,对完成软件的功能、可测试性、可维护性设计有着至关重要的设计特性。应重点关注的特性包括以下几种。

（1）软件运行调度机制的有效性,软件任务或模块之间的运行关系,如顺序运行、定时运行、抢占运行。

（2）软件运行功能时效分配均匀性,节拍内任务安排的最长时间是否充分。

（3）软件模块的重入/终止唯一性。

（4）数据组交叉使用的合理性等。

4.5.1.2　工艺关键特性分析与识别

产品工艺关键特性主要包括:工艺方案中存在影响产品功能性能不稳定的制造工艺、制造过程控制的不确定性及生产过程不可检测项目,这些关键工艺参数的总和称为工艺关键特性。工艺关键特性的识别中应对工艺的长期时效特性、后续使用的环境保障要求给予重点关注。

在航天器产品工艺关键特性的识别过程中,要围绕产品设计关键特性的工艺实现,通过设计文件规定的某些关键特性及重要特性所形成的工序、在产品生产中加工难度大或质量不稳定的工序、生产周期长/原材料稀缺昂贵/出废品后经济损失较大的工序、关键/重要的外购器材及外协件的入厂验收工序、工艺控制结果只能靠最终产品试验验证的工序等方面的分析,确定其工艺关键特性。

4.5.1.3 过程关键特性分析与识别

产品过程控制关键特性包括对产品设计关键特性的偏差控制项目,产品不可测功能性能需要在制造过程中控制的项目等一系列产品生产过程数据项目的总和。

在航天器产品过程控制关键特性的识别过程中,要围绕产品设计关键特性的工艺关键特性的生产实现,通过设计规定的过程控制关键特性、工艺规定的过程控制关键特性、关键/强制检环节、过程中无法检测的环节、需多媒体记录环节、关键/重要器材及外购件验收环节等方面的分析,确定其过程控制关键特性。

对系统实现过程而言,关键特性应为若出现不合格,使系统无法正常工作、系统性能无法达到使用要求、影响系统或人身安全的实施环节。系统级过程关键特性的识别和控制工作可按照以下线索分类开展。

(1)影响系统和设备功能和性能实现的实施环节。

(2)影响系统和设备安全的实施环节。

(3)电测和大型试验中关键控制环节。

(4)实施过程中薄弱环节的识别和防护。

(5)特殊工作环境保障。

4.5.1.4 产品关键特性分析与识别

产品特性具有不同的层次,一般可划分为功能层次、性能层次、组件/单元层次和零件/元件层次,上一层次的产品特性需要由下一层次的特性实现加以保证。例如,一台大负载高精度运动指向机构,其大负载转动功能属于功能层次特性,高精度运动指标属于性能层次特性,实现高精度运动指标的位置传感器指标属于组件层次特性,而为保证传感器实现高精度测量的相应安装零件要求则是零件层次特性。正是由于产品特性划分为多个层次,不同层次间具有强关联性,因此产品特性分析工作应完整地贯穿产品从设计到实现的全过程,以及从原材料/元器件到整机的全链条。

通常,产品特性分析应在设计开发、生产制造、批量应用阶段分别开展,每个阶段开展特性分析的主要目的和侧重点有所不同,但目标都是围绕最终产品质量稳定可追溯。

设计开发阶段产品特性分析的主要目的是在满足产品技术要求的前提下合理平衡性能、质量、成本、进度之间的关系,提高设计质量,尽可能降低后续生产制造过程的难度和成本。这一阶段的产品特性分析工作自策划开始至完成试制转生产结束,其中跨越了产品研制策划过程、产品方案设计过程、产品详细设计过程和产品试验验证过程等,每一过程的特性分析内容可以包含在相应的策划、设计和验证方案报告中,形成阶段性设计、工艺和过程关重特性控制的基础。

生产制造阶段产品特性分析的主要目的是使生产过程了解设计意图,以便在产品实现过程中分清主次,加强重点环节的控制,保证产品质量的稳定性和可追溯性,同时,合理、有效地安排检验力量以及订货方对产品质量实施检查和监督。该过程的特性分析工作是产品设计与生产相互衔接的关键环节,是设计在总结前期产品开发过程以及同类产品以往研制经验和教训的基础上提炼出来的关注点,这些关注点需要以明确的形式在生产制造过程中落实。

批量应用阶段产品特性分析的主要目的是通过对多批次产品生产和应用反馈情况进行综合分析,分阶段适当地调整和完善过程控制关注点,持续、稳定地提高产品质量和降低过程控制成本。基于各生产环节合格率、质量问题发生率以及加工、检验等技术手段升级改进情况,在已有生产制造阶段产品特性分析输出的基础上,分阶段调整和完善生产制造过程质量控制环节,并以明确的形式在后续生产制造过程中落实。

设计开发阶段、生产制造阶段和批量应用阶段的特性分析工作均应由设计部门承担主体责任,产品相关生产和协作单位配合开展。通常在产品设计开发阶段,重点关注的是功能层次、性能层次和组件/单元层次特性的实现和验证,通过前期设计和验证后,当产品进入生产制造阶段时,关注对象就要落实到组件/单元层次和零件/元件层次的特性上,以此有效保证多批次产品质量的稳定性和可追溯性。

生产制造阶段产品特性分析工作是航天器产品设计和生产相互衔接的重要环节,本节着重介绍航天器产品由设计阶段转为生产制造阶段时产品特性分析的工作方法和要求。

4.5.2　特性分析流程

生产制造阶段产品特性分析工作应在产品完成开发、试制阶段的基础上开展,综合前期工作中积累的设计、工艺、试生产、调试、测试和验证等经验和数据,针对生产单位的人、机、料、法、环、测等方面的水平和控制能力,分析并明确相应环节的设计关注点和要求,并在生产过程中加以落实。

一般情况下,产品特性分类分析工作可以按照如图 4.5.1 所示流程开展。根据该流程可以明确检验单元以及关重件和重要件清单,以便在生产过程中,可以在可控的资源内实施重点环节控制。

航天器产品特性分析工作一般按照如图 4.5.2 所示流程开展。

航天器产品特性分析工作可以分为以下 5 个相互衔接的过程。

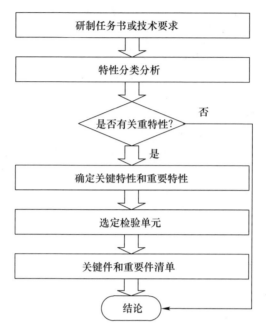

图 4.5.1　通用产品特性分析流程

（1）技术需求分析。该过程主要目的是满足应用,对航天器产品由外到内地开展全面的技术需求梳理。对产品技术指标要求、地面及在轨经历的任务剖面、产品组成和形成产品的光、机、电、热、磁等设计以及特殊工艺需求进行全面分析,形成覆盖产品全部技术特征的需求清单,即技术需求表。

（2）完整功能/性能分析。该过程主要目的是从产品全部功能/性能中提炼出关键和重要的功能/性能。对照技术需求表形成产品功能/性能表,确保技术需求表中的每一项内容均对应有相应的功能或性能,在此基础上结合 FMEA 工作,分析每一项功能和性能失效模式对产品和系统的影响程度,依据关键和重要功能/性能识别准则,确定关重功能/性能清单,即关重功能/性能表。

（3）关重功能/性能全链路分析。该过程主要目的是对涉及关键和重要功能/性能实现的全链路环节进行分析,从设计师视角对其实现过程的性能和质量可控性进行确认。该过程是航天器产品特性分析的重点工作,分析过程既是设计师全面掌握生产单位在产品试制阶段的过程质量控制水平和能力,同时也是设计意图表达和传递的主要形式。将关重功能/性能表中的每一项功能/性能相应失效模式作为顶事件,应用 FTA 分析方法,列出可能导致顶事件的全部底事件,对各底事件过程控制有效性进行分析,并分别形成分析清单,即关重功能/性能全链路分析表。

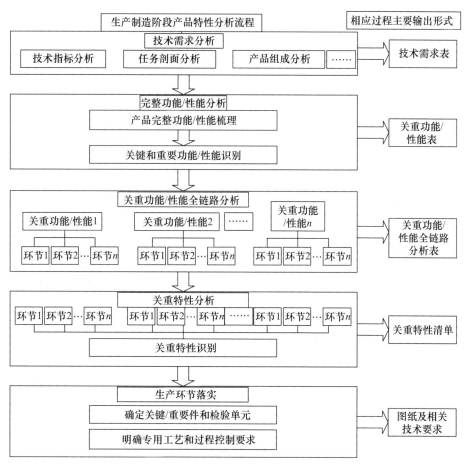

图 4.5.2　航天器产品特性分析工作流程

（4）关重特性分析。该过程主要目的是依据关重特性识别准则,从关重功能/性能全链路分析表中列出的众多底层特性中提取关重特性,明确生产制造阶段质量控制重点环节。航天器产品通常含有众多会影响到产品关键以及重要功能/性能的底层特性,这些特性原则上均应在设计图纸或技术文件中提出量化要求,并且在生产制造过程中做到可检、可测、可验证。对于无法检、不可测、难以有效验证以及过程合格率低、以往反复发生过质量问题的环节,应作为重点控制环节,提出控制方法并形成清单,即关重特性清单。

（5）生产环节落实。该过程主要目的是依据分析结果,明确相应关重件及检验要求,确定其他补充技术要求落实载体,以便产品特性分析的输出能够完整全面地落实到生产依据性文件中。

4.5.3 特性分析方法

航天器产品特性分析按照上述流程开展工作,可以在聚焦关键点的基础上更好地兼顾全面可控的质量管理要求。本节以典型空间产品飞轮作为示例,对航天器产品特性分析相应步骤的具体工作方法进行说明。

4.5.3.1 技术需求分析

飞轮是航天飞行器姿态控制系统中的惯性执行部件,在航天器姿控系统中,飞轮按照姿控系统指令,提供合适的控制力矩,校正航天器的姿态偏差,或完成某种预定的姿态调整。飞轮系统工作只需消耗电能,电能可由星上太阳能电池阵不断补充,因此适用于长寿命卫星姿控平台;同时可以提供较高的姿态稳定度,为有效载荷的工作提供良好的条件。

产品特性分析要依据对产品的各项要求细化分析,从中提炼产品特性及相应特性的实现风险。通过分析,将全部设计输入条件和要求与相应的特性进行对应(表4.5.1),确保提取出来的产品特性对全部设计输入的覆盖性。

表4.5.1 设计输入要求汇总表(技术需求表1)

序号	设计输入要求	设计输入要求来源	序号	设计输入要求	设计输入要求来源
1	标称转速	任务书	8	重量	任务书
2	角动量	任务书	9	外形尺寸	任务书
3	工作转速范围	任务书	10	寿命	任务书
4	最大输出力矩	任务书	11	振动力	相关标准和规范
5	最大损耗力矩	任务书	12	工作温度范围	应用环境
6	启动摩擦力矩	相关标准和规范	13	力学条件	应用环境
7	稳态功耗	任务书	⋮		

围绕设计输入要求,开展产品技术特点分析,汇总表如表4.5.2所列。将技术需求表1和表2进行全面梳理和整合,可以形成完整技术需求分析表,技术需求分析表是进一步开展全面产品特性分析的基础,也是确保产品特性提取无遗漏的必要条件。

表4.5.2 设计过程重点要求汇总表(技术需求表2)

序号	设计过程要求	要求来源	序号	设计过程要求	要求来源
1	密封漏率	测试性	3	电流反馈精度	测试性
2	电机驱动力矩	设计裕度	4	转动惯量偏差	设计裕度

续表

序号	设计过程要求	要求来源	序号	设计过程要求	要求来源
5	供油速率	可靠性	8	传感器精度	任务书指标分解
6	润滑油饱和蒸汽压	环境适应性	9	高电压绝缘	安全性
7	密封腔真空度	任务书指标分解	⋮		

4.5.3.2　完整功能和性能分析

将全部的技术需求进行分析后,得到一系列与技术需求对应的特性,产品的全部输入要求均应该涵盖在产品特性中,提取的产品特性不仅限于对设计输入的分析,还可以通过产品组成、结构等过程设计要求进一步扩展。

1) 完整功能和性能提取

依据上一步骤建立起来的产品技术需求分析表,进一步明确相应需求所对应的功能和性能要求,也就是将众多技术需求分门别类归纳为相应的对产品的功能和性能要求。同一技术需求可以归属为多个功能和性能要求;同样,同一功能和性能也可以对应多个技术需求。将技术需求与功能和性能进行对应的主要目的就是确保功能和性能提取完整、无遗漏。具体形式可参见图 4.5.3 和图 4.5.4。

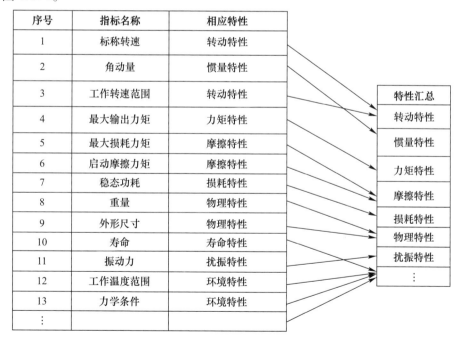

图 4.5.3　设计输入技术需求与产品功能性能对应分析图

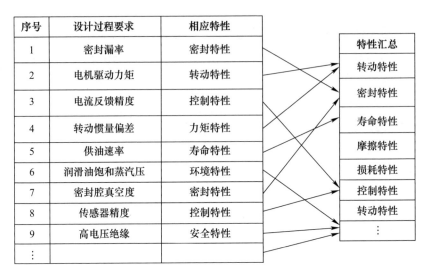

图4.5.4 产品特点技术需求与产品功能性能对应分析图

将设计输入和产品技术要求两方面共同提取的特性汇总,形成产品功能和性能汇总表,如表4.5.3所列,该表体现了产品的全部功能和性能要求。

表4.5.3 产品功能/性能汇总表(示例)

序号	特性名称	特性提取来源	序号	特性名称	特性提取来源
1	转动特性	设计输入分析	8	扰振特性	设计输入分析
2	惯量特性	设计输入分析	9	环境特性	设计输入分析
3	力矩特性	设计输入分析	10	抗力学特性	设计输入分析
4	摩擦特性	设计输入分析	11	密封特性	技术特点分析
5	损耗特性	设计输入分析	12	测试特性	技术特点分析
6	物理特性	设计输入分析	13	控制特性	技术特点分析
7	寿命特性	设计输入分析	⋮		

产品各项功能和性能均对产品实现最终应用的目的具有作用,但作用大小会存在差异,产品特性分析应聚焦于对产品实现作用具有关键和重要影响的功能和性能方面,因此,需要进一步提取产品关键和重要的功能及性能。

2)关键功能和性能识别

依据完整的功能和性能清单,对导致相应功能和性能失效的极端故障模式进行分析,可以依据下述原则,将其划分为关键、重要和一般等3类。

(1)关键特性。特性如达不到设计要求或发生故障,会迅速导致系统或主要产品失效,或造成人身伤亡或重大经济损失;特性超差后无法返修,导致产品报废,经济损失大,或超差后难以检修,返修工作量等。

(2) 重要特性。特性如达不到设计要求或发生故障,导致产品不能使用或不能完成预定任务;互换性要求极其苛刻;零件使用量超过产品零件综合的 20% 以上等。

(3) 一般特性。关键、重要特性以外的其他特性归为一般特性。

特性分类需通过 FMEA 梳理出产品全部失效模式,在识别关键特性时,重点把握两点:一是与系统协同开展产品关键特性识别;二是关注系统冗余设计产品所具有的系统不能容忍的特殊失效模式。

通常产品的某一特性失效的具体表现形式可以多种多样,如表 4.5.4 所列,在进行特性分类时,可以对产品某一特性的极端表现形式进行分析(可以脱离产品物理组成),既可以简化分析内容也可以避免漏判极端失效情况。

表 4.5.4　产品特性分类表(示例)

产品特性	特性典型失效模式		特性分类
转动特性	超速	停转	重要特性
惯量特性	无惯量	大惯量	重要特性
力矩特性	无力矩	异常大力矩	关键特性
摩擦特性	无摩擦	大摩擦	重要特性
损耗特性	无损耗	大损耗	重要特性
寿命特性	短期内失效	立即失效	重要特性
扰振特性	大扰振	无扰振	重要特性
环境特性	温度过载		重要特性
抗力学特性	振动过载		重要特性
密封特性	密封泄漏		一般特性
⋮			

4.5.3.3　关重功能及性能分析

针对上节确定的产品关键和重要的(简称关重)功能与性能,需要逐一进行分析。首先对每一类功能和性能分析的关注点进行确定,以便把握好分析要点。

1) 关重功能和性能分析要点

对于每一项关重功能及性能,应说明其分析要点。以抗力学特性分析要点为例,其主要因素包括主要承力件材料及轴承组件承载强度、零组件连接强度、放大因子、力学作用下的间隙等。

2) 功能/性能全链路影响因素分析与控制

按照相应关重功能及性能分析要点,以相应功能或性能实现为顶事件,借助

FTA 方法,列出实现相应功能和性能全部环节的结构树,设计人员参照设计输出文件和图纸、工艺文件、过程操作文件和数据包等,对树上每一个节点生产实现的可控性和有效性进行分析。该过程是产品特性分析工作的核心步骤。

根据每一个关重特性,对全部环节进行分析,分析不仅要依据相应的设计输出(包括设计图纸、工艺文件、检验细则、过程数据包等生产依据性文件)进行,同时也要参考以往该环节出现过的问题以及该环节一次制造合格率等开展。在分析过程中确认相应的过程环节是否具有量化要求、可否量化检测、可否有效筛选和验证、各种可能工况下是否存在变化风险、以往问题是否已经有效解决、过程合格率变化情况、该环节重新返工付出的代价等。针对每一个关键的功能和性能全链路分析,在借助 FTA 方法形成相互关联树的基础上,可以表 4.5.5 形式落实并体现分析过程。

表 4.5.5　关重特性分析内容

力学性能影响因素	相关环节和工序	设计或工艺要求	体现要求的定型文档	实际控制措施	其他见证材料	发生过的问题	改进意见
主要承力件材料及轴承组件承载强度	轮缘材料强度 轮辐材料强度 轮毂材料强度 法兰材料强度	加工前对材料做工艺性锻打,锻打前后对材料探伤,不得有裂纹、气泡、凹坑等缺陷	飞轮机械图、飞轮电装图	锻前探伤,锻造不少于 X 次,锻后探伤达到 GJB1580A 中规定的 X 级标准	飞轮机加工工艺文件,材料合格证,锻前、锻后探伤检测报告	无	数据包应补充锻打次数记录
⋮							

4.6　成功包络分析

数据包络分析是航天产品管理的重要理念和要求之一,对于完善和优化关键特性数据、分析产品各项指标的离散程度、提高产品的一致性水平具有重要作用。成功包络分析的主要作用就是控制风险、完善设计。产品成功数据包络分析是借鉴投入产出绩效评价的方法应用于产品风险评价,核心思想是利用先验信息,特别是以往成功样本的信息,对后续参试或交付产品基于可靠性的任务风险进行评价,要求后续产品的特性指标应在数据包络线之内。

4.6.1　成功包络线分析流程

成功数据包络分析,即要求飞行试验产品各项参数满足设计要求的前提下,确认飞行试验产品各项参数是否在产品成功数据包络内,并对超出数据包络的参数展开技术风险分析,进而评估产品参加本次飞行试验的风险。一般成功数据包络分析的对象是产品的关键特性,即是"如果波动,将会显著影响产品装配、功能性能或寿命的特性"。通用产品通过建立多批次产品过程数据成功包络线,进一步缩小关键环节过程控制数据的离散度,对提高产品性能一致性具有重要意义。

建立成功包络线的主要工作在于确立成功包络线建立方法,在现有数据基础上建立成功包络线,完善产品指标要求,优化过程控制文件,对过程关键特性进行控制。

成功包络线建立主要研究内容包括如下 3 个方面,如图 4.6.1 所示。

(1) 成功包络线参数。

(2) 分布特征分析与数据统计。

(3) 建立包络线。

首先要研究成功包络线的建立方法,确立科学、合理、有效的包络建立规范。从统计学的原理看,数据的波动是由系统因素和随机因素造成的。在产品研制中,由于偶然的系统因素造成波动是过程固有的,是一种正常的波动,因此,简单选取最大值和最小值作为数据包络线实际上是将系统因素和随机因素混杂在一起,对产品的可靠性评估造成了一定的风险。应结合数据趋势特征建立包络曲线,并能够预估后续包络线延伸趋势,能结合实时数据进行更新。建立了成功数据包络线后,可以根据其上下限对产品的可靠性数据进行判断,优化产品数据包及过程控制文件。

通过成功包络线的建立,优化产品数据包及过程控制文件中的控制要求。充分利用在轨数据,分析在轨数据和地面试验数据的差异,对成功包络线进行优化。

主流程:根据产品关重特性,确定物理量,并收集历史数据;然后,对历史数据进行统计学分析,建立概率分布,其中需充分考虑变化趋势和相关性特点,对总体数据、年度数据、移动数据进行分析,按照严格质量控制的思想,确定参数估计;结合合格判据/接收准则,建立控制图或区间表,参照单值控制图的建立方法,结合分布特征和设计要求,建立成功包络谱。

修正机制:针对失败数据,结合物理量的参数分布,评估是否需要修正,视情况对成功包络谱进行调整。

动态调整机制:及时将最新成功数据纳入数据集中,包括新的物理量和原物理量的补充数据。对于新物理量,按照此前方法建立包络线;对于原物理量新补充的数据,重新计算相应的分布参数和成功包络线。

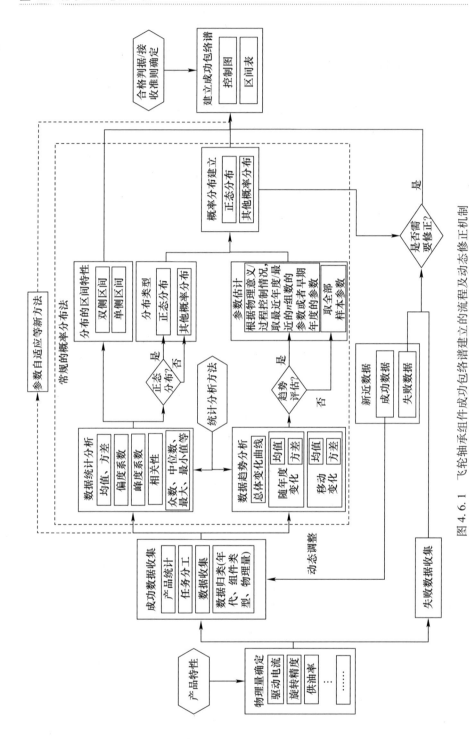

图 4.6.1 飞轮轴承组件成功包络线谱建立的流程及动态修正机制

4.6.2　成功包络线数据分析方法

4.6.2.1　数据的描述

1）集中程度

数据往往是"两头少,中间多",平均指标是反映各数值分布集中趋势的特征值,代表共性特征,包括算术平均值 $\bar{x}$、调和平均值、几何平均值、中位数 m_e 和众数 m_o 等。其中,中位数 m_e 是将总体中的数据按照大小顺序排列,处于数列中点位置的标志值;众数 m_o 是指分布数列中出现次数最多的标志值;算术平均值 $\bar{x}$ 则是数列中所有数值 x_i 的和与样本量 n 的商,即

$$\bar{x} = \frac{\sum_{i=1}^{n} x_i}{n}$$

2）分布程度(或者离散程度)

变异指标是反映总体各数值的差异程度的综合指标,反映分布数列中各数值的变动范围或分散程度。属于这类变异指标的有异众比率(不是众数的数值出现的频率)、全距(最大值与最小值的差)、分位差、平均差(与均值差值绝对值的平均值)、标准差(其平方就是方差)、变异系数等。

方差 σ^2 和标准差 σ 是测度数值变异的最重要、最常用的指标。方差 σ^2 是各数值对算术平均值差值平方的平均值,标准差 σ 是方差 σ^2 开方的结果,即

$$\sigma^2 = \frac{\sum_{i=1}^{n} (x_i - \bar{x})^2}{n}$$

变异系数是方差除以均值的无量纲值,其目的是消除变量值水平高低和计量单位不同对离散程度测度的影响。变异系数是相对指标,往往根据标准差来计算,因此也称为标准差系数 v_σ,公式为

$$v_\sigma = \frac{\sigma}{\bar{x}}$$

3）偏态

偏度系数 α 是度量频率分布不对称程度或偏斜程度的无量纲指标,是三阶中心动差 v_3 与标准差三次方 σ^3 的比值。

偏度系数 α 的意义如图 4.6.2 所示。

(1)当 $\alpha = 0$ 时,表示数列分布是正态的或对称的。

(2)当 $\alpha \neq 0$ 时,表示数列分布有偏斜,而且 α 的绝对值越大,偏斜程度越大。

（3）当 $\alpha > 0$ 时，表示大于平均数的分布较分散，分布曲线右侧拉长尾巴，称为右偏斜或正偏斜。

（4）当 $\alpha < 0$ 时，表示小于平均数的分布较分散，分布曲线左侧拉长尾巴，称为左偏斜或负偏斜。

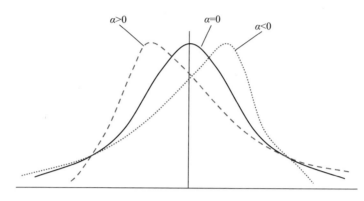

图 4.6.2　不同偏态系数对应的分布示意图

4）峰态

峰度系数 β 是度量频率分布中临近平均数的集中程度，也就是分布曲线的尖峭程度的无量纲指标，可由四阶中心动差 v_4 和标准差 σ 得到。

正态分布的比值为3，峰度系数的实际意义是以正态分布为比较标准，来衡量所研究的频率分布的尖峭程度是超过或不及标准分布。具体如图 4.6.3 所示。

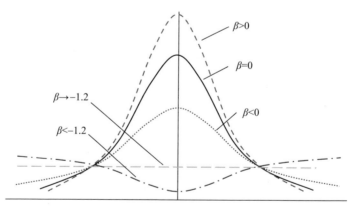

图 4.6.3　不同峰度系数对应的分布示意图

（1）当 $\beta = 0$ 时，表示频率分布的峰度是正态分布的峰度。

（2）当 $\beta > 0$ 时，表示在平均值临近的分布比正态分布更集中，离散度低。

（3）当 $\beta<0$ 时，表示在平均值临近的分布比正态分布更分散，离散度高。

（4）当 β 趋近于 -1.2 时，表示分布曲线趋近水平型，接近均匀分布。

（5）当 $\beta<-1.2$ 时，表示分布曲线呈 U 形，为倒钟形。

一般情况下，方差即可表示分布的陡峭程度，与峰度的区别在于对陡峭程度的敏感性稍弱，而且无法反映与正态分布的差异。应用时首先根据峰度系数和偏度系数检验是否符合正态分布，对于偏离严重的情形，可采用数学的方法拟和分布曲线。

4.6.2.2 分布类型（正态分布）及接收准则

在统计学中，数值型的数据分布大致分为三类：钟形分布、U 形分布（倒钟形分布）和 J 形分布（类似指数函数曲线），如图 4.6.4 所示。

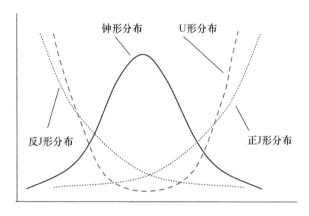

图 4.6.4 不同分布类型示意图

正态分布的密度函数为

$$f(x)=\frac{1}{\sqrt{2\pi}\sigma}\mathrm{e}^{-\frac{(x-\mu)^2}{2\sigma^2}}$$

式中：$\sigma>0$，μ 与 σ 均为常数，称服从参数为 μ、σ^2 的正态分布，简计为 $N(\mu,\sigma^2)$。某一区间上的概率值可通过标准正态分布概率表查得。

对于某一服从正态分布 $N(\mu,\sigma^2)$ 的物理量，受统计的局限，往往参数 μ 和 σ^2 为未知的，需要从一定数量的样本中去估计这两个参数。

对于正态分布，μ 和 σ^2 参数的点估计为

$$\mu=\bar{X}, \quad \sigma^2=S^2=\frac{1}{n-1}\sum_{i=1}^{n}(X_i-\bar{X})^2, \quad \sigma=S$$

总体均值 μ 的置信度是 $1-\alpha$ 的区间估计为 $\bar{X}\pm t_{\frac{\alpha}{2}}(n-1)\dfrac{S}{\sqrt{n}}$。

说明：t 分布是一种连续型的对称分布，当 $n < 30$ 时，t 分布的分散程度比标准正态分布大，密度函数曲线较为平缓。随着 n 的增大，t 分布逐渐逼近标准正态分布。t 统计量的临界值，在给定显著水平 α 及自由度时，可查 t 分布表获得。

在获得物理量的正态分布参数后，可根据分布 $N(\mu, \sigma^2)$ 建立一定水平 $1 - \alpha$ 下的物理量区间 $(\mu \pm z\sigma)$。查正态分布表可得 z 值表，如表4.6.1所列。

表 4.6.1　可靠度下对应的区间（z 值表）及接收规则

分布概率 f	单侧	双侧	接收规则（供参考）	备注
68.3%	0.476	1	接收	
80%	0.842	1.282	$f \le 80\%$，接收	
90%	1.282	1.645	慎重接收	
95%	1.645	1.960	80% $< f \le 95\%$ 区间的，慎重接收（多方面确认）$f > 95\%$，拒收（重新调整或更换部分零部件）	最值范围（min, max）外的也慎重接收，甚至拒收
95.45%	1.690	2	拒收（需调整）	
99%	2.326	2.576	拒收（需调整）	
99.7%	2.78	3	拒收（需调整）	

特别需要注意的是，当与正态分布相比其偏态和峰态存在偏差较大时，需对接收区进行修正。从产品一致性角度和谨慎原则考虑，当为正偏斜分布时，按照正态分布计算出的下限适当右移（右移的幅度参考值为中位数与均值的差值），上限不动；当峰度系数较大时，上限和下限均适当向内移动，具体移动数值参考样本分布特征和参数的物理意义。

4.6.2.3　相关性分析

相关分析是对两个变量（如 x 和 y）之间线性关系的描述与度量，它所要解决的问题包括以下几方面。

（1）变量间是否存在关系？

（2）如果存在关系，它们之间是什么样的关系？（正相关、负相关）

（3）关系的密切程度如何？（相关系数）

（4）样本所反映的变量之间的关系能否代表总体变量之间的关系？（显著性检验）

利用统计学方法，可以不考虑物理含义，仅从数值上进行相关性分析，根据相关性可以反找物理规律或者提出相应的改进方案。

描述变量之间相关密切程度的统计量就是相关系数，样本相关系数记为 r，其计算公式为

$$r = \frac{\sigma_{xy}^2}{\sigma_x \sigma_y} = \frac{\frac{1}{n}\sum_{i=1}^{n}(x_i - \bar{x})(y_i - \bar{y})}{\sqrt{\frac{1}{n}\sum_{i=1}^{n}(x_i - \bar{x})^2}\sqrt{\frac{1}{n}\sum_{i=1}^{n}(y_i - \bar{y})^2}}$$

相关系数 r 的取值范围为 $(-1,1)$，若 $r > 0$ 则表明两变量正相关，若 $r < 0$ 则表明两变量负相关。判断两变量线性相关密切程度的具体标准如下。

（1）当 $|r| = 1$ 时，表示两变量之间完全线性相关，存在函数关系。

（2）当 $r = 0$ 时，表示两变量之间不存在线性相关关系。

（3）当 $0 < |r| < 1$ 时，存在一定程度的线性相关关系，$|r|$ 值越大相关程度越密切，$|r|$ 值越小相关程度越低。根据经验可分为以下几种情况。

① $|r| < 0.3$，微弱相关。

② $0.3 \leqslant |r| < 0.5$，低度相关。

③ $0.5 \leqslant |r| < 0.8$，显著相关。

④ $0.8 \leqslant |r| < 1$，高度相关。

4.6.2.4 趋势分析及显著性分析

借助统计学中时间序列分析和假设检验的思想，开展均值 μ 和方差 σ 的变化趋势分析或显著性评估，评估均值和离散程度随时间、零件批次或装配人员的变化有无差异以及差异的变化情况。根据评估结果，反过来探寻变化的原因，诸如设计的改进、过程控制精准程度、零部件精度、设备差异等。

假设检验与参数估计一样，也是推断统计的基本内容之一。两者处理问题的角度不同，参数估计是根据样本信息对未知的总体参数进行推断，而假设检验则是先对总体参数或分布提出一种假设，然后根据样本信息判断这一假设是否成立。假设检验包括参数检验（总体分布形式已知或者假定总体分布前提下）和非参数检验（避免先见偏见，更具稳健性，弥补样本资料不足等缺陷）。针对总体参数未知的 $N(\mu, \sigma^2)$ 分布，可对总体均值 μ 和方差 σ^2 的显著性进行检验，用于判断均值或者方差有无显著差异，评判不同批零件、不同生产时间是否有显著差异。

4.6.3 成功包络线分析实例

飞轮产品在生产、装配、调试、测试以及环试过程中均已通过产品数据包的形式对过程数据进行了规范记录。在此基础上，开展成功包络线建立工作。首先，依据特性分析结果确立关重指标项目，为后续数据分析工作奠定基础。然后，利用成功包络线数据分析方法，建立飞轮产品关重特性指标的数据包络线，在产品元器件/原材料采购、生产过程和生产工艺受控的状态下，确认产品相关参数是否在产品成功数据包络内,并对超出数据包络的参数展开技术风险分析,进而提高对产品质量的科学量化控制水平。

飞轮产品的关键组件是轴承组件,轴承组件在制造过程中会对包括以下关重参数在内的数据进行收集。

(1)配合间隙。轴承内圈分别与主轴上端和下端的配合间隙、轴承外圈分别与轴承安装壳上端和下端的配合间隙。

(2)旋转精度。外圆的径跳、上端面的端跳。

(3)供油率。

(4)保持器含油率。

(5)储油器含油率。

(6)预载值。

(7)驱动电流。

根据产品技术特点和实际工程要求,可以初步判定相应物理量参数的分布特性,如驱动电流、供油率等物理量采用区间分布,而对于旋转精度则采用单侧分布(单侧上限),如图4.6.5所示。

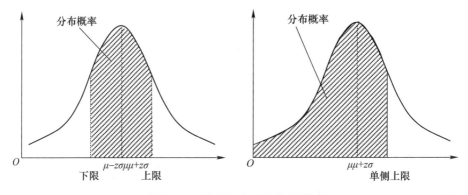

图4.6.5　分布概率下的分布范围

对于双侧正态分布,统计学中常采用3σ原则(千分之三法则)。但考虑到轴承组件为飞轮产品关键组件,如果按3‰拒收,过于宽泛。在工程实践中采用1.96σ,即5%拒收。同时,统计学上也将2σ称为"警戒限",这样$2\sigma \sim 3\sigma$的区间为警示区;针对轴承组件相应参数,将$1.282\sigma \sim 1.96\sigma$的区间定为警示区,在工程可行的前提下,以更高标准保证产品质量。

根据概率分布和实际生产情况,对轴承组件各物理量参数制定如图4.6.6所示的接收规则。

(1)$f \leqslant 80\%$,接收,优选。

（2）80% $<f\leqslant$95%，谨慎接收（或称警戒区，多方确认无误后接收），可选。

（3）$f>$95%，拒收（重新调整或更换零部件，重新验证后再次判断接收；拒收 3 次及以上的，不允许再调整，直接降级或拒收），限选。

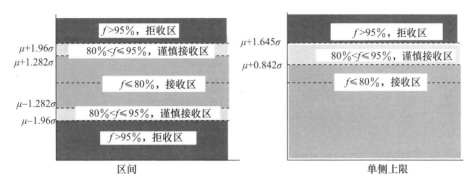

图 4.6.6　接收规则图

1）物理量的成功包络线建立

飞轮轴承组件的驱动电流均值反映了轴承组件阻力矩情况，是评价轴承组件性能的重要参量。在分析其成功包络线时，分别采集了不同年度三个阶段已在轨成功应用的产品过程数据，如图 4.6.7 所示，在此基础上进行成功包络线分析和建立。

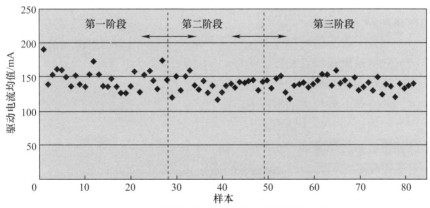

图 4.6.7　轴承组件驱动电流采集数据分布图

对上图数据进行分析，平均值 $\bar{x}=138.9\mathrm{mA}$ 与中位数 $m_e=139.5\mathrm{mA}$ 基本接近，偏度系数 $\alpha=-0.15$，峰度系数 $\beta=0.06$，接近正态分布。考虑到数据变化逐渐平稳的趋势，按照 3 个阶段样本取点估计参数，即 $N(138.9, 9.8^2)$，驱动电流参量的分布特征为上下双区间分布。

驱动电流参量分布的极值区间为$(116,160)$,概率分布为$N(138.9,9.85^2)$。由于其偏斜系数$\alpha = -0.15$,偏斜系数很小,与正态分布吻合程度较高。按轴承组件接收准则其可接收的区间为$(119,158)$,其中优选区间为$(126,151)$。经过上述分析,轴承组件驱动电流应用于工程实践的成功包络线如图4.6.8所示。

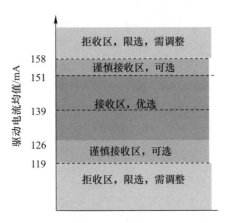

图 4.6.8　轴承组件驱动电流成功包络线

2）物理量间的相关性分析

根据轴承组件中相应参量的物理关系,可能存在相关性的典型物理量有以下几种。

（1）配合间隙与旋转精度。

（2）轴承精度与旋转精度。

（3）旋转精度与振动和噪声。

（4）保持器干重与含油率。

（5）储油器干重与含油率。

（6）预载与启动摩擦力矩。

上述物理量之间是否存在相关性,需要建立在数据分析的基础上。以保持器干重与含油率为例,进行相关性分析。图4.6.9为某一阶段采集的成功飞行产品在生产过程中的保持器含油率与干重实测数据分布图。

对图4.6.9数据按相关性分析公式进行分析,这两个参量的相关系数$r = -0.54$,两者为负相关,即干重越大,含油率越小,这是由保持器材料的孔隙特性引起的,与图中的数据趋势相一致。由于r的绝对值大于0.5,因此保持器干重与含油率两个物理参量属于显著相关。

依据物理参量间的相关性分析,有助于发现不直观的产品性能提升途径及

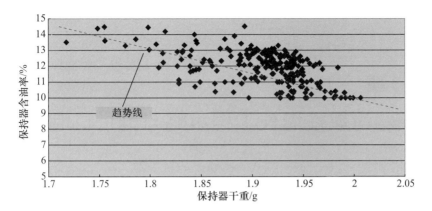

图 4.6.9　轴承组件保持器干重与保持器含油率数据分布图

异常原因分析,同时也对提高生产效率具有很大的参考价值。本案例中,发现了保持器干重与含油率的相关性,在生产过程中通过早期对保持器干重进行严格筛选,大幅提升了较为耗时的保持器浸油工序的一次合格率。

第 ❺ 章

航天器可靠性增长工程策略与推进机制

航天器构成复杂，可靠性要求高，技术风险大，要在时间、经费和技术的约束条件下，完成任务使命，在技术上、管理上都是复杂而艰巨的任务。航天器可靠性增长工程，需要根据航天器复杂大系统特点，围绕长寿命高可靠要求，针对当前存在的可靠性问题和技术瓶颈，面向未来的发展任务需求，明确工程任务目的，并建立起持续推进的策略和机制。航天器可靠性增长工程是一项高投入、高风险的专项工程，需要通过系统化、工程化和规范化的策略和机制，才能达到最高的效费比。

◩ 5.1　航天器可靠性增长工程策略

航天器可靠性增长工程是根据实施增长、确保成功、固化成果、引领发展的基本思路，明确任务、统筹资源，围绕目标、精准实施的可靠性专项工程。

航天器可靠性增长工程总体任务是：解决航天器的故障、隐患和可靠性薄弱环节，提升航天器任务成功率；固化可靠性增长成果，形成长寿命、高可靠、低成本、可重复、稳定高效生产的货架式航天器产品体系，提升航天器的研制能力；加速航天器产品可靠性提高和成熟度提升，满足航天器发展的任务需求，为实现航天器任务成功、自主可控、效能提升等目标奠定基础。

5.1.1　工程目的和实施原则

5.1.1.1　工程开展目的

航天器集科学、技术、工程为一体，多学科交叉、跨专业集成，航天器具有技术要素复杂、研制协调复杂、空间应用复杂的特点，特别是空间环境要素的作用机理与新技术、新器件、新材料的应用验证需要不断研究和探索；航天器还具有系统结构复杂的特点，各组成部分之间存在高度的关联性，某个局部的细微问题或异常，均可能导致航天器系统的功能衰退甚至任务失败。同时，航天器型号研制时间短、子样少,不存在传统意义上的批量生产,也没有特定的可靠性增长阶段,元器件原材料、设计工艺等缺陷和隐患,不能得到充分暴露和改进,部分关键技术在地面难以在完全真实的条件下验证。

航天器技术的先进性、结构的多样性、空间环境的复杂性,以及产品长寿命、高可靠、复杂大系统的突出特点,决定了航天器可靠性增长总体任务的实现,需要一个阶梯式增长、螺旋式上升的过程。在此过程中,需要精准地采取纠正措施、根除故障产生的原因,实施有计划的可靠性增长;面向未来航天器发展需求,寻找产品可靠性与发展需求的差距,通过可靠性增长工程,持续提升航天器整体可靠性水平。

所以,航天器可靠性增长工程的任务使命是由一系列多维度、多层次、逐级递进的任务目标组成的,主要有以下 4 个方面。

1)确保航天器任务成功

解决航天器在研制、试验、发射和在轨运行过程中已经发生的故障和可靠性问题,识别潜在的故障隐患和可靠性薄弱环节;解决航天器不同任务需求变化大、产品技术成熟度低与航天器要求零缺陷发射、一次成功之间的关键性技术问题。航天高风险,成功才是硬道理;航天高投入,任何失败都将造成巨大的经济损失。所以"保成功"是开展航天器可靠性增长工程的首要目的,在有限资源条件下,"保成功"也可以是实施航天器可靠性增长工程的最直接的目的。

2)提升航天器整体可靠性水平

解决长期突出的可靠性共性瓶颈技术,降低由于航天器的特殊性、约束性和局限性等综合因素对其长寿命高可靠的影响。航天器具有生存环境的特殊性、维修保障的约束性和可靠性验证的局限性等特点,空间站交会对接、火星深空探测等航天任务,都充分体现了上述方面的特点。通过可靠性增长工程的实施,深入研究空间特殊环境的可靠性设计和验证技术,掌握航天器空间运行的可靠性规律。如开展空间热等离子体在地磁暴期间,对高轨卫星表面介质材料的充电效应工程分析和防护设计研究,获取防护设计基础数据,制定航天器可靠性防护设计规范和空间环境验证标准,推动航天器空间环境防护专业的可靠性水平上一新的台阶。

3)满足航天器未来发展需求

推进可靠性新技术的研究和应用,如开展可靠性设计、分析和试验共性基础技术研究,包括高加速寿命试验、长寿命高可靠验证试验、基于模型的可靠性设计分析等;研究可靠性与测试性、维修性和保障性等通用质量特性融合的方法,建立以可靠性为中心的、多性融合的广义可靠性增长工程;对标航天器发展规划,选择典型产品开展航天器可靠性技术应用研究,提升航天器的系统综合效能。

4）探索复杂大系统可靠性增长规律

对可靠性增长工程实施成果进行总结和提升，总结复杂大系统的可靠性增长规律。例如，开展航天器产品的在轨应用研究，实施航天器在轨自主健康管理，开展航天器产品的使用可靠性和任务可靠性研究，拓展航天器可靠性工作领域；在研究的基础上，制定完善航天器的设计、制造标准规范，实现航天器整体可靠性水平的提升。

航天器可靠性增长工程是航天器工程研制中的一项重要活动，航天器产品可靠性增长目标的确定和达到需要经历一个不断认识、逐步实现的过程。

与可靠性内涵有关的工程项目繁多，如可靠性技术基础、可靠性预研、可靠性提升，以及针对可靠性的技术改造等专项工程。根据可靠性增长工程的目的，合理明确地界定航天器可靠性增长工程的范畴非常必要。

1）可靠性增长工程与可靠性技术基础研究专项的区别

可靠性增长工程的对象是航天器产品，即使是共性技术的增长研究，也需要将研究成果落实在具体的产品上，工程实施的输出是经过增长后的工程样机；可靠性技术基础研究的对象就是一项或多项技术，提出的新方法和观点可以经过某产品的应用验证，也可以还没有验证，输出只是一种方法等。

2）可靠性增长工程与可靠性技术改造专项的区别

可靠性增长的对象是组成航天器的各层次产品，而不是系统外的一些辅助产品，如地面设备、验证平台、辅助工装等；可靠性技术改造专项的对象是与可靠性有关的软硬件，可以是航天器本身的产品，也可以是地面辅助设备、验证平台等。

3）可靠性增长工程与可靠性提升工程的区别

可靠性增长工程中，无论是有模型还是无模型的可靠性增长，都应该回答可靠性特征量增长的定量值；可靠性提升工程，可以是定量回答提升的可靠性量值，也可以仅仅是定性的可靠性提升。

5.1.1.2 工程实施原则

航天器可靠性增长工程实施原则的基本思路是：系统思维策划、分级推进实现，解决当前任务、面向未来发展，聚焦核心技术、覆盖拓展应用。航天器可靠性增长工程的实施原则的核心是：全面性与局部性、覆盖性与关键性、阶段性与彻底性相结合。

1）系统思维策划、分级推进实现

航天器可靠性增长工程"从大到小"的实施原则。即用系统思维确定工程实施的科学方法、工程技术和组织管理，制定在有限资源条件下实现最高目标的工程分级实施推进策略。从阶段性可靠性增长目标入手,通过迭代增长彻底解决问题,逐步实现可靠性增长总目标,可以最大限度地降低工程实施风险。

2)解决当前任务、面向未来发展

航天器可靠性增长工程"从近至远"的实施原则。根据航天器当前的任务使命和未来的发展需求,综合考虑航天器的研制发展规划、航天器现有的可靠性水平、自主可控发展现状,制定工程从保证当前任务需求至满足未来发展的工程实施规划。通过可靠性增长工程实践,实现航天器可靠性整体水平的持续增长,满足航天任务高速发展的需求。

3)聚焦核心技术、覆盖拓展应用

航天器可靠性增长工程"从点及面"的实施原则。将有限的资源用于提升航天器关键单元和核心技术的可靠性增长,通过关键产品和核心技术的可靠性提升,降低航天器发生故障和失效的风险,经济高效地达到预定的可靠性增长目标。航天器可靠性增长工程通过可靠性瓶颈技术攻关,解决制约航天器可靠性提升的瓶颈技术,探索航天器可靠性快速增长的途径。通过提升航天器关键分系统和单机的固有可靠性,实现提升航天器系统的任务可靠性,最终实现航天器系统可靠性的增长,并为航天器综合效能的提升作出贡献。

实施系统化、工程化、规范化的可靠性增长,是提高航天器可靠性和综合效能、降低风险的重要途径。

5.1.2　系统化架构策略

系统化策略是指用系统的思维方法确定航天器可靠性增长工程的整体架构,从航天器系统整体出发,建立从整体到部分的多层次划分,明确技术和管理的顶层决策,确定可靠性增长的任务目标和方法过程,包括全系统分析、全要素覆盖、全寿命验证,实现系统可靠性的增长。

5.1.2.1　全系统分析可靠性增长点

在航天器可靠性增长工程中,需系统分析可靠性增长的任务和目标、成本和进度、技术和管理、风险和策划等方面要素,这里的系统分析主要是指优化分析和权衡分析。

例如,薄弱环节分析是可靠性增长系统分析中的一个关键活动,在可靠性增长中,主要通过薄弱环节分析,确定可靠性增长点。需要从航天器系统的整体性、任务的连续性、技术的先进性、产品的成熟性出发,分析系统的薄弱环节;需要运用任务功能分析、产品特性分析、产品成功包络分析等分析工具,分析航天器系统各层次产品的薄弱环节;需要运用寿命试验、摸底试验、HALT、HASS 等试验工具,激发航天器设计、工艺等薄弱环节;需要运用 PRA、FMEA、FTA,可靠性评估等工具,确定薄弱环节危害程度等级,并通过以上综合分析,确定可靠性增长点。

具体可以通过以下途径来全面确定航天器的可靠性增长点。

(1)航天器系统的组成。从航天器组成结构进行分析。以卫星为例,其组成一般包括控制、推进、能源、测控、结构机构、热控等卫星平台的分系统,以及面向任务的各类载荷分系统,如图 5.1.1 所示。

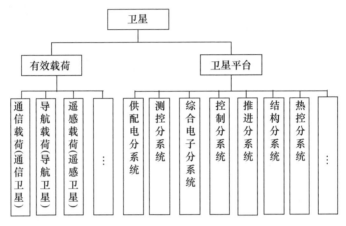

图 5.1.1 航天器的组成(以卫星为例)

分析航天器组成各级产品的故障信息、故障隐患、设计工艺薄弱环节,以及与航天器新任务的可靠性差距,识别系统和产品的薄弱环节,确定可靠性增长点。

(2)航天器任务剖面和寿命剖面。从航天器任务保证链进行分析。从任务剖面出发,分析任务时序、产品工作顺序、部件动作次序等;从寿命剖面出发,分析航天器在整个寿命周期中的环境影响,分析产品在全寿命周期的环境应力,识别产品的薄弱环节;在多个阶段,航天器是处于多任务、多模式状态,需要正确分析时序之间的逻辑关系,发现风险隐患,确定可靠性增长点。

(3)航天器后续的任务需求。从后续航天器的功能、性能和量产需求进行分析。分析继承性产品与新任务功能、性能的符合性,新型航天器的新技术、新材料、新器件的应用等,并由此可能引发的薄弱环节,确定可靠性增长点。

(4)航天器产品成熟度等级。从产品成熟度进行分析。按产品的设计成熟度、制造成熟度和产品成熟度的等级,对照成熟度定级要求,查找产品的可靠性薄弱环节,确定可靠性增长点。

5.1.2.2 全要素覆盖可靠性工作项目

在航天器可靠性增长工程中,在策划可靠性增长技术和管理活动时,应该重点关注对可靠性工作项目的覆盖性。可靠性是产品无故障完成任务的能力,产品的这种能力是由产品的设计、制造过程完成的,由产品的可靠性设计、分析、试验活动保证的。航天器可靠性增长工程内容应该覆盖可靠性设计分析、工艺控制、试验验证、在轨管理的所有要素或工作项目。

（1）设计分析要素。如航天器的结构可靠性设计、机构可靠性设计、能量流设计、信息流设计、热设计、电磁兼容设计等;任务功能分析、任务剖面分析、元器件选用分析、材料选用分析、工艺选用分析等,如表5.1.1和表5.1.2所列。

（2）工艺控制要素。如航天器产品的密封工艺、润滑工艺、防脱工艺、无损装备工艺、焊接工艺等,如表5.1.3所列。

（3）试验验证要素。如航天器的可靠性研制试验、可靠性鉴定试验、可靠性强化试验;可靠性特性参数验证试验等,如表5.1.4所列。

（4）在轨管理要素。如在轨故障预案、在轨数据跟踪、在轨自主健康管理、在轨维修、在轨补偿等,如表5.1.5所列。

表 5.1.1　航天器产品可靠性设计要素(示例)

序号	工作项目	系统级					分系统					设备				
		论证	方案	初样	正样	在轨	论证	方案	初样	正样	在轨	论证	方案	初样	正样	在轨
1	结构可靠性设计	√	√	√	○	×	√	√	√	○	×	√	√	√	○	×
2	机构可靠性设计	×	√	√	○	×	×	√	√	○	×	×	√	√	○	×
3	能量流设计	√	√	√	○	×	√	√	√	○	×	√	√	√	○	×
4	信息流设计	√	√	√	○	×	√	√	√	○	×	×	△	△	△	√
5	电磁兼容性设计	√	√	√	○	×	√	√	√	○	×	√	√	√	○	×
6	热设计	√	√	√	○	×	√	√	√	○	×	√	√	√	○	×
7	抗力学环境设计	√	√	√	○	×	√	√	√	○	×	√	√	√	○	×
8	静电放电防护设计	√	√	√	○	×	√	√	√	○	×	√	√	√	○	×
9	污染控制设计	□	√	√	○	×	□	√	√	○	×	√	√	√	○	×
10	微振动控制设计	√	√	√	○	×	√	√	√	○	×	√	√	√	○	×
11	降额设计	×	×	×	×	×	√	√	√	○	×	√	√	√	○	×
12	冗余设计	√	√	√	○	×	√	√	√	○	×	√	√	√	○	×
13	裕度设计	√	√	√	○	×	√	√	√	○	×	√	√	√	○	×
14	材料蠕变防护设计	×	□	□	○	×	×	√	√	○	×	×	√	√	○	×
15	漂移设计	□	√	√	○	×	√	√	√	○	×	√	√	√	○	×
16	抗疲劳磨损腐蚀设计	×	√	√	○	×	√	√	√	○	×	×	√	√	○	×

续表

序号	工作项目	系统级					分系统					设备				
		论证	方案	初样	正样	在轨	论证	方案	初样	正样	在轨	论证	方案	初样	正样	在轨
17	空间碎片防护设计	√	√	√	○	×	△	△	△	△	×	×	△	△	△	×
18	轨道摄动影响设计	√	√	√	○	×	△	△	△	△	×	×	△	△	△	×
19	防羽流影响设计	√	√	√	○	×	△	△	△	△	×	×	△	△	△	×
20	防杂光影响设计	×	√	√	○	×	×	△	△	△	×	×	△	△	△	×
21	故障预案设计	√	√	√	√	√	√	√	√	√	√	√	√	√	√	√

表 5.1.2 航天器产品可靠性分析要素(示例)

序号	工作项目	系统级					分系统					单机设备				
		论证	方案	初样	正样	在轨	论证	方案	初样	正样	在轨	论证	方案	初样	正样	在轨
1	任务功能分析	√	√	√	○	×	√	√	√	○	×	△	√	√	○	×
2	任务剖面分析	√	√	√	○	×	√	√	△	○	×	√	√	√	○	×
3	继承性分析	√	√	√	×	×	√	√	√	×	×	√	√	√	×	×
4	元器件选用分析	√	√	√	○	×	√	√	√	○	×	√	√	√	○	×
5	材料选用分析	√	√	√	○	×	√	√	√	○	×	√	√	√	○	×
6	工艺选用分析	√	√	√	○	×	√	√	√	○	×	√	√	√	○	×
7	FMEA	×	√	√	○	□	×	√	√	○	□	×	√	√	○	□
8	FTA	×	√	√	○	□	×	√	√	○	□	×	√	√	○	□
9	SCA	×	△	√	○	□	×	△	√	○	□	×	√	√	○	□
10	WCCA	×	△	√	○	□	×	△	√	○	□	×	√	√	○	□
11	在轨数据分析	√	√	√	√	√	√	√	√	√	√	√	√	√	√	√

表 5.1.3 航天器产品可靠性试验要素(示例)

序号	工作项目	系统级					分系统					设备				
		论证	方案	初样	正样	在轨	论证	方案	初样	正样	在轨	论证	方案	初样	正样	在轨
1	可靠性研制试验	×	√	√	○	×	×	√	√	○	×	×	√	√	○	×
2	可靠性鉴定试验	×	×	√	○	×	×	×	√	○	×	×	×	√	○	×
3	可靠性增长试验	×	×	×	○	×	×	×	×	○	×	×	×	√	○	×
4	可靠性强化试验	×	×	×	×	×	×	×	√	×	×	×	×	√	√	×

续表

序号	工作项目	系统级					分系统					设备				
		论证	方案	初样	正样	在轨	论证	方案	初样	正样	在轨	论证	方案	初样	正样	在轨
5	ESS	×	×	×	√	×	×	×	×	√	×	×	×	×	√	×
6	HALT	×	√	×	□	×	×	√	√	□	×	△	√	□	×	
7	HASS	×	×	√	□	×	×	×	√	□	×	×	×	√	□	×
8	可靠性在轨测试	×	×	×	×	√	×	×	×	×	√	×	×	×	×	√

表 5.1.4　航天器产品可靠性工艺要素（示例）

序号	工作项目	系统级					分系统					设备				
		论证	方案	初样	正样	在轨	论证	方案	初样	正样	在轨	论证	方案	初样	正样	在轨
1	装联工艺	×	√	√	○	×	×	√	√	○	×	×	√	√	○	×
2	包封工艺	×	×	√	○	×	×	×	√	○	×	×	×	√	○	×
3	灌注工艺	×	×	√	×	×	×	×	√	×	×	×	×	√	√	×
4	涂敷工艺	×	×	√	×	×	×	×	√	×	×	×	×	√	√	×
5	清洗工艺	×	×	√	×	×	×	×	√	×	×	×	×	√	√	×
6	金加工工艺	×	×	√	×	×	×	×	√	×	×	×	×	√	√	×
7	热处理工艺	×	×	√	×	×	×	×	√	×	×	×	×	√	√	×
8	密封工艺	×	×	√	×	×	×	×	√	×	×	×	×	√	√	×
9	监控工艺	×	×	√	×	×	×	×	√	×	×	×	×	√	√	×
10	筛选工艺	×	×	√	×	×	×	×	√	×	×	×	×	√	√	×

表 5.1.5　航天器产品可靠性在轨要素（示例）

序号	工作项目	系统级					分系统					设备				
		论证	方案	初样	正样	在轨	论证	方案	初样	正样	在轨	论证	方案	初样	正样	在轨
1	在轨数据跟踪	×	×	×	×	√	×	×	×	×	√	×	×	×	×	√
2	在轨故障预案	△	√	√	√	√	△	√	√	√	√	△	√	√	√	√
3	在轨自主健康管理	×	×	×	×	√	×	×	×	×	√	×	×	×	×	√
4	在轨维修	×	×	×	×	√	×	×	×	×	√	×	×	×	×	√
5	在轨补偿	×	×	×	×	√	×	×	×	×	√	×	×	×	×	√

注："√"表示"必做"；"△"表示"选做或用户、交办方有要求时做"；"×"表示"不做"；"○"表示"技术状态更改时必做"；"□"表示"经评估有必要时做"

5.1.2.3 全寿命验证和可靠性评估

对开展可靠性增长后的产品,应该进行全寿命试验验证和可靠性评估,验证可靠性增长的效果。

1)全寿命试验验证

(1)开展薄弱环节改进后的产品,应针对改进措施开展可靠性增长试验验证,充分验证改进的有效性,验证产品实现了可靠性增长。

(2)统一技术状态后的产品,应开展环境适应性全包络试验验证,合并各型号产品的试验要求,按照后续应用型号最大包络开展环境适应性试验。

(3)开展长寿命高可靠验证试验,按产品长寿命高可靠验证试验矩阵,在产品完成环境适应性试验、应力筛选试验的基础上,开展长寿命高可靠试验验证,如寿命试验、加速寿命试验等,验证产品的设计寿命和可靠性。

(4)产品极限能力验证,正确评估航天器全寿命周期的环境剖面,针对产品外部空间环境和内部诱导环境,通过开展摸底试验、拉偏试验,摸清产品关键设计参数、关键工艺参数的量化指标,掌握产品在极端环境和极限工况下的故障模式,验证产品的设计裕度。

在可靠性增长工程中,一般采用加速寿命试验、加速退化试验和常规寿命试验,进行航天器产品的寿命和可靠性增长验证。

航天器加速寿命试验是在不改变故障机理的条件下,采用高于实际使用应力的条件进行寿命试验,试验效率高,多数航天器产品都可以通过合适的加速因子换算得出产品寿命验证结果。但应该注意某些产品如电推力器、行波管等,必须工作在特定条件下,否则可能无法正常工作;某些产品如需要油润滑的轴系产品、机构产品等,在加速状态下其故障机理可能发生改变。

航天器产品普遍具有高可靠、长寿命、高价值的特点,常规寿命试验的试验时间长、试验经费高昂,所以对多数产品采用常规寿命试验进行试验验证是困难的。但对于那些无法开展加速试验的产品,就需要开展常规寿命试验。常规寿命试验一般采用完全寿命试验和定时截尾试验两种方式,完全寿命试验需要试验到全部试验件均失效为止,得到完全的试验样本;定时截尾试验一般试验到规定的寿命裕度停止,其试验时间是固定的,试验中发生的故障数是随机的。一般不开展定数截尾寿命试验。

表5.1.6给出了部分航天器产品寿命试验应用情况。

表5.1.6 航天器产品寿命试验应用情况

序号	试验类型	应用单机/模块/部组件
1	寿命试验/退化试验	电推力器、行波管放大器、阴极、动量轮、陀螺等

序号	试验类型	应用单机/模块/部组件
2	加速寿命试验	太阳帆板驱动机构、天线电机等转动机构类产品,固放、低噪放等功率放大类产品,电源模块等电子产品
3	加速退化试验	蓄电池、太阳电池片等

2）可靠性评估

（1）在产品可靠性增长的阶段节点,开展产品可靠性评估,给出可靠性特征量增长的具体量值。

（2）综合利用产品试验信息和在轨运行信息,进行产品可靠性评估,给出产品寿命末期的可靠性量值。

5.1.3　工程化实施策略

航天器可靠性增长工程化策略是规定航天器系统、分系统、单机 3 个层次产品的可靠性增长应该按工程化要求实施。

5.1.3.1　产品可靠性增长工程化策略

产品可靠性增长的工程化实施原则,是从产品的一种技术状态开始,实施可靠性增长后,到产品的新技术状态结束,增长后的技术状态纳入产品基线,这里的产品包括系统、分系统和单机。具体按"统一技术状态、薄弱环节识别与改进、验证增长成效、完善产品数据包、增长后产品应用"5 个方面内容开展工程化的可靠性增长。

下面以卫星为例介绍这 5 个方面的内容。

（1）统一技术状态。

① 卫星产品技术状态统一。根据任务需求分析,优化、整合产品的技术状态,开展系统、分系统和单机产品设计、接口、试验条件复核;结合后续型号需求分析,优化、整合相近技术状态产品,选取最大包络,统一和确定基本型产品的技术状态,确定产品的功能基线和生产基线。

② 卫星平台产品技术状态统一。分析平台配套软件技术状态、平台对有效载荷的适应性、平台对工程任务的扩展性等;统一平台内、外部接口,确立平台技术状态基线。

（2）薄弱环节识别与改进。分析航天器在研制、生产、发射和在轨运行全寿命期的薄弱环节和隐患,通过采取有效的设计、工艺改进措施,逐步改正产品设计与制造中的薄弱环节,通过试验—分析—改进（TAAF）和薄弱环节分析—改进—验证（WAFT）的迭代过程,消除产品失效隐患,提高产品的固有可靠性和任务可靠性。

（3）验证增长成效。针对薄弱环节改进措施的有效性，开展可靠性增长验证，验证可靠性增长效果。验证范围包括可靠性参数、产品特性参数、系统综合参数；验证方式包括分析验证、仿真验证、试验验证，以及可靠性评估和成熟度评价，具体可以根据可靠性增长实施方式、工程要求选择验证方式。试验验证工作包括统一技术状态后的全包络环境适应性试验验证、薄弱环节改进后的可靠性增长试验验证和产品的长寿命高可靠性试验验证，长寿命高可靠试验验证分为产品极限能力验证和产品设计寿命验证。

按统一要求进行产品成熟度评价，开展产品可靠性定量评估。

（4）完善产品数据包。按照产品研制、生产、使用全过程可追溯的要求，制备、完善产品规范并完善产品数据包。全面固化产品文件体系，包括设计文件、工艺文件、过程控制文件等；建立并完善产品全寿命周期信息，包括产品测试数据、试验数据、飞行数据以及质量分析信息、质量问题归零信息等。满足后续任务选用和重复生产要求。

（5）增长后产品应用。实施可靠性增长后的产品性能指标、可靠性能力直接覆盖应用型号需求，按照标准对经过可靠性设计优化改进后的产品技术状态进行审定，产品发生技术状态更改涉及到产品关键特性时，更改后的产品应该完成地面试验验证、在轨飞行验证以及技术状态的再固化，保证更改后的技术状态基线与型号选用无缝衔接。

5.1.3.2 共性技术可靠性增长工程化策略

按照工程化应用要求，开展航天器共性技术可靠性增长。

共性技术可靠性增长按"薄弱环节识别与改进、可靠性增长验证、共性技术应用"3项研究内容开展可靠性增长。

（1）薄弱环节识别与改进。识别材料、工艺、试验等方面的共性可靠性问题，针对薄弱环节，开展可靠性增长。

（2）可靠性增长验证。针对薄弱环节改进措施的有效性，开展可靠性增长成效验证，以及典型产品的应用验证，并制定相应的设计、工艺和试验规范。

（3）共性技术应用。通过设计、工艺、试验规范的推行，将增长研究后的共性可靠性技术，应用到相应的所有产品。

5.1.4 规范化管理策略

为了对航天器可靠性增长工程实施规范化的管理，在工程立项初期，应该制定整个可靠性增长工程的总要求，以及专项的试验总方案、产保总规范等，并以工程文件发布实施。

5.1.4.1　增长总要求

航天器可靠性增长总要求是对产品实施可靠性增长全过程所有活动的全面要求,可以分多个层级贯彻执行。一般应该包括可靠性增长工程管理要求、试验验证要求、成果应用要求等第一层级要求,以及可靠性增长优化设计、薄弱环节分析改进、可靠性增长特征量选择、可靠性增长目标确定、共性技术攻关等第二层级要求,以及更个性化的逐级要求。

航天器研制过程已经建立了有效的产品可靠性保证体系,包括对所有的可靠性工作项目规定了工作要求和工作流程。可靠性增长工程的设计、分析和验证活动,首先应该遵循航天器研制中已经制定的可靠性要求,同时根据航天器可靠性增长的任务目的,在航天器产品的可靠性增长工程中,在通用要求的基础上,在广度深度和精准实施上进行扩展和加强。下面以可靠性增长设计分析要求、薄弱环节分析改进要求、共性技术攻关要求为例介绍。

1)增长工程的设计分析要求

在产品正向设计中的热设计、电磁兼容设计、静电防护设计、抗辐照设计、降额设计、环境防护与环境适应性设计等可靠性设计的基础上,在可靠性增长工程中,应该对以下方面的可靠性设计提出更深入的要求。

(1)测试性设计要求,确保故障可检测、可隔离。

(2)可生产性设计要求,保证设计可靠性的可实现性。

(3)可检测性设计要求,满足测试覆盖性要求。

在已经开展的 FMEA、FTA 等分析工作的基础上,在可靠性增长工程中,需要强化以下方面的可靠性分析要求。

(1)强化系统接口可靠性、冗余有效性、故障耦合性以及失效机理等方面的可靠性分析。

(2)强化产品特性分析、产品成功包络分析、在轨数据分析、技术风险分析等可靠性分析。

(3)对涉及优化和权衡设计分析的参数、指标和内容,要形成专项技术论证报告。

2)薄弱环节分析改进要求

在可靠性增长工程中,薄弱环节的识别是影响增长目标实现的关键环节。在 5.1.2 节中,介绍了如何系统化地分析产品的薄弱环节,确定可靠性增长点的内容,在此不再赘述。在此基础上,需要强化以下工作。

(1)开展可靠性设计、分析、试验工作复查。开展热、降额、抗辐射、电磁兼容性、抗力学环境、密封设计、润滑设计、静电防护、潜通路、最坏情况等设计分析复核,梳理可靠性设计分析要素在产品正向设计流程中的落实情况。

（2）开展产品可靠性强化试验、高加速应力试验（HALT、HASS）等试验数据的分析，以发现产品的故障隐患，识别并评估Ⅰ、Ⅱ类单点故障模式的严重性等级。

（3）开展在轨在研发生故障、飞行考核情况及质量归零情况的复查。

（4）针对新型航天器可靠性要求，分析需求与现状间存在的差距。

在复查复核的基础上，完善系统故障模式识别，开展系统方案设计优化、健全系统故障隔离和对策；分析解决产品可靠性薄弱环节，提高系统可靠性，并完善系统可靠性设计规范；加强在轨管理，提高卫星在轨可靠性评估和寿命预示、自主健康管理和自主故障诊断隔离恢复的能力。

3）共性技术攻关要求

针对工程实施中的共性技术，提前部署开展预先研究，及时应用推广，指导规范工程实施。

4）生产工艺控制要求

开展产品保证、禁限用工艺复查等工作，按照"可生产、可检测、可重复、可保障"的要求，检查并解决研制生产过程中的工艺瓶颈，保证航天器的固有可靠性。对产品实现过程中影响产品可靠性的尚未成熟的工艺过程开展研究，在生产过程的计划制定、工艺评审、应力筛选和技术状态控制等方面提出更详细的控制要求，实现量化可控、稳定可重复生产。

5.1.4.2 试验总方案

航天器可靠性增长试验总方案是对可靠性增长全过程的试验项目和综合利用试验信息的统筹策划。一般包括了识别产品薄弱环节的试验、开展产品可靠性增长的试验、验证产品可靠性增长成效的试验，以及对产品原有功能性能的鉴定试验和产品使用的环境适应性试验等。

可靠性增长试验总方案应该包括以下几方面。

（1）制定试验综合计划。试验计划要统筹安排整个研制过程中的各种重大试验，如研制试验、验收试验、鉴定试验，以及可靠性验证试验、寿命摸底试验等。

（2）明确试验技术要求。明确适用的试验规范，制定试验技术详细要求、试验细则、试验大纲等。

（3）加强可靠性试验方案论证。可靠性增长试验，以及其他可靠性寿命试验、可靠性验证试验等，在方案论证时，需将试验项目、试验目的、试验时间、试验要求、经费预算等建立试验矩阵，并进行试验综合利用分析论证。

（4）指定第三方测试机制。由专业软件评测中心，按照软件工程技术，对软件进行评测。

（5）强化工艺技术验证。制定关键工艺、关键参数、小批试制前工艺技术验证方案。

实施可靠性增长的产品必须按要求开展试验验证。正确评估航天器全寿命周期的环境剖面，充分验证产品的环境适应能力；摸清产品关键设计参数、关键工艺参数的量化指标，掌握产品在极端环境和极限工况下的故障模式；有重点地开展产品的摸底试验、寿命试验、加速寿命试验，充分验证改进措施的有效性，验证产品的可靠性实现了增长，确保产品设计裕度满足在轨使用要求。

试验验证的内容按照以下 3 个方面开展。

（1）环境适应性最大包络试验。优化、整合相近技术状态的产品，开展环境适应性全包络试验验证，合并应用型号的鉴定试验要求，按照后续应用型号最大包络开展环境适应性试验。

（2）寿命和可靠性考核试验。迭代完善各类产品长寿命高可靠验证试验矩阵，确定试验子样状态和数目，有针对性地开展寿命试验、加速寿命试验，评价产品的寿命和可靠性指标，验证产品的设计寿命，支持后续应用。

（3）产品极限能力验证试验。进行环境参数和产品特性参数的拉偏试验，取得产品的极限能力，掌握产品的可靠性设计裕度，扩大产品的应用范围。

下面以某卫星锂离子蓄电池为例简单介绍各类寿命试验方案。

锂离子蓄电池组由蓄电池单体以一定的串并联形式组成，是星上储能部件，负责地影期为整星供电。寿命试验方案一般应该规定以下几方面的内容。

（1）试验目的。验证锂离子电池组是否满足在轨工作寿命要求，即充放电循环次数；获得锂离子电池组的性能退化数据，尤其是寿命末期的性能变化情况，为在轨使用及寿命模型建立提供依据。

（2）试验项目。可以从全加速寿命试验、半加速寿命试验、常规寿命试验 3 项中选择一项开展。

（3）试验件状态。规定每项试验是在多少组单体串联、每组多少只电池并联的状态下进行。

（4）寿命终止判据。规定当电池的放电电压连续 3 次降为多少时，视为寿命终止。

（5）试验方法。每项试验均在各自规定的试验条件下，按规定的充放电步骤开展试验，每次循环记录电池的放电电压，当电池的放电电压连续 3 次达到预定的终止电压时，视为寿命终止，不再进行充放电循环，记录电池的充放电循环次数。

对于全加速寿命试验、半加速寿命试验、常规寿命试验还应具有更详细的方案，示例如下。

（1）全加速寿命试验。

试验条件。在常温（20℃±3℃）常压环境下，按照轨道最长放电时间 72min 进行充放电循环，按恒定放电深度（DOD）80% 进行放电。

充放电循环基本步骤。以充电倍率 C/10A 恒流充电至 4.1V，以 4.1V 恒压充电至电流降为 C/100A，搁置 30min；以负载电流放电 72min，搁置 30min；按以上步骤循环至单体电池放电截止电压 $\leqslant V_0$ 预定终止电压时停止试验。

（2）半加速寿命试验。

试验条件。在常温（20℃±3℃）常压环境下，按照 GEO 轨道运行周期进行地影期 45 次充放电，按最大 DOD 的 80%，继续进行下一个地影期充放电，依次循环。

充放电循环基本步骤。以充电倍率 C/10A 恒流充电至 4.1V，以 4.1V 恒压充电至电流降为 C/100A，搁置 30min；以负载电流放电相应时间，搁置 30min；按以上步骤循环至单体电池放电截止电压 $\leqslant V_0$ 预定终止电压时停止试验。

（3）常规寿命试验。常规寿命试验是完全按照产品的真实寿命剖面开展的试验。

试验条件：在常温（20℃±3℃）常压环境下，完全模拟卫星在轨期间工况进行试验，包括地影期的充放电循环以及全光照期的搁置，如按照 GEO 轨道的运行周期进行地影期 45 次充放电，最大 DOD 为 80%；然后模拟全光照期搁置 135天；再进行下一个地影期充放电循环和光照季搁置，依次循环，直至单体电池放电截止电压达到预定的试验终止电压时停止试验，记录充放电循环次数。

5.1.4.3 产保总规范

在可靠性增长工程中，运用产品质量保证的理念和方法，保证可靠性增长工程的有效实施和增长目标的成功实现。加强产品保证工作策划，制定产品保证要求和计划，明确各阶段产品保证工作项目、内容和实施要求，并组织落实。产品质量保证工作与工程研制工作同步策划、同步落实、同步检查、同步总结。

在可靠性增长工程推行（A+B）产保模式，规范专项工程的实施。充分利用应用型号和产品研制单位的产品保证和质量管理体系的运行机制和工作体系，将型号和单位的产品质量保证组织机构、产保队伍和可靠性增长工程产保人员，组成上下贯通的两级产保组织。制定 A、B 两级产保策划，明确各级、各类产品保证人员或工程的产保职责，做到系统级向分系统级、分系统级向单机级逐级分解落实产保要求。同时单机级、分系统级产保组织负责针对上级产保组织的策划和要求，落实本级产保工作，形成自上向下逐级抓产保大纲、产保计划，自下向上逐级落实产保要求的产品质量保证工作贯彻机制。

例如，各分系统和单机研制单位首先要根据工程产品质量保证顶层文件，制定分系统级、单机级产品质量保证策划,实施可靠性增长的产品质量保证大纲、产品保证要求和产品保证计划,并向外协承制单位传递产品质量保证要求,包括设计、工艺、试验的产保要求,项目验收评审以及交付的文件清单、时间节点等,内容具体明确、指导性强,并贯彻落实。各承制单位须将产品质量保证计划中的评审、试验、强制或关键检验点、验收等重要工作项目纳入工程研制计划流程,作为监督、检查和考核的依据。

可靠性增长工程产品质量保证大纲章节目录示例如下,包括引言目录、正文一级目录和部分章节的二级目录。

A　概述
B　工程任务特点分析
　B.1　使命任务
　B.2　建设内容
　B.3　工程任务特点
　B.4　工程方案简介
1　范围
2　引用文件
3　管理职责
　3.1　职责和权限
　3.2　计划与进度管理
　3.3　质量与产保管理
　3.4　合同与经费管理
4　产品质量保证策划
5　产品质量保证目标
6　产品质量保证工作重点
　6.1　产品质量保证信息
　6.2　关键项目的质量控制
　6.3　关键件、重要件的质量控制
　6.4　外协、外购的产品保证
　6.5　产品制造、装配过程的质量管理
7　测试覆盖性分析和检查要求
8　质量问题归零控制
9　技术状态控制
　9.1　技术状态基线

◤ 5.2 航天器可靠性增长工程推进机制

航天器可靠性增长工程,以型号任务需求为牵引,以专业技术发展为支撑,以项目管理实施持续推进,并在实施推进过程中,加强工程风险的管理和控制。

5.2.1 型号任务需求牵引

航天器型号任务的需求和发展是开展可靠性增长工程的直接输入和依据。

1. 当前型号任务的需求

航天器集多功能化、集成化与复杂化为一体,如何实现在可用经费和有限时间内,使航天器系统和产品达到规定的可靠性值,是航天器可靠性增长工程永恒的主题。

在航天器产品的研制、生产和服务的整个寿命周期内,需要持续跟随航天器任务的执行情况,对出现的故障和可靠性薄弱环节,及时分析原因,采取纠正措施,实施可靠性增长。需要根据航天器的不同需求,选择不同的可靠性增长实施方式,以确定纠正措施实施的最佳时间。

（1）航天器设计研制阶段的产品、在轨飞行阶段的关键产品,需要开展立即改进型可靠性增长。

（2）经历了一次飞行任务后的产品,需要开展延缓改进型可靠性增长。

（3）经历多次飞行任务后的产品,需要根据具体情况,安排含延缓改进型的可靠性增长。

（4）对会引起系统性故障、失效会影响任务成败的产品,无论是否推迟进度、多少经济代价,都必须实施立即改进型的可靠性增长。

持续实施可靠性增长工程,是推进航天器产品由不成熟到成熟、航天器系统由不够完善到逐步完善的必由之路。

2. 航天事业发展的需求

随着航天事业的发展,航天器的研制和应用也在不断地发生变化。在任务需求方面,从以科研试验为主,向科研试验和应用服务并重转化;在应用规模方面,从以单星应用为主,向星座组网运行服务转化;在应用领域方面,从满足单一领域需求为主,向满足多个应用领域需求转化。航天器型号任务在研制、应用、规模、领域等方面不断呈现新的需求。

例如,航天器微小星座的可靠性增长需求。随着太空任务和系统复杂程度不断增加,单体卫星往往无法满足实际任务需求,星座系统能够突破单体卫星系统的局限,完成单体卫星无法完成的功能,所以卫星星座快速进入了研制和应用阶段。卫星星座系统更加庞大,系统规模的增大使得系统内部任何一个环节的故障都可能破坏系统的稳定性,带来不可预估的安全隐患和经济损失。另外,微小卫星属于低成本卫星,一般在大卫星采取的容错、冗余设计,在微小卫星上不仅要考虑其带来的优点,还应考虑容错、冗余带来的成本增加等问题,需要在单星容错冗余和星座补网之间进行权衡分析。微小星群任务的多样性、编队系统结构的复杂化以及星群补网维修成本的控制技术都是新的要求,这些技术要求与单星都有很大的区别,需要开展相应的可靠性增长工作。

同理,深空探测、空间站运营、星座联网等新的任务,都会提出新的可靠性增长的需求。

3. 相关工程协同发展的需求

可靠性增长工程应该是开放的,在不同背景下与预研、产品化、试验鉴定等工作结合,可以与相关工程协同发展。

例如,航天器可靠性增长工程与产品化推进工程相结合。以可靠性增长为核心,以产品化推进为引领,通过可靠性增长的实施加快产品的成熟,通过产品化更好地固化可靠性增长的成果和推进成果的应用。

5.2.2 专业技术发展保障

航天器的研制包含了科学、技术、工程的诸多领域,基础科学理论、专业技术发展和工程实践的进步,是航天器可靠性增长工程实施的基础和保障。

1. 可靠性专业技术是可靠性增长的重要技术手段

例如,随着航天器基于模型的系统工程(Model – Based Systems Engineering,MBSE)技术的发展,基于 MBSE 的可靠性技术正在得到重视;随着航天器通用质量特性理论、方法和技术的发展,以可靠性为中心的在轨维修性、测试性、保障性技术得到的研究和应用;在工程实践中,产生了基于 MBSE 的卫星通用质量特性综合架构与系统集成技术、通用质量特性综合分析与优化设计技术等综合技术的研究和应用。这些新型可靠性专业技术的发展,为可靠性增长工程增添了新生的能力和无限的可能。

2. 故障管理等专业技术为可靠性增长提供重要保障

例如,航天器故障诊断控制(Prognostics and Health Management,PHM)技术、在轨自主健康管理(FDIR)技术的研究和发展,都是与可靠性增长工程技术的发展紧密相关和相辅相成的。航天器任务复杂度高、运行环境恶劣、在轨维修难,PHM 是复杂系统进行故障管理、实现可靠性增长的重要手段。PHM 是指综合利用现代信息技术、人工智能技术进行健康状态诊断处理,即利用先进的传感器的集成,并借助各种算法和智能模型来诊断、预测、监控和管理系统的状态。PHM 的核心是故障预测和健康管理,故障预测是指预先诊断产品或系统完成其功能的状态,包括确定零部件的剩余寿命或正常工作的时间长度;健康管理是指根据诊断预测结果,利用可用资源、根据使用需求对产品功能恢复做出适当决策的能力,是一种广义程度上的可靠性增长活动。

PHM 涉及较多的共性技术和专业技术,在共性技术中,基于物理模型的预测方法,是比较准确的一种预测方法,但针对航天器复杂系统,构建其准确模型有实现难度;基于模式识别的预测方法是目前最为主要的方法,其研究思路是利用数据挖掘系统的状态和故障特征,采取人工智能算法进行预测;基于可靠性模型的预测方法是基于对故障数据的统计分析,是一种基于经验的预测方法,可以预测未来一段时间内系统失效的可能性,以及采取适当维修措施的能力。在专业技术中,自适应技术可以针对航天器在轨复杂环境的不确定干扰、执行器故障等信息,实现在线自我估计,实现直接、快速和有效的补偿;变结构控制技术能有效处理航天器姿态系统的强耦合和非线性特性,保持对干扰、故障和模型不确定的不敏感,使系统在执行器发生故障情况下能保持稳定;可重构性技术是针对航天器任务复杂、限制因素多而进行的故障系统的可重构性实现技术。

随着智能控制技术的成熟,PHM 技术在可靠性增长工程中得到了广泛应用,如具有自学习能力的故障诊断控制技术的研究和应用,应用于系统和单机产品的实时故障诊断和处理,提升系统的健壮性;如根据在轨卫星姿态控制系统的自主性和可靠性的发展要求,为航天器具备更强的自主运行和维护能力,以面对生存条件苛刻的外太空环境,在可靠性增长工程中,开展了自适应技术、变结构控制技术研究和应用,提升了航天器系统的任务可靠性和系统效能。

5.2.3　工程项目实施推进

航天器可靠性增长工程,运用工程实施保证、项目管理推进的矩阵化管理推进方式。以航天器系统为工程级单元建立工程包,以产品或技术为项目级单元开展项目研究,每个工程包包含了数十个项目。

5.2.3.1　工程实施保证

航天器可靠性增长工程按照统一领导、分级管理的管理模式,明确各级管理部门职责,从组织机构、计划管理和质量管理等方面,保证工程的实施。

建立了组织健全、职责明确,规章完善、管理规范,过程控制、考核严格的工程研制管理模式。设立工程两总和工程管理办公室协调工程实施中的相关问题;形成了主管机关、工程总体、研制单位相互贯通,工程研制和型号应用相互结合的工作机制。

1)组织机构保证

可靠性增长工程实行统一领导、归口管理、分级负责。设立工程领导小组,负责工程统一领导、工程重大决策,指导制定工程重大方针政策。设置各级工程管理办公室,负责工程的组织实施与监督管理。项目承研单位明确主管领导,明确科研、质量、计划、财务和审计等各相关职能部门在可靠性增长工程项目实施中的职责。实行可靠性增长工程责任人制度,责任人对可靠性增长工程负全责。

相关部门职责规定示例如下。

项目办公室(以下简称"项目办")主要职责如下。

(1)负责制定贯彻落实工程的指导方针,落实工程技术、管理要求,制定工程相关配套政策。

(2)负责按照工程合同要求,组织完成工程项目任务。

(3)负责编制工程总体要求,包括制定工程总体策略、工程研制总要求、工程实施总计划等。

（4）负责编制工程项目年度计划和考核节点，对年度计划执行情况进行监督考核；组织年度计划的实施、协调和监督检查工作；负责与工程总体及相关单位的技术、计划接口协调。

（5）负责工程计划、工程质量的全过程跟踪与监控，包括项目实施过程的跟踪管理、关键项目、关键节点的评审和把关。

（6）负责组织对项目包中各个项目进行开题评审、中期检查、验收总结；负责工程的开题总结、中期总结和工程总结；负责组织工程研究成果推广应用和技术交流。

承研单位相关职能部门职责示例如下。

（1）科研质量部门主要职责。负责制定可靠性增长发展战略、总体规划，组织项目立项策划和项目申报；制定可靠性增长工程管理规章；领导、监督、考核可靠性增长工程管理办公室的工作；将可靠性增长工程的有关工作纳入科研生产评估体系，实施综合评估。

（2）计划部门主要职责。编制签订可靠性增长工程主承包合同，落实主承包合同经费；将可靠性增长经费计划纳入本单位综合经营计划，负责编制经费预算，参加可靠性增长合同验收。

（3）财务部门主要职责。负责根据综合经营计划，对可靠性增长经费进行拨款；负责按国家财务管理制度列支和管理可靠性增长经费使用的监督管理。

（4）审计部门主要职责。负责对可靠性增长项目实施审计，并出具审计报告；配合上级有关审计部门，完成对可靠性增长项目的审计工作。

2）计划管理保证

航天器可靠性增长工程实行年度计划、月度报告、季度调度会制度，按计划实施并进行考核。按照合同、任务书要求，通过工程 WBS 对工程任务进行分解，并在此基础上形成工程实施考核计划，按关键程度分别纳入能力工程考核数据包、项目办考核数据包考核。项目按年度计划实施，项目办编制下达各项目年度计划；项目承研单位根据项目办下达的年度计划，以及项目实施方案、技术流程，制定项目计划流程，并纳入本单位科研生产计划考核。

工程计划管理保证措施示例如下。

（1）工程实行年度策划制度。项目办按年度制定策划和考核计划，项目承研单位在每年1月，启动年在工程启动后1月内，完成本单位可靠性增长工程年度计划，报项目办。

（2）项目实施情况执行月报制度。项目承研单位按项目办月报要求，于每月25日将本单位本月的年度计划执行情况报项目办。

（3）工程实行季度调度会制度。项目办按季度召开调度例会，协调解决项目实施中的问题。

（4）工程实行发生重大问题随时报告制度。项目实施中对发生重大技术状态更改，影响项目按合同要求完成的重大问题，项目承研单位应随时报项目办，必要时，项目办召开专题调度会、协调会等进行协调解决。

（5）工程实行年度总结制度。项目承研单位在每年 12 月 15 日完成本单位工程年度总结，报项目办。

可靠性增长工程项目的成果与首次应用型号的进度是关联的，因此，在增长项目实施过程中，无不可抗拒原因不进行计划调整。

3）质量管理保证

按航天器产品质量保证的相关要求开展工程质量管理保证工作，并对工程里程碑节点和关键技术加强质量控制。在工程研制阶段的初期，根据工程研制总要求进行工程质量保证策划，覆盖工程质量、项目质量和产品质量；制定工程产品质量保证大纲，编制产品质量保证要求和产品质量保证计划。具体有以下几方面。

（1）贯彻落实上级和用户的产品质量保证要求，贯彻落实相关规章制度、标准规范，结合单机产品特点、产品关键特性/重要特性、产品可靠性增长特征量和技术风险识别等开展产品质量保证策划，制定产品质量保证大纲、产品质量保证计划，确保所有产品质量保证活动得到有计划的、文件化的管理和控制。

（2）实施工程产品质量保证大纲、产品质量保证计划，并确保制定的产品质量保证要求有效传递、落实到位；确保及时传递对外协供方的产品质量保证要求，并通过产品质量保证审核、评审、强制检验和验收等手段，对外协供方进行管理与控制。

（3）对技术风险进行全面管理，严格执行产品技术状态基线更改制度，并对由于可靠性增长而引起的产品基线变化和可能的风险进行充分识别，对残余风险进行有效分析和确认。

（4）确定工程质量保证任务所需的各项资源，确保产品质量保证活动能够有效开展，产品质量满足合同要求。

（5）收集和汇总工程产品质量保证信息，编制产品质量保证信息报告。

工程质量管理保证评审点设置示例如下。

（1）项目技术状态基线确定。项目技术状态基线确定包括统一技术状态基线确定、可靠性增长基线确定、产品成熟度基线确定，形成专项分析报告，项目承研单位组织评审并形成结论性意见报项目办。

（2）项目开题评审。项目办制定项目开题工作要求，各单位落实项目开题工作，项目开题报告需通过各单位自评和项目办评审，项目办评审采取百分制评分方式,原则上 80 分以下不予通过。

(3)项目实施方案评审。项目办制定项目实施方案制定工作要求,各单位落实项目实施方案工作,项目实施方案报告需通过各单位自评和项目办评审,项目办评审采取百分制评分方式,原则上 80 分以下不予通过。

(4)长寿命高可靠试验验证方案评审。制定各项长寿命高可靠试验验证方案,由各单位组织评审;对涉及关键技术的试验方案,项目办组织专家参加,加速寿命试验、可靠性鉴定试验等。

(5)产品长寿命高可靠试验验证分析报告评审。制定产品长寿命高可靠试验验证矩阵,确定试验项目、试验大纲、试验子样,形成产品长寿命高可靠试验验证分析报告,试验验证分析报告由各单位组织评审,项目办组织专家参加。

(6)产品数据分析报告评审。开展产品飞行数据分析、产品关键特性数据分析和产品地面试验、测试数据分析,形成分析报告,由各单位组织评审,对关键产品、故障多发产品,项目办组织专家参加。

(7)产品规范评审。制定产品规范,由各单位组织评审和项目办确认。

(8)可靠性评估报告评审。开展产品、平台的可靠性评估,形成可靠性评估报告,并由各单位自评和项目办确认。

(9)成熟度评价报告评审。开展产品的成熟度评价,形成成熟度评价报告,并经各单位自评和项目办确认。

(10)项目中期评估报告评审。开展项目中期检查,各项目形成项目自评估报告,并经各单位自查和项目办确认。

(11)项目验收评审。编制项目工作总结、技术总结,组织项目资料审查和验收测试,项目通过各单位预验收、项目办验收、用户和相关方的验收;各级验收也可以合并组织。

(12)工程验收评审。编制工程工作总结、技术总结,并通过项目办验收、用户和相关方的验收。

4)工程奖惩制度

建立工程奖惩制度,以奖励为主,必要时也应该进行一定程度的惩罚。

(1)可靠性增长项目成果应用情况列入对项目承研单位的年中、年终综合评估。

(2)可靠性增长年度考核情况与下一年度经费拨款挂钩,未完成年度计划的项目,可靠性增长工程管理办公室在下年度拨款计划中,对相关研究内容经费,实施相应额度的延迟拨款和扣罚。

(3)根据项目中期检查和验收情况安排两次奖励,奖励形式有先进单位、先进项目组和先进个人表彰,以及一定的物质奖励。

（4）项目验收后,对项目技术成果进行评价,根据评价情况组织成果申报、相关奖项或专利的申请。

5.2.3.2　项目管理推进

航天器可靠性增长工程按工程阶段划分和实施流程建立项目管理推进机制,在每个阶段设置关键控制点加强控制。

1）项目管理流程

航天器可靠性增长工程包括规划(指南)编制、项目立项、项目实施、项目验收和项目成果固化等阶段和节点。

（1）规划(指南)编制。组织可靠性增长规划(指南)的编制和论证,论证工程的必要性,提出工程目标、研究内容、初步的技术途径以及具备的基础和保障条件,并开展综合论证,形成航天器可靠性增长规划(指南)草案,审批通过后,形成航天器可靠性增长规划(指南)。

（2）项目立项。列入航天器可靠性增长工程规划(指南)中的项目,可进行立项论证,并编制立项论证报告。成立由各专业领域专家组成的专家评审组,对立项论证报告中的项目必要性、项目目标、项目内容、项目实施途经、项目经费、项目成果等方面内容进行审查。

（3）项目实施。按工程总要求,制定项目实施方案,实施方案按照可靠性增长试验—分析—改进(TAAF)或者可靠性薄弱环节分析—改进—验证(WAFT)的迭代过程进行,并制定试验验证和分析评估方案,对产品可靠性是否得到增长进行验证确认;在项目方案中,必须制定项目技术流程和计划流程。

（4）项目验收。增长项目完成合同规定的全部研究内容和验收要求规定的验收材料后,进入项目验收程序。验收材料包括合同规定的验收文件和实施过程中应该形成的支撑性文件。验收文件主要包括可靠性增长项目技术总结报告、可靠性增长项目工作总结报告、文件资料清单(包括文件名称、完成单位、文件页数)、实物清单以及产品测试报告和规定的其他文件。支撑性文件一般包括可靠性增长项目实施方案报告,设计文件、工艺文件、试验文件(试验大纲、试验数据、试验报告等)和其他对研究内容提供支持的文件;完成研究成果应用前景评价,项目经费总决算和技术文件的归档等工作。项目办组织项目资料审查和技术指标的验收测试,对通过资料审查、验收测试审查的项目组织验收。

（5）项目成果固化。增长项目形成的产品成果纳入产品基线文件,进入产品基线系统和产品数据包;对项目形成并经验证的设计、工艺、试验规范指南等成果纳入各级标准化计划,进行标准的正式报批程序。可以通过举办成果展览、编制工程成果集、召开工程成果发布会等方式,推广工程成果。按项目成果推广应用计划,对后续应用型号进行跟踪。

2）项目控制方式

航天器可靠性增长工程通过制定实施方案、技术流程、计划流程等措施加强项目管理；对工程项目进行任务分解，形成工程 WBS，确定关键技术、加强关键节点控制等方法进行项目控制。

航天器可靠性增长工程里程碑阶段和关键控制点设置示例如图5.2.1所示。

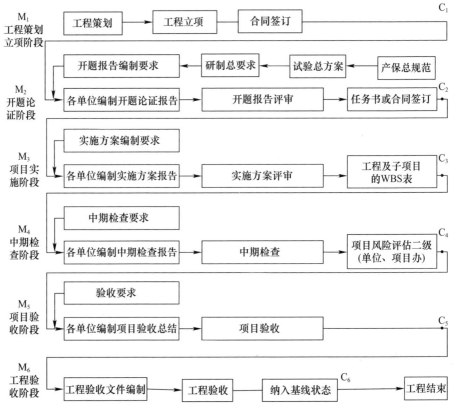

图 5.2.1　航天器可靠性增长工程里程碑阶段和关键控制点

关键控制点说明如下。

（1）关键控制点 C_1。

控制时机：合同签订阶段。

控制内容：对合同的目标、指标、任务进行分解，进行初步的可行性评估。一般包括以下几方面。

① 航天器平台可靠性指标达到寿命末期的定量值，航天器控制、推进、供配电、测控等关键分系统寿命末期可靠度达到的定量值；关键单机产品 MTBF 平均

提高的定量值。

② 航天器在发射场测试和在轨运行过程中的故障率下降的相对定量值。

③ 航天器平均在轨 MTBF 达到的绝对定量值。

控制措施:量化可靠性指标要求,并进行指标分解与落实,开展航天器平台可靠性评估和技术状态固化,通过建立平台、分系统、单机产品的可靠性评估体系和平台技术状态固化工作,将项目成果转化为工程成果,确保工程总目标的实现。

(2) 关键控制点 C_2。

控制时机:开题阶段。

控制内容:梳理系统、单机产品的可靠性现状、成熟度等级和应用型号情况,确定可靠性增长基线、成熟度提升基线和技术状态基线。

① 系统级项目。梳理系统在轨、在研发生的可靠性故障和问题,系统单点失效模式及故障预案,系统接口、时序验证试验等。

② 单机产品项目。梳理产品应用型号、同类不同规格产品情况;梳理产品验证试验覆盖性,包括空间环境验证试验、寿命验证试验、关键特性极限工况验证试验、摸底试验、拉偏试验等;梳理产品在轨在研发生的可靠性故障和问题,产品单点失效模式及冗余方式;梳理产品成熟度等级、飞行试验次数、飞行时间等。

③ 项目开题报告通过评审。

控制措施:充分策划项目开题的各项要求,在项目开题报告制定前,必须落实以下工作。

开展产品薄弱环节分析,并形成可靠性增长项目薄弱环节分析报告。

开展产品技术状态分析,并形成产品技术状态统一分析报告。

开展产品成熟度现状分析,并形成产品成熟度现状分析报告,包括产品飞行考核情况、地面试验验证情况、质量问题归零情况等。

开题报告应该反映产品统一技术状态基线,可靠性增长基线,产品成熟度提升基线的满足情况。

(3) 关键控制点 C_3。

控制时机:实施阶段。

控制内容:分析工程实施进度"短板"和技术"瓶颈",提出控制措施,确保工程按合同要求按计划、保质量完成。

① 任务分解确定所有项目的工程 WBS;制定项目年度考核计划,做好实施情况的监督考核,关键节点纳入工程考核包考核,保证工程按合同要求完成。

② 工程实施进度"短板":

试验子样的生产;

试验资源的保证。

③ 工程实施技术"瓶颈"。

关键技术 1:长寿命小子样可靠性评估技术。按电子类产品、机电类产品、活动部件类产品分类确定可靠性评估方法、可靠性评估数据收集要求;确定平台及控制、推进、供配电、测控等关键分系统可靠性评估要求。

关键技术 2:长寿命高可靠验证试验的覆盖性。按电子类、机电类、活动部件类、空间环境性能退化类,对产品分类确定长寿命高可靠验证试验矩阵。

关键技术 3:长寿命高可靠验证试验方法。验证试验边界条件的确定、失效判据确定、失效机理分析等;加速寿命试验方法、加速因子的确定等。

关键技术 4:结合产品 FMECA、产品验证试验结果,开展产品飞行数据分析、产品关键特性数据分析和产品地面试验、测试数据分析。

控制措施如下。

① 提前策划工程实施进度"短板"和技术"瓶颈"的控制措施,形成专项报告。

② 充分利用各方资源,解决试验子样开展试验验证。

工程试验子样生产、试验验证的基本流程如下:综合评估可靠性增长后产品技术状态的更改情况,以及改进后对验证试验的影响情况,提前做好试验策划,避免与型号任务发生冲突。

制定进度"短板"专项策划。

制定技术"瓶颈"专项策划。

(4) 关键控制点 C_4。

控制时机:中期检查阶段。

控制内容:开展现场中期检查。

① 严格按合同、任务书开展项目的中期检查,针对检查中发现需改进的问题提出待办事项,并跟踪落实。

② 对检查中发现与月报、季报不一致的情况,如属于故意隐瞒的,则进行通报。

③ 对由于不可抗拒原因,确需调整的内容,由各承研单位提出调整申请,由项目办审核会同应用型号用户方批准。

控制措施:项目办制定详细的中期检查要求,并分批、按年度组织中期检查,原则上确需调整的内容,各单位应提前在项目办中期检查时提出申请。

(5) 关键控制点 C_5。

控制时机:项目验收阶段。

控制内容:控制内容包括产品可靠性评估、产品成熟度评价专项验收和项目验收。

① 产品可靠性评估报告,平台可靠性评估报告,产品成熟度评价报告通过项目办、专业技术机构的专项审查。

② 项目资料审查、项目验收测试由项目办组织,应用型号用户方参加。

③ 项目通过项目办、应用型号用户方的验收。

控制措施:项目办制定项目验收工作验收要求,按要求、按程序做好各项验收工作。

(6) 关键控制点 C_6。

控制时机:工程验收阶段。

控制内容:控制内容包括项目财务审计,工程总验收。

① 各单位配合相关部分完成项目财务审计。

② 项目办完成工程工作总结、工程技术总结,通过应用型号用户方的验收。

控制措施:项目办制定项目验收工作要求,按要求、按程序做好各项验收工作。

3) 报告格式模板

在可靠性增长工程实施过程中,有一系列的输出文件,应该制定统一的要求和模板。

(1) 工程论证报告框架模板示例如下。

论证报告包括如下方面。

① 概述。

② 工程背景分析。

③ 工程必要性分析。

④ 工程指导思想和建设原则。

⑤ 工程总体思路和目标。

⑥ 工程任务使命。

⑦ 工程重点领域和项目安排。

⑧ 组织管理。

⑨ 预期效益。

(2) 立项论证报告模板及应该重点论述的内容示例如下。

① 项目必要性。对项目进行总体描述,阐述项目研究的背景、研究目的和意义等。对于涉及产品的项目应说明产品属性,如电了产品、光机电一体化产品等;产品特性,如关键产品、通用产品、型谱产品等,以及产品类型、产品工作原理、在航天器系统中的功能及后续应用需求。

② 现状和主要差距。分析产品或技术的当前发展现状,明确产品薄弱环节

和当前以及今后一段时间应达到的可靠性指标,分析对比国内外发展情况,描述与应用需求的差距等。

③ 研究目标。研究目标应该清晰、量化、可考核,明确对工程增长总目标的贡献等。

④ 主要技术指标。提出量化、可考核、可验证的功能性能指标;可靠性特征量指标、可靠性增长特征量指标等,产品规范和产品数据包的制定情况等。

⑤ 考核方式。明确验收考核方式,相应技术评定或专项技术审查的规定;对于涉及产品的项目,其产品功能性能指标应经过验证,可靠性指标应按规范形式开展评估。

⑥ 项目内容。逐一描述项目各项主要工作内容,项目内容应全面明确,并与项目目标相匹配。针对产品或技术需改进的薄弱环节,分别描述其可靠性提升工作的主要研究内容,其中产品项目除薄弱环节改进、试验验证外,应包含产品规范制定、产品数据包制备和产品技术状态固化,以及产品可靠性评估和产品成熟度评价等。

⑦ 增长途径。在增长途径中,应该明确技术和难点的解决途径和措施,说明项目实施结果的验证和评价方式,包括统一技术状态方面的途径和方法;航天器全寿命周期的薄弱环节识别、可靠性隐患改进和验证、工艺瓶颈等内容开展薄弱环节改进的途径和方法;环境适应性最大包络试验、寿命和可靠性考核试验、产品极限能力验证等内容开展试验验证的途径和方法;涉及具体产品的项目还应包含完善产品数据包;产品可靠性评估和产品成熟度评价方面的技术途径。

5.2.4 工程风险跟踪控制

航天器可靠性增长工程是一个高投入、高风险的专项工程,需要建立风险跟踪管理机制,对工程风险的发展情况进行跟踪观察,督促风险规避措施的实施。可靠性增长工程风险要素包括资源风险、技术风险、外协风险、进度风险等,对风险要素进行分解,资源风险还可以分为经费资源风险、人力资源风险、试验资源风险等子要素;技术风险的子要素极其复杂,与产品特性、增长特征量等都有关系;外协风险中又包含了技术、进度等风险要素。在航天器可靠性增长工程实施过程中,这些风险要素的作用是随机的,包括风险产生的随机性、风险发生和持续时间的随机性、风险持续时间内风险损失的随机性等,所以,需要建立有效的可靠性增长工程项目风险管理和控制机制。

5.2.4.1 工程风险控制方法

风险控制的过程包含了围绕风险的一系列活动,航天器可靠性增长工的风险跟踪控制,需要围绕航天器可靠性增长工程任务要求和约束条件,开展风险识别、风险分析、风险评估,有组织地制定风险控制策略和实施计划,降低航天器可靠性增长工程风险可能产生的不利影响,确保可靠性增长任务目标的实现。

传统的风险控制方法很多。如流程图法,绘制工程项目的总流程图和各分流程图,根据流程图对工程项目的各个环节逐项分析,找出潜在的风险因素,并采取必要的措施。如核查表法,建立工程项目风险核查表,包括项目内容、成本、质量、进度、合同、人力资源等所有的方面,通过对核查表的内容逐项核查,寻找项目中可能存在的风险因素,并进行风险分析和评估。这些风险控制方法在可靠性增长工程不同阶段的实施中都有采用。

航天器可靠性增长工程结合 WBS 项目管理方法,在 WBS 结构分解的基础上,引入风险控制措施,实施了风险结构矩阵(Risk Breakdown Matrix,RBM)的风险管控方法。WBS 的核心是对工程任务进行合理科学的分解,并确定每个工作单元的责任人、成本、进度、保障等内容。航天器可靠性增长工程 WBS 从横向和纵向两个方向上进行分解。

具体步骤示范如下。

在横向围绕工程任务、目标、内容进行逐级分解。

(1)将工程任务按应用领域分解成项目包,如通信卫星增长项目包、遥感卫星增长项目、共性基础增长项目包等。

(2)将每个项目包分解为多个项目,如动量轮可靠性增长、星敏感器可靠性增长、太阳翼基板可靠性增长等。

(3)根据不同项目情况,将在项目中按研究内容分解为多项工作内容,如设计、分析、评估、验证等。

在纵向按工程推进时序,分解为按时序排列的阶段划分和节点内容,并设置里程碑控制点。

(1)工程立项论证阶段,包括工程指南讨论发布,根据工程指南编制立项论证报告,一般会持续 1 - 2 年时间,以工程批复为结束。

(2)项目开题论证阶段,包括项目立项论证和项目开题,以项目开题报告通过评审归档为结束。

(3)项目合同签订阶段,包括项目合同编制、签订和归档。

(4)项目实施阶段,此阶段节点比较多,需要根据不同项目,制定不同的 WBS 分解表。

(5)工程验收阶段,包括项目验收、合同验收和工程验收。

最后将横向、纵向分解用图表示,形成 WBS 层次结构图,并建立 WBS 字典以及相应的文件。WBS 结构分解可以使工程项目各项工作之间的相互关系可视化展现,运用 WBS 构建风险因素的层级结构,并逐级深入到最基本的风险源,可以形成一个细微精准的风险分解结构,通过 WBS 中定义的里程碑事件开展项目资源、技术、进度和成本等风险因素的控制。

基于 WBS 分解法的工程项目风险结构矩阵 RBM,是在进行工程项目 WBS 分解时就进行工程项目风险识别,应用 WBS 分解的工程流程图、进度计划、费用计划以及人员计划,确定各工作单元的风险因素、风险可接受等级,以及风险管控责任人,从全局上减少风险发生的概率,做到既能把握工程的全局,又能深入到项目的具体细节。

在 WBS 分解过程中要遵循适度原则,不需要对工程工作进行无意义的细化,这样不仅会造成工作单元之间的不独立,还会耗费不必要的人力成本和时间成本,影响风险管理的有效性和效益。

基于 WBS 分解法的工程项目风险识别步骤如图 5.2.2 所示。

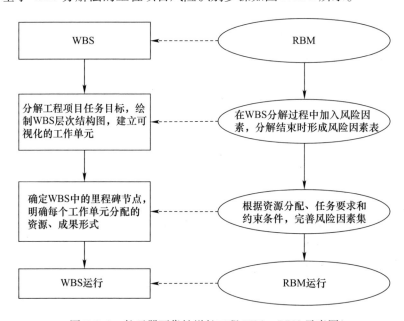

图 5.2.2　航天器可靠性增长工程 WBS – RBM 示意图

5.2.4.2　工程风险评价体系

建立航天器可靠性增长工程风险评价体系,从技术风险、资源风险、环境风险、进度风险、经费风险、质量风险、应用风险、外协风险等维度,从要素层、目标层、指标层、准则层,以及风险模式、风险原因、风险影响、危害度等层级构建工程风险评价体系的体系元素和层次关系,具体如表 5.2.1 所列。

表 5.2.1　航天器可靠性增长工程风险评价体系

要素层	目标层	指标层	准则层	风险模式	风险原因	风险影响	危害度
技术风险 R_{js}							
资源风险 R_{zy}							
环境风险 R_{hj}							
进度风险 R_{jd}							
经费风险 R_{jf}							
质量风险 R_{zl}							
应用风险 R_{yy}							
外协风险 R_{wx}							

（1）技术风险 R_{js}。可靠性增长技术风险,在目标层、指标层造成可靠性增长总目标实现风险,可靠性增长指标验证风险,在准则层造成产品技术状态、产品规范等固化风险。技术风险的风险模式、风险原因、风险影响、危害度等对应了项目研究的特定情景。下面以高危害度单点故障风险控制举例。

单点失效环节识别与控制是航天器研制和可靠性增长的重要工作,对航天器高价值复杂系统而言,要消除单点是不现实的,也是不必要的;仅仅对单点采取冗余备份是不经济的,也是不科学的。在航天器可靠性增长工程中,针对单点故障的改进措施的重点不是消除单点,而是彻底掌握其危害度,降低单点故障风险的不确定性;重点针对系统和单机的单点失效环节进行充分识别,在此基础上针对各环节制定有效的控制措施。针对单点故障的识别,应该注意以下几点。

① 单点故障识别一般采用 FMEA 和 FTA 方法,应该在两个层次进行。在设备单机层面,结合各个基本单元的故障及失效模式,自底向上开展 FMEA 分析,确定设备及单点故障项目;针对系统或分系统某项功能进行 FTA 分析和单点识别。在系统级结合系统工作模式,以各单机 FMEA 分析结果和 FTA 分析结果为基础,综合评价其对系统的影响程度。

② 对于航天器复杂大系统,应该"站在系统审视单机"识别单点故障模式;对系统、单机的单点失效分析必须针对特定功能表述,不能笼统地说是单点失效。

③ 对共因失效应该重点分析,必须消除采用了内部多通道冗余设计的单机产品,仍然存在单点失效风险的现象。

例如,二次电源模块采用双通道热备份设计,如果双通道采用一只共阴极二极管进行输出合成,此二极管和输出焊点就是整个模块的单点失效环节,如果简单地将此电源列入具备冗余功能,可能会遗漏单点环节。

例如,电源调控设备的升压式放电调节器(BDR)采用多通道并联输出设计,当某路没有输出或输出电压下降后不影响整机功能,但是如果输出控制没有采取过压保护设计,在某些故障模式下,会发生该通道输出电压升高,进而造成航天器一次母线输出电压升高,因此仍然存在单点失效风险。

技术风险是可靠性增长工程中最复杂的风险因素,其风险原因也是繁杂多端。

例如,航天器总体、分系统、设备在不同单位承担,在实施可靠性增长时,忽视了不同单位的技术储备等必备条件,造成技术成熟度不一致、固有可靠性不高。关键技术和解决途径考虑不细致,没有全面系统地考虑航天器各级产品在不同研制阶段的相关可靠性要素,关键技术攻关受阻;航天器任务、指标分配没有在系统设计优化、综合权衡的基础上进行,对各分系统和设备的分配存在不合理。接口设计涉及多个方面、多种专业、多类人员、多个单位,缺乏协商或协商不够,造成接口设计薄弱环节。可生产性设计重视不够,产品设计的可生产性不好,设计人员喜好"创新",追求高性能指标,但忽视实际工艺、材料水平,导致"好"的设计思想在生产中难以实现。可检测性设计没有考虑,产品设计对可测性考虑不多;或者考虑了可测试性但影响了产品的其他性能;或者考虑了产品单独状态的可测试性,未考虑组成系统后配合整体进行测试的可行性。

上述各种情况都会带来技术风险。

下面简单介绍其他类风险因素。

(2)资源风险 R_{zy}。如人员、设备等资源不能及时到位,或者配备的人员、设备不能满足工程需求等带来的风险。分析资源风险时,要考虑价值均衡。

(3)环境风险 R_{hj}。大型复杂工程实施时间长,工程涉及领域、行业、专业面宽,会存在人文环境、自然环境和社会环境等各种环境风险的影响,如社会环境影响造成供应链受阻等,有些风险原因还是不可抗拒的,需要做好风险对策。

(4)进度风险 R_{jd}。各种因素都会造成进度风险,如负责可靠性增长的技术人员也是型号研制人员,任务冲突,存在进度风险;如部分产品的试验任务量大,全部子样由工程解决存在经费的不足,部分试验子样需通过型号签定件等渠道落实,受型号进度的牵制,存在进度风险;部分产品中的部分试验周期较长,会与型号发生试验资源利用的冲突,存在进度风险。

(5)经费风险 R_{jf}。经费风险也有多种情况,如预算不合理,造成工程后期经费紧张;如供应链环节中的价格变化,造成原来的预算不能满足工程需求;如技术风险带来的技术方案改变、工程延期等,造成经费的额外增加。

(6)质量风险 R_{zl}。实施增长的产品发生质量问题,如试验样件、工程样机的研制发生了增长工作以外的质量问题,特别要强调是质量问题而非可靠性问题,如果是可靠性问题,则应该纳入可靠性增长的研究内容,但质量问题是研究内容之外的,如低层次的质量问题。

(7) 应用风险 R_{yy}。可靠性增长工程是按规划(指南)开展立项工作,由于立项与规划(指南)的延迟效应,立项项目有可能不能全部代表应用的当前所需。航天器是由几百上千台单机产品、模块,成千上万个元器件组成的复杂大系统,每个产品都要实施可靠性增长是不现实和不科学的;无原则地选择部分产品开展可靠性增长,更是不足以保证航天器任务成功。

(8) 外协风险 R_{wx}。外协单位发生的技术、进度、质量等风险,都应该纳入外协风险。

总之,在工程立项和方案时,对可行性、现实性、继承性、先进性、工艺性、经济性、关键技术、研制周期、研制费用等论证要充分、系统、细致,否则,会诱发工程实施中的各种风险因素。

航天器可靠性增长工程借鉴了国外卫星可靠性增长工程经验,探索形成了具有航天器特色的工程技术方法、工程管理模式和工程成果应用。实践证明,航天器可靠性增长工程的策略和推进机制,符合我国航天型号研制和发展过程的实际需要,符合复杂系统可靠性增长的客观规律。

可靠性增长工程被赋予"航天产品的生命工程"。

第 6 章

航天器可靠性增长工程实施和应用机制

航天器可靠性增长工程由相互关联的一系列活动组成,包括确定工程实施对象、确定工程增长目标、制定工程实施方案、聚焦工程实施重点、落实工程实施保障、明确工程成果应用等。本章介绍航天器可靠性增长工程各项活动的主要思路、方法、程序和要求。

▌ 6.1　确定工程实施对象

航天器可靠性增长工程的实施对象一般包括航天器各层级产品和航天器可靠性共性技术。

6.1.1　航天器产品

航天器系统由多层级、数百台至数千台产品组成,在确定开展可靠性增长的航天器各层级产品时,应该综合考虑航天器任务规划、航天器配套产品体系,航天器产品的技术成熟度和制造成熟度,以及航天器各级产品的使用信息、故障信息、归零信息等。由于航天器系统工程所具有的特点,航天器可靠性增长工程要权衡重点和全面的关系,根据工程实施策略,既要在选择增长对象时面向航天器全寿命、全过程和全系统,又要在每一次的工程实施中,提炼并严格保证可靠性增长的实施重点。如果只强调全面,不突出重点,可靠性增长工程的实施会显得"杯水车薪"。

在确定开展可靠性增长的产品时,还应该梳理各层级产品的可靠性传递关系。航天器包含了系统、分系统、单机、部件不同层级,系统、分系统可靠性的实现需要单机产品可靠性的保证;航天器产品可靠性增长,既应突出底层产品可靠性提升的实现和控制,又要从系统审视增长的效果,确保各层级产品可靠性增长活动对系统可靠性增长的贡献度。

可靠性增长工程确定增长对象和范围的一般步骤示例如图 6.1.1 所示。

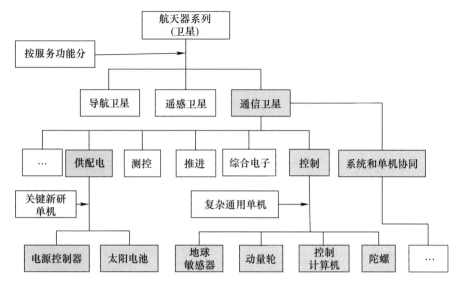

图 6.1.1　确定可靠性增长工程对象(示例)

1. 确定实施可靠性增长工程的航天器系列

航天器包括不同的系列,如卫星系列、飞船系列、深空探测系列等,应该分系列开展可靠性增长工程。要根据航天器当前的可靠性水平,未来一段时间的任务需求、发展规划和后期部署,确定开展可靠性增长的航天器系列,如可以选择卫星系列开展可靠性增长工程。有时一个航天器系列需要持续不断地实施可靠性增长工程,所以已经开展过可靠性增长的系列,也可以继续实施可靠性增长,逐步提高、螺旋上升。

2. 确定航天器系统级增长对象

确定了卫星系列的可靠性增长工程,范围仍然是极其广泛的。卫星类别繁多,功能和特性都有不同,如果没有明确的约束范围,则整个工程只能提出定性的可靠性增长要求和单个项目的定量目标,因为很难定量验证工程增长目标,或者需要大量的经费才能取得明显的增长效果。

因此,应该按卫星的不同特性,分类开展可靠性增长工程。可以根据需要选择分类方法。

(1) 按卫星的服务功能可以分为通信卫星、遥感卫星、导航卫星等。

(2) 按卫星运行轨道可以分为高轨卫星、低轨卫星等。

(3) 按卫星的设计寿命可以分为 15 年以上的长寿命卫星、8 ~ 10 年的中长寿命卫星、3 ~ 5 年的中低寿命卫星等。

(4) 按卫星的重量可以分为大卫星、中小卫星、微小卫星等。

（5）按卫星平台可以分为遥感卫星平台、通信卫星平台等。

综合以上各类，可以比较具体地确定可靠性增长工程的系统级增长对象。

例如，以某通信卫星平台为可靠性增长工程对象。该卫星平台已经有一定数量的卫星在轨运行，其功能、性能、可靠性、寿命要求都是确定的，其后续的任务需求也是可以预期的，对其开展可靠性增长，可以明确确定当前的技术状态和满足后续需求的增长目标。

例如，以某一首发卫星型号为可靠性增长工程对象。首发星成熟度较低，如果存在可靠性技术"短板"时，可以直接针对"短板"开展可靠性增长，"短平快"地解决问题，实现整星可靠性的增长，提升后续卫星的可靠性水平。

例如，以微小卫星为可靠性增长工程对象。微小卫星以其小、快、廉等优势，在地质勘探、环境监测等领域有较高的应用价值。但微小卫星商业器件应用多，实行去平台化设计，需要针对产品设计与验证、接口与状态控制、可靠性与产品保证以及 COTS 技术的货架应用等可能存在隐患的方面，开展可靠性增长和验证。

3. 确定航天器分系统增长对象

航天器有十多个不同功能的分系统，如供配电、控制、推进、测控、数管、热控等分系统，以及载荷分系统等。不同的航天器，其分系统的构成和性能有所不同，但关键分系统的功能是基本一致的。根据可靠性增长工程的系统目的和任务，确定需要开展增长的关键分系统。

例如，卫星供配电分系统的安全隐患、推进分系统的单点故障、测控分系统的链路中断、控制分系统的容错纠错能力、结构机构分系统的活动部件损耗等，都是决定任务成败的关键点，所以这些分系统也是航天器可靠性增长工程的首选分系统。

4. 确定航天器单机产品增长对象

航天器的单机产品数量极其庞大，一个大型复杂的航天器系统往往由几千台单机设备组成。航天器单机产品的分类也繁多，按产品固有属性分类，典型的有以下几种：电子类产品、机械类产品、机构类产品、机电类和光机电一体产品等。按产品应用属性或延伸属性分类，则可以将产品分为以下几种。

（1）关键产品。按产品功能性能和在系统中履行的责任作用确定，一般影响任务成败和系统效能。

（2）通用产品。能适用于多种航天器、多个型号的产品，在一定的范围内具有通用性。

（3）成熟产品。已经经历了多次飞行任务考核的产品，一般至少是两次以上考核，时间超过寿命周期的50%。

（4）新研产品。与成熟产品相对应,一般指在第一个"V"研制阶段的产品,未执行过飞行任务,继承性较少,存在涉及产品关键特性的新技术。

（5）产品化产品。纳入产品型谱的、按产品化程序要求开展研制的产品。随着航天产品化工作的不断推进,一般通用产品绝大多数已列入产品型谱。

（6）问题多发产品。产品在轨发生两次以上故障或问题的产品。

在可靠性增长工程中,问题多发产品是可靠性增长的首选对象;另外,应该选择关键产品、通用产品与其他类别的迭代产品,如关键通用产品、关键新研产品、复杂通用产品等。

例如,电子类关键通用产品可靠性增长。航天器配置的关键电子类产品很多,经常开展可靠性增长的有星载计算机类产品,包括控制计算机、数管计算机等;星载供电配电类产品,包括 DC/DC 电源模块、电源控制器及其他二次电源等。

例如,机电类复杂通用产品可靠性增长。航天器控制分系统的多数单机产品,都是机电类或光机电一体的复杂产品。如红外地球敏感器、动量轮、陀螺、星敏感器等,也是重要的可靠性增长对象。

5. 航天器系统和单机协同开展

航天器可靠性增长工程,除了在系统、分系统、单机各层级开展可靠性增长工作外,还应该采取系统工程的思路,贯穿单机和系统间的层级,协同开展可靠性增长和增长措施的应用验证。

例如,空间产品单粒子翻转(SEU)会造成设备功能故障,影响产品的性能和可靠性,需要在设备和系统同时采取单粒子防护设计措施,实施可靠性增长。在单机产品层面,一般需要对采用了基于 SRAM 型和反熔丝型的 FPGA、静态存储器、控制寄存器等 SEU 敏感器件的产品,采取自主纠检错措施,或者采用三模冗余方式进行三取二表决输出措施;在系统设计中,由卫星总体根据星上各设备具体功能状态,包括单粒子防护措施的完备性、工作模式、故障影响度等,利用星务管理分系统的测控管理资源和能力,在系统层面采取针对性的应对措施。

6.1.2　航天器共性技术

航天器共性技术的可靠性增长,是针对航天器共性技术存在的问题或差距,开展共性技术研究,成果应用于航天器产品,并结合产品开展优化设计、工艺改进和试验验证。航天器共性技术包括共性器件、共性材料的航天器工程应用技术,以及可靠性专业技术的可靠性增长等。

元器件原材料是组成航天器的最基本单元,其性能和可靠性水平直接影响到航天器在轨的可靠性和寿命。器件和材料的保证技术是航天器技术保证体系的重要组成部分,包含航天器用元器件原材料的选用复验、筛选试验、储存验证、失效分析、应用研究等,特别是长期储存后器件和材料的可靠性验证,需要针对型号任务的实际需求开展相关研究。开展航天器元器件、原材料保证技术的研究,有助于摸清器件材料在轨服役的可靠性规律、提高规避和控制风险的能力,是航天器可靠性增长工程中的重要部分。

共性器件的可靠性增长是指针对器件的可靠性应用,开展可靠性增长。

例如,CMOS 器件抗锁定设计措施、航天器产品在轨单粒子效应研究等。以单粒子锁定(SEL)控制技术为例,研究发生 SEL 对器件造成永久性损坏的安全底线,确定 CMOS 器件抗锁定措施,应用于相关单机产品进行验证,并形成相应的规范和指南。从共性技术可以开展 SEL 的可靠性增长研究,从单机和系统层面也可以开展针对 SEL 的可靠性增长,两者的成果有所不同,共性技术的可靠性增长成果是经过验证的规范或标准,单机和系统的可靠性增长成果是经过增长后的产品。

共性材料的可靠性增长是指针对材料的可靠性应用,开展可靠性增长。

例如,天线材料空间环境性能退化规律与可靠性增长研究。分析航天器关键材料的受力方式及蠕变形式,分析不同蠕变变形模式下的失效风险,建立典型材料蠕变变形、应力松弛、蠕变 - 热疲劳和蠕变 - 疲劳裂纹扩展等参数变量的评价方法,系统开展蠕变形变量、稳态蠕变速率、松弛蠕变速率等参数的测试试验,开展材料空间服役寿命的预测,并应用于不同的天线产品进行验证,必要时,应该覆盖应用此材料的所有航天器产品,并形成设计要求、试验标准、数据库等。

专业技术的可靠性增长。在航天器可靠性增长工程中,涉及很多可靠性或与可靠性相关的专业技术,应用比较广泛的有故障诊断控制技术、高加速寿命试验技术、可靠性评估技术等,专业可靠性技术的先行发展,可以为可靠性增长工程成功实施保驾护航。在前面章节中,从工具或方法维度介绍过故障诊断控制专业技术和高加速寿命试验技术,本节从确定增长对象的维度介绍,在第 7 章有参考实例,以形成完整的方法链。

例如,开展故障诊断控制专业技术可靠性增长研究,这是结合测试性开展可靠性增长的关键技术。开展故障征兆辨识、建立故障预测模型、构建参数与指标体系;开展健康管理策略及方法等技术研究和应用,建立航天器产品故障预测与健康管理方法体系;突破基于状态数据、故障数据等多层次异源数据融合学习技术,多工作模式、多任务状态下的健康评估等关键技术,形成航天器典型产品的故障预测与健康管理技术仿真验证能力,将故障诊断控制专业技术研究成果,在航天器系统中进行应用和验证,提升航天器的任务可靠性,实现可靠性增长。

例如,开展不同属性产品的高加速寿命试验方法研究。高加速寿命试验通过加大应力激发故障，并以此开展可靠性增长。但高加速施加的强应力不能改变产品的失效机理，如果高加速应力导致了超出实际使用极限的失效机理，会误导可靠性增长的优化改进措施。所以需要开展高加速寿命试验技术研究，分析产品在极限应力环境下的故障模式和失效机理，确定环境应力大小与故障模式、失效机理之间的关系，设计试验剖面、确定试验条件。高加速寿命试验方法的研究成果，可以为可靠性增长工程中，高加速寿命试验的运用提供技术保证。

6.2 明确工程增长目标

航天器可靠性增长工程目标是由工程总目标、系统级分目标以及所有实施对象的子目标组成的目标体系，有定性目标也有定量目标，对定性目标应该进行分析评价，对定量目标要进行量化验证或评估。如果可靠性增长工程仅仅针对单个航天器系统开展，则系统级目标就是工程目标；如果可靠性增长工程针对多个航天器系统开展，则应该分别确定不同航天器系统的可靠性增长系统级目标，其集合组成工程目标。

6.2.1 工程目标体系

建立航天器可靠性增长工程目标体系。航天器可靠性增长工程目标是由系统级增长目标、分系统增长目标、单机产品增长目标等组成的，是一多维度、多层次的可靠性增长目标体系，应该包括整个工程的可靠性增长特征量指标体系和可靠性特征量指标体系。可靠性增长工程包含了不同层级的若干增长对象，不同层级对象增长目标的表述方式可以是不同的，但都应该是围绕增长工程总目标的实现开展可靠性增长工作。

1. 系统和分系统增长目标

系统级可靠性增长目标的输入是航天器的任务需求，任务需求中一般包括功能性能要求和可靠性要求两部分，不能独立和分割地看待这两部分。根据任务使命，梳理任务剖面，提出合理具体的系统级增长顶层目标和指标，并逐层分解到分系统和单机产品，系统级合同规定的可靠性特征量的规定值，是可靠性增长活动首先要达到的定量增长目标值。

例如，卫星可靠性增长目标体系示例。按照卫星系列、卫星平台、分系统、单机产品 4 个层次建立的可靠性增长目标体系；基于任务目标，从功能实现、任务保障、目标传递等不同的维度，确定各级可靠性增长目标，如图 6.2.1 所示。

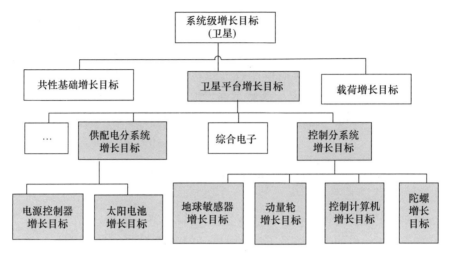

图 6.2.1　卫星可靠性增长目标体系(示例)

分系统级增长目标与系统级增长目标相互关联和制约,应该依据系统级增长目标的分配值确定,并且根据分系统开展可靠性增长的内容,增加反映此分系统特性的增长目标。如控制分系统 MTBF 从 800 天增长到 1000 天以上,如推进分系统 I 级严重性等级单点故障减少 50% 等。

在可靠性增长工程中,可以提出以可靠性为中心的维修性、保障性和测试性等通用质量特性综合指标,以补充丰富可靠性增长指标体系,更加合理地反映产品冗余设计、裕度设计以及产品的故障预测和在轨健康管理等可靠性设计水平。

2. 单机级产品增长目标

单机级增长目标应该与分系统级增长目标相互关联和制约。针对产品的可靠性增长时,除了定性增长目标外,必须有定量的增长目标度量。一个产品实施可靠性增长时,往往是通过某项可靠性技术的改进,达到一个或多个可靠性特征量的增长,进而实现产品的可靠性增长。产品可靠性的定量要求是通过可靠性参数指标来实现的,单机产品属性不同,不同产品所选择的可靠性参数不尽相同,不同可靠性参数所反映的内容也是各有所侧重,增长目标和增长特征量指标相对复杂,如电子产品用失效率、机构产品用耗损强度等。在可靠性增长工程中,所有单机产品的可靠性参数应该属于一个完整的可靠性参数体系,可靠性参数体系应该能够反映航天器可靠性增长的目标实现程度。

3. 共性技术增长目标

针对可靠性共性技术的可靠性增长,一般用定性的增长目标,此共性技术目标的实现,能体现对工程目标实现的贡献。

　　航天器可靠性增长目标可以由航天器的使用方从应用的角度提出,与设计方协商确定,也可以由设计方提出。由使用方提出的可靠性增长活动,主要增长的是产品的固有可靠性和任务可靠性;由设计方提出的可靠性增长活动,首先应该增长的是产品的基本可靠性和固有可靠性,然后是提升产品的使用可靠性。无论是哪种可靠性的增长,都应该进一步延伸为产品的可用性和综合效能,以支撑航天器的完好性和任务成功性。

　　可靠性增长工程定量目标选择的参数应该兼顾到设计方和使用方,如航天器平台 15 年寿命末期可靠度从 0.902 增长到 0.912,置信度为 0.8,这样 0.01 的增长量,对于设计方代表了一个新的可靠性水平,但对于使用方是没有太大意义的。对于使用方,使用平均故障间隔时间从 800 天增长到 1000 天以上,或者使用任务成功率、累积故障率等指标,可能有更加直接的意义。

　　通过修理、备份切机、软件上注等措施,可以提升产品的任务可靠性,但这些措施不属于可靠性增长的范畴,在可靠性增长工程中,不应该将其故障率的降低纳入对可靠性增长目标值的统计。

6.2.2　目标权衡因素

　　航天器可靠性增长工程目标的确定,既要考虑航天器的任务需求,也要考虑受工程资源、工程时间和所处研制阶段的限制,应统筹考虑目前及今后一段时间的综合条件和需求,权衡确定航天器可靠性增长工程的目标体系,保证增长工程目标分解的可实现性和可接受的综合效费比。

　　1. 不同研制阶段

　　在工程合同中,一般应该规定了可靠性指标的目标值或规定值和最低可接收值,其含义是代表了系统和产品不同时期的可靠性水平。多数情况下,这些指标是分阶段达到的,因为在产品研制的初期,无论是从产品的性能参数还是产品可靠性评价数据,产品可靠性不可能直接达到所希望的指标,必须经过不同的可靠性增长过程。规定值和最低可接收值的关系,因系统或产品的复杂度、技术成熟度等因素的不同而异,对于新研制的、复杂的、高技术的产品,其第一个"V"的最低可接收值一般为成熟期规定值的 50% 左右;对于继承性较高、采用新技术比例较小的产品,其第一个"V"的最低可接收值应该能达到成熟期规定值的90% 左右。

　　2. 不同增长对象

　　航天器系统可靠性指标是通过逐级分配实现的,即将系统的可靠性目标按照一定的原则和方法,分配给构成系统的不同组成部分。在可靠性增长工程中,也需要对可靠性增长目标(包括指标)进行分配,可靠性增长目标和指标的分配应该在初步掌握分系统和设备可靠性预估值和可靠性潜在增长能力的基础上开展。由系统将可靠性增长目标分配给各分系统,分系统根据要求和实际需要,将分系统指标分配到各设备、部件以及更低的层次,使航天器各层次产品都有明确的可靠性增长目标,并以此确定可靠性设计优化要求,通过努力实现分配值,最终保证系统可靠性增长目标要求的实现。

在可靠性增长目标(指标)的分配中,应该注意以下几方面。

(1)应该根据系统的复杂程度和产品的重要度,权衡可靠性增长目标的分配值。

(2)应该将可靠性增长的目标要求分成若干个等级,等级越高,分配的可靠性越高。

(3)单机产品可靠性增长过程存在优化改进风险,需要考虑的有技术风险和资源风险等;单机产品可靠性增长目标的验证存在不确定性,要统筹单机、分系统和系统的可靠性增长目标的分层次迭代验证。

可靠性增长工程的目标是从上往下确定,首先确定系统可靠性增长目标,并依次确定分系统增长目标、单机产品增长目标;可靠性增长工程的实施是从下往上推进,从单机产品的可靠性增长开始逐级实施可靠性增长,以保证系统的可靠性增长目标的实现。系统目标可以分解到系统、分系统和单机,反之,工程增长总目标需要系统、分系统和单机目标的支撑,以及共性技术目标的贡献。

■ 6.3 制定工程总体方案

航天器可靠性增长工程总体方案应该针对可靠性增长的全部活动要求和活动内容,具体有工程背景、指导思想、工程目标、立项原则、实施途径、实施计划、成果应用和预期效益等。

6.3.1 分析工程立项背景

航天器型号工程是航天器可靠性增长工程的立项背景,应该根据背景工程的基本情况,通过航天器技术风险分析,针对与可靠性有关的技术风险点开展可靠性增长。分析航天器在研制、试验、发射和在轨运行过程中发生的故障和可靠性问题;分析航天器各级产品的可靠性薄弱环节;分析航天器系统效能与任务成功的差距或隐患,这是可靠性增长工程立项和实施的必要输入。

航天器可靠性增长工程背景分析示例如下。

1. 通信卫星平台增长工程背景分析

卫星平台采用了综合电子、电推进、高效热控、锂离子蓄电池、FDIR 等新技术,服务寿命 15 年,在平台研制过程中,开展了可靠性增长工程。工程背景分析如下。

（1）综合电子系统提高了电子产品的集成度,减轻了重量,但复杂集成电路的应用,给整星可靠性带来了隐患,如更复杂的数据管理系统,存在数据访问冲突与硬件接口时序问题;电接口关键参数的裕度不足,会出现时序竞争问题。

（2）卫星平台系统庞大,配套用电单机数量多,状态复杂,供电接口电缆分散,存在供电链路安全隐患。

（3）在分系统级实现故障复现和恢复方法验证的能力不足,能源管理软件的在轨故障诊断和重组能力较为有限。

（4）采用了锂离子蓄电池,与氢镍蓄电池相比,在轨充放电控制方法不同,需要进行均衡管理;离子电推进等关键单机无可靠性摸底数据;舱外电缆线束复杂、数量多,需要长期承受恶劣空间环境的考验,在当时的国内高轨长寿命卫星尚无飞行经历,存在缺乏空间环境适应性验证与飞行验证的问题。

平台后期应用存在的可靠性薄弱环节有以下两点。

（1）针对影响整星成败的系统级可靠性薄弱环节、单点故障,所采取的故障隔离及抗故障扩散技术未经充分验证。

（2）航天器单机数量大幅度增加,研制模式从多品种、单件或少量单机生产模式向多品种量产模式过渡,存在保证多品种量产可靠性指标在线检测与评估等问题。

2. 微小卫星增长工程背景分析

微小卫星由于其重量轻、成本低、研制周期短等优点,得到广泛应用,在微小卫星研制初期实施可靠性增长时,当时的工程背景分析如下。

（1）卫星总体设计存在原理性缺陷,如供配电安全性、COST 器件的抗空间环境适应能力、卫星动力学特性等。

（2）整星电磁兼容性设计与分析技术研究不够,对星上干扰源、耦合路径以及敏感设备的特性认识不足。

（3）整星陀螺、动量轮等关键设备的地面试验载荷量级设计不够合理,随机振动、冲击载荷等试验没有体现微小卫星特点。

（4）整星姿轨控系统在轨维护的安全性设计不够,自主健康管理能力不足,影响卫星在轨稳定可靠运行。

（5）故障预案与应急措施存在考虑不完善、验证不充分的问题,可靠性基础数据库亟待建设等。

这些不足有可能带来可靠性设计缺陷,并埋下故障隐患,影响到卫星系统的可靠性。另外,随着微小卫星研制效率、承载能力的不断提升,也可能会带来新的可靠性问题。

6.3.2　明确工程任务要求

在工程背景分析、工程总体思路迭代凝聚的基础上,形成航天器可靠性增长工程指导思想,提出工程总的要求和实施方向,一般需要覆盖航天器各个层级内容。在5.1.2节中,介绍了航天器可靠性增长工程全系统分析、全要素覆盖、全寿命验证的总体策略,本节介绍其任务要求。

6.3.2.1　全寿命周期的增长任务要求

航天器产品的全寿命周期分成5个阶段:立项论证阶段、方案设计阶段、初样研制阶段、正样生产阶段和在轨运行阶段。在每一个阶段中开展的可靠性活动,都有助于产品的可靠性增长,都是可靠性增长工程的一项活动。航天器可靠性增长活动可以跨越多个阶段,起点可前伸到工程研制阶段的早期,终点可以后延到在轨运行的使用阶段前期。在产品全寿命周期的不同阶段,可靠性增长活动任务要求有所不同,如图6.3.1所示。

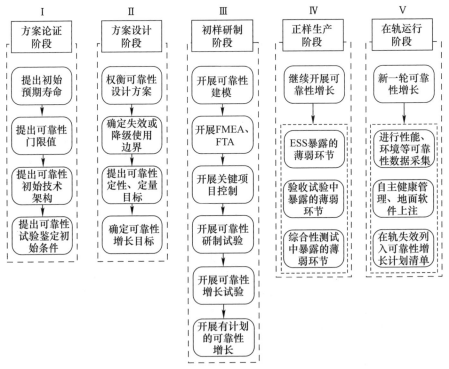

图6.3.1　航天器产品全寿命周期可靠性增长活动

1）立项论证阶段的可靠性增长活动

论证阶段主要完成任务需求的转化、技术指标的科学性论证等,与可靠性增长工程有关的活动有以下几种。

（1）根据任务需求、功能需求,提出系统可靠性初始技术架构和初始工程设计。

（2）根据系统性能要求、专用和通用质量特性要求,提出系统预期寿命的初始目标。

（3）进行继承性分析、相似产品在轨数据分析,预计或评估系统初始可靠性,提出系统可达到的可靠性门限值。

（4）分析系统的任务剖面和寿命剖面,如产品工作条件与环境条件的时间序列与量级,提出系统可靠性验收试验、可靠性鉴定试验的初始条件。

2）方案设计阶段的可靠性增长活动

方案阶段要完成系统技术架构和工程设计确定、产品功能确认、技术方案可行性论证等。与可靠性增长工程有关的活动有以下几种。

（1）根据设计约束确定设计边界条件,权衡可靠性设计方案。

（2）确定系统的致命失效、性能退化或运行异常定义,确定可接受的失效或降级使用边界。

（3）提出定量、定性的可靠性目标,制定可靠性设计准则要求,确定可靠性工作项目和工作要求。

（4）确定产品的可靠性增长目标,制定可靠性增长策略,确保实现可靠性目标值。

3）初样研制阶段的可靠性增长活动

有计划的可靠性增长工程是从初样研制阶段开始的。在初样阶段可以识别和改进在方案论证和设计阶段的可靠性活动中,尚未识别的产品失效模式,实施定量的产品可靠性增长。初样研制阶段要完成技术设计与实现、工程样机研制和试验验证等,初样研制阶段通过可靠性分析、可靠性试验发现设计中的缺陷或隐患,进行有计划的设计改进,使产品的可靠性获得增长。本阶段可靠性增长活动有以下几种。

（1）建立系统的基本可靠性模型和任务可靠性模型。基本可靠性模型是记录产品及其组成单元发生所有失效的一种可靠性模型,储备单元越多,系统的基本可靠性越低。任务可靠性模型是度量工作有效性的一种可靠性模型,系统中储备单元越多,则其任务可靠性越高。围绕可靠性的目标值,开展基本可靠性与任务可靠性之间的权衡设计,也是产品的可靠性增长过程。

（2）在初样研制过程中,开展 FMEA、FTA,分析失效模式及其失效原因和失效危害性,评估各个失效模式和失效原因的严酷程度,识别与消除失效模式和失效影响,实施优化设计,实现可靠性增长。

(3)实施关键项目控制、技术风险控制,定量确定关键项目各种失效发生的概率,将影响可靠性目标实现的产品和技术,纳入可靠性增长计划,实施可靠性增长。

(4)开展可靠性研制试验,实施试验—分析—改进的过程,实现产品研制阶段的可靠性增长。

(5)有计划地开展可靠性增长试验,针对可靠性目标值的实现差距,各种试验中暴露的问题,以及在其他可靠性活动中尚未识别的产品失效模式,实施定量的产品可靠性增长。

4)正样生产阶段的可靠性增长工程活动

正样生产阶段进行产品的重复生产,工艺稳定性、一致性的考核和检验,开展环境应力筛选、综合性测试和验收试验等。正样研制阶段通过可靠性测试和试验发现生产中的缺陷或隐患,进行有计划的改进,使产品的可靠性获得增长。验收试验条件一般不是产品的实际环境条件或模拟实际环境,所以试验的结果不能被用来做定量的可靠性增长估计,但识别的失效模式和可靠性问题,可以纳入改进措施清单,纳入定性可靠性增长过程或可靠性增长管理计划。本阶段可靠性增长工程活动有以下几种。

(1)针对环境应力筛选中暴露的薄弱环节,进行工艺优化改进,提升产品的使用可靠性。

(2)针对产品验收试验中暴露出的产品薄弱环节,实施设计改进优化,提升产品的固有可靠性。

(3)针对综合性测试中暴露的系统和产品在规定工作环境条件下的薄弱环节,进行系统优化,提升系统可靠性。

5)在轨运行阶段的可靠性增长工程活动

在轨运行阶段的产品实施使用环境考核、使用寿命和可靠性的验证,在轨运行状态管理等,利用在轨飞行产品信息,根据现役相同产品、相似系统的使用信息、经验数据,进行可靠性分析评估,指导后续产品的可靠性设计改进,实现可靠性增长。该阶段的可靠性增长工程活动有以下几种。

(1)通过航天器自主健康管理、软件上注等方式,完善产品的运行方式,提升航天器的使用可靠性。

(2)进行性能、环境、可靠性等数据的采集,为下一代产品可靠性增长提供信息输入。

(3)开展在轨运行状态管理,制定在轨重要故障预案、在轨故障处置流程,将产品在轨发生的失效、可靠性问题列入可靠性增长计划清单,针对故障模式,在地面开展可靠性增长,应用于后续航天器产品,实现航天器系列产品的可靠性增长。

6.3.2.2 各层次产品的增长任务要求

航天器的构成复杂,一般分为 5 个层次:系统(如整星、整船)、平台(如卫星平台)、分系统、单机、部组件,如图 6.3.2 所示。

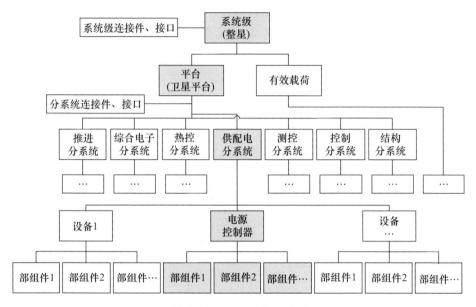

图 6.3.2 卫星结构分级图

不同航天器功能不同,结构组成也有区别,以载人飞船为例,载人飞船平台由轨道舱、返回舱、推进舱三舱组成,共包括 14 个分系统:结构与机构分系统,电源分系统,总体电路分系统,数据管理分系统,测控与通信分系统,制导导航与控制分系统,推进分系统,热控分系统,仪表与照明分系统,应急救生分系统,环境控制与生命保障分系统,乘员分系统,对接机构分系统和回收与着陆分系统。航天器可靠性增长工程必须覆盖航天器各层次结构,在每一个层次都开展相应的可靠性增长活动。

航天器系统、分系统和单机等不同层次的产品,在航天器全寿命周期的 5 个不同阶段,开展的可靠性增长活动有不同的侧重。以下将分别对单机产品、分系统和系统的可靠性增长活动进行介绍。

1)单机产品可靠性增长任务要求

在航天器可靠性增长工程中,一般情况下,单机产品是可靠性增长的最基本单元,其可靠性增长活动具体围绕以下方面开展。

（1）通过产品的任务功能分析,如使用环境、任务剖面分析,针对产品的可靠性目标值,实施可靠性增长。

（2）通过产品的风险控制,如新技术、新流程分析,针对低技术成熟度、制造成熟度的产品,实施可靠性增长。

（3）通过产品可靠性设计分析,如 FMEA、FTA、最坏情况分析（WCA）等,识别产品的可靠性薄弱环节,实施可靠性增长。

（4）通过产品的关键特性分析、关键项目分析,发现产品的设计和工艺缺陷,实施可靠性增长。

（5）通过产品研制试验,结合产品的设计验证试验和鉴定试验,利用综合试验信息,实现产品的可靠性增长。

2）分系统级可靠性增长任务要求

根据不同分系统的功能和结构特点,在分系统层面开展有针对性的可靠性设计优化和分析验证,实施可靠性增长;影响任务成败的关键分系统,永远是可靠性增长的重点,如供配电、控制、推进、测控分系统等。

航天器分系统级可靠性增长活动概括如下。

（1）分析供配电分系统薄弱环节,开展供配电分系统的设计优化改进,重点提升供配电链路的可靠性和安全性,实现可靠性增长。

（2）分析测控分系统薄弱环节,开展测控分系统的设计优化改进,重点提升测控分系统的可靠性和测试性,实现可靠性增长。

（3）分析控制分系统薄弱环节,开展控制分系统的设计优化改进,重点提升控制分系统的可靠性和健壮性,实现可靠性增长。

（4）分析热控分系统的薄弱环节,开展热控分系统的设计优化改进,重点提升热控分系统的可靠性和有效性,实现可靠性增长。

（5）分析推进分系统的的薄弱环节,开展推进分系统的设计优化改进,重点关注推进分系统的单点故障等关键特性,实现可靠性增长。

（6）分析综合电子分系统的薄弱环节,开展综合电子分系统的设计优化改进,重点提升综合电子分系统的可靠性和健壮性,实现可靠性增长。

3）系统级可靠性增长任务要求

航天器属于大型复杂系统,由于故障模式的复杂性和系统内部各产品之间的相关性,充分的故障检测是难以实现的,仅仅在单机和分系统层面开展可靠性增长,往往还是不能满足航天器长寿命、高可靠要求的,所以对于航天器大型复杂系统,有必要在系统级开展可靠性增长活动。

航天器系统级可靠性增长活动主要有以下几种。

（1）优化系统测试性设计，尽可能做到不会由于局部故障导致整个系统失效。

（2）优化系统级故障检测、隔离与恢复（FDIR）设计，自主监控和干预系统的可靠性，提高航天器系统的健壮性。

（3）优化系统级冗余设计，由于自身特性约束，无法或不宜进行内部冗余设计的单机和组件，如 SADA、天线、姿态敏感器、发动机等，在系统设计时需要通过适度的冗余配置，并最大限度地降低相互之间的耦合度。

（4）优化影响任务成败关键环节的设计，如保证供电、控制等方面的独立性，消除功能单点环节，实现系统的可靠性增长。

6.3.2.3　多维度要素的增长任务要求

航天器可靠性增长涉及航天器整个寿命周期的技术要素，主要有可靠性设计要素、分析要素、工艺要素和试验要素等。可靠性增长通过不断消除产品设计或制造中的薄弱环节，使产品可靠性随时间逐步提高的过程，在可靠性设计分析的基础上识别、确定可靠性关键项目，通过可靠性分析或试验发现潜在故障和薄弱环节，并对其实施有效控制，以消除或减小其对系统可靠性的不利影响。如采用新材料、先进工艺、高可靠元器件，提高产品的基本可靠性；运用各种可靠性设计准则，如可靠性容错设计、裕度设计、冗余设计、继承性设计、健壮性设计等，以提升系统任务可靠性；有针对性地运用可靠性分析工具，如WCA、潜在通路分析（SCA）、FMEA、FTA，改进优化设计、工艺，提升产品的固有可靠性和任务可靠性。可靠性设计、工艺、试验、使用等要素在可靠性增长活动中的作用，如图6.3.3所示。

这些要素都是航天器可靠性工作项目，有比较规范的设计要求，在此要求基础上，在可靠性增长工程中进一步强调以下方面。

1）可靠性设计的增长任务要求

可靠性设计除了可靠性预计、可靠性分配和可靠性专业技术设计外，应该重点加强以下几方面。

（1）结构可靠性设计、机构可靠性设计、能源流设计、信息流设计、电磁兼容设计等系统级的可靠性设计。

（2）热设计、抗力学环境设计、静电放电防护设计、污染控制设计、微振动控制设计等环境防护设计。

（3）降额设计、冗余设计、裕度设计、材料蠕变防护设计、漂移设计、抗疲劳磨损腐蚀设计等特殊情况下的可靠性专业设计。

（4）航天器特有的可靠性设计，如空间碎片防护设计、轨道摄动影响设计、防羽流影响设计、防杂光影响设计、故障预案设计等。

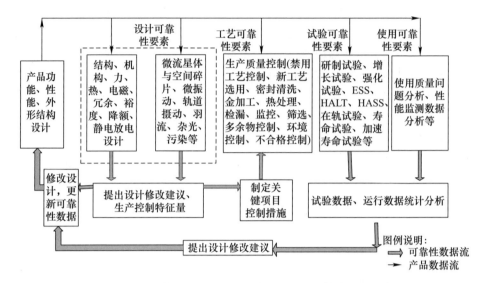

图6.3.3　可靠性增长涵盖了设计、工艺、试验等多维度要素

（5）人机工程设计、维修性设计、测试性设计、安全性设计等与大系统可靠性相关的设计。

以上可靠性设计都应该是在产品正向设计基础上的特定设计措施，如果仅仅是减少电路的复杂性、提高元器件的质量等级、通过降额以降低元器件的使用应力等可靠性活动，不应该列入可靠性增长工程的范围。

2）可靠性分析的增长任务要求

可靠性分析是针对航天器设计要求，对航天器系统设计项目进行可靠性分析，通常结合可靠性设计方案进行薄弱环节的识别改进迭代，并制定可靠性控制措施，保证可靠性满足规定要求。可靠性分析的工具很多，不一定需要开展所有的工作，但一些必须开展的项目不能缺失，具体内容如下。

（1）任务剖面分析、功能分析、继承性分析等，一般在立项论证和方案阶段反复进行。

（2）元器件选用分析、材料选用分析、工艺选用分析等，应该在方案和初样阶段开展。

（3）FMEA、FTA、SCA、WCA等，从方案阶段开始，重点在初样和正样阶段迭代进行，应该选择合适的工具辅助以保证质量。

（4）在轨数据分析、数据反馈分析等，在全寿命周期的各个阶段，应该定期开展现场使用数据的分析；结合特定事例，不定期开展特性数据分析，数据分析结果应该反馈至设计环节。

3）可靠性工艺的增长任务要求

产品的固有可靠性需要通过制造工艺实现,设计可靠性与制造可靠性共同决定了产品的固有可靠性,高可靠性的工艺技术手段是实现产品可靠性的技术保证。与可靠性密切相关的工艺包括以下几种。

（1）装联工艺、灌注工艺、涂敷工艺、密封工艺等。

（2）清洗工艺、金加工工艺、热处理工艺等。

（3）检漏工艺、监控工艺、筛选工艺等。

4）可靠性试验的增长任务要求

可靠性试验用于验证产品的设计和工艺方案,并应在鉴定试验前,通过"试验—分析—改进"的过程不断完善和优化,以提高产品的固有可靠性。可靠性试验本身是不能提高产品可靠性的,但通过试验暴露设计、工艺、材料和元器件等方面的缺陷和薄弱环节,采取改进措施后,产品的可靠性可以得到增长。可靠性试验包括以下方面。

（1）可靠性研制试验、可靠性增长试验、可靠性强化试验等。

（2）环境应力筛选（ESS）、高加速寿命试验（HALT）、高加速应力筛选（HASS）、在轨试验等。

（3）针对各类产品特性进行的寿命试验、加速寿命试验等。

6.3.3　确定工程实施途径

航天器可靠性增长的实施,应该在工程背景分析、工程任务要求的基础上,确定工程基本实施途径。例如,以航天器批量化生产、高密度发射任务为牵引,针对典型卫星平台为重点,针对总体技术薄弱点和关键分系统,梳理系统、分系统和单机产品的薄弱环节,开展航天器系统、分系统和单机产品的可靠性增长。具体按照制定产品型谱、统一技术状态、改进薄弱环节、开展试验验证、固化产品工艺,制定产品数据包的基本实施途径,提升航天器产品的可靠性水平,提高综合效能,达到任务成功的要求。

在确定了可靠性增长对象后,需要针对不同的对象确定具体的实施途径,实施途径应该涵盖了具体的实施目标、要求、流程和方法等内容。制定实施途径时,要考虑可行性和效益性,将基于故障和失效的可靠性增长,与基于裕度和效能的可靠性增长结合应用。即全面梳理航天器现有技术状态,系统查找薄弱环节,针对影响航天器长寿命、高可靠的关键单元、环节和要素,通过设计改进、仿真分析、试验验证等方法,开展系统、分系统和单机的可靠性增长;同时进一步完善系统故障识别模式,提高自主诊断、隔离和恢复性能,增强航天器在轨飞行的生存能力,达到可靠性增长的目的。

下面以通信卫星平台、微小卫星和分系统、单机为例进行介绍。

6.3.3.1 通信卫星平台实施途径示例

新型通信卫星平台在研制和工程化应用过程中开展了可靠性增长工程。对卫星平台开展可靠性薄弱环节和单点故障的全面梳理,在可靠性预计或评估的基础上,确定可靠性当前值低于要求值的新产品,通过 FMECA 等可靠性分析技术,对产品所有可能的故障模式进行分析,找出薄弱环节并确定相应的纠正措施,进行设计更改并验证纠正措施的有效性。对关键设备安排 HALT、HASS 试验,暴露设计和工艺上的薄弱环节。通过重点开展综合电子系统、锂离子蓄电池、离子电推进等产品的可靠性增长,开展新技术的可靠性验证,开展故障隔离策略、在轨管理策略的可靠性研究应用等工作,通过实施可靠性增长,提高产品的可靠性水平,实现平台的可靠性增长。

具体实施途径如下。

(1)针对综合电子,开展系统总线网络访问监测与规避技术研究,制定硬件设计访问冲突分析,总线访问冲突监测点提取与设计;搭建硬件访问冲突故障注入平台,分析访问冲突原因并提取故障模式,制定硬件时序设计规范;识别电路接口的关键特性参数,进行关键特性参数的裕度分析和裕度验证,优化接口设计规范。

(2)针对平台锂离子蓄电池,开展全寿命期锂离子蓄电池在轨管理策略的研究,进行锂离子蓄电池充放电控制,研究电池充放电控制、均衡及热控等控制管理方法,开展均衡管理等在轨管理策略的地面验证。

(3)对平台开展可靠性安全性薄弱环节与单点故障梳理分析,开展故障隔离及抗故障扩散策略研究,对故障隔离及抗故障扩散能力进行仿真与试验验证,建立平台的电路故障隔离及抗故障扩散规范,提高系统的健壮性。

(4)开展航天器产品在线多品种量产可靠性在线控制技术研究,对多品种量产剖面进行分析,提炼产品多品种量产可靠性关键因素;建立产品多品种量产可靠性数据库、多品种量产可靠性与在线数据控制平台,开展航天器多品种量产可靠性验证,验证航天器多品种量产可靠性控制技术的有效性。

(5)开展离子电推进等关键单机可靠性增长。梳理推力器各单元的可靠性关键因素,进行失效模式及失效机理分析,通过设计改进与试验验证,开展离子电推进系统寿命和可靠性试验,完成离子电推进分系统寿命和可靠性验证,实现可靠性增长。对离子电推进系统产品开展技术状态清理、产品规范、产品技术状态基线以及产品数据包制备等工作,完善系统可靠性设计规范和产品规范。

(6)开展平台技术状态梳理、平台复核复查与评估;建立产品技术状态基线、编制产品规范、数据包制备、技术状态固化;建立公用平台配套单机型谱。

通过可靠性增长及产品化推进工程,该通信卫星平台锂离子蓄电池、综合电子系统、电推进系统的寿命与可靠性得到充分验证,首飞任务成功;固化了卫星平台技术状态基线,明确平台所选用的配套型谱产品,产品化类产品达到100%,提高平台系统及总体设计方案的成熟度。

6.3.3.2　微小卫星增长实施途径示例

微小卫星在研制初期和应用中开展了可靠性增长工程。在识别平台系统薄弱环节的基础上,以微小卫星电磁兼容、供配电设备、机电设备、单组元推力器等为重点,实施可靠性增长,重点开展关键产品、材料元器件环境适应能力研究,解决已识别的整星薄弱环节,系统提高微小卫星的可靠性水平。具体实施途径如下。

(1) 识别并解决微小卫星系统级薄弱环节,开展电源、热控、姿控等系统级总体设计可靠性增长,开展关键材料、元器件长期在轨运行退化等关键技术研究,解决单粒子翻转问题,环境模拟试验验证不充分等问题。针对现有微小卫星在轨发生的故障和失效情况,从设计源头实施可靠性增长,强化设计阶段的仿真验证,在现有地面任务仿真系统的基础上,开展基于地面仿真系统实施微小卫星可靠性增长途径的研究。

(2) 开展微小卫星射频设备敏感特性、天线间耦合特性、射频干扰源发射特性、电缆耦合及孔缝泄露的干扰抑制措施等技术的可靠性增长研究,提高微小卫星电磁兼容性可靠性。

(3) 开展微小卫星随机振动与冲击载荷可靠性设计研究,提升整星力学设计能力,提高整星可靠性。

(4) 开展微小卫星推进系统可靠性增长,包括无水肼接触金属材料和非金属密封材料的相容性技术研究,单组元推力器组件寿命研究和试验,过滤器纳污能力极限测试,提高微小卫星推进系统可靠性,满足 5 年甚至更长系统级寿命的要求。

(5) 确定可供选择、可与有效载荷相匹配、可进行适应性修改的平台组成部分,明确卫星公用平台技术状态基线和可选技术状态,对卫星公用平台技术状态进行固化,满足后续型号对平台的选型需要,提高微小卫星的成熟度和环境适应能力。

通过微小卫星可靠性增长和延寿考核及环境适应能力扩展,提升微小卫星可靠性指标,满足多任务需求;固化微小卫星基本型技术状态固化,牵引单机产品定型,缩短研制周期,提高微小卫星综合效能。

6.3.3.3　关键分系统增长实施途径示例

以可靠性为中心,结合维修性、测试性和保障性等工作,梳理分系统设计、分析要素,完善分系统故障识别模式,健全分系统故障隔离和对策;开展设计改进、仿真分析、试验验证,解决目前已暴露的薄弱环节与故障隐患。重点针对供配电、测控、推进等分系统的薄弱环节和单点故障,进行设计优化及验证;从分系统层面加强在轨管理,提高在轨卫星故障预测与应急处理能力,降低故障风险,消除安全隐患;完善分系统设计规范和测试规划,加强试验验证,提高可靠性水平。

具体实施途径示例如下。

(1)供配电分系统可靠性增长。系统梳理整星供电链路薄弱环节和单点故障,实施设计改进及验证,提高供电链路安全性;建立高压大功率供配电链路的全数字和半物理仿真平台,为供配电分系统设计验证、故障复现、故障恢复方法验证提供软硬件验证环境等,提升整星供电链路的可靠性和安全性。

(2)测控分系统可靠性增长。针对测控分系统遥测接口时序匹配,模拟量采集异常、数字量输出接口电路主备份干扰等问题,开展可靠性增长;提升遥测遥控子系统接口信号裕度,提高测控接口数据管理系统的健壮性,提高测控接口数据设计可靠性。开展接口电路的失效模式分析、潜通路和最坏情况分析,进行设计改进与试验验证;开展数字接口容差摸底试验。开展遥控子系统的可靠性增长,对中心遥控 PSK 输入端电路进行优化设计,增加可耐压 100V 的电路。

(3)推进分系统可靠性增长。推进系统单点多,重点针对影响整星成败的单点故障模式分析识别,如推进剂储箱的压力传感器、减压器、单向阀、推力器阀门、气路系统、带电爆阀等单点。全面梳理推进系统的薄弱环节,识别影响整星成败的单点故障模式、故障原因和机理分析,建立单点环节可靠性增长的技术途径和方法;建设推进系统高精度数值仿真系统,包括推进系统单机产品特性仿真建模、推进系统性能高精度数值仿真软件,推进系统联调联试平台、电性能测试验证系统、液路系统联调联试系统、数据采集及测试系统。通过建立系统高精度数值仿真系统,提升系统性能评估能力,开展推进系统单点故障仿真验证;通过建立双组元推进系统联调联试平台,开展实物仿真试验及拉偏试验验证,提升双组元推进系统的裕度、故障测试和可靠性试验验证能力。持续完善推进系统动态故障模式库,指导后续型号的可靠性设计分析和可靠性增长工作。

6.3.3.4　单机产品增长实施途径示例

航天器可靠性增长开展了电子类、机电类、结构类、机构类等不同种类的单机产品,具体实施中,应该根据不同型号特点、不同研制阶段,确定需要重点开展的单机产品。

具体实施途径示例如下。

(1)新研产品、国产化产品的固有可靠性增长。

(2)根据地面试验、在轨运行、寿命可靠度等信息,确定产品薄弱环节,开展可靠性增长。

（3）根据与新任务的差距，新技术、新方法的应用成熟度，新器件、新材料的空间环境应用验证等，开展可靠性增长。

单机产品的可靠性增长，应该结合分系统的可靠性增长情况，对于重点分系统，应该覆盖分系统的所有关键单机。在航天器可靠性工程中，全面开展了控制分系统所有单机产品的可靠性增长，如陀螺、星敏感器、动量轮、地球敏感器、控制计算机等，包括机电类单机中转动装置的长寿命技术研究与试验，光机电一体化集成技术可靠性增长，电机启动可靠性、微振动特性和传递影响、整机 1∶1 长寿命试验验证、整机最大环境适应性和极限能力试验等。对单机产品进行设计优化改进，并研制工程样机开展鉴定试验、摸底试验等；完善现有产品数据包，进行产品成熟度认定。解决了控制系统关键单机突出的可靠性问题，推进了控制系统三大部件的国产化进程。

对不同的系统工程背景、技术状态、产品特性，应该选择不同的可靠性增长特征量实施。详见第 7 章产品可靠性增长示例。

6.4　聚焦工程实施重点

航天器可靠性增长工程实施全系统分析、全要素覆盖、全寿命验证的总体策略，在此总体原则下，在针对特定的航天器可靠性增长时，根据航天器的结构特点、研制特点和运行特点，针对不同研制阶段和不同增长对象，会有不同的侧重。可靠性设计、分析和验证是可靠性增长的基本方法，但可靠性增长不是简单地重复可靠性工作项目的"再设计、再分析、再验证"工作，航天器可靠性增长工程实施时，应该聚焦影响系统可靠性、任务成功率的关键单元和重点要素。在可靠性增长工程中，应该把上述原则在实施过程中融会贯通。

如在通信卫星平台能力提升阶段的可靠性增长工程，重点关注了航天器裕度设计的充分性、冗余设计的有效性和系统的健壮性，在微小卫星的可靠性增长工程中，重点针对环境适应性薄弱环节，有针对性地开展环境适应能力优化设计改进，通过"设计—验证—再设计"的方式进行反复迭代，并逐步转化为产品的固有特性。合理的冗余设计和使用策略、在轨自主健康管理能力、自主故障诊断和修复能力是提升航天器可靠性的重要措施，也是航天器可靠性增长工程的重点方面，属于广义可靠性增长的范畴。确保任务成功是航天器可靠性增长工作的核心任务和根本宗旨。

下面以环境适应性设计、裕度设计、健壮设计、冗余设计要素为例展开叙述相关的可靠性增长工作。

6.4.1 耐环境设计防护能力

环境适应性是影响航天器可靠性的一个重要特性,针对航天器产品的环境适应能力开展可靠性设计优化,是一种耐环境可靠性增长,开展耐环境能力增长,最大范围地提高产品的环境适应性,最后固化形成航天器的环境应力性能,确保其在全寿命周期内具有良好的可靠性。

航天器由于环境适应性引发的故障,多数是由空间环境因素和诱发环境因素引起的,在进行耐环境可靠性增长时,对于不同的环境因素,其设计优化的具体方法有所不同。

航天器使用环境复杂,能够适应使用环境的系统才可能是一个可靠的系统。

6.4.1.1 空间环境的耐环境增长

开展航天器耐环境可靠性增长的本质是通过采取抵消环境应力、补偿环境参数、屏蔽环境作用等环境防护设计措施,把环境应力控制在产品可接受的极限范围之内,保证航天器不会因为环境因素而降低其可靠性和综合效能。

航天器在轨承受地球引力场、电离层、空间辐射、粒子辐照等环境的影响,其典型危害示例如下。

(1)地球引力场的不均匀分布会对航天器运行轨道产生引力摄动,重力梯度可对航天器产生扰动力矩,流星体与人工碎片等存在潜在危害,高层大气密度影响 LEO 航天器寿命。

(2)地球电离层影响无线电波的传播,因而影响航天器通信、导航和定位;地磁场影响航天器姿态控制;无线电噪声影响空间通信的效果及性能。

(3)空间辐射和粒子辐照使产品寿命后期的热环境变坏。原子氧对航天器表面热控材料、柔性太阳电池等产生剥蚀效应;空间带电粒子辐射对航天器元件、原材料、仪器设备产生损伤作用,伴随着太阳耀斑而喷射出的大量高能带电粒子流的危害更大。

(4)空间低能等离子体引起航天器表面带电,太阳活动和地磁亚暴期间的高能电子会造成航天器内部深层介质内带电;太阳电磁辐射以及地球对其的反照,影响航天器的光照环境、外热流环境、对地观测光学背景。

空间热环境是航天器面临的另一直接环境,航天器在各任务阶段所经受的低温、真空、太阳和行星的热辐射、空间粒子辐射等环境均会对航天器的环境温度产生影响。航天器又处于一个空间冷背景中,航天器向外辐射的能量被无限大的宇宙空间吸收,整个宇宙空间成为航天器的热沉;深冷空间背景使航天器及其设备承受由于极低温、剧烈冷热交变、巨大温度差等引起的应力,当应力超过设计极限时,会引起热失效。

例如,材料受热应力导致热失效,如电解质的退化、阴极涂覆的退化、晶体管结的退化等。虽然材料受热退化是一个缓慢的过程,但这种退化会随温度升高而加快,随着在轨运行时间的延长,航天器及其舱内外的电子产品温度都在逐渐升高,随着温度升高,化学反应的速度加快,导致失效率上升。元器件的基本失效率与温度和时间有直接关系,元器件的失效率随温度按指数规律上升,如图6.4.1所示。

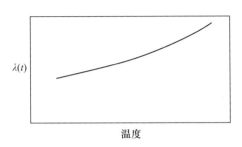

图 6.4.1　失效率与温度的关系

温度交变导致热疲劳,温度差及其交变速率是产生热应力的根源,这种应力很难测量,一般能够测量的是元器件等单元的外表面温度,通常情况下,这是评定单元受热状况的主要参数,但实际上热应力通常产生于单元内部结合处,这给准确评判热失效带来困难。所以需要针对航天器空间热环境,开展可靠性增长。

航天器普遍采用大规模、高密度数字器件,包括 FPGA、DSP、CPU、SRAM 及各种复杂接口器件,需要采取抗电离总剂量、抗单粒子效应、抗内带电效应、抗原子氧等空间环境防护设计。

在航天器可靠性增长工程中,多数关键产品针对空间辐射、空间热环境、电离层、低气压放电等要素开展了环境适应性设计优化改进,实现耐环境可靠性增长。

例如,扩频应答机数字基带耐环境可靠性增长。针对扩频应答机数字基带在轨单粒子翻转问题,研究超大规模逻辑器件空间单粒子翻转效应防护设计方法,进行单粒子防护设计优化,实现单粒子翻转自主检测和复位,缓解单粒子翻转效应对整机的影响,降低卫星在轨期间由于空间单粒子效应造成的对扩频应答机的地面人工干预。通过故障注入条件下的测试,验证复杂的空间环境和各种工作模式,提高扩频应答机软硬件的可靠性。

6.4.1.2　诱发环境的耐环境增长

开展航天器诱发环境的可靠性增长,确定航天器诱发环境的环境特性要求是耐环境设计优化的关键。

航天器在发射、入轨、在轨运行、返回等任务剖面中,要经历振动、冲击、污染、干扰等诱发环境。

（1）发射阶段，航天器要经受巨大的噪声载荷、冲击载荷；在火箭与航天器的起飞过程中，将经历起飞、助推器分离、星箭分离等事件，会引起瞬态低频振动载荷；在火箭和航天器组合体加速飞行时，航天器会承受静态载荷作用。

（2）在航天器进入运行轨道的过程中，航天器变轨发动机点火引起准静态的力学环境，准静态载荷的不确定性会使航天器太阳翼或大型柔性天线等遭受超预期应力；另外，噪声载荷是激起星上次级结构、部件高频振动的主要载荷，也会对太阳翼、天线等面积、质量比较大的薄壁结构产品产生较大的声振响应。

（3）在轨运行阶段，航天器仍有微振动、冲击等力学诱发环境的影响，如动量轮等高速转动部件、太阳翼驱动机构等步进部件、红外相机摆镜等摆动部件的微小动作，以及空间环境的微小激励，都会引起微振动，如航天器进出地影产生的热致微振动，会造成的航天器整体或局部的小幅度往复运动。

（4）航天器在轨还会经历多种冲击环境，如航天器火工品起爆、交会对接、空间碎片等引起的冲击环境。

（5）在返回着落阶段，飞船、火星探测器等航天器会承受气动减速引起的准静态加速度过载和气动噪声引起的随机载荷。

在航天器的诸多诱导环境中，羽流和污染对热控效果存在较大的影响。航天器变轨、轨道控制、姿态控制等需要发动机和推力器提供动力，发动机、推力器工作期间产生的羽流对航天器热控系统具有一定影响，羽流产生的热效应可能导致航天器热过载而使热控材料受损，甚至影响热控系统的正常工作；羽流沉积于航天器表面造成表面污染，会改变热控表面涂层的发射率和太阳吸收比。

在可靠性增长工程中，需要对航天器各任务剖面所经历的工作环境特性进行全面分析，形成准确的环境防护设计要求，然后按照要求开展耐环境设计优化工作，包括力学、温度、湿度、电磁、噪声等寿命剖面时序中全部工况的环境防护设计，如发射段力学环境适应性设计、机构活动引起的力学环境适应性设计、微振动防护设计、轨道摄动影响防护设计等，验证航天器在环境特性条件下的环境适应能力，对暴露的新问题迭代开展优化改进，把环境应力控制在产品可接受的极限范围之内。

例如，遥感相机耐环境可靠性增长。相机是遥感卫星的主要载荷，相机结构复杂，安装配准精度高，整机重量达到数百千克，相机通过转动机构连接在相机安装支架上，可整体转动。发射段力学环境适应性设计是保证成像质量的关键。由于卫星发射过程动力学环境的复杂性，准确确定大型载荷的力学环境条件非常重要，在可靠性增长工程中，通过对随机振动的分析研究、发射过程实测数据的分析、星箭耦合响应分析等，摸清力学环境影响规律，不断完善动力学模型，精准确定试验条件和试验要求;形成试验设计准则、试验数据库,提升相机等载荷的耐环境设计防护能力。

例如,卫星传导 EMC 性能改进优化。通过阻断干扰途径、降低干扰强度等综合设计优化,解决单机内嵌 DC/DC 电源的 EMC 特性问题,改进单机的 EMC 环境,开展提高设备 EMC 能力;优化整星电缆布局走向、屏蔽、滤波等设计,阻断或减少传导干扰的传播途径,提升整星电磁环境防护能力。

6.4.2　裕度设计的量化度量

裕度设计是解决复杂系统可靠性的一个有效方法,常用的可靠性设计方法有安全系数法、防护设计法、余度设计法、降额设计法和概率设计法等,不同的可靠性设计方法可能适用领域不同,但其本质上都是通过提升性能裕量来保证产品可靠。

6.4.2.1　裕度增长基本要求

航天器裕度设计是可靠性设计的一个工作项目。航天器裕度是指为了适应航天器产品工作边界条件、工程实现误差及其他不确定因素,在设计上相对于指标要求预留的设计余量。

航天器系统、单机产品和器件的量化裕度要求举例如下。

(1)总体指标裕度量化要求。航天器寿命裕度,如任务要求航天器在轨运行寿命 12 年,则设计寿命应该达到 15 年;系统 EMC 相对运载火箭要求的量值裕度是 3dB;航天器主结构强度设计载荷 = 运载火箭极限载荷 × 安全系数(≥1.25)等。

(2)单机产品裕度量化要求。结构产品其强度极限裕度应大于 0.25,结构稳定性裕度应大于 0.3,结构刚度裕度应不小于 10%;机电产品寿命裕度与产品在轨工作循环次数相关,工作循环次数大于 1×10^5 次的产品裕度应该不小于 0.25,轴承转动寿命裕度不能小于 1。

(3)元器件原材料裕度量化要求。元器件符合一级降额要求,应用于机构产品的金属材料屈服极限裕度应大于 0.25 等。

以上各类都是针对设计要求、设计指标的一种裕度度量,指标裕度、要求裕度归其本质也是耐应力设计裕度。一般在航天器的正常研制流程中,有具体的工作要求和设计验证方法,裕度的度量是明确的,针对应力需采取的措施,也是有明确的规范要求的,可以在航天器研制的初样阶段,结合可靠性预计分配开展可靠性增长。

在可靠性增长工程中,除了设计指标裕度、研制要求裕度外,重点针对产品所受到的各种应力,开展产品裕度设计优化改进和裕度度量验证,将航天器的研制要求和约束条件转换为可靠性的设计边界条件,围绕航天器功能、性能指标体系,根据飞行任务需求、产品指标要求,确定需要具体开展裕度设计增长的工作范围和工作项目,明确定量的裕度设计要求,明确航天器产品正向裕度设计的量化值,并建立应力量化裕度与可靠性特征量的关系,实现可靠性增长,是一种耐应力可靠性增长。产品设计裕度概念示意如图6.4.2所示。

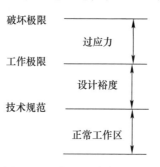

图 6.4.2 产品设计裕度概念

由于航天器的复杂性,产品应力设计裕度的准确度量往往是比较困难的,产品性能设计值大于阈值并不代表产品可靠,应力也可能不是一成不变的,特别是在产品寿命末期的应力环境可能恶化。航天器很多产品的应力裕度需要在现场环境下不断积累实际使用数据获得,或通过地面模拟试验逐步地摸底、反复迭代和修正完善,对于长寿命、小子样产品,需要付出更多的时间和经费的代价。所以如何获得准确的裕度量值,在产品的可靠性增长中实现,并保证设计结果的可验证性或可评估性,是航天器可靠性增长的重要内容。

6.4.2.2 系统级裕度可靠性增长

采用裕度技术进行耐环境设计和环境适应性增长试验,可以提高航天器的环境适应性,降低系统故障率。航天器系统裕度设计的可靠性增长,应该综合考虑资源约束、工艺实现复杂度与研制成本等各方面因素,确定选择的优先等级。航天器安全性裕度、系统寿命裕度、载荷能力裕度、单点环节设计裕度等,这些是确保航天器安全、任务成功的最高等级的裕度要求;其次有供配电裕度,电磁兼容性环境裕度,结构机构的强度、刚度、力矩裕度,控制稳定性裕度等;无线测控和通信信道裕度、系统链路(成像、数传、测控)裕度、关键时序裕度,以及载荷特殊要求满足程度等。

具体可以结合飞行任务剖面,围绕使命任务、系统兼容、环境适应、航天器安全的原则,梳理确定航天器系统级裕度能力增长的具体工作项目。

(1)使命实现。梳理与系统任务使命直接相关的功能性能项目,如用户任务指标、无线通道、供电能力、姿轨控能力及稳定性、信息流、结构机构的刚度及强度、温度控制、在轨工作寿命等设计裕度。功能性能设计裕度包含范围很广，几乎涉及航天器研制过程的所有方面。

（2）任务保障。梳理热控、供配电、姿轨控、信息管理与传输、测控、时频基准等保障性项目的设计裕度。如影响航天器在轨工作寿命的有姿轨控燃料裕度，蓄电池容量及充放电使用裕度；关键单机的工作寿命裕度，如红外地球敏感器工作寿命、动量轮工作寿命等。

（3）系统兼容。梳理系统内在自兼容性、系统与外在系统之间的协调性等相关项目，如接口信号时序、信号电平、负载驱动能力等接口匹配性设计裕度。

（4）环境适应。围绕任务剖面梳理各阶段力学、电磁等环境适应性相关项目，如航天器发射主动段环境、机构活动部件动作引起的力学环境、微重力环境等设计裕度。

（5）航天器安全。梳理影响系统安全的供配电安全性、火工装置管理、压力容器等相关项目的设计裕度，如供配电能力分解到母线电压设计裕度，一次电源短路和过流保护能力裕度，蓄电池容量、方阵输出功率、进出影瞬态性能裕度等；推进子系统耐压能力裕度、无线接收机抗电磁毁伤能力裕度；火工品线路安全性设计及参数裕度，能量传输通道电压、电流、绝缘和温度参数裕度等。

航天器系统级裕度可靠性增长增长举例。

（1）航天器电磁兼容性（EMC）裕度可靠性增长。航天器电磁兼容性是确保航天器在全寿命工作周期内可靠工作的重要条件，也是影响系统可靠性的重要因素。

例如，卫星的天线布局和频谱参数配置裕度是天线分系统电磁兼容性的重要组成部分，在可靠性增长工程中，开展了卫星天线分系统电磁兼容性和抗电磁干扰可靠性增长研究工作，改善了天线分系统电磁兼容薄弱环节，规范了卫星天线布局、频率参数配置等分析方法和手段，对天线分系统与平台外部辐射环境进行了分析预估，制定了有效的电磁兼容性裕度设计技术要求，对系统抗电磁干扰进行有效控制，保证了系统电磁兼容分析的精度，实现了可靠性的增长。

（2）航天器环境适应性裕度可靠性增长。基于裕度技术的耐环境可靠性设计与改进方法，对提高航天器的环境适应性，降低系统故障率具有显著的效果，在可靠性增长工程中，可以将耐应力增长与耐环境增长结合实施。在此类可靠性增长中，需要分层分类确定环境条件裕度范围，分层分类研究环境裕度精准解决措施，准确度量环境裕度范围是确保航天器环境适应性增长有效性的关键。

例如，在可靠性增长工程中，通过对系统和产品的温度保证能力进行量化控制，提升温度环境裕度的充分性，具体通过热设计裕度、热控材料参数裕度、主动热控能力裕度、局部温控精度和温控稳定度等单元实现。对电子设备进行了耐环境设计,确定考虑裕度后的极限温度值,并按照确定的极限温度值开展环境适应性增长试验,使系统和产品的环境适应性得到提升。

6.4.2.3 设备级裕度可靠性增长

航天器设备级产品应围绕功能性能符合性、环境适应性、接口匹配性、设备安全性等,确定最终的裕度可靠性增长项目。

(1)功能性能符合性裕度。对机械、机电、电子、光学、热控等不同类别产品,针对功能与性能进行逐一梳理确定单机产品的裕度设计可靠性增长内容。如设备物理特性裕度,包括强度、刚度、扭矩、承载能力、工作次数和寿命等;如印制电路板的裕度设计,包括材料、结构的抗弯强度满足结构抗振动,高绝缘电阻在高温下满足电路漏电流限值,导体宽度能承受规定最大电流,导体间的安全电压、寄生电容设计裕度等。

(2)环境适应性裕度。开展环境适应性裕度、性能参数裕度等可靠性增长。如对电子产品开展裕度可靠性增长,进行边缘性能设计与最坏情况分析,在产品任务剖面内的环境变化,模拟电路分析其参数漂移及输入漂移出现的极端情况及其组合,数字电路分析其在极限温度、老化、辐照等特定运行条件下,是否存在时序错误、接口裕度问题以及其他设计缺陷,必要时,进行产品性能和应力的摸底试验或仿真分析,识别过应力底线,保证电路在任务剖面内最坏条件的组合下性能仍满足要求。

(3)接口匹配性裕度。开展接口裕度可靠性增长,如供电、通信、测量、控制、驱动等接口的可靠性增长。仍以电子产品为例,梳理设备内部各模块之间以及设备与外部其他设备之间的接口,针对设备及模块间电性接口余量设计,包括电平、阻抗、时序;设备接口匹配性裕度,如接口时序,包括总线应答间隔、指令宽度、开关时间、响应时间、同步通信时序设计等参数裕度;接口阻抗,如模拟和数字信号的输入输出阻抗匹配裕度等;接口电平,模拟和数字信号的输入输出电平匹配裕度等,以及噪声容限、负载驱动能力裕度等,接口裕度下降将导致电路对噪声更加敏感,会影响器件的正常运行。

(4)设备安全性裕度。对影响设备安全性的风险开展可靠性增长。设备安全性裕度的范围很广泛,如密封设备工作压力、密封设备漏率、充放电安全性、火工品点火安全性、抗电磁毁伤能力、抗真空微放电能力等参数裕度。以结构产品为例,针对受力结构的应力强度达到的安全系数,分析高低温下结构的强度、刚度,结构受振动、冲击、加速度、噪声等影响时的功能性能,运动机构各种最坏偏差组合情况等,进行承受动载荷结构的动力响应分析,对磨损寿命裕度、疲劳寿命裕度、机械应力响应极限裕度等开展可靠性增长。

6.4.3　健壮设计的容错能力

健壮设计是在产品的设计过程中,考虑了影响可靠性的内外干扰而进行的一种优化设计,航天器系统健壮设计的目的,是当某个或多个单机发生了故障,或者元器件参数漂移、零部件老化时,系统仍能在其寿命期间以可接受的水平工作,在不消除、不减少不确定性源的前提下,通过设计使不确定性因素对产品可靠性的影响尽可能小。健壮设计,是一种容错能力的可靠性增长。

在航天器可靠性增长工程中,开展单机 PHM 设计和系统 FDIR 设计的可靠性增长,通过系统设计、参数设计的优化提升航天器的容错能力。

6.4.3.1　容错能力的可靠性增长

容错是指设备的一个或多个关键部分发生故障时,能够自动地进行检测与诊断,并采取相应措施,保证设备维持其规定功能,或牺牲性能来保证设备在可接受范围内继续工作。航天器在轨运行环境较为复杂,易引发参数不确定性和未知故障。一个健壮的系统,应该对内外各种干扰的影响不敏感,能够容许外部条件的临界变化,也可以允许内部组成产品的故障。容错能力的提升是解决系统和单机内外部干扰、局部故障影响的重要措施,是实现产品性能、可靠性和成本综合优化的有效方法。容错的关键技术是故障检测技术、故障隔离技术,在制定容错设计方案时,需重点关注共因故障分析、冗余模块之间的独立性、容错功能的测试验证方法和技术等。

例如,航天器的某些器件参数处于其极端阈值而非典型参数值时,线路就会出现丢失遥测数据等非预期响应的问题,故障原因是各器件动态参数容错设计不足。在可靠性增长工程中,对遥测线路的输入整形模块、分配译码模块、状态采集模块、并串转换模块、信号输出模块等单元建立仿真模型,进行仿真分析,对典型参数值的边界条件进行了优化,依据优化后的边界条件进行最坏情况分析,然后再将各模块进行整合,对整个遥测线路进行分析,得到分析结果,针对结果迭代采取改进措施。

6.4.3.2　基于 PHM 设计的可靠性增长

在航天器可靠性增长工程中,研究和应用了故障预测与健康管理(PHM),这是一种故障检测、隔离、诊断和故障预测、健康评估及维护决策的综合技术。PHM 技术通过传感器从系统的各个层次获取监测数据,运用失效模型、智能推理算法评估系统的运行状态,通过相关的数据处理和分析过程,预测系统发生故障的部位、时间及使用寿命,形成诊断和预测分析结果,得到系统的剩余寿命分布、性能退化程度或任务失效的概率,必要时给出合理的设计、维修建议。故障检测和隔离设计可以缩短故障检测和处理的时间,消除或减小故障的影响,防止故障扩散。

随着专业技术的发展,PHM 技术从基于传感器技术的故障诊断向基于智能系统的故障预测转变,可以更好地降低使用与保障费用,提高系统安全性、完好性和任务成功性。

例如,在红外地球敏感器的可靠性增长中,采用了故障检测和隔离设计,剔除受到杂光或其他原因干扰导致的错误信号,避免姿态估计发生错误。

6.4.3.3 基于 FDIR 设计的可靠性增长

航天器系统级 FDIR 的含义是指综合利用星上测控资源,对设备或分系统作为被监控对象,由综合电子系统的管理计算机根据被监控对象的运行状态及其他相关状态,对其健康性进行判断,必要时自主对监控对象的运行进行干预,以保证正常运行。在航天器可靠性增长工程中,研究和应用了系统级故障检测、隔离与恢复设计(FDIR)。

任何单机都不可能保证不会发生故障,由于故障模式的复杂性和系统内部各单机之间的相关性,充分的故障检测是难以实现的,仅在单机层面进行 PHM 设计也是不充分的。故障隔离技术的使用也有一定的限制,因为它受制于预先的静态配置,当故障积累到使屏蔽能力饱和时,屏蔽功能就会失效,必须在系统级进行主动监控和干预,系统设计应当尽可能做到不会由于局部故障导致整个系统失效,以提高整个系统的健壮性。

例如,卫星平台组成复杂,各分系统采用了大量的新技术和新设备,分系统间耦合关系强、软硬件接口多,对卫星自主运行能力、故障自主处理能力要求更高。在可靠性增长工程中,根据飞行任务要求,全面分析卫星任务剖面和飞行事件,针对平台特点,对单机设备的关键故障模式进行了分析,通过识别潜在故障、分析传播路径、制定防蔓延措施,制定相关的系统 FDIR 策略,提升了卫星平台故障恢复能力。

故障诊断和系统重构技术具有多重策略和较强的抗干扰能力,可以延长从故障到失效的时间,使航天器在故障状态下,保证寿命期内业务连续,是提高系统健壮性有效方法。

6.4.4 冗余设计的有效保证

冗余设计是系统或设备获得高任务可靠性、高安全性和高生存能力的设计方法之一。冗余设计主要是通过在产品中针对规定任务增加更多的功能通道,以保证在有限数量通道失效的情况下,产品仍然能够完成规定任务。在可靠性增长工程中,通过优化冗余设计,用不同的或多于一种的途径来完成规定的功能,提高航天器的任务可靠性。冗余设计是一种典型的任务可靠性增长。

6.4.4.1 多种冗余途径

冗余设计是提高系统任务可靠性的重要途径。通过功能备份、软硬件互补、异构等不同途径提升冗余有效性，提升系统可靠性。在具体实现上可根据航天器产品状态，采取整机冗余配置或者单机内部冗余设计两种方式。不同的冗余方式，选择不同的冗余度，冗余度的确定可根据系统可靠性要求和设备具体状态进行确定。

从形式上，常用的冗余方法有硬件冗余和软件冗余；从功能上，有指令冗余和执行冗余等；从性能上，有数据冗余和信息冗余等。各种冗余具有不同的特点。在工程应用中，应该按产品功能特性和可靠性要求，选择不同的冗余系统工作方式。

（1）硬件冗余。通过使用外加的元器件、电路、备份部件等对硬件进行冗余。当故障发生后，冗余的硬件系统可以顶替继续工作，无须中断服务，但硬件冗余的成本较高。

（2）软件冗余。通过增加备用程序段、并列采用不同方式开发程序等对软件进行冗余。软件冗余的优点是不依赖硬件，灵活性和可移植性都比较好，缺点是速度较慢。

在实际中，将硬件冗余技术与软件冗余技术结合使用，取长补短，整体上实现性能和效益最大化。

（3）数据冗余、信息冗余。通过诸如检错及自动纠错的检校码、奇偶位等方式实现的数据和信息冗余。

（4）指令冗余、执行冗余。通过诸如重复发送、执行某些指令或程序段实现的指令或执行冗余。

动态冗余技术通过多模式的冗余，包括信息冗余、结构冗余、时间冗余和空间冗余等，为系统抵御灾难提供基础。动态冗余技术是借助快速响应的故障检测与诊断技术，提高系统的可靠性，缩短故障的修复时间，增强系统的可用性；动态冗余技术可及时自动切换故障子系统或改变系统结构，阻止故障积累；动态冗余技术是容错计算技术中最主要、最常用和最复杂的技术。

航天器执行的是高风险任务，原则上，对航天器的各个功能均应当进行冗余设计，以避免单点失效风险。实际中，系统或设备是否采用冗余技术，需从任务可靠性、安全性指标要求，基础元器件、零部件的可靠性水平，以及冗余方案的技术可行性，研制周期和费用，使用、维护和保障条件，重量、体积和功耗的限制等方面进行权衡分析后确定。当简化设计、降额设计及选用高可靠性零部件、元器件仍然不能满足任务的可靠性要求时，应采用冗余设计；在重量、体积、成本允许的条件下，选用冗余设计比其他可靠性设计方法更能满足任务的可靠性要求。

冗余设计增加了系统的复杂性,虽然能提高任务可靠性,但降低了基本可靠性。在进行冗余设计时,应从可靠性、重量、空间、费用、维护性及研制周期等方面全面考虑,必要时,需要主动冗余与被动冗余灵活应用。

6.4.4.2　基于冗余设计的系统级可靠性增长

航天器部分单机和部件,由于产品自身特性或航天器系统的约束(如安装布局),无法或不宜进行内部冗余设计,如 SADA、天线、姿态敏感器、发动机等,因此,在系统设计时需要通过适度的配置数量,消除功能单点环节并实现规定的可靠度。采取此种冗余方式需要最大限度地降低相互之间的耦合度,保证各设备或部件在供电、控制等方面的独立性。

针对系统冗余设计开展可靠性增长时,应该注意以下方面。

(1)应该选择合理可行的冗余结构,在满足要求的条件下,系统冗余结构应尽量简化,构建简单可靠的系统重构方法。

(2)必须全面考虑系统多重工作模式需要,适当选择冗余级别,首先考虑在低层次单元冗余;硬件冗余设计一般在较低层次,如设备、部件;功能性冗余设计一般在较高层次进行,如分系统、系统。

(3)确定正确有效的故障判别准则及门限,应该配套完善故障可检测性设计。

(4)考虑共因或共模故障的影响,开展无共因故障冗余设计,应该重点剔除"隐单点"设计、杜绝"假冗余"设计,即不允许存在共因故障。

如为节省星上指令资源,对星上两台应答机发射机的开关机控制采用 3 条 OC 指令——A 机开、B 机开、双机关。在正常情况下,这种设计没有单点问题,但当"双机关"指令端发生对地常通故障模式时,则会造成两台发射机均锁死在关机状态,导致卫星下行通道单点失效。

例如,推进控制线路是卫星推进系统的重要部件之一,发动机驱动线路单点故障是影响整星成败的薄弱环节。但如果仅仅是将所有的开关和驱动都串并联,元器件数量几乎是原线路的 4 倍,对线路盒的体积、重量影响较大,也大大降低了产品的固有可靠性,所以需要采用主动冗余与被动冗余相结合的方法。结合母线切换继电器的各种故障模式及主备份冗余设计的特点,对继电器线包的供电及驱动指令进行改进设计,提出 A、B 两分支供电母线实现发动机驱动线路的主备份设计,主备份线路相互独立,通过对控制指令的数量和接口进行合理配置,实现冷备或热备的灵活工作模式,确保控制及供配电不存在故障单点。

6.4.4.3　基于冗余设计的单机级可靠性增长

单机冗余设计是指在一台单机的内部实现功能的冗余,目前,卫星上大部分数字类设备,如各种计算机、控制器、处理机等均采用此种方式。

单机产品在以下情况下,应该选择冗余设计。

(1)通过提高质量和基本可靠性等方法,已经不能满足任务可靠性要求的功能通道或产品组成单元。

(2)采用新材料、新工艺或用于未知环境条件下,其任务可靠性难于准确预计、验证的功能通道或产品组成单元。

(3)影响任务成败的可靠性关键项目和薄弱环节。

为保证冗余设计的有效性,需关注设备内部电源隔离设计、冗余单元的可测试性、共因故障和冗余管理电路的潜在通路等环节。

为充分识别冗余单机内部是否存在可造成主备份共因失效的单点环节,应根据各设备的具体设计状态,围绕主备共用环节、主备切换设计、主备隔离性设计、主备信号接口设计4个方面进行分析,确认单点环节控制措施的有效性。

针对单机产品冗余设计开展可靠性增长时,应该注意以下方面。

(1)在单机产品的冗余设计中,应该采用硬件模块化思路以增强系统的可扩充性和可维护性。

(2)冗余设计中应重视冗余转换的设计,尽量选择高可靠的转换器件,在进行切换冗余设计时,必须考虑切换系统的故障概率对系统的影响。

(3)冗余设计应考虑对共模/共因故障的影响。

在航天器可靠性增长工程中,主要针对退化、衰减、偶然失效等要素开展冗余优化设计;冗余单机内部单点失效环节的可靠性增长,主要针对主备共用器件、主备切换器件故障模式,主备切换控制方式、主备切换逻辑等设计要素,进行优化改进。

例如,主备供电隔离性设计。重点对主备一次电源入口、主备二次电源配置方式、主备供电隔离性、主备供电器件的故障模式,分析优化达到当一个通道的供电或负载出现异常时,不影响其他通道的供电状态。

例如,主备输入信号切换或分路设计。整机输入的测量、控制、通信等信号的主备分配通道,不能存在潜通路及其影响;主备输入接口的故障模式、通道的输入接口器件的故障模式,当其发生故障时不能影响该信号输入到其他通道。

例如,主备输出信号切换或合成设计。对主备通道输出的测量、控制、通信等信号合成,形成整机对外输出信号,不能存在潜通路及其影响。

例如,遥控遥测通道冗余设计、1553B总线冗余设计、图像数据通道冗余设计及数据存储冗余设计等。

6.5 落实工程实施保障

航天器可靠性增长工程的实施,需要一定的资源保证。在工程技术论证的可行性分析时,应该对开展可靠性增长工程的各项保障要求进行分析,给出实施可靠性增长工程是否切实可行的结论。在工程立项实施时,制定工程保障策划,并且随着工程的进展,逐步细化具体、调整完善,以保证工程的实施。可靠性增长工程实施保障涉及各个方面,最主要的是人员保证、公共资源保证和经费保证。

6.5.1 组建工程队伍

在航天器可靠性增长工程立项时,组建航天器可靠性增长工程队伍,设置可靠性增长工程项目管理办公室(以下简称"项目办"),项目办是工程项目管理的组织实施机构。组建一支由应用型号总师,可靠性增长项目的研制技术人员、管理人员,产品首席、领域专家组成的工程保证队伍。

1. 工程项目管理办公室

项目办设立两总系统及合同管理、计划管理和质量管理等岗位,聘任与专项工程有关的相关领域专家,为专项工程决策咨询和技术支持;组成一支由项目研究人员、应用型号总师、特聘专家、产品首席、项目办专员的工程保证队伍。

项目办人员岗位设置示例如下,具体人数可以根据工程规模确定。

(1)指挥系统。负责对与工程有关的人、财、物实行有效的组织管理,组织、协调和落实队伍、经费、技术等保障条件;负责根据合同要求,组织制定工程项目年度计划和考核节点,组织年度计划的实施、协调和监督检查工作。

(2)总师系统。对工程总体方案和项目技术方案负责,对实施过程中技术方案的可行性、有效性负责,解决工程实施中的重大技术问题,组织工程成果在型号中的应用。工程总师一般从型号总师队伍聘任。

(3)计划经理。负责编制工程计划流程、年度计划、考核节点、工程月报、季报等。

(4)质量经理。负责组织工程项目关键节点的评审,项目实施中质量信息的收集和上报。

(5)合同经理。负责工程分承包合同编制,制定年度拨款预算,跟踪工程经费的拨款和使用情况。

明确项目办与机关职能部门、专业研究室的管理职责,并在项目实施中加强多方沟通与协调,可以发挥群体优势和整体保障能力,避免职能缺失或资源浪费。

通过项目办将工程实施的技术和管理紧密结合在一起。项目办和工作涉及了范围管理、进度管理、质量管理、经费管理、人员管理、风险管理、合同管理、沟通管理等方面。对项目办成员有以下要求：具备系统思维能力，掌握系统工程方法，能够协调沟通各管理部门之间的关系，落实职责分工，能够制定工程任务阶段、进行工作分解；具有进度规划和纠偏能力；掌握产品保证和质量管理技术；能够进行计划预算、成本控制管理；能够进行风险分析和风险控制。

2. 项目研制队伍

可靠性增长工程队伍与型号研制队伍有交叉但不重叠，航天器可靠性增长工程的人员队伍，既独立于型号研制队伍，又与型号研制队伍有一定的关联性。系统级可靠性增长项目的技术责任人，一般应该由首次应用型号的副总师担任；单机产品可靠性增长项目的技术责任人，一般应该由产品首席担任；产品首席专家必须是项目的第一论证人，关键通用产品的可靠性增长工程由产品首席专家负责。各单位研制队伍的人员可以是专职也可以有兼职，各单位在人员安排上应统筹考虑，充分保证管理、技术人员用于可靠性增长工作的时间。项目研究队伍要相对稳定，根据工程具体任务和目标，建立多功能型团队，通过任务导向，建立和谐通畅的团队文化。工程队伍采取老带新、点带面、项目示范等多种方法培养提高队伍素质。

经过多年的发展，航天器可靠性增长工程培养了一支高素质的研制、测试、试验和管理队伍，通过多种研究模式的尝试，组建完善了管理、技术矩阵系统，建立了既基于型号研制队伍又独立于型号系统的可靠性增长研究团队，为可靠性增长工程的持续推进奠定了扎实的人才基础。

3. 专家队伍

通过聘请专家和部分兼职技术人员，扩大可靠性增长工程的资源体系，支持可靠性增长工程的立项、研究、过程控制、验收和成果应用工作。

例如，聘请应用型号总师、相关领域专业专家，组建可靠性增长工程专家队伍，负责工程技术把关和支撑，重大节点的检查和评审，参加项目开题审查、合同附件审查、实施方案审查、年度现场检查、项目中期检查、项目验收等工作，为总指挥、总师、项目办提供工程决策咨询和技术支持。

6.5.2　保证试验资源

在可靠性增长工程中，需要开展大量的试验，为了有效地保证试验资源，应制定试验资源的总计划。确定试验总计划的质量控制点和增长目标，根据工程实施每一阶段进行的试验类型和次数，明确系统试验、分系统或部件试验；各类可靠性研制和增长试验的条件与要求，以及所需要的资源。尽可能将有限的试验资源做统一协调，最有效地利用每次试验的设施、资源和试验信息。

将可靠性增长工程的进展与应用型号研制关联，以协调安排各种可靠性试验,特别是单机级和分系统级的鉴定试验、验收试验、环境适应性试验等。

试验总计划应该包括以下方面内容。

（1）统筹安排航天器可靠性增长工程的各阶段试验,如可靠性研制试验、验收试验、鉴定试验等。

（2）合理安排航天器可靠性增长工程的各种试验,如合理安排寿命试验、加速寿命试验与 HALT、HASS 与 ESS,鉴定试验与可靠性增长试验等。

（3）科学安排航天器可靠性增长工程的验证试验,如地面验证试验、在轨搭载试验以及应用试验等。

（4）对于特殊的试验设备要及早、适时安排制造、安装,以保证能及时投入使用。

（5）做好大型试验设备、特定试验设备的策划,明确大型试验设备等公共资源的使用需求,提前与科研生产等部门协调,避免与型号任务发生冲突。

下面以高加速应力试验（HAST）为例,介绍可靠性增长工程中对特殊试验设备的要求。

高加速应力试验分为 HALT 和 HASS,其目的是寻找产品的设计、工艺和制造缺陷,为改进设计或消除故障隐患提供信息。HAST 使用最严酷的应力或规范规定的最高应力,需要特定设计的试验设备,才能有效实施试验,并快速发现产品缺陷和获取最大的应力裕度。

HAST 设备的基本要求:要达到快速激发的目的,施加的应力要远远超出规范规定的应力极限以上,要求 HAST 试验设备能够提供这种高应力,并能加以控制。与传统试验相比,HAST 设备需要更宽的温度范围和更高的温度变化速率及更大的加速度均方根值。一般其温度变化范围达 100℃ 以上,温度变化速率为 60℃/min 以上,至少达 45℃/min,六轴向随机振动的频率范围为 10Hz ~ 10kHz,加速度均方根值最高可达 30Grms。

目前,HAST,一般使用由全轴向振动台和高温度变化速率、宽温度范围的试验箱组成的高加速试验设备,具备六自由度随机振动和快速温度变化的能力,具备适当的电压拉偏和通断电循环功能。

（1）振动激励系统。HAST 使用往复式机械振动冲击系统,该系统使用气体作为动力,产生六自由度振动激励,3 个正交轴方向的振动和以这 3 个轴为中心的 3 个扭转矢量上的运动。六自由度气动振动系统与传统振动系统相比,具有多轴向、频率范围宽的特点,能产生很高的峰值加速度,更适用 HAST。

（2）快速温度变化系统。HAST 的快速温度变化系统由试验箱、液氮罐及管路控制阀组成。液氮通过一组喷管经与加热系统相同的气路进入试验箱内部,由于液氮通过这些喷管喷出,立即变成冷气体（-193℃）,气体膨胀吸收大量的热量,产生致冷效果。加热系统与传统试验箱基本相同。冷却系统一般不采购用传统机械系统致冷,而是用液氮致冷,这是 HAST 系统与传统试验箱的最大区别。因为当要求长时间保温和缓慢温度变化热循环时,机械制冷非常有效且成本低;当要求短时间保温和快速温度变化热循环时,液氮系统则更为有效,而且其温度变化速率远高于机械致冷压缩机系统。

落实研制经费:航天器可靠性增长是一项高投入的专项工程,需要通过从机制上、政策上,保证工程研制经费、保证工程的有效实施。应该根据可靠性增长工程的目的、对象,以及产品失效的原因,多渠道支撑项目经费,统筹安排经费,保证项目实施。同时需要兼顾工程技术能力、工程实施时间和经费投入等综合因素,做好可靠性增长工程的经费预算、经费使用管理。

航天器可靠性增长工程经费的落实与使用应该注意以下方面。

(1) 可靠性增长与型号研制有区别。航天器可靠性增长工程的实施对象、目标是根据可靠性增长的任务确定的,通过对确定对象开展可靠性增长,解决航天器在研制、试验、发射和在轨运行过程中已经发生的故障、故障隐患和可靠性薄弱环节,解决当前航天器在产品体系和可靠性技术方面存在的问题,以及与未来任务需求之间的差距。上述工作不完全属于型号研制工作,所以研制经费也应该是有区别的。

(2) 可靠性增长与型号研制工作有联系。航天器可靠性增长工程需要开展大量的可靠性试验,有些试验子样、试验程序都是可以与型号研制过程中的可靠性试验综合设计的,当然,研制经费也应该是统筹安排的。

(3) 对影响航天器任务成功的关键产品,应该确保可靠性增长经费;对批量产品,在第一个"V"结束时,应该预算经费,确保在第二个"V"中开展可靠性增长。

(4) 重视增长基线的控制。在航天器研制、生产的不同阶段开展可靠性增长,其效费比是不同的,应该合理选择增长对象、确定增长基线,在最少的经费投入下实现最大的增长率。

(5) 关注质量和成本的关系。有效控制、耗费大量人力、物力等环节,要兼顾成本控制,通过控制措施、技术改进等方法,在确保可靠性增长的前提下逐步降低增长成本。

6.6　明确工程成果应用

航天器可靠性增长工程目标明确,增长成果突出,增长效果显著。通过可靠性增长工程,形成了一批成果,为提高航天器可靠性设计、分析、试验的整体水平及航天器效能做出了贡献。航天器可靠性增长工程,需求来源于型号任务,增长目标围绕型号任务目标,增长成果应用于型号;建立了可靠性增长成果的应用机制,实现了可靠性增长工程成果与型号应用的无缝衔接。

可靠性增长工程实践表明,根据型号任务的需求开展可靠性增长工程,符合复杂系统可靠性增长的客观规律,符合我国航天型号研制和发展过程的实际需要。

6.6.1 工程成果形式

可靠性增长工程成果包括产品实物成果、标准规范成果和科技创新成果。

1. 产品实物成果

通过可靠性增长工程,打造了一批长寿命、高可靠、型谱化、通用化、低成本的航天器产品。

可靠性增长工程的增长对象全面覆盖了型谱的 14 个专业,覆盖了全部关键通用产品;对重点关键产品,可靠性增长成果经过了不同规格产品的应用验证;对通用产品,可靠性增长成果经过了最大包络试验的验证;通过可靠性增长工程工作,丰富了产品长寿命高可靠试验子样和试验数据,拓展了产品的空间环境应用裕度。

(1)培育了一批航天器关键通用单机,达到了新的可靠性水平。

例如,控制分系统的动量轮、太阳翼驱动机构、红外地球敏感器、星敏感器、控制计算机;推进系统发动机、推进线路、推进系统管路、表面张力储箱;供配电分系统的太阳翼、一次电源、二次电源等关键、通用单机,通过可靠性增长,解决了制约产品长寿命高可靠的薄弱环节,减少了单点故障和故障隐患,提高了系统的可靠性和综合效能;缩短了产品研制周期、降低了研制成本。航天器达到了新的可靠性水平。

(2)探索了一批航天器产品在轨可靠性增长的途径,提升了产品的在轨工作寿命和应用效能。

例如,通过卫星在轨管理技术的可靠性增长研究,将可靠性工作从设计、生产、试验、发射延伸到了在轨使用阶段;建立了卫星平台化的在轨报警、预警系统;分析了卫星在轨性能变化情况,形成了设计改进策略,并有效地应用到后续型号;建立了航天器在轨故障信息库,实时存储了卫星姿态数据、遥测参数和地面发送指令执行情况等完整数据,收录了航天器在轨异常和故障信息;使航天器从研制到在轨形成了全过程可靠性增长的技术闭环,也为航天器的在轨管理奠定了技术基础。

(3)建立了一批航天器产品关键指标的量化数据,为建立量化模型、实现量化设计奠定了基础。

航天器影响产品可靠性的关键指标进行了量化研究和可靠性增长,开展了大量的极限试验、寿命试验和加速寿命试验,突破了影响产品可靠性的关键技术,获得了产品设计、工艺关键特性数据,为航天器可靠性的量化设计、量化控制、建立产品测试试验考核体系奠定了基础。

例如,对影响任务成败的关键单机开展了应力极限试验。对太阳翼压紧释放机构的火工切割器进行了应力极限试验,对太阳翼展开锁定机构的展开铰链,开展了极限工况下的性能试验;对天线展开机构开展了极限力矩、极限工作温度摸底试验;对推进分系统压力传感器开展了压力疲劳极限试验等。

例如,对关键单机开展了寿命试验和加速寿命试验。开展了地球敏感器、动量轮、太阳帆板驱动机构、天线等产品的可靠性寿命试验,其中对动量轮整机开展了全寿命验证试验,对决定动量轮寿命的轴承组件,开展了模拟产品实际工作条件下的运行试验,并定期进行解剖,获得轴承组件润滑系统的寿命数据;对经过可靠性增长后的地球敏感器进行了整机 1∶1 寿命试验,扫描轴系 1∶1 寿命试验,扫描轴系径向、轴向临界工况寿命试验等。

通过可靠性增长工程,解决了航天器产品已暴露的薄弱环节,大幅度消除了故障隐患,消除研制生产过程中的薄弱环节,持续提升了产品可靠性水平。按照"优化过去、支撑现在、满足未来"的可靠性增长原则,初步形成了经过可靠性增长后的航天器平台和单机产品的通用产品体系,验证了各类产品的可靠性特征参数和主要技术指标,满足当前和后续型号的应用需求。

航天器的整体可靠性水平和系统效能不断提高,缩短研制周期,降低研制成本,为奠定航天器通用产品的技术发展路线、新研产品开发和成熟产品选用等各项工作,为最终实现航天器的优质、高效、快速、稳定生产奠定了产品基础。

2. 标准规范成果

经过可靠性增长的多年实施,验证固化了一批可靠性增长成果。制定完善了一批可靠性设计规范、工艺规范和试验规范,建设完善了产品可靠性标准规范体系。对固化稳定航天器产品的可靠性水平,规范指导后续航天器产品的可靠性工作具有重要的意义。

为了保证可靠性增长工程标准规范的编制质量,在工程实施中,制定可靠性增长工程成果标准转化的专项策划,并将工程成果的标准制定、更新计划纳入标准化的规划计划中;标准化技术中心全过程指导工程标准规范的转化指导,负责解决标准编制中的共性问题;按标准编制发布程序,组织标准规范的审查与落实情况的跟踪,以及工程标准规范的发布和应用。

通过可靠性增长工程,建立完善了关键通用产品的设计、工艺和试验标准体系。

例如,在可靠性增长工程中,开展了太阳翼产品试验标准研究,深入研究了国外标准,如 ISO、ECSS 和 MIL - STD 等关于太阳翼试验的要求,研究了国内各类航天器的太阳翼产品试验情况,编制了不同规格太阳翼系列产品试验规范,并通过了可靠性增长工程的实践和验证,完善了太阳翼产品试验标准体系。

例如,产品规范是可靠性增长工程中,涉及技术因素最多的一类标准规范,通过可靠性增长工程,建立完善了产品规范体系。产品规范是规定产品应符合的要求及其符合性检验和验证的一类标准化技术文件,是产品研制方在产品开发过程中建立并逐步完善的,用于开展产品设计、生产、试验,以及成熟度提升工作的依据,也是产品选用、采购、验收的基本依据。为了保证可靠性增长工程中产品规范的编制质量,对产品规范的编制组织形式和编制人资格进行了规定,如各产品研制单位应成立工程产品规范编制组,并明确产品规范起草的主要执笔人;编制组组长一般应由该产品首席设计师担任,并直接负责组织该产品规范的起草工作;承担规范起草工作的人员,一般应具备2年以上该类产品研制经验和高级工程师以上技术职称。

产品规范框架示例如下:

1　范围
2　规范性引用文件
3　要求
　3.1　功能
　3.2　组成、尺寸、重量、外观……
　3.3　标志和代号
　3.4　性能
　3.5　接口:机械接口、热接口、电接口……
　3.6　功耗
　3.7　寿命
　3.8　环境适应性
　3.9　可靠性、安全性、维修性、测试性……
　3.10　材料、工艺……
　　⋮
4　质量保证
　4.1　检验分类
　4.2　检验条件
　4.3　鉴定检验:检验项目、检验数量、检验时机……
　4.4　交收检验:检验项目、检验数量、检验时机……
　4.5　判定规则:合格判据、重检规则
　4.6　包装检验
　4.7　检验方法
　　⋮
5　交货准备
6　说明事项

检验项目示例见表6.6.1所列。

表 6.6.1　检验项目表(示例)

序号	项目		鉴定检验	交收检验	要求	检验方法
1	功能					
2	组成					
3	尺寸					
4	重量					
5	外观					
6	标志和代号					
7	材料					
8	性能	性能参数1				
		性能参数2				
		性能参数 X				
		…				
9	接口	机械接口				
		电接口				
		热接口				
		…				
10	功耗					
11	寿命					
12	环境适应性	力学环境				
		热环境				
		空间环境				
		电磁兼容性				
13	可靠性					
14	安全性					
15	运输性					
16	测试性					
17	元器件及标准零、部件要求					
18	工艺					
19	…					

产品规范的主题内容应该反映产品的技术要求、质量保证和技术状态,其中对产品性能的描述应该全面反映产品当前的技术状态,提出的参数指标应该已

经得到了验证或者有验证的方法;对产品接口要求的规定应该具体详细,可支撑型号对产品的选用;对产品环境适应性要求的规定可体现随产品成熟度提升与环境适应能力提升的关系;对产品可靠性和寿命的要求应该能反映产品经历可靠性增长的过程与结果。

产品规范技术内容应该全面准确,产品规范规定的产品技术状态明确,可支撑后续型号选用。在产品规范的第 3 章"要求",规定了对产品必须的要求,以满足产品的预定用途和实际需要;在产品选用时,当本章规定的要求项目覆盖了产品任务书要求项目时,则产品符合选用要求;当产品通过可靠性增长时,其中的多条要求是有发生变化的,如产品规范中 3.7 条的寿命指标要求,包括有效工作寿命时间、累计通电时间、开关动作次数等,对有储存要求的产品还应该包含了储存寿命等;如产品规范中 3.8 条,是产品满足其环境适应性能力所需的工作环境参数量值及其偏差,在产品经历了环境适应性可靠性增长后,产品能达到的环境参数有了新的量值;如产品规范中 3.9 条规定的可靠性定量要求,包括失效率、平均寿命、MTBF、可靠度等,都是可靠性增长对应的特征量,在可靠性增长活动中应得到了提升。

在产品规范的第 4 章"质量保证",规定了检验方法和验证方法,与第 3 章的"要求"是对应的,在形式上前后顺序也应该一致。表 6.6.1 规定的所有检验项目可以分为两类:一是必检项目,必检项目不能删减且只有均符合要求,才可判定为合格;二是非必检项目,可以根据产品特性进行删减,非必检项目若检查或验证不符合要求,则可以删去,不影响该产品的合格判定。非必检项目反映了产品的一种能力。

3. 技术创新成果

航天器可靠性增长工程,是航天器产品可靠性实现和可靠性理论升华的过程,通过可靠性增长工程的实施,实现了一系列的突破和创新。

(1)突破了动量轮、太阳翼、行波管等产品的可靠性技术瓶颈,围绕产品的可靠性增长量化目标,通过系统的可靠性分析、设计、试验验证和评估,实现了卫星长寿命、小子样产品可靠性增长目标的定量验证,将航天器的可靠性提升到新的水平。

(2)空间环境适应性、卫星在轨故障诊断隔离、最坏情况分析技术、FPGA可靠应用技术、小子样可靠性评估等可靠性关键技术的研究,推动了航天器可靠性设计、分析和验证整体水平的提升;形成航天器产品可靠性增长技术理论和方法,指导航天器产品可靠性的实现和增长。

(3)从技术上实现了航天器长寿命小子样产品可靠性增长基线、增长计划和增长目标迭代闭环的有效途径;实现了通过产品的可靠性增长,加速航天器产品可靠性增长、成熟度提升的方法,成功探索了航天器货架产品的加速培育途径。

(4) 航天器可靠性增长工程是一次成功的创新实践。通过航天器可靠性增长工程的成功实施,航天器领域较为规范地提出了可靠性增长工程实施的基本概念和实施方法,建立了完整的可靠性增长工程技术规范体系和产品体系,实施效果得到了型号工程的应用验证。

6.6.2　成果应用机制

航天器可靠性增长工程与型号研制工作有机融合,在可靠性增长工程实施中,建立可靠性增长成果应用机制,制定可靠性增长成果应用策划,并在工程实施中加强落实,航天器可靠性增长成果获得了全面和持续的应用。

航天器可靠性增长工程,形成了以下成果应用机制。

(1) 建立技术状态管理制度。在可靠性增长工程中,加强技术状态管理,对可靠性增长后的产品技术状态进行固化,确保技术状态更改,在落实到产品实物的同时,及时落实到产品的基线文件中,保证文件与实物相符,保证后续产品研制所依据的基线准确无误。

(2) 建立产品基线型谱完善机制。加强可靠性增长基线和产品成熟度定级技术状态基线的梳理与确认,梳理工程开始前后产品的增长基线和技术状态,分析状态变化的内容、验证的要求,保证实施可靠性增长后进入产品型谱的产品,其功能、性能和可靠性等指标通过了充分的试验验证。

对于以一次飞行后的产品技术状态作为可靠性增长基线的,关注可靠性增长后产品技术状态与首发型号设计状态的差异,在后续航天器产品的研制前,完成相应的设计完善和基线状态文件更改,并有效审查和确认,作为航天器产品的基线型谱。

(3) 建立型号应用对接机制。航天器可靠性增长工程,根据不同航天器产品的可靠性增长基线状态,确定增长成果的首次应用型号,按照应用型号的技术要求、进度要求完成全部可靠性增长工作,并根据型号任务剖面,完成地面应用验证试验,完成可靠性评估,与应用型号鉴定件状态直接衔接。

(4) 建立可靠性增长成果固化机制。通过可靠性增长,被验证为有效的故障纠正措施,除了及时纳入产品基线,落实到产品的设计文件、工艺文件和图纸中以外,还需要形成相应的设计规范、工艺规范、数据库、软件工具,以应用于后续型号。

在航天器可靠性增长工程实施中,贯彻落实了以下成果应用措施。

(1) 在工程论证中。强调产品研制和型号应用相结合的原则,项目申报过程时,梳理典型应用型号和推广应用型号,并绑定首用型号,各项目按所属型号研制发射进度,策划安排具体工作内容;项目计划进度与型号应用需求一致,确保能及时应用于型号。

(2)在项目实施中。在项目实施方案中,制定成果应用计划,详细计划项目成果与应用型号的对应时间;制定项目成果推广应用策划和成果应用前景分析。聘请项目首用型号总师、副总师担任责任专家,对项目实施中的技术和质量把关,确保项目成果转化和应用。

(3)在项目验收时。在航天器可靠性增长项目验收时,需提供可靠性增长研究成果应用证明,或经应用型号总师签字的成果应用计划;在项目验收后一段时间,可靠性增长工程项目管理办公室对各项目研究成果应用情况进行检查或验收。

通过可靠性增长成果应用机制的建立完善和应用管理措施的落实,实现了航天器可靠性增长成果与型号应用的无缝衔接。

第 **7** 章

航天器可靠性增长工程实践示例

▨ 7.1 机电类产品可靠性增长示例

7.1.1 机电类产品特点

1. 航天器机电产品定义及范围

机电产品属于复杂的机械,即结合应用机械技术和电子技术于一体,是一门综合机械与信息技术、自动控制技术、传感检测技术、伺服传动技术和机械技术等交叉的系统技术,目前正向光机电一体技术方向发展,应用范围越来越广泛。

航天器机电产品是以电能作为主要能量转换方式,以机械运动为主要特征的空间机器。航天器常用机电产品包括太阳翼驱动机构、天线驱动机构、舱门驱动机构、跟踪指向机构、飞轮、控制力矩陀螺、扫描相机、空间机器人、取样封装机构等,如图 7.1.1 所示。

图 7.1.1 航天器机电类产品示例

2. 航天器机电类产品特点

(1) 产品涉及到的专业面十分广泛。机电类产品的基本组成如图 7.1.2 所示。复杂航天器机电产品通常集合了材料、力学、摩擦学、电子、电磁、控制等多个学科,涉及机械设计、界面润滑及传动、电机设计、传感器设计、电路设计、控制理论和精密加工、装配、计量等专业技术。

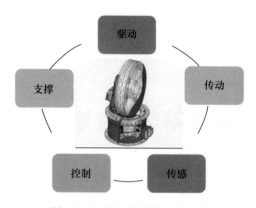

图 7.1.2　机电类产品基本组成

（2）状态多，子样少，成熟度低。航天器机电产品通常由多个功能组件组成，每一类功能组件根据产品性能和使用要求又有众多的可选技术方案，不同功能组件的多种组合形成的产品技术状态繁多，相应的制造、装配工艺和过程控制手段各有特点，单一产品的研制和应用子样少，产品实际成熟度通常较低。

（3）设计有效性验证依赖于工程考核。由于产品种类繁多，功能各异，组件技术和特种工艺技术多样化，跨学科精细化建模仿真技术尚不成熟，因此，针对复杂机构产品，难以通过仿真分析准确地评价设计有效性，更强地依赖工程考核的充分性和完备性。

（4）问题隐患不显见，故障扩展随时间累积效应明显。由于机构产品的运动特性和力传递特性，使机构产品在界面摩擦磨损、材料抗疲劳、材料强度及韧性、特种工艺在长期应力作用下的稳定性等方面成为故障多发环节，而这些环节存在的隐患问题通常需要较长时间考核才能够显见。

7.1.2　飞轮产品工作寿命增长

以飞轮产品为例，说明产品工作寿命增长，如图 7.1.3 和图 7.1.4 所示。

飞轮是航天器姿态控制系统中重要的惯性执行部件，借助轮体的高速旋转提供角动量或输出力矩，卫星通过与飞轮的角动量交换实现姿态控制。可靠性增长前，国产飞轮的寿命为 8 年，不满足长寿命航天器平台 15 年的寿命要求，长寿命航天器主要依赖进口飞轮。通过可靠性增长工作，突破关键技术，国产飞轮实现 15 年长寿命、高可靠的目标。

7.1.2.1　微孔供油技术

1）可靠性增长特征量分析

飞轮高转速下，润滑油形成弹性流体油膜，稳定合适的供油速率是确保轴承

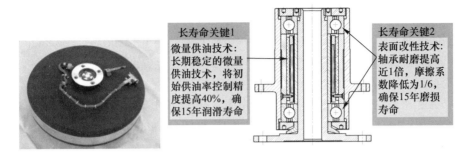

长寿命关键1
微量供油技术：长期稳定的微量供油技术，将初始供油率控制精度提高40%，确保15年润滑寿命

长寿命关键2
表面改性技术：轴承耐磨提高近1倍，摩擦系数降低为1/6，确保15年磨损寿命

图 7.1.3　飞轮产品长寿命关键

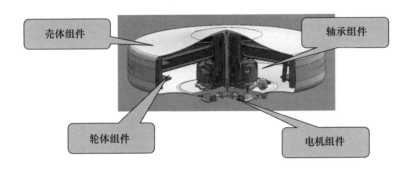

壳体组件

轴承组件

轮体组件

电机组件

图 7.1.4　飞轮内部结构图

润滑稳定的重要条件。轴承组件的供油速率会随着时间降低，因此，一般通过控制初始供油速率的方法来确保轴承组件长期供油率的变化趋势。为实现可靠的长寿命润滑，需将轴承组件初始供油率由 $0.1 \sim 0.8$ mg/24h 控制至 $0.2 \sim 0.5$ mg/24h。微孔供油方式是比较理想的微量供油实现方式，可降低装配难度，德国 TELDIX 飞轮很早就采用了这种方式，国内当时由于加工设备工具限制而没有应用。

2）可靠性增长实施

为了保障轴承工作的稳定性和长寿命，需进一步缩小初始供油率的控制范围。对初始供油率的评价方法主要是称重法，即连续运转一段时间后通过称储油室的重量损失来计算平均出油速率，计算公式如下：初始供油速率＝（储油室当前重量 − 储油室原始重量）/运行时间。

可靠性增长工程，共开展了微孔供油的理论设计和分析、直径 $50 \mu m$ 微孔的机械加工、微孔测量和检查、微孔初始供油率试验筛选 4 项工作的研究。

（1）微孔供油的理论设计和分析。供油系统的供油采用微孔供油方式，供油速率的控制采用微孔节流的方案，根据微孔的直径大小来控制供油系统的初始供油速率。根据受力分析,储油器中的润滑油的受力中,毛细力和离心力是推动润滑油从微孔中渗出的动力。在可靠性增长过程中,需要对储油腔中的润滑油受到的毛细力和离心力进行力学分析,根据计算圆管层流的 Hagen – Poiseuille 公式,详细分析和估算了理论初始供油率,对轴承组件的初始供油率进行了详细的理论计算。

为了让理论计算的初始供油率更为准确,进行了甩油试验,根据甩油试验的结果对理论供油率进行修正。通过理论计算可知,在 4600r/min 的转速下,1 个直径 0.05mm 微孔的初始供油率为 0.14mg/24h。为了保障技术要求中的 0.2 ~ 0.5mg/24h 的出油率,再考虑到安全性,设计为 3 个微孔,则每天的总初始供油率为 0.42mg/24h,即可满足 0.2 ~ 0.5mg/24h 的技术要求。

(2)微孔的机械加工研究。通过对钻孔工艺的大量摸索,得到合适的工艺参数,成功在厚度为 0.45mm 和 0.5mm 的平板材料上均加工出了直径为 50 ~ 55μm 的微孔,锥度小于 5μm,表面质量良好,满足设计需求。对钻孔工艺进行了进一步优化,在储油室零件的外圆上成功加工出 50μm 直径的微孔,并可以保证一根钻头加工几十个微孔。共加工了约 90 件储油室实物,加工工艺稳定,并形成了《特细钻头加工储油室出油微孔工艺规程》。

(3)微孔初始供油率试验筛选研究。对微孔的储油室的初始供油速率进行筛选试验。供油率测试前,对储油室用电子天平称重记为 M_1,然后在 4600r/min 转速下共运行 10 天,结束后对储油室用电子天平称重记为 M_2,每天的初始供油率为 $(M_1 - M_2)/10$。对初始供油率满足 0.2 ~ 0.5mg/24h 的储油室即为合格的储油室。由于储油室的初始供油率会随着运转时间的增长而降低,因此对于不合格的储油室,经过初步判断后,主要保证储油腔内的载油脂是大于 4g 的前提下,允许进行多次初始供油率运转测试。共开展了 38 个储油室的供油率筛选,一次合格的有 28 个,合格率为 73%,而以前供油率筛选合格率一般在 50% 左右。

3)关键技术和成果

通过 50μm 微孔的供油理论设计和筛选试验验证,实现了将初始供油速率控制在 0.2 ~ 0.5mg/24h 的设计目标。从设计上保证了轴承组件的 15 年以上润滑寿命。

7.1.2.2　轴承表面改性

1)可靠性增长特征量分析

轴承套圈沟道表面自身的耐磨性是影响轴承寿命的重要因素。对轴承进行表面改性提高其耐磨性可提高润滑寿命和轴承边界润滑性能。轴承表面改性后的主要技术指标如下。

（1）轴承滚道表面硬度由 59HRC 提高到 60HRC 以上。

（2）表面干摩擦系数由大于 0.1 降低到小于等于 0.05。

国外长寿命飞轮也采用了轴承表面改性技术，降低轴承摩擦磨损、延长润滑寿命。

2）可靠性增长实施

选择注入离子种类，筛选 10 套飞轮轴承进行工艺试验。工艺试验时，用平行试样评价改性层的物理性能参数，主要项目包括摩擦磨损性能、粗糙度、XPS 能谱、强化层厚度、显微硬度等。对轴承进行改性前后的全面参数对比，主要包括几何尺寸参数、沟形、内外圈圆度、旋转精度、接触角、基材硬度、振动值、改性表面浸润性等。考察改性后轴承组件的运行性能情况。

轴承表面改性采用 PIII&D 技术（等离子体浸没技术），对轴承内外圈沟道进行离子注入氮的表面改性。整个离子注入过程中，最高温度小于 90℃。根据《轴承表面改性方案设计报告》中确定的技术路线，对 12 套轴承内、外套圈分别进行了 3 种参数的氮离子注入，每种工艺参数下均同炉处理了 2 个陪试件。然后，对轴承的精度和性能进行复测，包括检测轴承内外圈圆度、内外沟道圆度、沟形、刚度以及旋转精度等，并对改性层进行性能测试，包括表面粗糙度测试、摩擦系数测试、磨损量测试、显微硬度测试、纳米硬度测试、XPS 能谱分析等。改性层的性能测试，主要通过平行试样的性能检测结果反应。根据平行试样的性能测试结果，并结合轴承精度和性能的检测结果，确定最终的工艺参数和方案。

外圈和内圈改性后的照片如图 7.1.5 所示，在 100 倍显微镜下对轴承内、外套圈的沟道进行了检查，并没有发现异常情况。如图 7.1.6 所示。

图 7.1.5　外圈和内圈改性后

（1）轴承精度和性能复测结果。在整个离子注入过程中，最高温度小于 90℃，避免了轴承钢材因回火而导致的轴承尺寸发生变化。轴承精度和性能复测均在轴承专用检测设备上和规定的环境条件下，每个项目选取了每种工艺参

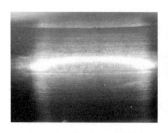

图 7.1.6　注氮改性后的内圈沟道和外圈沟道

数下的一套轴承进行了测试。结论如下：轴承改性后的内外套圈的几何尺寸、内外圈的沟形半径、沟形误差、沟道粗糙度、内外圈圆度、轴承旋转精度、轴承振动（加速度值）等与改性前相比变化很小，仍均满足 P4 级轴承的精度要求。

　　轴承改性后，开展改性表面与装配工艺和使用要求相关的性能相容性和适用性研究，包括对轴承标准清洗工艺的适应性研究、TCP 磷化处理适应性研究、润滑油表面浸润性测试，如图 7.1.7 和图 7.1.8 所示。测试结果表明，注氮改性表面对润滑油具有良好的浸润性、与 TCP 表面磷化处理工艺相容、与表面清洗工艺相容。

图 7.1.7　TCP 处理后的照片

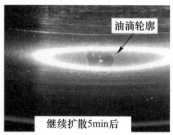

图 7.1.8　小油滴与注氮表面的浸润性

　　（2）粗糙度和表面形貌测试结果。采用 TM 3100 原子力显微镜（AFM）对未改性的陪试件和改性后的陪试件进行了表面形貌和粗糙度测量，内、外圈典型的 AFM 图如图 7.1.9 所示。注氮改性表面的表面形貌与基体形貌基本相同。注氮陪试件表面粗糙度 Ra 为 35～50nm,表面改性并未明显改变其表面粗糙度量值,完全满足 P4 级轴承对表面粗糙度的要求($Ra \leqslant 0.063\mu m$)。

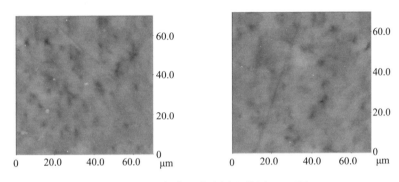

图 7.1.9　注氮表面的内圈和外圈 AFM 图

（3）XPS 能谱分析结果。成分分析采用 XPS 法进行,即利用氩离子刻蚀的方法逐层剥离表面改性层并分析其成分分布,然后测量其厚度。将轴承内圈和外圈分别用线切割切成 3 块 XPS 测试件,线切割时每块试件之间的间隔角度约为 90°,如图 7.1.10 所示。

图 7.1.10　轴承内圈和测试件制作示意图

通过对注氮后轴承内圈和外圈沟道的 XPS 分析,得出如下结论。

① 内圈注入的深度大于 0.2μm(其中 N1s 含量峰值深度约为 75nm),外圈注入的深度大于 0.15μm(其中 N1s 含量峰值深度约为 40nm)。

② 沟道表面改性层分布均匀。内圈沿沟道圆周方向的最大偏差为 12%,沿截面方向的最大偏差为 8.5%;外圈沿沟道圆周方向的最大偏差为 15%,沿截面方向的最大偏差为 11%。改性层在圆周方向和截面方向都比较均匀。

③ 表层氮主要以 CrN 相的形式存在,这种超硬的氮化物沉淀相弥散分布在改性层中,是表面显微硬度和耐磨性提高的主要原因。

图 7.1.11 和图 7.1.12 分别为轴承内圈、外圈沟道表面的 XPS 能谱图,图 7.1.13 为氮元素和铬元素的 XPS 全谱图。

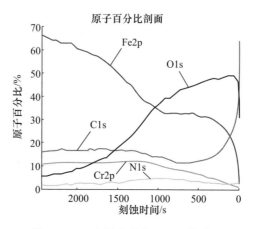

图 7.1.11 内圈沟道表面 XPS 能谱图

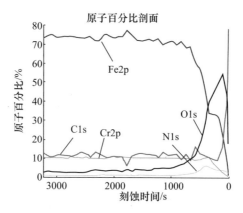

图 7.1.12 外圈沟道表面 XPS 能谱

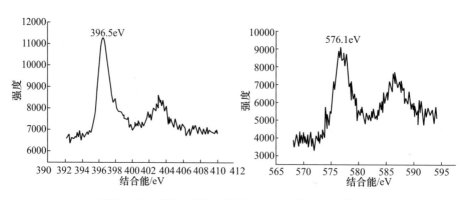

图 7.1.13 轴承内圈 N 元素和 Cr 元素的 XPS 全谱图

（4）硬度测试结果。为了更加全面地反映改性层的硬度变化情况，分别对其显微硬度和纳米硬度进行了测量。两种硬度测试设备及载荷参数设置如下。显微硬度测试设备：HVS - 1000 显微硬度计；载荷：25g；纳米硬度测试设备：TRIBOINDENTER纳米硬度计；载荷：1mN。陪试件硬度测量结果如表7.1.1所列。注氮改性后，内圈和外圈注氮层的陪试件的表面硬度为分别为 62 ~ 63.9HRC、62 ~ 63HRC，均高于基体的 58 ~ 59HRC，达到了预定的指标。

表7.1.1 表面改性层硬度测试结果

套圈	陪试件编号	显微硬度/HV	显微硬度/HRC	纳米硬度/GPa
外圈	090405	746 ~ 772	62 ~ 63	10.7
内圈	090407	746 ~ 795.8	62 ~ 63.9	7.5
基体	090401	653 ~ 674	58 ~ 59	1.9

（5）摩擦磨损性能测试结果。摩擦磨损试验采用 WTM - 2E 型球盘氏摩擦磨损试验机，上试样为 G10 级 6 的钢球。测量摩擦系数时载荷为 10g，转速为 300r/min，测量磨痕宽度时，载荷为 50g，速度为 300r/min。

图7.1.14 为基体和注氮后陪试件的摩擦系数图。注氮改性后的表面的初期摩擦系数约为 0.02，小于基体材料的 0.12，仅为其 1/6 左右。在耐磨性上，基体在 200 ~ 500 圈时表面即被磨透，出现严重磨损，导致摩擦系数增大，改性层在 2000 圈左右时，才表现出摩擦系数增大并波动，而且摩擦系数最大也才增大到不到 0.04，仍小于基体的 0.12。这说明，表面改性后的表面耐磨性至少提高了4倍。

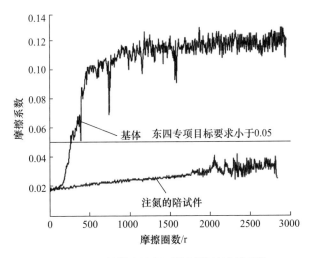

图7.1.14 基体和注氮后陪试件的摩擦系数

磨痕宽度方面,在 50g 载荷下,1200 圈时各陪试件的磨痕宽度及磨痕形貌统计如表 7.1.2 所列。注氮改性后的试样磨痕不连续,说明在试验 1200r 后仍未被彻底磨穿,未发生严重磨损,并且宽度仅有 40μm。基体的磨痕宽度为 100μm。

表 7.1.2　内圈陪试件磨痕宽度及形貌统计

	磨痕形貌	磨痕宽度/μm
注氮改性后	不连续	40
基体	连续	100

3)关键技术和成果

通过轴承 PIII&D 表面改性技术的研究,实现了在整个工艺过程中以较低温度(小于 90℃)在非规则表面较均匀(不均匀最大偏差为 15%)进行离子注入的表面改性。轴承沟道进行表面改性技术后,轴承的精度未发生改变,仍满足 P4 等级精度的要求。轴承沟道的显微硬度从现在的 59HRC 提高到了 62 ~ 63HRC,摩擦系数从 0.1 降低到了 0.02。

通过轴承表面改性技术的研究,建立了 B7004 轴承表面改性的工艺文件、产保文件和数据记录文件,并按照归档后的产保文件和工艺文件完成了 5 批次共 130 多套的轴承表面改性,表面改性工艺稳定,建立可靠性增长后的技术状态基线。

7.1.3　飞轮产品耐环境能力增长

机电类产品开发周期长,长寿命高可靠验证方法复杂、成本高,采取统一同类产品技术状态、开展环境最大包络适应性验证试验、极限工况验证试验,产品生产周期进一步缩短,成熟度得以快速提升。

7.1.3.1　飞轮环境适应能力增长与验证

1)力学适应能力增长

350 型飞轮产品力学性能的主要影响因素包括主要承力件材料及轴承组件承载强度、零组件连接强度、放大因子、力学作用下的间隙。

(1)主要承力件材料及轴承组件承载强度的影响及基本要求。飞轮在力学条件下主要的承力件包括飞轮安装基座、轴承组件和轮体组件,其中基座和轮体组件的承载强度主要同材料和材料的处理工艺相关,轴承组件的承载强度与轴承组件的特性、轴承组件的安装使用方式相关,飞轮在承受径向应力情况下,轴承组件应为双端支撑模式。如果这些零组件的材料、材料的处理工艺存在缺陷或轴承组件双端支撑存在装配缺陷,将会使飞轮在一定力学情况下造成承力件的塑性变形或断裂而引发相应故障。在对结构强度或稳定性设计分析中,考虑材料特性、设计方法和制造工艺等方面的不确定性,并在最大使用载荷上具有相应的设计安全系数。对轴承组件双端支撑的装配实现过程中明确控制措施并形成可追溯的检测记录。

(2)零组件连接强度的影响及基本要求。飞轮内部结构包含各零组件,力学应力下设计分析的前提以及工艺实现的目标是保证零组件均实现固连。如果零组件的连接存在松动,将会造成在力学应力下零组件产生不可预知的改变,从而使所受应力超出设计安全范围引起零组件及连接件的塑性变形或断裂引发相应故障。在设计上,所有连接件的规格选定确保在最大载荷下具有相应的安全裕度,在工艺上明确所有连接件的安装方式(重点是拧紧力矩)和防松方式(如螺纹封、端封或点焊),产品实现过程中明确控制措施并形成可追溯的检查记录。

(3)放大因子的影响及基本要求。飞轮轮体在力学条件下会在某些频率上产生振动幅度放大,该放大产生的作用力将直接作用于轴承组件上,因此,在350 系列飞轮轮体组件生产过程中要对其放大因子进行测试并做适当地调整,以确保在确定的力学条件下所产生的作用力符合轴承组件的使用要求。如果飞轮轮体的放大因子超出设计要求,在力学试验或发射过程中将会对轴承组件造成过大的应力,可能导致对轴承组件的零件表面状态和运转寿命造成潜在的影响甚至造成轴承组件损坏。在设计上对放大因子的确定充分考虑到其在不同力学情况下的变化特点,保证在全部力学条件内对轴承组件的作用力均符合安全使用要求。在工艺上明确放大因子的测量和调整方法,产品实现过程中明确控制措施并形成可追溯的检测记录。

(4)力学作用下的间隙影响及基本要求。飞轮内部零件如果在力学条件下由于零件的微小形变造成相互之间的磕碰或挤压,将会对零件造成不期望的损伤或不可复原的间隙变化。从安全角度考虑,在考虑设计极限公差下对非直接固连的零件间间隙小于 0.5mm 的环节,在力学仿真模型中分析其间隙变化情况,对鉴定试验产品,在经历力学试验后分解观察具有小间隙的零件表面接触情况。在产品实现过程中明确控制措施确保力学条件下零件间保持设计预期的间隙。

以上分析了 350 飞轮本体力学性能相关的因素,从结构受力上,唯一的区别就是旋转部分转动惯量不一样,即轮体组件轮缘质量(形成转动惯量主要因素)不一样,从而造成这 4 种产品飞轮整机质量不一样。飞轮抗力学环境设计主要通过仿真计算和力学试验进行验证,从轮体组件、壳体组件、轴承组件以及主要受力螺钉校核4个方面,通过有限元分析软件模拟验证飞轮静力学和动力学性能是完全能满足任务书的要求,满足飞轮产品的鉴定级试验条件。故分析350飞轮本体的力学极限能力大小以其所能承受的力学环境试验条件作为依据。

飞轮在整个生命周期中要经历的力学环境包括验收级力学环境试验、交付后整星力学环境试验、发射主动段和在轨所经历工况的力学环境。350飞轮作为机电活动部件,其寿命实现的核心——轴承,在力学试验中不可避免会有损伤,试验量级越大,轴承受到的损伤就越大。地面鉴定级力学试验条件是目前飞轮所经历的最严酷的力学条件,可作为目前350系列飞轮所能承受的力学极限能力基础。

如图7.1.15所示,针对GRMW-350-50B型飞轮产品试验件1#和2#,分别开展了轴向和径向正弦振动摸底试验,试验频率区间为10~100Hz,轴向试验振动幅值由10g逐步增加至20g,径向试验振动幅值由10g逐步增加至18g。轴向振动试验后,产品正常;径向振动试验中,产品顺利通过17g正弦振动,稍后的18g振动后主轴根部断裂。

图7.1.15 GRMW-350-50B型飞轮径向应力(随机振动)

2)热环境适应能力增长

(1)350型飞轮本体热适应性分析。350型飞轮热设计的重点在于轴承组件和电机组件。轴承组件在温度过高时,其内部所用润滑油粘度会减小以致不能产生一定厚度的润滑油膜,造成金属磨损,温度高到一定程度,润滑油甚至变质,影响飞轮运转精度性能和寿命;在温度过低时,轴承组件内润滑油黏度增大,严重时将导致飞轮启动困难,阻尼矩增大,功耗增大,甚至不能输出有效力矩,长期低温下,润滑系统供油率会变小甚至不供油;温度变化范围宽,还会导致轴承预载发生变化,产品性能不稳定变化,精度变差,各种间隙设计可能不够大,转动部分和静止部分容易出现磨蹭导致旋转部分卡死,各密封环节容易失效等。350型飞轮所用轴承组件润滑油设计的正常工作温度范围是 $-20 \sim 100℃$,润滑油存活的最低温度达到 $-40℃$,设计飞轮整机的热极限试验时应考虑其润滑油的工作温度。

电机组件使用的聚砜棒可在 $-100 \sim 150℃$ 内长期使用,在水、潮湿空气或者高温下均具有良好的电绝缘性;电机组件所用漆包线允许在 $220℃$ 下长期使用;电机所用灌封材料环氧树脂类,使用温度也可以到达 $150℃$ 以上。根据航天器热控分系统的设计,产品的壳体温度一般控制在 $-15 \sim 50℃$,所以,电机组件基本满足要求,热设计极限试验,从工程实际的角度对飞轮热设计的薄弱环节进行验证,对飞轮组件的工作极限进行摸底。

(2) 350 型飞轮本体热极限试验分析。空间环境对飞轮产品的影响主要有温度水平、温度变化及温度差。安装在舱内的产品,因为温控系统的存在,产品的温度波动是缓慢的,并且与产品的热容有关,热容越大,温度变化越慢。在地面快速温变试验中,飞轮产品的温变会是一个迟滞、衰减的温变过程,故快速温变试验实施困难,且意义有限。飞轮在不同的工作状态下,对热环境的适应性不同,飞轮工作在启动工况下,当安装面底座温度在 $50℃$ 时,$15min$ 内定子温度最高可达到 $80.33℃$;正常工作时,轮内各部分温度不高,温度均在 $55℃$ 以下。飞轮在不加电、启动减速和稳态运行时飞轮本身温度各不相同,并且轴承组件在不同转速时摩擦热耗也不相同,可以根据飞轮的工作状态再将试验分为为高低温储存试验和正常工况下的热极限试验。高低温存储试验已经开展,低温 $-70℃$下不工作保持 $24h$,恢复常温后,启动飞轮,工作正常;25B 型飞轮进行了温度为 $-40 \sim +50℃$ 的地面温度存储试验,试验后飞轮各项指标正常。可见,所开展高低温存储试验条件已经很严酷,可不再继续此试验。

350 型飞轮产品的热极限试验主要针对温度水平的上下限进行验证,不以得到产品的破坏极限为目的,而是对产品的热设计裕度进行摸底。航天产品经常遇到的有两个级别的热环境试验,验收级试验条件即最高预示的热环境条件,鉴定级试验条件为最高预示的热环境加上热环境设计余量。350 型飞轮通用的鉴定级热循环试验如表 7.1.3 所列,能确保正样飞轮在轨正常工作 15 年的寿命要求。热极限试验是对热环境的设计裕度进行摸底,极限热试验设计原则是包络所有相似类型的飞轮产品以往所经历的最严酷鉴定级热试验条件,并适当扩展,可见,飞轮本体的热环境设计裕量为 $±5℃$。

表 7.1.3 350 型飞轮的力学极限试验条件

序号	试验项目	试验条件			
1	随机振动	垂直于部件安装面		平行于部件安装面	
		频域	功率谱密度	频域	功率谱密度
		$10 \sim 50$	3dB/Oct	$10 \sim 50$	3dB/Oct
		$50 \sim 400$	$0.2g^2/\text{Hz}$	$50 \sim 300$	$0.2g^2/\text{Hz}$
		$400 \sim 600$	$0.3g^2/\text{Hz}$	$300 \sim 800$	$0.1125g^2/\text{Hz}$
		$600 \sim 1500$	$0.132g^2/\text{Hz}$	$800 \sim 1500$	$0.1g^2/\text{Hz}$
		$1500 \sim 2000$	-12dB/Oct	$1500 \sim 2000$	-12dB/Oct
		总均方根加速度值:		总均方根加速度值:	
		17.08grms		14.49grms	
		持续时间:120s/向			
		加载方向:3 个主轴方向			
2	正弦振动	频域 振动幅值 0 - P			
		$10 \sim 20$ 9.37mm			
		$20 \sim 100$ 15g			
		加载扫描率:2Oct/min			
		加载方向:3 个主轴方向			
3	冲击	频域 冲击谱值($Q = 10$)			
		$100 \sim 600$ 9dB/Oct			
		$600 \sim 3500$ 1000g			
		持续时间: $\leqslant$20ms			
		试验次数: 每轴 3 次			
		加载方向: 3 个主轴方向			
4	加速度	加速方向:三向			
		加速度值:12g			
		试验次数:每个方向一次			
		加载速率:$\leqslant$5g/min			
		试验持续时间:5min			

3）力学包络适应能力验证方案

由于不同型号任务需求不同,导致飞轮产品先后经历了多种鉴定级力学条件,从试验情况来看,飞轮产品均通过了历次鉴定考核。因此,本项目飞轮力学极限能力验证条件拟以已往随机振动试验条件的均方根最大值为基础,在所有试验条件功率谱密度的包络上制定,如图 7.1.16 所示,随机振动量级不低于 17.08Grms,正弦振动 15g,冲击 1000g,加速度 12g,具体条件如下。

以 50N·m·s 飞轮为对象,考虑随机振动影响最为严酷,对随机振动条件

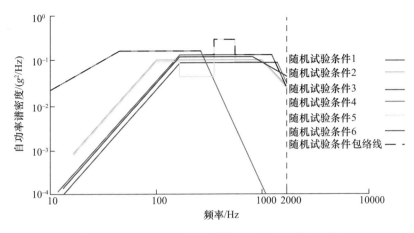

图 7.1.16 350 型飞轮的极限随机振动试验条件制定

下整机响应进行了仿真分析。径向载荷激励下,飞轮最大应力位置为主轴根部,应力为 546MPa,主轴材料为 9Cr18,屈服极限强度为 755MPa,因此,该极限条件下具有 28% 的安全裕度;轴向载荷激励下,飞轮最大应力位置为轮体轮辐与轮毂连接处,应力 45MPa,主轴根部最大应力 30MPa,具有较大安全裕度。

4) 热环境包络适应能力验证方案

汇总整理产品的鉴定级热循环试验条件,在试验条件最大包络的基础上适当外括,挑选有代表性的第三代 −50C 飞轮进行热试验验证,飞轮子样数量为 1 个,对飞轮产品的热设计裕度进行验证。具体的极限试验判据和热极限试验方案如下。

350 系列飞轮鉴定级试验包络曲线如图 7.1.17 所示,对所有型号飞轮试验条件进行包络并增加余量,350 型飞轮本体极限热环境试验的温度范围最大包络为 −15 ~ +65℃,结合其他系列的飞轮产品鉴定级热循环试验,350 型飞轮本体热极限试验条件初步设定为 −20 ~ +65℃,适当外括后为 −25 ~ +70℃。各型号飞轮产品鉴定级热试验,循环次数一般都大于 12 个循环,保证整个热循环试验的时长不小于 300h,所以在设计热试验时整个热试验的时长设计为不小于 300h,如图 7.1.18 所示。

7.1.3.2 运行工况适应能力验证

不同型号对飞轮的转速有不同的应用要求,通常不超过 5000r/min,但随着型号工况的进一步提高,部分型号提出短时达到 7000r/min 的要求。由于高转速情况下飞轮轮体始终受到较大离心力的作用,在该作用下存在轮体发生塑性形变,从而导致动不平衡量及振动量明显变大,进而影响运行寿命等问题,因此需要开展飞轮运行工况极限能力验证研究。

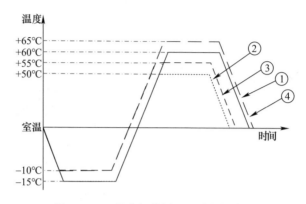

图 7.1.17 鉴定级热循环试验包络曲线

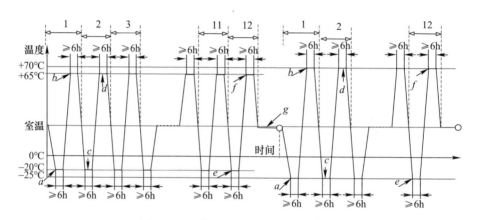

图 7.1.18 热极限试验温度曲线示意图

1) 运行工况极限能力验证方法

试验所用的 GRMW - 350 - 50B 轮体组件的工作转速范围是 4100 ~ 5100r/mim，额定转速为 4600r/mim。飞轮轮体组件在结构强度设计上都留有 1.7 倍以上的安全系数，飞轮的最高转速不得高于 6500r/mim。对主要承力件及飞轮轮体力学性能进行计算分析，轮体最大应力发生在轮毂与轮辐的焊接部位，50B 轮体在 5100r/mim 的转速下，焊接处的计算应力为 169MPa；焊接部位实际测量的最小拉伸强度为 484.4MPa。因此，预计 50B 轮体最高转速可达 $5100 \times (484.4/169)^{0.5} = 8634r/mim$ 而不破坏。GRMW - 350 - 50B 轮体组件的极限载荷（飞行载荷）为 5100r/mim 时对应的应力，在 6500r/mim 时对应的应力为设计载荷，8500r/mim 为容许载荷对应的转速。本次轮体组件安全裕度验证高速试验的最终转速将高于 8500r/mim。若在大于 8500r/mim 的转速下，轮体组件的结构材料未出现断裂、毁坏和伤害性变形，则验证了其高于 $(8500/6500)^{0.5} = 1.7$ 倍的结构强度安全系数及 0.7 的安全裕度。

在整个飞轮轮体组件高速试验中,通过每个试验阶段的项目检测和轮体旋转过程中的指标监测,可给出超出额定转速范围后轮体组件性能的变化情况,为得到飞轮高速下的性能积累了数据资料。

此次高速试验的方式是将飞轮轮体组件安装在高速试验机的平台上,用中心测控箱驱动轮体组件的旋转。试验过程中,每天会提高轮体组件的转速,测试电机的电压、电流和轴温及轴承组件顶端的振动加速度。在整个试验开始前和两个试验阶段结束后,会对轮体组件进行 3 个项目的检测,即不平衡量测量、尺寸测量和工业 CT 扫描。

2) 运行工况极限能力验证评估

对于机械的振动信号而言,幅值是比较直观的特征信息。在信号幅值上进行的各种处理称作幅值域分析。信号的基本幅值域参数包括均值、最大值、最小值、均方值等。其中的均方值用来描述信号的平均能量或平均功率,包含了静态分量和动态分量。

(1) 振动加速度评估。从图 7.1.19 轴承顶端的振动加速度的均方值和最大值可以看出,随着转速的增加,振动均方值和最大幅值的基本趋势也是增加的,也就是说,随着转速的增加,轴承顶端的振动能量越来越大。说明:此次测量得到的振动加速度,仅针对此次所用轮体的安装方式(装有轴承组件、轮体组件和电机组件的支承板安装在真空底板上,虽然真空底板装在大理石台子上,但大理石台子放在一个较高的支承箱上,整个结构刚度较低)。

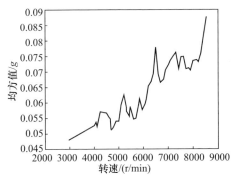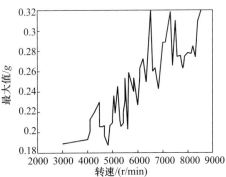

图 7.1.19　不同转速下轴承组件顶端加速度的均方值和最大值

(2) 轮体组件外形尺寸检测。轮体组件的尺寸测量总共有 5 次。在三坐标测量仪上进行,对于轮体组件,三坐标测量仪的最大测量误差为 $1\mu m$,5 次测量轮辐间夹角整理如表 7.1.4 和表 7.1.5 所列。

表 7.1.4 5 次测量轮辐间夹角

轮辐间夹角	第一次	第二次	第三次	第四次	第五次
轮辐 1－2	72°04′04″	72°03′54″	72°03′50″	72°01′58″	72°02′06″
轮辐 2－3	71°57′53″	71°58′05″	71°58′18″	72°00′02″	71°59′51″
轮辐 3－4	72°00′09″	72°00′06″	72°00′24″	71°59′50″	71°59′59″
轮辐 4－5	71°57′49″	71°57′51″	71°57′24″	71°56′29″	71°56′17″
轮辐 5－1	72°00′05″	72°00′04″	72°00′04″	72°01′40″	72°01′48″

表 7.1.5 相邻前后两次测量的轮辐间夹角的变化

轮辐间夹角	→第二次	→第三次	第三次→第四次	第四次→第五次
轮辐 1－2	－10″	－4″	－1′52″	+8″
轮辐 2－3	+12″	+13″	+1′44″	－11″
轮辐 3－4	－3″	+18″	－34″	+9″
轮辐 4－5	+2″	－27″	－56″	－12″
轮辐 5－1	－1″	0″	+1′36″	+8″

从上面两个表可以看出，第 4 次尺寸测量时，即轮体在转到 8527r/min 后，轮体轮辐间的夹角发生了较大变化。

（3）不平衡量测量。对轮体组件不平衡量的测量是为了得到每个阶段后轮体不平衡量的变化情况。表 7.1.6、表 7.1.7 和表 7.1.8 分别是在试验前、6400r/min 后和 8257r/min 后测量得到的不平衡量。

表 7.1.6 试验前测量得到的不平衡量

转速 /(r/min)	左校正面		右校正面		静不平衡量 /(mg·cm)	动不平衡量 /(mg·cm²)
	质量/mg	相位角/(°)	质量/mg	相位角/(°)		
4100	59.3	280	66.5	113	248.136	4262.083
4300	9.10	270	33.8	140	448.522	1372.713
4500	35.5	283	31.9	130	250.971	2234.909
4600	6.350	138	2.790	304	57.685	309.689
4700	24	230	13.9	90	250.142	1220.088
4900	28.8	269	26.3	86	44.927	1878.174
5100	28	141	41.3	297	302.251	2313.297

表7.1.7　6400r/min后测量得到的不平衡量

转速 /(r/min)	左校正面		右校正面		静不平衡量 /(mg·cm)	动不平衡量 /(mg·cm²)
	质量/mg	相位角/(°)	质量/mg	相位角/(°)		
4100	95.0	182	81.3	346	436.538	5953.381
4300	86.7	276	80.5	355	2009.712	3630.099
4500	102	178	95.3	340	491.482	6644.863
4600	91.1	181	110	332	834.134	6640.712
4700	95.6	176	121	336	703.306	7275.041
4900	105	147	115	321	237.307	7491.367
5100	111	169	123	326	749.093	7819.247

表7.1.8　8257r/min后测量得到的不平衡量

转速 /(r/min)	左校正面		右校正面		静不平衡量 /(mg·cm)	动不平衡量 /(mg·cm²)
	质量/mg	相位角/(°)	质量/mg	相位角/(°)		
4100	1110	335	810	155	4671.0	65468.736
4300	1090	337	790	166	5192.149	63912.230
4500	1140	336	840	157	4678.563	67512.122
4600	1090	332	790	152	4671.0	64104.804
4700	1090	335	800	155	4515.3	64445.787
4900	1130	321	860	156	5807.559	67285.835
5100	1160	321	890	154	5522.868	69459.997

为了更清楚地对比,图7.1.20画出3次静不平衡量和动不平衡量的曲线。

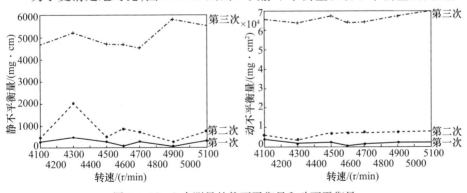

图7.1.20　3次测量的静不平衡量和动不平衡量

从图7.1.20和表中数据可以看出,6400r/min以前,静不平衡量和动不平衡量依然在要求范围内;8527r/min后,静不平衡量为4.671g·cm²,动不平衡量为

$64.1048g \cdot cm^2$，达到了振后要求的 2 倍多。

■ 7.2 电子类产品可靠性增长示例

7.2.1 电子类产品特点

电子产品是以电能为工作基础的相关产品,航天器电子产品包括控制计算机、电源控制器、二次电源、配电管理器等,如图 7.2.1 所示,涉及能源分系统、控制分系统、载荷分系统、测控分系统等重要的分系统,是航天器重要的组成部分。提高航天器电子产品可靠性意义十分重大,本章节以航天器电源为例,说明电子类单机的设计改进的增长过程。

图 7.2.1 航天器电子产品

电子产品的设计包括了电路原理设计技术和结构设计技术两大部分。电路原理的设计,包括电路功能的实现、PCB 的布局布线、电路冗余特性的设计、容错设计、元器件的降额设计等可靠性设计;结构设计是实现电子设备的布局设计,涵盖了功耗元器件的散热路径的设计、辐射敏感器件的抗辐射设计,包括了机箱内部电连接器的选择及电缆选择、走线的设计。航天电子产品要考虑机电热的一体化设计,同时,还要考虑,星载设备的多样化、整星内部的电磁环境复杂化、空间环境下各种辐射效应及真空条件下的热环境。

(1)高功率密度。随着航天器向小型化方向的发展,要求航天器电子产品也朝着小型化方向发展,因此要求有高组装密度。这就造成散热设计成为关系到电子单机可靠性最重要的一方面。与此同时,高功率密度的特点,对电子产品热设计的验证也提出了挑战。传统的热平衡试验存在热设计验证不全面或无法验证的问题:首先,一些需要监测的元器件由于安装密度高,无法通过贴热电偶实现温度的监测;其次,贴热电偶的监测点是通过计算、分析及常温条件下的红外成像来确定的,由于计算、分析存在误差以及真空环境下和常温条件下散热方式的区别,可能会造成一些本来的过热点没有监测到,造成过热点遗漏。

（2）电磁兼容性。电磁兼容的目的在于降低和消除人为及自然的电磁干扰,减少其危害,提高设备和系统的抗电磁干扰能力,实现设备和系统的电磁兼容,最大限度地发挥设备和系统的效能。由于航天领域的特殊性,如高度集成性、高度精确性、高度复杂性以及极其恶劣的工作环境等,航天飞行器系统功能又决定航天设备中电子设备种类复杂而且数量多,大量的电子设备集中在狭小的空间,相互间的电磁干扰非常严重,恶劣的电磁环境往往使电子、电气设备或系统不能正常工作,甚至出现故障。此外,人为干扰及自然干扰有可能使航天器系统或设备性能下降,甚至失灵,干扰严重时会使系统或设备发生故障和事故。因此,电磁兼容设计在航天器电子产品领域尤为重要。

（3）空间环境适应性。航天器电子产品应用于复杂的空间环境中,根据分布的轨道不同,经历的轨道环境不相同,空间环境引发的辐射效应包括地磁亚暴电子造成的卫星表面带电及诱导的二次放电、辐射带高能电子引起卫星内带电、太阳耀斑质子和银河宇宙射线造成的单粒子效应、空间带电粒子和太阳电磁辐照造成的辐照总剂量效应以及空间环境下敏感表面的污染效应等。长寿命航天器电子产品要保证高可靠,就应该考虑到极端环境及复合因素情况下产品的适应性,如极端环境下低温启动特性、高温过流保护特性等,这样才能使产品具有更强更宽的适应能力,同时提高产品的可靠性。

（4）长寿命高可靠。随着卫星向长寿命方向的发展,对航天器电子产品提出了长寿命、高可靠的要求,设计寿命由 3 ~ 8 年提高到 8 ~ 15 年。但同时由于经费、进度等限制,缺乏对电子产品长寿命指标的验证。

7.2.2　电源产品耐环境能力增长

7.2.2.1　电源产品热设计可靠性增长

1）可靠性增长特征量分析

电子设备的主要失效形式之一是热失效,随着温度的增加,其失效率呈指数增长趋势,电子设备的"10 度法则",指的是电子设备在工作环境温度升高 10℃,失效率增大 1 倍,寿命缩减 1/2。统计电子设备的失效有 55% 是温度超过规定的值引起的。因此,对电子设备而言,即使降低 1℃,也将使设备的失效率降低一个可观的量值,这对可靠性要求极高的航天电子类产品来说,显得尤为重要。电子设备的热设计的目的是在给定的热环境下,通过调节元器件散热路径和热阻,将元器件工作时产生的废热传给机箱壳体或周围环境,保证电子设备及其元器件能够可靠工作。因此,电子类产品热设计能力增长是电子产品可靠性增长的一个重要方面。

电子设备热设计的具体目标如下。

（1）将设备所有元器件的温度控制在规定的范围内。

（2）将设备内各点间的温度差减至最小。

以上两点是实现电子设备最佳工作性能和高可靠性的必要条件。

电子类产品热设计能力增长主要通过热仿真分析和热平衡试验两种手段开展。热分析的关键技术点是获取电子产品内部各类元器件、各种工艺安装方式下的准确的热阻数据。热平衡试验是获取产品热分布数据的真实有效的方式，传统的热平衡试验需要贴热电偶，进行真空条件下的热分布检测，本示例展示的是基于真空红外热像系统的热分布检测，是一种无损的监测方式。

2）可靠性增长实施

通过热仿真和热试验获取电源的工作温度特性，特别是功率变压器的热点温度、滤波电容壳温，以及较小功耗元器件被动温升情况等。

具体实施步骤如下。

（1）查找热阻数据，进行关键器件的热耗复核复算。针对电源产品使用元器件情况，通过查找各类元器件资料，补充和完善热参数的相关数据，为后继的热仿真和热试验提供准确的基本数据。对于航天器电子产品主要的散热方式为传导散热，因此建立合理的散热路径，如图 7.2.2 所示，使用正确的热阻数据是进行热设计的基础。

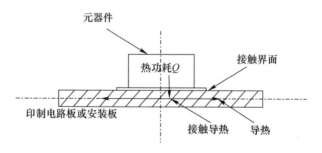

图 7.2.2　元器件传导散热示意图

对于无法从器件手册中获取热阻数据的器件，应采用类比相应封装器件的方法来获取热阻数据，也可以开展热阻测试，获取热阻数据。另外，功率器件封装方式不同、管壳与散热面填充物不同、管壳安装力矩不同，均会导致管壳至散热面的热阻产生较大差异。因此，根据实际安装工艺条件，开展安装热阻测试是获取产品真实热阻值的有效方式。

典型封装功率器件热阻测试试验在真空环境中进行，环境试验压力 $\leqslant 1.3 \times 10^{-3} \mathrm{Pa}$。将试验矩阵中的不同器件、不同散热方式，布局在铝板上，并规定管壳安装最小力矩前提下界定边界,设置控温点、测温点。布局示意图如图 7.2.3 所示,对铝板控温点 1 进行控温,同时对铝板进行测温。

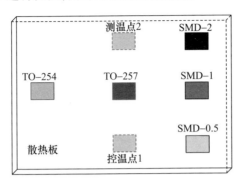

图 7.2.3　散热板上控温点以及功率管的放置位置

通过这样的测试保证该可靠性增长工程热设计改进基础数据的准确性。

(2) 建立仿真模型,对电源进行热仿真分析验证。建立变压器热分析模型,寻找热点温度分布点;为了确切掌握变压器的热点位置,建立变压器热仿真分析模型,得到磁性元件的温度分布,为热点温度检测试验安装测温点提供参考。建立整机模型,获得整机热分布云图。依据电源热平衡试验方案识别出功耗大于 0.2W 的发热元器件,建立电源热仿真分析模型,对电源在模拟空间环境下进行热设计分析与仿真,热仿真模型建立包括对元器件的建模和印制电路板的建模等。

元器件仿真模型的建立方法主要有以下 3 种,如图 7.2.4 所示。

① 第一种方法是简单热阻模型。根据其几何尺寸用均匀材质的块状发热材料来代替,该方法主要关心其发热对周围环境的影响。

② 第二种方法是采用双热阻模型。对芯片的详细模型进行简化后得到的压缩模型,这种方法在不大量增加网格和计算量的情况下,分析芯片的结温、壳温以及对系统的热影响。

③ 第三种方法是采用详细建模的方法。可以对芯片进行热模拟和热分析,但同时使网格数量极具加大并增加了计算量。

元器件仿真模型的选取一般遵循以下原则。

① 系统级的热仿真分析一般选取第一种方法。

② 板级的热仿真分析可以选取第一种方法或者第二种方法。

③ 器件级热仿真分析一般选取第三种方法。

印制电路板在热传导中具有各向异性的特点,即印制电路板水平方向的热导率 K_p 远大于印制电路板垂直方向的热导率 K_n,印制电路板仿真模型的建立方法有以下几种。

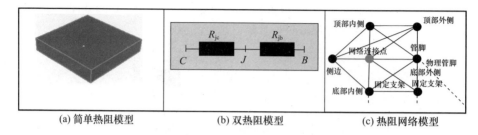

|(a) 简单热阻模型|(b) 双热阻模型|(c) 热阻网络模型|

图 7.2.4　元器件建模方法

① 对印制电路板一般采用如图 7.2.5 所示的简化电路板模型进行建模,并进行正确的参数设置,可以达到较为真实的仿真结果。

② 采用由电路软件导入热仿真分析软件的方法对印制电路板进行详细建模,这样建立的模型更加精细,但这样会使分析网格数量增大,增加计算量。

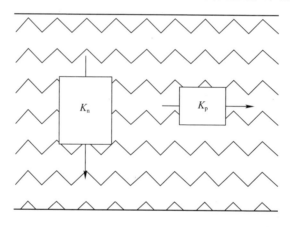

图 7.2.5　电路板热传导示意图

图中 K_n 为沿电路板表面垂直方向的热传导率,K_p 为沿电路板表面平行方向的热传导率。

实际建立热仿真模型时,采用精细建模和简单建模相结合的方法,如图 7.2.6所示。

(3) 利用真空红外热像系统,对电源进行红外热像测试。在高组装密度的条件下,传统的热平衡试验存在热设计验证不全面或无法验证的问题;首先,一些需要监测的元器件由于安装密度高,无法通过贴热电偶实现温度的监测;其次,贴热电偶的监测点是通过计算、分析及常温条件下的红外成像来确定的,由于计算、分析存在误差以及真空环境下和常温条件下散热方式的区别,可能会造成一些本来的过热点没有监测到,造成过热点遗漏。由于时间进度和鉴定件产

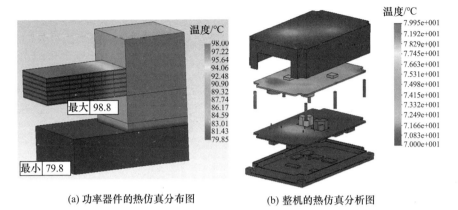

(a) 功率器件的热仿真分布图   (b) 整机的热仿真分析图

图7.2.6 热仿真分析的热分布图

品数量的限制,以及上述热平衡试验验证不全面的问题,导致获得的产品温度数据不充分,造成在进行产品降额设计、可靠性预计等项目分析时,由于缺少准确的温度数据,影响产品降额设计、可靠性预计的准确性。

真空红外热像系统是一种无损检测检测系统,与普通的红外热像系统的区别是:被测产品放置于真空罐中,红外热成像仪通过真空罐的锗玻璃,进行红外成像测量,得到被测产品的热分布图。真空红外热像试验,不会破坏被测物体的温度场,反应速度一般也比较快;受到物体的表面发射率、测量距离、空间环境等外界因素的影响较大,并且红外镜头拍摄不到的位置难以采集温度参数;其优势是能够较好地获得电子设备可拍摄部分的温度,成像的温度云图较其他温度参数获取方式的结果更为直观,可以利用热成像结果分辨出热点。其工作原理如图7.2.7所示。真空红外拍摄的热分布图如图7.2.8所示。

3) 关键技术和成果

根据热分析和试验的结果,改进产品的热设计,调整功耗器件的布局。元器件的热设计布局应遵循以下原则。

(1) 元器件的布局应力求热功耗分布均衡,避免局部区域因热功耗过于集中而导致元器件温度过高。

(2) 热功耗大的元器件,如大功率半导体器件等,应直接安装在底板(安装面)或机箱壳体上,若安装在印制电路板上,必须使之与机箱壳体之间有良好的散热路径。在发热元器件对应结构件处起凸台,在元器件与凸台之间粘贴导热绝缘垫和涂抹导热硅脂,保证凸台与元器件接触良好,是一种有效的散热方式,如图7.2.9所示。此外,在需要散热的元器件顶面安装金属导热片,导热片或导热索的另一端装在机箱壳体上,并在导热片和集成电路之间涂抹导热硅脂,也是

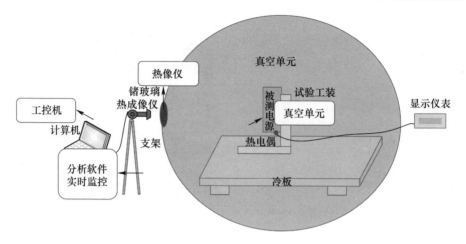

图 7.2.7　真空红外热像测试系统原理图

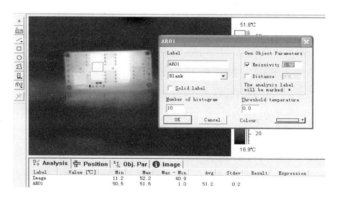

图 7.2.8　真空红外拍摄的热分布图

一种可选的散热方式。但这种方法结构性差,只有在特殊情况下采用,如图 7.2.10所示。

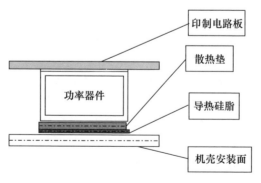

图 7.2.9　结构体突台散热方式

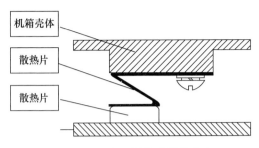

图 7.2.10　金属导热片散热方式

对于散热大的器件,也可以采用"散热载体+陶瓷板"组件的形式进行散热,将元器件置于陶瓷板上,采用真空焊接,将陶瓷板焊接到散热载体上,散热载体直接固定在机箱壳体上进行散热,如图 7.2.11 所示,这种方法需注意:散热载体材料的选取应与陶瓷板热膨胀系数尽量匹配,避免由于热膨胀系数差别较大带来的热应力问题,常用的散热载体材料有钼铜载体和铝基碳化硅载体。

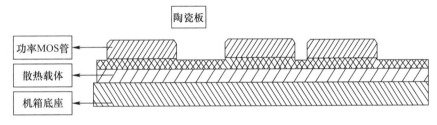

图 7.2.11　"散热载体+陶瓷板"组件散热

(3) 对温度变化敏感的元器件要远离热功耗大、温度变化激烈的元器件。如工作温度较低的元器件应远离高温元器件。否则,应对工作温度较低的元器件进行热隔离,可用抛光的金属箔进行辐射热屏蔽;

(4) 在元器件布局时,应同时考虑其散热路径,包括导热散热路径和辐射散热路径,要使绝大部分热量沿着这个路径传到产品的底板或机箱壳体上。电子产品元器件的散热路径应以导热散热路径为主,因为通常导热散热比辐射散热更有效,也容易通过选择材料控制导热热阻。安装在印制电路板上的元器件热阻网络示意图如图 7.2.12 所示。

7.2.2.2　电子类产品电磁兼容可靠性增长

1) 可靠性增长特征量分析

航天器电子设备的电磁兼容性,是指航天器电子设备在航天器的电磁环境中按设计要求正常运行的能力,也就是说电子设备在其工作的环境中,不会对该

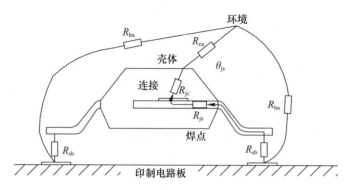

图 7.2.12　安装在印制电路板上的元器件热阻网络示意图

环境中其他设备造成电磁干扰,与此同时,也不受工作环境内其他电子设备产品的电磁环境的干扰。因此,电磁兼容性设计的三要素是干扰源、耦合途径和敏感设备,要使得电子设备电磁兼容性满足要求,应从这 3 个方面去解决问题。

　　航天器由于受各种条件制约,空间狭小,设备密布,特别是当前科学技术向高频、高速、高灵敏度、高集成度发展,使得设备间、电缆间、设备与电缆间各种耦合可能同时存在,造成航天器内部电磁环境异常复杂。由于空间环境的特殊性,航天器还会经受外层空间的辐射、电荷积聚和地球发射的射频环境以及温度、压力、冲击、振动等恶劣环境影响。因此,航天器要完成既定功能,必须解决自身兼容性问题,还要解决航天器与其所处环境的兼容性问题。

　　2) 可靠性增长实施

　　(1) 布局布线上的改进设计。电路板级的 EMI 抑制,包括元器件的选取、限制信号带宽和速度、电路板布局和接地方法等内容。元器件选用是电路组件EMC 设计的基础,首选能减小噪声和对电磁干扰有抑制作用的元器件,研究电容器、电阻器、磁性元件、继电器、各种开关、连接器、电缆、模拟和逻辑有源器件等组成电路的基本元器件的 EMC 特性是必要的。此外,印制电路板的布局布线设计,可以经济有效地满足 EMC 要求,同时防止产生电磁干扰,要按信号特性进行分区,以控制可能的交叉干扰;控制电路板上走线的布局,尽量使其环路面积最小化。

　　初始设计时,EMI 滤波器一部分分布在控制板上,一部分分布在功率板上,两部分之间的信号传输需要由板间连线实现,这样不仅加长了滤波器的信号传输线路,还形成了较大的信号回路。长的导线和大的信号回路面积都会造成较大的辐射,并且滤波器输入端长的导线容易把电源内部电路板上的辐射耦合到自身上,并产生出干扰电流。干扰电流通过滤波器的输入端,经输入电源线传输到模块电源壳体外面的电源线上,由于电缆具有较强的天线效应,干扰电流经壳体外部的电源线在空间产生辐射,使模块电源的壳体本身的屏蔽效果降低。

　　改进后的电源初样将 EMI 滤波器部分全部集中在功率板上,如图 7.2.13 所示,实现了输入信号一进入电源模块内部即进行滤波处理,信号传输路径短,回路面积小,辐射相应减小。滤波器的输入端导线较短,使空间辐射耦合的几率和量级减小,在导线上耦合产生的电流较小,传输到壳体外面电源线上的干扰电流就相对较小,则对应的空间辐射减小,因此,改进后的辐射发射较改进前有所抑制。这种电路布局的改变,使模块电源 RE102 性能得到了改善,顺利通过 RE102 的测试。

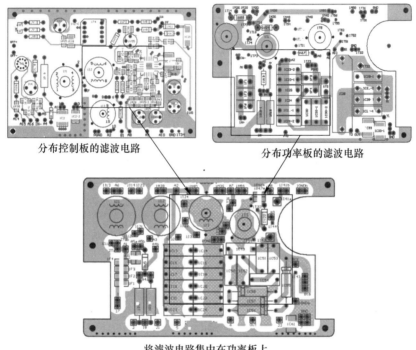

分布控制板的滤波电路　　　　　　　分布功率板的滤波电路

将滤波电路集中在功率板上

图 7.2.13　改进前后的布局对比图

　　(2)滤波电路上的改进设计。电源 CE102 在低频段单点超标,并且超标幅值较大。经理论分析和相似模块 CE102 测试验证,问题产生原因定位是:电源内部 EMI 滤波器的差模抑制能力不足。通过增加差模电容方法,如图 7.2.14 所示,提高模块内部 EMI 滤波器的差模抑制能力,改善电源的 CE102 性能,解决单点超标问题。

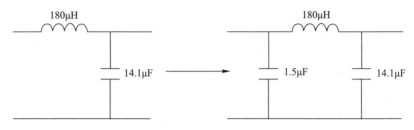

图 7.2.14　增加差模电容,滤波电路拓扑结构 L 形转化为 π 形

这样差模电感没有任何的变化,总的差模电容由原来的 14.1μF 变为了现在的 15.6μF,差模滤波的截止频率由下式得出:

$$f_c = \frac{1}{2\pi\sqrt{LC}} = \frac{1}{2\pi\sqrt{180 \times 10^{-6} \times 15.6 \times 10^{-6}}} = 3003\,\mathrm{Hz} \approx 3\,\mathrm{kHz}$$

从上式中可以看出,在前端加 1.5μF 电容后,差模滤波的截止频率基本是不变的,但是由于差模滤波拓扑结构由原来的 L 形变为了现在的 π 形,所以差模滤波插入损耗由原来的 12dB/倍频变为了现在的 18dB/倍频。这样,在 400kHz 处,差模滤波的插损达到了 126dB。比原来的又增加了 42dB,加大了插损的余量,即使会有滤波器本身器件寄生参数和电源电路板上的电路辐射的影响,也能将差模干扰抑制在极限值之下。

(3)改进后的试验测试验证。对改进后的电路进行了 GJB151A 的试验验证并通过了测试,达到了项目的研究目标,为后续产品设计积累了经验,如图 7.2.15 所示。

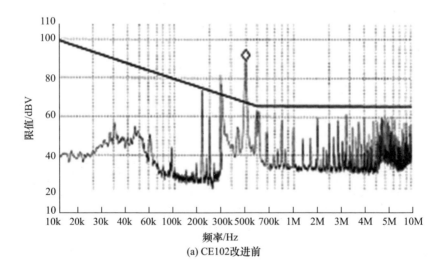

(a) CE102改进前

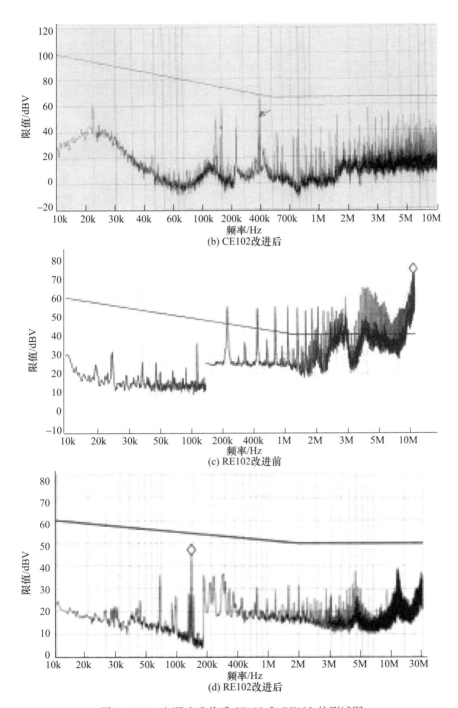

图 7.2.15　电源改进前后 CE102 和 RE102 的测试图

3）关键技术和成果

EMC 设计应强调整个寿命期的整体兼容性，从方案论证阶段开始，贯穿到方案阶段、工程研制阶段、定型阶段、总装调试、使用运行的整个寿命期。EMC 设计考虑的越早，可采取的措施越利，也越易见效，显然 EMC 经费使用越少。

EMC 设计应遵从折衷原则，系统设计不追求单台指标最好，单机设计不追求单项指标最佳，以兼容为主要目的；如接收机灵敏度不是越高越好，在满足电性能指标前提下，适当降低灵敏度可以提高系统抗干扰能力；又如发射功率不是越大越好，只要满足电性能要求，适当降额使用可以有效地控制无意发射物。

航天器电子产品在采取抑制干扰措施时，应把建立良好接地、搭接和合理布线放在首位，这是既经济、又实惠的选择；因为滤波器昂贵，还会引入不可靠因素，屏蔽措施常带来重量增加。

7.2.3 电源产品裕度可靠性增长

7.2.3.1 电源产品极限摸底

1）可靠性增长特征量分析

航天器电子产品常规开展以摸底产品设计预度为目的的鉴定试验和以筛除早期失效为目的的验收试验，鉴定试验在验收试验的环境条件上进行一定的扩展，但是不能完全摸底产品的裕度，为获取电子产品空间环境适应性，开展电子类产品裕度增长研究。

电子类产品裕度增长试验流程包括环境应力拉偏试验和工作负载应力拉偏试验，裕度增长试验的设计一般应遵循以下原则。

航天器电子产品验收级的热循环环境试验边界是在产品热设计环境边界基础上扩展一定余量获取的边界条件，航天器电子产品的温度拉偏试验一般以验收级的温度边界为起点，采用一定的步进量进行拉偏试验；对于工作负载拉偏试验的产品，一般以额定的负载条件为起点，采用一定的步进量进行拉偏试验；对于输入电压等的输入信号的拉偏，一般以额定的输入范围为起点，采用一定的步进量进行拉偏试验。

航天器电子产品试验流程以环境拉偏试验流程为主线，在环境拉偏至设定值时安排工作负载拉偏、输入电压拉偏的试验项目；在工作负载拉偏试验流程的设计上，原则上先安排非破坏拉偏项目，再安排破坏拉偏项目，目的是摸底航天器电子产品的设计极限,同时可以发现产品设计的薄弱环节,实现可靠性增长。

2) 可靠性增长实施

(1) 确立极端环境条件。产品要适应的极端环境包括外部环境因素,也有自身性能极限考核因素,还有各因素的组合即复合环境因素。通过对制约产品性能的诸多环境因素进行梳理,确定了以下可实施的极端环境条件。

① 极端输入电压范围:由卫星供配电系统决定的故障情况下可能出现的极端高电压和极端低电压。

② 极端负载跳变:空载与 100% 负载点之间。

③ 极端温度范围:首先在 −35 ~ +85℃ 温度范围内,对电源进行不小于鉴定级热循环试验时长的考核;然后以 5℃ 的梯度外扩进一步摸底试验,查找低温启动点,并在高温端验证过流保护特性;极端环境拉偏实施示意图如图 7.2.16 所示。

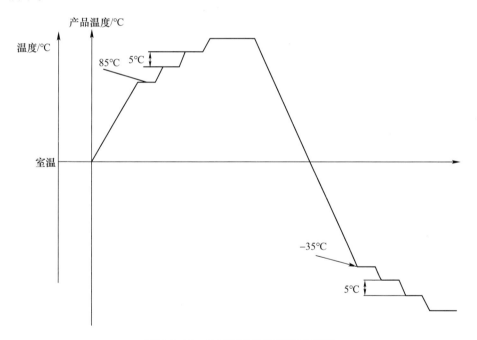

图 7.2.16　极端环境拉偏实施示意图

(2) 编制试验大纲并搭建试验平台。根据确立的极端环境试验条件,编制试验大纲,制定试验矩阵,如表 7.2.1 所列,并根据试验需求搭建极端环境试验系统。

表 7.2.1　+28 V 电源产品的极限拉偏试验矩阵

试验顺序	试验温度	工况（非测试时）			试验测试项目			
		输入电压	负载形式	备份形式	主份高、低温启动	备份高、低温启动（切备份工作，随后进行启动试验）	极端负载跳变（空载到100%负载的跳变）	常规的性能测试
1	−10～+70℃	100 V	额定负载	主备联合	R	R	R	R
2		90 V			R	R	R	R
3		80 V			R	R	R	R
4		110 V			R	R	R	R
5		120 V			R	R	R	R
6	−20～+80℃	100 V	额定负载	主备联合	R	R	R	R
7		90 V			R	R	R	R
8		80 V			R	R	R	R
9		110 V			R	R	R	R
10		120 V			R	R	R	R
……（根据需要再增加循环）	……（扩大温度范围）	……（扩大电压拉偏范围）	额定负载	主备联合	O	O	O	O

注：R—必做；O—选做

　　（3）试验实施和数据分析。根据试验大纲中试验矩阵的要求，对电源进行极端环境试验，在各个环境温度和各种工况下进行了详细的测试，测试的项目包括输出电压、遥测电压、纹波电压、过流点、启动时间和负载阶跃等特性，并对试验的数据进行了统计分析。图 7.2.17 为电源的输出电压、工作效率、启动时间和过流点随温度的变化情况。

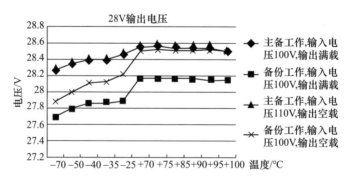

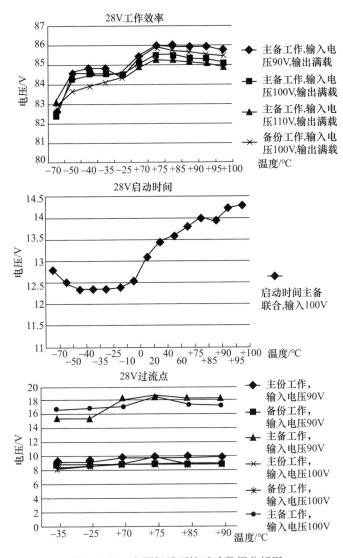

图 7.2.17　电源极端环境试验数据分析图

由域度增长环境试验数据分析图可以看出,在低温 −70℃ 温度下可以进行满载启动,输出电压为 27.65 ~ 28.22V,工作效率为 82.2% ~ 83%,启动时间约为 12.7ms。在高温 90℃ 情况下,主备联合工作输出过流保护值为 17 ~ 18A,单份工作过流保护值为 8.5 ~ 10A,满足过流保护功能的要求,输出电压为 28.19 ~ 28.45V,工作效率为 85.0% ~ 85.7%,启动时间约为 14.3ms。电源关键指标均能满足规定的任务要求。

3）关键技术和成果

通过域度增长环境试验，摸底掌握了电源产品的环境域度宽，获取了在温度降低至 -70℃、升高到高温 90℃ 时各项关键性能指标，表征电源有很强的极端环境适应性，确保在空间环境下稳定可靠运行。

7.2.3.2 电源产品寿命摸底

加速寿命试验技术基本原则是在不改变产品失效机理的条件下，加大环境应力（如环境温度应力等）以加快产品失效，缩短试验时间，从所得的试验数据中，估计出产品在正常工作应力下的可靠性指标。需要说明的是，加速寿命试验只能是在不改变产品失效机理的条件下，通过强化产品的使用条件（如环境温度、输出功率等）进行试验，来推算出产品预期工作寿命。若改变了产品的失效机理，就无法外推出工作寿命，这样就会失去加速试验的意义。

加速寿命试验的关键环节是选取正确的加速模型。选用的加速模型能精确地把加速条件下的寿命模拟成正常使用条件下的寿命，这样，才能从加速寿命试验中获得的数据，外推正常应力水平下的产品的寿命特征。对于电子产品，虽然随着产品的复杂程度的提高，准确获取其加速模型和加速因子有一定难度，但普遍认为温度是引起其失效的关键因素，对于长寿命、高可靠的宇航应用，开展加速寿命摸底试验还是具有重要的工程意义。

1）可靠性增长特征量分析

电源是一种电子产品，其中空间辐照应力只对 MOSFET 和运算放大器等个别器件的可靠性有影响，通过抗辐照屏蔽设计可满足长寿命的要求。力学应力只对继电器及产品的结构设计有关，可通过整体抗力学设计及局部固封和加固的安装工艺满足设计要求，因此，力学应力对产品寿命的影响较小。对于功率和电压应力，在产品设计时均以按照降额要求完成设计。由于产品中包含有各种元器件，其功率和电压应力不全相同，很难用提高一种电压应力达到加速寿命的目的。在电源使用的元器件中，只有瓷介质电容器受温度影响较小，其他器件的寿命均受温度应力影响。模块电源中使用的许多重要器件都是半导体器件，温度是影响这些器件寿命的主要因素，所以温度应力是影响产品选用元器件寿命的一个共同因素，因而也是影响整个产品寿命的主要因素。

2）可靠性增长实施

（1）选取加速模型。温度是影响电源内部器件寿命的主要因素，因此，通过研究提出了基于阿伦尼斯模型的加速寿命试验方法。阿伦尼斯模型是描述产品寿命与试验温度关系的一种失效物理模型，其表达式为

$$L(T) = Ce^{-\frac{E_a}{KT}}$$

式中:L 为平均寿命、特征寿命等;C 为待估参数;E_a 为激活能;K 为玻耳兹曼常数,$K = 8.6171 \times 10^{-5}$;$T$ 为试验温度。

利用激活能和阿伦尼斯模型进行的元器件的加速寿命试验工作已开展了几十年。但对于整机产品,要建立起产品在高应力下与正常使用条件下的加速关系的模型是极端困难的。根据水桶原理,任何一种产品的寿命,都决定于该产品中最易失效元器件的寿命,无论产品的其他关键件、重要件或性能怎样优异,一旦影响产品性能的任何一个元器件发生失效,该产品的寿命即告终结。因此,产品寿命取决于它的薄弱环节中易失效元器件的预期寿命。

电源使用的绝大部分元器件为半导体器件、电阻器和电容器,通过查阅标准 MIL – HDBK – 338B 和 ECSS – Q – 30 – 01A 中这些使用最广泛的器件激活能,结合电源 FMEA、热分析及可靠性预计结果,确定产品的关键、薄弱环节。对产品中固有失效率较大,功率较大或承受电应力、热应力较为严酷的元器件进行重点分析,并结合历史试验情况及在轨工作情况,确定以关键器件的激活能作为电源激活能的参考值,保守起见,最后选用 MIL – HDBK – 338B 中硅氧化物的激活能取值,取 $E_a = 1.0\text{eV}$。

(2)确定应力施加方式。加速寿命试验按照应力施加方式主要有三种:恒定应力、步进应力、序进应力。由于步进应力加速寿命试验数据处理复杂,得出的评估结果也不太准确;序进应力加速寿命试验实施困难,数据处理也较为复杂;而恒定应力加速寿命试验具有简便易行,评估精度高等优点,故本试验方案选用恒定应力加速寿命试验方法。为了保证评估出待估参数,要求至少有两个不同温度应力等级下的试验数据。

(3)确定加速应力水平。由于恒定应力加速寿命试验取得的数据较多,精度较高,工程上便于实现,且方法比较成熟。决定分别在 3 组不同应力水平下进行寿命试验。

为使加速应力起到加速作用,能促进产品失效过程加速演化,就必须提高应力水平,其确定原则如下。

① 在诸应力水平 T_i 下,产品失效机理必须与正常应力水平 T_0 下产品的失效机理相同。

② 选取适当的最低加速应力水平 T_1,T_1 要大于 T_0,并且接近 T_0。

③ 最高加速应力水平 T_3 的选取应在保证失效机理不变的前提下,尽量选择可能获得最大加速效果的应力水平。

根据以上原则,结合产品历史试验应力范围,并对产品组成器件的结温进行计算,在产品额定温度上限70℃的基础上,初步确立加速应力为

$$T_1 = T_0 = 75℃, \quad T_2 = 90℃, \quad T_3 = 100℃$$

（4）试验样品数量的确定。由于航天器电子产品寿命长、成本高，试验样本数量受到限制，故本方案在保证数理统计和数据处理精度最低要求的基础上，选取适量样品以减轻经费投入，降低试验成本。

本案例确定90℃应力水平下选用3个样品，75℃下的试验数据采用历史数据。

（5）监测参数、检测周期的确定。监测参数应选取能反映电子产品输出特性的关键技术参数。若有自动测试设备实时检测产品情况，则应尽量记录每个失效产品的准确失效时间，否则，应采用定周期测试方法，即预先确定测试间隔时间。

测试间隔时间太短会增加测试工作量，太长则会给统计分析增加困难。一般来说，测试间隔时间可按照下述原则进行确定。

① 简便起见，可采用定时检测，即等间距对所有试件进行测试。

② 在试验条件允许时，尽量对重要的试验参数采用实时自动监测。

③ 测试时间应结合产品的寿命分布情况、失效规律和失效机理确定。如产品失效规律为递减型，可先密后疏，采用对数等间隔；如产品失效规律为递增型，可先疏后密。

④ 为减少误差，测试间隔时间越短越好。

⑤ 对于单机级产品，测试通常可以分为常规性能监测和定期详细测试。其中详细测试项目应当更为全面，测试周期也应较长。

（6）失效判据、试验终止判据的确定。参试产品是否失效应根据产品技术规范确定的失效标准判断，失效判据要明确。对于航天器使用的长寿命高可靠的电子产品，加速寿命试验可以采用定时结尾的试验终止方式。

（7）开展试验。在明确失效判据、试验终止判据、监测参数、检测周期、试验环境和设备等条件基础上，编制试验大纲，开展寿命试验的实施工作。

（8）对试验数据开展定性和定量的分析。

① 定性分析。航天器电子产品试验子样数量有限，开展寿命增长试验，对于获取的试验数据开展定性的分析，是对试验数据的充分利用，也能发现产品的性能参数一些退化规律。图7.2.18为+7V、-12V输出的电压输出性能参数分析，从总体来看，+7V、-12V输出的电压输出是稳定的，不存在退化趋势。

② 定量分析。电子产品寿命分布选用指数分布，利用无失效可靠度下限评估公式：

$$R_L = (1 - \gamma)^{t_0/T}$$

结合加速系数公式，可得到无失效加速寿命试验可靠性评估公式：

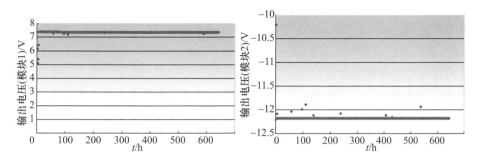

图 7.2.18　+7V、-12V 输出的电压输出性能参数分析

$$R_{\mathrm{L}} = (1 - \gamma)^{t_0 / \sum\limits_{i=1}^{n} t_i k(T_i, E_a)}$$

式中：n 为应力等级；t_i 为第 i 个应力等级下的试验时间；T_i 为第 i 个应力等级对应的试验温度；t_0 为寿命指标要求，即 8 年；$k(T_i, E_a)$ 为温度 T_i 相对于使用温度下的加速系数。

不同置信度、激活能下能够验证的可靠性下限如图 7.2.19 所示。

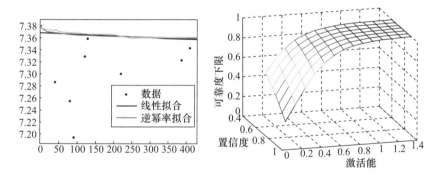

图 7.2.19　电子产品输出拟合及可靠度评估结果

若 γ 取 0.8，则 8 年末电源的可靠度下限：

$$R_{\mathrm{L}} = (1 - 0.8)^{8 / (2.8 \times 35.3 + 1.76 \times 273.85)} = 0.978 > 0.9684$$

若 γ 取 0.7，则 15 年末电源的可靠度下限：

$$R_{\mathrm{L}} = (1 - 0.7)^{15 / (2.8 \times 35.3 + 1.76 \times 273.85)} = 0.9694 > 0.9684$$

根据试验结果，可以认为参试的电源满足寿命指标要求。

3) 关键技术和成果

对于单机产品开展加速寿命试，由于其加速模型和加速因子获取存在一定难度，但基于普遍认知的通过温度加速开展电子产品的寿命摸底试验，在工程应用中取得一定收效。样本量的选取,在统计计算的基础上,可结合工程实际进行综合考虑,基于宇航产品小子样的特点,本案例选取最小的 3 只样本。对于试验数据,最后要从定性和定量的角度开展分析,多角度获取产品寿命相关的信息,对工程应用具有重要参考意义。

7.3 机构类产品可靠性增长示例

7.3.1 机构类产品特点

1)机构的定义

按照机构学的定义,机构是指各组成部分之间具有一定相对运动的组件,能传递、转换或实现某种特定的运动。原则上,所有机构学中定义的机构都可以应用在航天器上,但是由于航天器的特殊性,仅有某些特殊功能的机构成为航天器的常用机构。

航天器机构是指使航天器及部件或附件完成规定动作或运动的机械组件。航天器机构至少由一个运动部件和一个动力源组成。运动部件用于实现特定的动作,是机构的关键部分,其形式需根据机构的功能来确定。动力源用于驱动上述运动部件,可采用电机、火工品装置、压力气源、弹簧、材料贮存的应变能以及金属相变产生的变形等不同形式。另外,多数机构还应包括某种反馈装置,用于向机构的控制系统提供位置、速度、力或力矩等信息。反馈装置可采用电位计、行程开关、角度及角速度传感器、应变计等各种形式。

航天器机构的应用典型是太阳电池阵。它是以串、并联方式结合的太阳电池及相关结构等所组成的发电装置,简称太阳阵。太阳电池可把空间轨道上的太阳光能转换为电能,以供航天器使用。太阳翼是当前航天器太阳电池阵的主流形式,航天器太阳电池阵可以包括一个或多个太阳翼,其中两个太阳翼对称布置的形式最为常见。太阳翼是航天器上典型的大型展开组件,其展开后的尺寸往往要比航天器本体大得多,其形状如同是航天器的"翅膀",因此称为"太阳翼"。太阳翼一般采用可使其转动的驱动机构来对太阳定向,以提高太阳电池的利用效率。

航天器太阳翼机构一般包括压紧机构、释放机构、展开机构、锁定机构、缓冲机构、展开联动机构;对于二维展开太阳电池阵,还包括展开时序控制机构;对于柔性太阳电池阵,还包括太阳毯展开引导机构以及太阳毯张紧机构。压紧机构与释放机构常常集成在一套装置上,统称为压紧释放机构;展开机构与锁定机构常常集成在一套装置上,统称为展开锁定机构。

2）机构的特点

航天器机构的设计特点主要有以下几点。

（1）高可靠性。航天器一般在空间难以维护，如果出现故障就难以修复。航天器机构往往需要在空间产生动作或运动，有的甚至需要长期运动，出现故障的可能性比结构要大得多，因此保证工作的高度可靠，是航天器机构设计中首要的任务。机构高可靠性涉及在轨力矩裕度、承载能力、循环工作次数寿命等方面。

（2）空间环境的适应性。由于航天器机构主要在空间轨道上发挥作用，有时甚至需要长期发挥作用（如指向机构），而空间环境对机构的影响要比对结构的影响严重得多，它不仅影响材料的性能，而且直接影响机构的功能，如真空摩擦、冷焊、温度变形等，因此，在设计中应特别强调机构对空间环境的适应能力。

（3）可试验性。采用机构运动学及动力学仿真等分析方法是验证机构设计的合理性和可靠性的重要手段。由于航天器机构的功能比较复杂，工作的环境条件比较特殊，在设计初期地面模拟试验验证往往是机构设计验证的主要手段。机构可试验性是机构设计中需要考虑的重要因素。

根据航天器机构的功能和性能要求，机构类产品的可靠性增长主要包括展开可靠性（模拟空间环境下的展开静力矩裕度、释放冲击载荷）、工艺可靠性、环境适应性增长和裕度提升等。

以航天器太阳翼机构为例来介绍机构类产品的可靠性增长。

7.3.2　太阳翼展开可靠性增长

7.3.2.1　太阳翼展开机构的力矩特性

通过试验方法获得太阳翼展开机构工作状态下的力矩，使之符合产品实际状态。

具体实施方法如下。

1）展开机构在模拟张力下的力矩测试

测试目的是为了获得常温常压和真空低温环境下，太阳翼展开机构展开过程中，每一条铰链线上的力矩特性，用于修正太阳翼动力学模型，同时获得如下试验数据。

（1）在常温常压状态下，展开机构的力矩特性。

（2）在常温常压状态下，展开机构附加电缆后的力矩特性。

（3）在常温常压状态下，展开机构附加电缆和张力后的力矩特性。

（4）在真空低温环境下，展开机构（附加电缆和张力）在不同温度下的力矩特性。

　　试验测试时,在每个温度点测试 3 次,每次的数据记录进程采样和回程采样,通过计算公式得出驱动力矩－转角曲线和摩擦阻矩－转角曲线。

　　2)展开机构试验件测试数据

　　(1)测试数据汇总

　　展开机构试验件 1 典型试验记录及测试结果如图 7.3.1~图 7.3.4 所示。

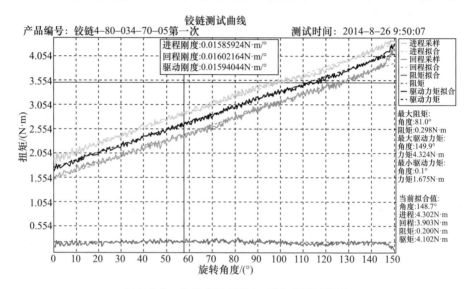

图 7.3.1　常温常压无张力,无电缆测试数据

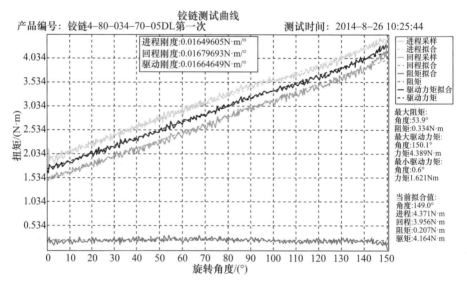

图 7.3.2　常温常压,安装电缆,无张力

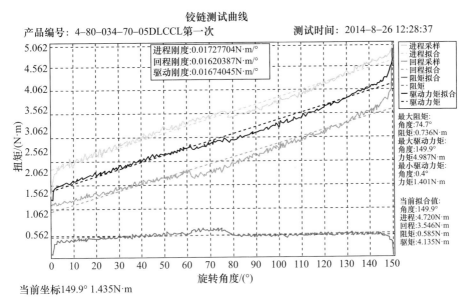

铰链测试曲线

产品编号：4-80-034-70-05DLCCL第一次　　　　测试时间：2014-8-26 12:28:37

进程刚度：0.01727704N·m/°
回程刚度：0.01620387N·m/°
驱动刚度：0.01674045N·m/°

进程采样
进程拟合
回程采样
回程拟合
阻矩
阻矩拟合
驱动力矩拟合
驱动力矩

最大阻矩：
角度：74.7°
阻矩：0.736N·m
最大驱动力矩：
角度：149.9°
力矩：4.987N·m
最小驱动力矩：
角度：0.4°
力矩：1.401N·m

当前拟合值：
角度：149.9°
进程：4.720N·m
回程：3.546N·m
阻矩：0.585N·m
驱矩：4.135N·m

当前坐标149.9° 1.435N·m

图 7.3.3　常温常压，有电缆，施加张力（170N）

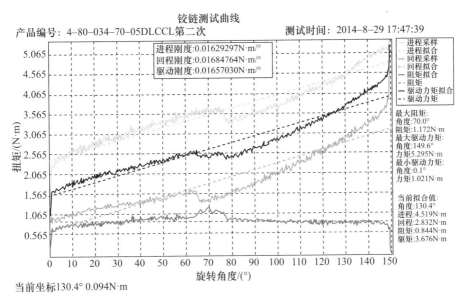

铰链测试曲线

产品编号：4-80-034-70-05DLCCL第二次　　　　测试时间：2014-8-29 17:47:39

进程刚度：0.01629297N·m/°
回程刚度：0.01684764N·m/°
驱动刚度：0.01657030N·m/°

进程采样
进程拟合
回程采样
回程拟合
阻矩
阻矩拟合
驱动力矩拟合
驱动力矩

最大阻矩：
角度：70.0°
阻矩：1.172N·m
最大驱动力矩：
角度：149.6°
力矩：5.295N·m
最小驱动力矩：
角度：0.1°
力矩：1.021N·m

当前拟合值：
角度：130.4°
进程：4.519N·m
回程：2.832N·m
阻矩：0.844N·m
驱矩：3.676N·m

当前坐标130.4° 0.094N·m

图 7.3.4　真空 -50℃，安装电缆，施加张力（310N）

（2）不同张力和温度条件下力矩与角度关系曲线如图 7.3.5 ～ 图 7.3.9 所示。

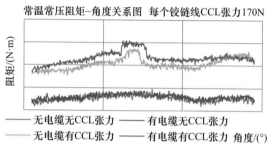

图 7.3.5　常温常压阻力矩－角度关系图

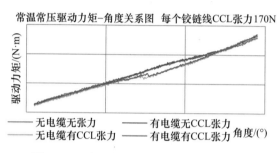

图 7.3.6　常温常压驱动力矩－角度关系图

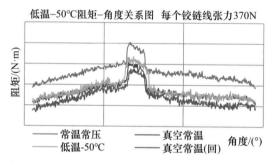

图 7.3.7　低温－50℃阻矩－角度关系图

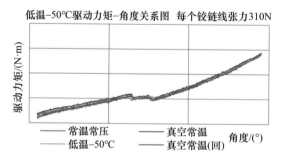

图 7.3.8　低温－50℃驱动力矩－角度关系图

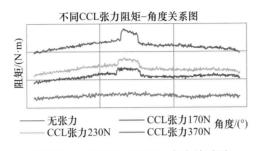

图 7.3.9　不同张力阻矩 – 角度关系图

（3）静力矩裕度随角度变化曲线如图 7.3.10 和图 7.3.11 所示。

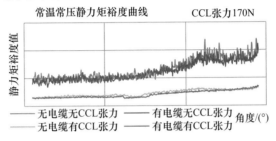

图 7.3.10　常温常压静力矩裕度曲线

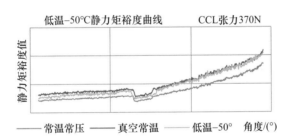

图 7.3.11　低温 –50℃静力矩裕度曲线

不同加载张力对应静力矩裕度曲线如图 7.3.12 所示。

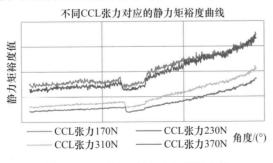

图 7.3.12　低温 0℃静力矩裕度曲线

如果按照传统的静力矩裕度分析方法,即整个展开过程的最小驱动力矩比展开过程中的最大阻力矩,然后再减1,与图7.3.12对比可知,用传统分析方法计算的结果偏保守。

7.3.2.2 太阳翼电爆解锁时的冲击载荷测试

太阳翼压紧释放机构中设计有蜂窝缓冲垫,用于减缓火工切割器电爆解锁时对航天器侧壁的冲击载荷。以太阳翼压紧释放机构为研究对象,在不改变太阳翼与航天器接口的前提下进行设计改进,使得冲击载荷降低50%以上。

太阳翼的压紧释放装置主要由压紧座组件、压紧杆、压紧帽、缓冲阻尼垫、缓冲阻尼件及火工切割器组成,如图7.3.13所示。压紧杆为高强钛合金杆,火工切割器选用有上千发成功飞行经历的国产火工切割器。

火工切割器工作时依靠其内置装药的爆轰能量,通过机械切割方式切断压紧杆,从而实现释放功能。切割器装药所产生的能量一部分在切割压紧杆的过程中被消耗掉,另一部分在活动刀完成对压紧杆的切割后与固定刀碰撞过程中消耗掉。

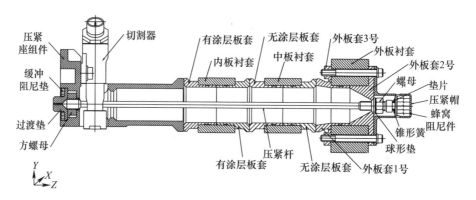

图7.3.13 太阳翼压紧释放装置

减缓冲击载荷可以从冲击载荷来源和冲击载荷传递路径两方面入手。

冲击来源主要包括3个方面:火工切割器火药起爆冲击、切割器切断压紧杆时的冲击、压紧杆预紧力。从冲击来源上讲,仅有被切断的压紧杆与过渡垫、蜂窝缓冲垫的碰撞冲击可进行设计优化。

冲击载荷传递路径主要有两条:一条是通过切割器壳体传递至航天器侧壁,另一条是通过被切断的压紧杆传递至航天器侧壁。目前设计中,压紧座组件中的蜂窝缓冲垫就起到了一定的缓冲作用。

综上所述,减缓冲击载荷的技术途径主要有以下3条。

(1)对压紧杆与过渡垫、蜂窝缓冲垫的碰撞进行优化设计。

（2）在切割器与压紧座之间增加缓冲措施。

（3）对现有状态中的蜂窝缓冲垫缓冲性能加以改进。

具体实施情况如下。

1）减缓冲击载荷的仿真分析

压紧装置解锁时冲击产生和传递的时间历程非常短,在这一过程中,各部件之间的相互作用关系非常复杂,同时伴随着材料破坏、高速运动等问题。为了对产品工作过程有全面合理的认识,需要借助分析仿真与试验验证手段。分析仿真是为了指导设计改进,模型验证一方面是为了获取基础性数据,另一方面是为了对改进结果进行检验。

分析仿真与模型验证包含以下主要内容。

（1）建立初步分析模型。根据 Proe 三维模型建立了有限元分析模型,主要有活动刀、固定刀、压紧座、压紧杆等部件组成,如图 7.3.14 所示。

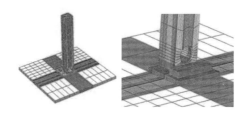

图 7.3.14　切割器和压紧释放装置有限元模型

根据试验成果,以切割器的切断能力作为临界值来分析得到切割器活动刀端面的压力不小于 80MPa,速度不小于 20m/s,如图 7.3.15 所示。

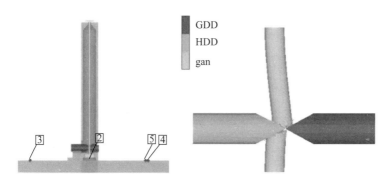

图 7.3.15　Lagrange 模型 stress = 80MPa, $v = 20$m/s,计算终止图

（2）不施加预紧力情况下,切割器传递至结构板的冲击载荷的模拟。在计算中,在 0.14ms 时,压紧杆已经被切断,由于活动刀端面还受到压力作用,所以活动刀会继续运动并撞击到固定刀,如图 7.3.16 所示。

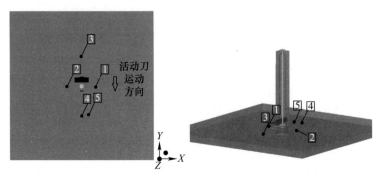

图 7.3.16　测试点分布示意图

（3）施加预紧力情况下,切割器传递至结构板的冲击载荷的模拟。在有预紧力情况下,各个测试点在 X、Y、Z 方向的加速度峰值统计如表 7.3.1 所列。在 0.13ms 之前,测试点 1、2 的最大加速度载荷方向沿着 X 方向,测试点 3、4 的最大加速度载荷方向沿着 Y 方向。与不施加预紧力情况相同,沿应力波传播方向的加速度载荷比其他两个方向的加速度载荷大。

表 7.3.1　不施加预紧力时,各测试点在 X、Y、Z 方向的加速度峰值统计

	0.14ms 之前					
	X 方向		Y 方向		Z 方向	
	最小值（ $\times 100g$ ）	最大值（ $\times 100g$ ）	最小值（ $\times 100g$ ）	最大值（ $\times 100g$ ）	最小值（ $\times 100g$ ）	最大值（ $\times 100g$ ）
测试点_1	−38.710	34.078	−21.419	32.314	−38.298	26.548
测试点_2	−24.956	25.288	−17.430	21.410	−22.073	19.671
测试点_3	−4.502	4.085	−20.155	33.984	−12.210	16.581
测试点_4	−3.095	3.533	−33.097	21.518	−13.201	11.557
测试点_5	−6.147	6.306	−13.154	13.765	−11.750	9.683
	0.14ms 后					
测试点_1	−67.4	46.558	−35.451	37.487	−46.480	28.815
测试点_2	−32.403	39.069	−23.557	33.042	−32.907	29.015
测试点_3	−12.598	14.295	−61.589	60.307	−31.193	28.664
测试点_4	−10.619	12.879	−54.904	110.51	−24.640	28.328
测试点_5	−19.316	18.681	−49.762	39.684	−17.032	17.569

在计算时,观察到在 0.13ms 时,压紧杆已经被切断,而在不施加预紧力的情况下在 0.14ms 时,压紧杆已经被切断,可见,施加预紧力能够更快速地切断

压紧杆。施加预紧力后,各个测试点的加速度载荷都比不施加预紧力时的加速度载荷大。

2)模型验证试验

对太阳翼压紧释放机构冲击响应评估,设计了两套试验方案(图 7.3.17 和图 7.3.18):一是测量解锁过程中通过切割器传递至结构板的冲击响应,而被切断的压紧杆尾端由于没有过渡垫的约束,将直接与工艺材料相撞,通过撞痕判断被切断的压紧杆所具有的能量;二是测量压紧点附近的冲击响应值,同时对试验过程中的关键部位进行高速摄像。通过这两个试验方案,校核仿真分析模型,并评估切割器输出冲击和冲击能量。使用 6 发火工切割器完成上述试验(表 7.3.2 和表 7.3.3)。

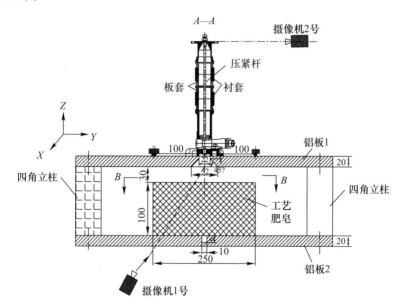

图 7.3.17　压紧杆冲击能量试验方案

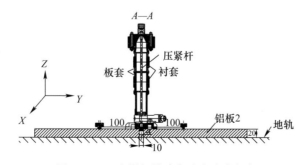

图 7.3.18　电爆解锁冲击响应试验方案

表 7.3.2　压紧杆冲击能量试验测试结果

试验名称	太阳翼电爆解锁压紧杆冲击响应测试							试验环境湿度 57.7%
试验次数	加速度测点响应							工艺材料破坏深度/mm
	1Z 冲击峰值/g	2Z 冲击峰值/g	3Z 冲击峰值/g	4Z 冲击峰值/g	5X 冲击峰值/g	5Y 冲击峰值/g	5Z 冲击峰值/g	
1	941.24	1017.58	1660.55	1220.77	654.83	2077.69	1578.53	14
2	1450.52	1818.73	2077.69	1463.10	770.62	2396.56	2506.96	19
3	973.70	1200	1361.64	943.89	672.78	1565.11	1473.58	13

表 7.3.3　电爆解锁冲击响应试验测试结果

试验次数	加速度测点响应						
	1Z 冲击峰值/g	2Z 冲击峰值/g	3Z 冲击峰值/g	4Z 冲击峰值/g	5X 冲击峰值/g	5Y 冲击峰值/g	5Z 冲击峰值/g
1	1231.67	1150.35	1394.91	2068.88	692.56	2033.66	1753.20
2	1450.52	1818.73	2077.69	1463.10	770.62	2396.56	2506.96
3	1740.62	1452.61	2173.55	2095.30	960.00	2152.03	2421.02

3）压紧释放机构设计改进

根据分析结果和设计改进途径,进行了如下设计改进方案(表 7.3.4)。

表 7.3.4　改进设计方案

改进方案	改进思路	改动后的影响分析
方案 1	(1)在切割器与压紧座之间增加缓冲措施; (2)对蜂窝缓冲垫进行优化设计,蜂窝芯壁加厚、加密和灌胶; (3)在切割器与压紧座之间连接的螺钉处增加垫套	(1)在火工切割器起爆瞬间将冲击载荷逐级不连续传递,极大地减缓切割器起爆瞬间的冲击载荷; (2)垫套直接减缓火工面内起爆冲击
方案 2	(1)在切割器与压紧座之间增加缓冲措施; (2)对蜂窝缓冲垫进行优化设计,蜂窝芯壁加厚、加密和灌胶	(1)同上(1); (2)与方案 1 相比,没有改变火工切割器与压紧座的接口尺寸
方案 3	(1)在切割器与压紧座之间增加缓冲措施; (2)对蜂窝缓冲垫缓冲性能加以改进,增加蜂窝垫厚度和面积,蜂窝芯子壁加厚、蜂窝芯子加密以及灌胶; (3)对于压紧杆与过渡垫、蜂窝缓冲垫的碰撞,在压紧座与过渡垫之间增加了转接环节,改变碰撞的传力途径	(1)同上(1); (2)增大了缓冲垫组件的缓冲能力; (3)通过减振块加长了冲击载荷的传递途径,进而减缓了冲击

续表

改进方案	改进思路	改动后的影响分析
方案 4	(1) 在切割器与压紧座之间增加缓冲措施; (2) 对蜂窝缓冲垫进行优化设计,通过将蜂窝芯子壁加厚、蜂窝芯子加密以及灌胶,提高其缓冲性能; (3) 对压紧杆与过渡垫、蜂窝缓冲垫的碰撞进行优化设计	(1) 同上 (1); (2) 方螺母与缓冲垫组件距离 2.2mm,被切断的压紧杆连带方螺母以一定的速度撞击到缓冲垫组件上,而不是通过力传递,有效地降低了电爆解锁的冲击载荷
方案 5	(1) 在切割器与压紧座之间增加缓冲措施; (2) 对蜂窝缓冲垫进行优化设计,通过将蜂窝芯子壁加厚、蜂窝芯子加密以及灌胶,提高其缓冲性能; (3) 对压紧杆与过渡垫、蜂窝缓冲垫的碰撞进行优化设计; (4) 对于压紧杆与过渡垫、蜂窝缓冲垫的碰撞,将过渡垫螺接至压紧座上,改变了碰撞的传力途径	(1) 同上 (1); (2) 兼顾了增加间隙以及加长力的传递路径特点,有效地减缓了电爆解锁的冲击载荷

4) 改进后的电爆解锁冲击载荷测试

对改进前和改进后的太阳翼压紧释放机构电爆解锁冲击响应进行了测试,测量了结构板所受的冲击载荷。共进行了 16 次发火试验,具体的冲击测试结果如表 7.3.5 所列。

表 7.3.5　改进后冲击载荷测试结果

试验次数	加速度测点响应						
	1Z 冲击峰值/g	2Z 冲击峰值/g	3Z 冲击峰值/g	4Z 冲击峰值/g	5X 冲击峰值/g	5Y 冲击峰值/g	5Z 冲击峰值/g
1	925.89	1805.61	1200.81	1585.50	971.00	1081.62	1024.61
2	947.49	1171.12	1326.91	1477.50	941.00	1208.00	1052.00
3	**628.00**	**827.00**	**711.00**	**1102.70**	**561.70**	**904.70**	**947.00**
4	808.00	935.00	1098.00	1178.00	549.80	1156.70	264.00
5	1025.00	1229.00	1085.00	1091.00	702.00	1350.00	898.00
6	1065.00	1562.00	1380.00	1609.00	671.00	1557.00	1308.00
8	718.94	892.00	1296.81	757.46	596.42	1005.18	787.81
9	653.83	623.40	1372.14	791.63	659.85	871.81	754.13
11	1237.33	1362.83	1619.14	1386.92	1079.07	1522.47	1736.84
12	1249.12	1607.82	1543.01	1429.74	767.79	2049.45	1308.45
13	601.93	661.34	750.20	749.20	729.96	1242.18	726.98
14	623.40	687.83	664.92	682.46	657.98	1358.37	789.87
15	612.78	666.35	647.80	689.70	464.05	873.24	627.34
16	502.73	661.34	832.16	693.56	588.19	1040.45	602.29

5）试验结论

通过 16 次发火试验结果对比分析,可以得出如下结论:"方案 4"的减缓冲击效果最明显,其最大冲击载荷为 1102.7g,最大冲击载荷峰值降低了至少 50% 以上,解决当前航天器组件冲击试验条件远小于太阳翼解锁时的冲击载荷的问题。

7.3.3 太阳翼工艺可靠性增长

太阳翼基板面板纤维体积含量（或含胶量）对结构强度的可靠性增长。

1. 技术方案

通过对缠绕控制技术改进,实现对网格面板缠绕成型过程中的胶液黏度、缠绕张力、纤维束的含胶量的精确控制,提高网格面板性能的稳定性。同时进行了低含胶量网格面板的缠绕试验,网格面板吸胶工艺参数的确定及优化,制作不同含胶量的网格面板及其蜂窝夹层结构,完成了对网格面板节点拉脱性能及网格面板蜂窝夹层结构的弯曲力学性能及耐温性能等测试,获得太阳翼基板的性能与网格面板的含胶量、纤维规格、网格间距大小等因素之间的关系,并确定了各平台太阳翼基板网格面板最低含胶量。

单块基板试件的试验流程如图 7.3.19 所示。

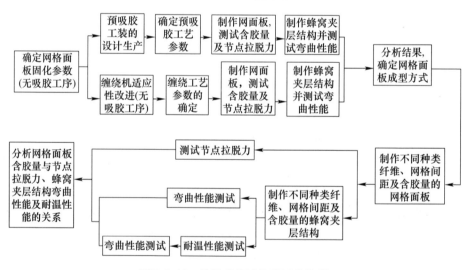

图 7.3.19　单块基板试件的试验流程

2. 具体实施方法

为了完成本项目的研究目标,对现有基板网格面板制备工艺技术进行改进,使能精确地控制网格面板固化前的含胶量及含胶的均匀性,改善现有网格面板含胶量不均匀的情况,从而使降低网格面板含胶量且不损失其力学性能及耐温性能成为可能。

(1) 网格面板工艺参数确定及优化。通过对胶槽、浸胶辊、传导辊的温度控制,挤胶装置的优化设计,张力系统的改进,实现了对胶液黏度、缠绕张力、纤维束含胶量的精确控制,提高了网格面板缠绕过程的稳定性。

(2) 试件制备。制备网格面板共 45 件,选取了 30 种网格面板,进行节点拉伸测试,每种规格测试数量不小于 30 件,不同规格的网格面板如图 7.3.20 所示。利用以上所选的网格面板制备并加工成蜂窝夹层试样,进行室温弯曲性能测试和冷热循环试验。

图 7.3.20　不同规格的网格面板

(3) 网格面板节点拉伸性能。网格面板节点的拉脱性能主要取决于纵横纤维束之间的胶接连接质量,从试验结果可知,网格面板的节点拉伸性能随着含胶量的提高而提高;含胶量较低时,节点拉伸数据的离散性较大,说明网格面板的节点胶接性能差异较大。

(4) 网格面板蜂窝夹层结构的冷热循环试验。按照项目要求,设计试验条件,检验不同纤维牌号、网格规格、含胶量的网格面板蜂窝夹层结构在高低温交变过程中网格面板节点胶接状态的变化情况,温度冲击范围为 $90 \sim -196℃$,循环 6 次。

每个基板试件按以下热循环程序进行 6 个循环。

① 在液氮罐内浸泡($\sim -196℃$)5min。

② 在室温停留 10min,观察试件脱粘情况。

③ 在保温箱($90℃ \pm 5℃$)放置 5min。

④ 在室温停留 10min,观察试件脱粘情况并记录。

在经历 6 个冷热循环的试件中,选取未发生脱粘或脱粘数量小于 4 处的试件进行弯曲性能测试。将其与未进行冷热循环试验的试件测试结果比较,发现弯曲强度及刚度未见有明显变化,说明经历 6 个循环的试件(未发生脱粘)其力学性能并未出现明显下降。

7.3.4 太阳翼耐环境能力增长

7.3.4.1 温度交变对太阳电池板影响研究

1）基板试验件的制作

在面板含胶量研究的成果上,按确认的基板面板纤维体积含量设计指标,制作太阳电池板 2 件。面板为单层网格,铝蜂窝芯的规格、方向与实际产品状态一致,具体要求如表 7.3.6 所列。

表 7.3.6　太阳板试验件类型

序号	基板面板材料	电池片类型
1	M60J－3K 50A/TDE－86	砷化镓
2	双股 M40－1K 40A/TDE86	单晶硅

2）基板试验件的外观要求

基板试件加工完成后,目视检查,要求:

（1）相邻纤维束中心线间的距离公差为 ±0.5mm;

（2）纤维束目视检查不能有断裂;

（3）加压固化成型后,纤维网格节点处目视检查应无脱粘现象。

3）粘贴太阳电池电路

分别贴真实电池片,数量不少于 100 片,并组成若干可测量的电池电路。

4）热循环试验

在高低温试验箱(或热真空试验罐)内进行热循环试验。

两种试验件热循环试验的次数均按"运载器、上面级和航天器试验要求"（GXX1027A—2005）规定,取 40.5 次。

5）试验结果的判读

循环结束后,目视检查网格结点脱粘、电池片脱粘、电池片破裂、玻璃盖片破裂、互联条断裂等情况。其中,网格结点脱粘、电池片脱粘和电池片破裂现象不允许出现,玻璃盖片破裂现象应不大于 3%。

具体实施如下。

（1）主要试验条件。试验条件按照东四平台最大包络进行。

① 试验温度:$-170_{-10}^{0} \sim +95_{0}^{+10}$℃。

② 循环次数:40.5 次(循环从高温开始,至高温结束)。

③ 停留时间:每次循环在高、低温端各停留 0.5h。

（2）试验实施情况。根据试验大纲的测温点要求进行了热电偶的安装,共进行了 40.5 个温度循环。试验前后定量测量太阳电池电路的电流值,根据电流值定性判断电路导通的正确性,绘制电流变化曲线。

从试验开始到结束,对试验室环境进行了测试,环境条件良好均满足要求。试验控温曲线如图 7.3.21 所示,试验温度、升降温速率、循环次数、停留时间均满足试验大纲的要求,如图 7.3.22 所示。

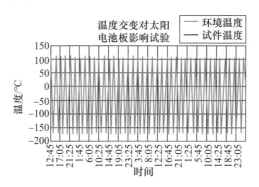

图 7.3.21　控温曲线

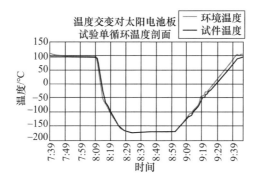

图 7.3.22　单循环温度剖面图

试验结束后,对太阳电池板外观进行了目视检查,无网格结点脱粘情况,满足试验要求。对电池部分进行了检查,未出现电池片脱粘、电池片破裂、玻璃盖片破裂、互联条断裂等情况,满足试验要求,并对试验后的电性能进行了测试,具体情况如下。

用 LAPSS Ⅱ太阳模拟器测量太阳电池试验件电路的开路电压、短路电流、Ⅰ－Ⅴ曲线如图 7.3.23 所示。

太阳板试验件在温度交变试验后电性能均正常,没有发生变化。

7.3.4.2　太阳翼展开冲击试验

1）试验目的

获取太阳翼地面展开试验锁定时刻,太阳翼的冲击弯矩和冲击剪力实测值,

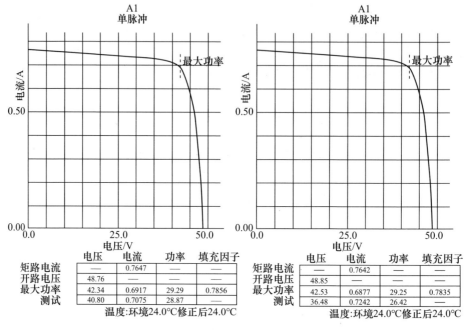

图 7.3.23　试验件 I - V 曲线(试验前、后)

为太阳翼在轨展开锁定冲击载荷分析提供参考。

2）具体实施方法

建立太阳翼展开锁定冲击地面动力学仿真模型,实测太阳翼的展开锁定冲击载荷。消除地面影响因素,得到经过试验验证的在轨仿真模型。进行了多次展开试验,即绕太阳翼展开方向的弯矩与垂直太阳翼展开方向的剪力。太阳翼展开过程中典型冲击弯矩与冲击剪力曲线如图 7.3.24 所示。

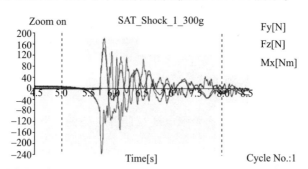

图 7.3.24　太阳翼冲击弯矩和剪力测试曲线

3）试验结论

将本次试验弯矩测试结果汇总如图 7.3.25 所示,对弯矩测试结果进行线性拟和,并规定拟合曲线经过原点,拟合出的曲线图中用黑色虚线示出,其斜率为 2.19,所有试验点均位于拟和曲线 ±13% 的范围内;对剪力测试结果进行线性拟和,并规定拟合曲线经过原点,拟合出的曲线图中用黑色实线示出,其斜率为 3.0199,所有试验点均位于拟和曲线 ±11% 的范围内。

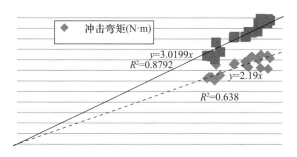

图 7.3.25　太阳翼展开冲击载荷 – 末速度曲线

由上述可知,根据冲击弯矩的地面试验值与在轨仿真值非常接近,冲击剪力的仿真值超出了试验值范围,说明计算偏保守,并且互相验证了试验方法和仿真模型的正确性。

7.3.5　太阳翼可靠性评估

根据刚性太阳翼的主要故障模式与故障判据,其全寿命周期的可靠性模型框图可表示为图 7.3.26。

图 7.3.26　太阳翼可靠性框图

相应的可靠性模型为

$$R = R_{释放} R_{展开} R_{锁定}$$

式中:$R_{释放}$、$R_{展开}$ 和 $R_{锁定}$ 分别为刚性机械太阳翼的释放可靠度、展开可靠度和锁定可靠度。

7.3.5.1　太阳翼释放可靠性评估

根据释放可靠性模型,太阳翼释放可靠度的点估计 $\hat{R}_{释放}$ 和置信度 γ(一般取 $\gamma = 0.7$)下的可靠度置信下限 $R_{释放,L}$ 分别为

$$\hat{R}_{释放} = \hat{R}^q_{切割器}, \quad R_{释放,\mathrm{L}} = R^q_{切割器,\mathrm{L}}$$

且太阳翼释放可靠度的方差 $D(\hat{R}_{释放})$ 为

$$D(\hat{R}_{释放}) = \frac{q^2 \hat{R}^{2q-1}_{切割器} (1 - \hat{R}_{切割器})}{n_{切割器}}$$

7.3.5.2　太阳翼展开可靠性评估

对于 m 个总驱动力矩值 $x_j(j=1,2,\cdots,m)$ 和 m 个总阻力矩值 $y_j(j=1,2,\cdots,m)$，首先按照 GB/T 4882 中的正态分布检验方法对总驱动力矩和总阻力矩分别进行正态性检验，然后计算出驱动力矩的均值 $\bar{x}$ 和标准差 s_x，以及阻力矩的均值 $\bar{y}$ 和标准差 s_y，即

$$\bar{x} = \frac{1}{m}\sum_{j=1}^{m} x_i, \quad \bar{y} = \frac{1}{m}\sum_{j=1}^{m} y_i$$

$$s_x = \sqrt{\frac{1}{m-1}\sum_{j=1}^{m}(x_j - \bar{x})^2}, \quad s_y = \sqrt{\frac{1}{m-1}\sum_{j=1}^{m}(y_j - \bar{y})^2}$$

若经检验，驱动力矩 x_j（应力 – 强度干涉理论中的强度）和阻力矩 y_j（应力 – 强度干涉理论中的应力）均不拒绝正态分布假设，则刚性机械太阳翼展开可靠度的点估计 $\hat{R}_{展开}$（对应于置信度 $\gamma = 0.5$）和方差 $D(\hat{R}_{展开})$ 分别为

$$\hat{R}_{展开} = \Phi(K), \quad D(\hat{R}_{展开}) = \phi^2(K)\left(\frac{1}{m} + K^2 \times \frac{m-1}{2m^2}\right)$$

式中：$\Phi(t) = \frac{1}{\sqrt{2\pi}}\int_{-\infty}^{t} \mathrm{e}^{-u^2/2}\mathrm{d}u$ 为标准正态分布的分布函数；$\phi(t) = \frac{1}{\sqrt{2\pi}}\mathrm{e}^{-t^2/2}$ 为标准正态分布概率密度函数；K 为正态分布容限系数，可由下式计算，即

$$K = \frac{\bar{x} - \bar{y}}{\sqrt{s_x^2 + s_y^2}}$$

对于给定的置信度 γ，刚性机械太阳翼的展开可靠度置信下限为

$$R_{展开,\mathrm{L}} = \Phi(K - u_\gamma \hat{\sigma}_K)$$

其中

$$\hat{\sigma}_K = \left[\frac{1}{m} + \frac{(s_x^4 + s_y^4)}{2(m-1)(s_x^2 + s_y^2)^2}K^2\right]^{1/2}$$

式中：u_γ 为标准正态分布的 γ 分位数。

7.3.5.3　太阳翼锁定可靠性评估

太阳翼的锁定由 1 个根部铰链线 A 和若干个相同的板间铰链线(记为 p 个,一般 $p=3$)串联实现。每个铰链线的两端各设置 1 处锁定环节,只要 2 处锁定环节中的一处锁定成功,即认为该铰链线锁定成功,因此,每一个铰链线上的 2 处锁定环节为并联关系。根据上述分析,太阳翼的锁定可靠性框图如图 7.3.27 所示。

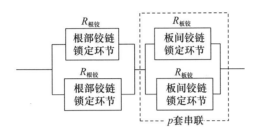

图 7.3.27　太阳翼锁定可靠性框图

由图 7.3.27 可知,太阳翼的锁定可靠度可由下式计算:

$$R_{锁定} = \left[1 - (1 - R_{根铰})^2\right]\left[1 - (1 - R_{板铰})^2\right]^p$$

式中: $R_{锁定}$、$R_{根铰}$ 和 $R_{板铰}$ 分别为太阳翼的锁定可靠度、根部铰链锁定环节的可靠度和板间铰链锁定环节的可靠度。

令 $R_{根铰并} = 1 - (1 - R_{根铰})^2$,$R_{板铰并} = 1 - (1 - R_{板铰})^2$ 分别表示两个根部铰链并联后的锁定可靠度和两个板间铰链锁定后的可靠度,则

$$R_{锁定} = \left[1 - (1 - R_{根铰})^2\right]\left[1 - (1 - R_{板铰})^2\right]^p = R_{根铰并}R_{板铰并}^p = R_{根铰并}R_{板铰总}$$

式中: $R_{板铰总} = R_{板铰并}^p$ 为 p 个相同的板间铰链线串联后的总锁定可靠度。

设通过 m 次展开试验获得了根部铰链线单个锁定机构的锁定深度数据 x_i($i=1,2,\cdots,m$),则锁定深度的均值和标准差分别为

$$\bar{x} = \frac{1}{m}\sum_{i=1}^{m} x_i, \quad s = \sqrt{\frac{\sum\limits_{i=1}^{m}(x_i - \bar{x})^2}{m-1}}$$

按照 GB/T 4882 中的正态分布检验方法对锁定深度进行正态性检验,若锁定深度不拒绝正态分布假设,可以得到锁定机构锁定可靠性的单侧容限系数为

$$K = \frac{\bar{x} - L}{s}$$

式中:L 为锁定深度的容许下限,则根部铰链线锁定机构锁定可靠度点估计(对

应于置信度 0.5）为

$$\hat{R}_{根铰} = \Phi(K)$$

根据容限系数 K、试验次数 m 和给定的置信度 γ（这里取 $\gamma = 0.7$），查 GB/T 4885—2009，即得置信度 γ 下根部铰链线锁定机构锁定可靠度置信下限 $R_{根铰,L}$。

对于板间铰链线上的锁定机构，同理可得其锁定可靠度的点估计 $\hat{R}_{板铰}$ 和置信下限 $R_{板铰,L}$。

1）根部铰链线锁定可靠性

具体计算步骤如下。

根部铰链线锁定机构的锁定可靠度点估计 $\hat{R}_{根铰}$，并由下式计算其方差 $D(\hat{R}_{根铰})$，即

$$D(\hat{R}_{根铰}) = \phi^2(K)\left(\frac{1}{m} + K^2 \times \frac{m-1}{2m^2}\right)$$

计算根部铰链线锁定可靠度点估计 $\hat{R}_{根铰并}$ 和方差 $D(\hat{R}_{根铰并})$，即

$$\hat{R}_{根铰并} = 1 - (1 - \hat{R}_{根铰})^2, \quad D(\hat{R}_{根铰并}) = 2(1 - \hat{R}_{根铰})^2 D(\hat{R}_{根铰})$$

计算给定的置信度 γ 下，根部铰链线锁定可靠度的置信下限为

$$R_{根铰并,L} = 1 - (1 - R_{根铰,L})^2$$

2）板间铰链线锁定可靠性

采用根部铰链线锁定可靠性评估方法，同理可以得到板间铰链线的锁定可靠度点估计 $\hat{R}_{板铰并}$ 和置信下限 $R_{板铰并,L}$。

由于太阳翼板间铰链的锁定功能由 p 个相同的铰链线串联实现，则太阳翼板间铰链线的总锁定可靠度为

$$R_{板铰总} = R_{板铰并}^p$$

其点估计 $\hat{R}_{板铰总}$ 和给定置信度 γ 下的置信下限 $R_{板铰总,L}$ 分别为

$$\hat{R}_{板铰总} = \hat{R}_{板铰并}^p = [1 - (1 - \hat{R}_{根铰})^2]^p, \quad R_{板铰总,L} = R_{板铰并,L}^p = [1 - (1 - R_{根铰,L})^2]^p$$

并且

$$D(\hat{R}_{板铰总}) = \frac{p^2 \hat{R}_{板铰并}^{2p-1}(1 - \hat{R}_{板铰并})}{n_{板铰并}}$$

3）太阳翼锁定可靠性

太阳翼的锁定可靠度的点估计 $\hat{R}_{锁定}$ 及其方差 $D(\hat{R}_{锁定})$ 分别为

$$\hat{R}_{锁定} = \hat{R}_{根铰并} \hat{R}_{板铰总}$$

$$D(\hat{R}_{锁定}) = \frac{\hat{R}_{锁定}^2}{\hat{R}_{根铰并}^2} D(\hat{R}_{根铰并}) + \frac{\hat{R}_{锁定}^2}{\hat{R}_{板铰总}^2} D(\hat{R}_{板铰总})$$

$$= \hat{R}_{板铰总}^2 D(\hat{R}_{根铰并}) + \hat{R}_{根铰并}^2 D(\hat{R}_{板铰总})$$

因此,刚性机械太阳翼锁定可靠性的等效试验次数 $n_{锁定}$ 和等效成功次数 $s_{锁定}$ 分别为

$$n_{锁定} = \frac{\hat{R}_{锁定}(1 - \hat{R}_{锁定})}{D(\hat{R}_{锁定})}, \quad s_{锁定} = n_{锁定}\hat{R}_{锁定}$$

于是,根据二项分析理论可知,对于给定的置信度 γ,太阳翼锁定可靠度的置信下限 $R_{锁定,L}$ 可由下式计算,即

$$R_{锁定,L} = \frac{s_{锁定}}{s_{锁定} + (f_{锁定} + 1)F_{\gamma}(2f_{锁定} + 2, 2s_{锁定})}$$

4）太阳翼整机可靠性评估

刚性机械太阳翼全功能可靠度点估计 $\hat{R}$ 与方差 $D(\hat{R})$ 分别可由下式计算,即

$$\hat{R} = \hat{R}_{释放} \hat{R}_{展开} \hat{R}_{锁定}$$

$$D(\hat{R}) = \frac{\hat{R}^2}{\hat{R}_{释放}^2} D(\hat{R}_{释放}) + \frac{\hat{R}^2}{\hat{R}_{展开}^2} D(\hat{R}_{展开}) + \frac{\hat{R}^2}{\hat{R}_{锁定}^2} D(\hat{R}_{锁定})$$

$$= \hat{R}_{展开}^2 \hat{R}_{锁定}^2 D(\hat{R}_{释放}) + \hat{R}_{释放}^2 \hat{R}_{锁定}^2 D(\hat{R}_{展开}) + \hat{R}_{释放}^2 \hat{R}_{展开}^2 D(\hat{R}_{锁定})$$

根据二项分布理论可知,刚性机械太阳翼全功能可靠性的等效试验次数 n 和等效成功次数 s 分别可由下式计算,即

$$n = \frac{\hat{R}(1 - \hat{R})}{D(\hat{R})}, \quad s = n\hat{R}$$

根据二项分析理论可知,对于给定的置信度 γ,太阳翼全功能可靠度的置信下限 R_L 可由下式计算,即

$$R_L = \frac{s}{s + (f + 1)F_{\gamma}(2f + 2, 2s)}$$

其中 $f = n - s$。当 s 或 f 为非整数时,可结合线性插值计算太阳翼可靠度置信下限 R_L。

5）太阳翼评估结果

太阳翼的锁定可靠度的点估计及其方差分别为

$$\hat{R}_{锁定} = 0.999969, \quad D(\hat{R}_{锁定}) = 3.4121 \times 10^{-9}$$

置信度 $\gamma = 0.7$ 下的可靠度置信下限为

$$R_{锁定,L} = 0.999827$$

刚性太阳翼全功能可靠度点估计及其方差分别为

$$\hat{R} \approx 0.999969, \quad D(\hat{R}) \approx 3.4121 \times 10^{-9}$$

相应的等效试验次数和等效成功次数分别为

$$n = 9002.86, \quad s = 9002.59$$

因此,根据二项分析理论,置信度 $\gamma = 0.7$ 下太阳翼全功能可靠度的置信下限为

$$R_{L} = 0.9998$$

▨ 7.4　器件类产品可靠性增长示例

7.4.1　器件类产品特点

器件是指能够独立起到控制变换作用的单元,有时也指较大的元件。一般情况下,器件是功能上不可再拆分的整体。航天器中应用的器件级种类和数量很多,其重要程度也因为选用器件的单机功能与重要性而异。

在各类器件中,用于星上功率放大器,起到微波功率放大的功率器件是一类非常特殊的器件级产品。航天器用功率器件包含两大类:一类是以半导体技术为基础的 GaAs 和 GaN 类器件;另一类是以真空电子技术为基础的行波管器件(TWT)。以上述两类器件为核心的功率放大器分别称为固态功率放大器(SSPA)和行波管放大器(TWTA)。

两类器件构成的放大器自 20 世纪 70 年代起,作为航天器用功放的选择,在相互竞争中得到快速发展。目前形成了在小功率、低频段 SSPA 占据主导地位,在大功率、高频段 TWTA 占据主导地位的局面。

相对于固态功率放大器,行波管放大器工作频率更高、输出功率更大,其大功率的特点更加显著。因此,本节及后续针对器件级产品的可靠性增长分析均以行波管器件为代表。

1. 行波管功率器件产品特点

行波管由电子枪、高频互作用系统、磁聚焦系统、收集极系统、真空管壳、附属外包装六大部分组成,器件结构如图 7.4.1 所示。行波管实现高效率放大的基本原理是通过热阴极提供源源不断的电子,在高压电场作用下电子高速运动进入螺旋线慢波结构,与螺旋线上传播的待放大微波信号相互作用,将动能转换为电磁波能量,最终电子由降压收集极将残余动能转换为电源势能。

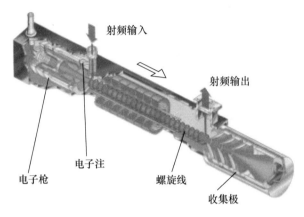

图 7.4.1　行波管产品结构图

行波管功率器件的主要特点包括以下几方面。

(1) 行波管工作在高真空状态。行波管是一种电真空器件,通过在高真空系统中的电子动能和微波交换能量实现功率放大。器件内部真空度优于 10^{-7} Pa,以降低高速运动电子碰撞残余气体分子的概率。即使在高真空状态下,行波管内部仍然有大量残余气体,不合适的设计可能放大残余气体的影响。

(2) 行波管具有高增益。行波管是一种大功率器件。在空间应用中,通常还具有很高的增益,通常增益达到 50dB 以上。高增益器件的稳定性设计是产品可靠性设计的重点。

(3) 行波管大量采用高温钎焊工艺。行波管大量使用基于金属 - 陶瓷相异材料的高温钎焊工艺。金属 - 陶瓷结构是支持行波管能够工作在大功率、高真空和宽温度范围的基本条件。相异材料高温钎焊工艺给工程实现带来挑战,焊缝气密性和强度是保证产品可靠性的关键。

(4) 行波管阴极具有寿命退化特性。行波管热阴极提供源源不断的电子,形成可交换能量的电子注。阴极提供电子的能力随着工作寿命不断退化,具有典型的退化寿命特征。影响阴极退化速率的宏观参数包括工作温度和电流密度。微观角度,影响阴极退化的失效物理机理主要是多种阴极材料的合金化变化。

2. 器件级产品可靠性增长重点方向

对于器件类产品,由于功能的不可再分性,应将摸透器件失效的物理机理作为可靠性增长工作的基础。以 FMEA 分析和 FTA 分析为工具,识别影响产品在轨持续稳定运行的失效模式,分析失效物理机理,才能准确针对器件薄弱环节,开展可靠性提升。

结合行波管器件特性分析,识别出影响行波管在轨工作可靠性和长寿命的关键特性,包括输出功率、增益、螺流等关键参数的稳定性,识别出产品生产的关键工艺之一是相异材料高温钎焊。因此,将关键参数的稳定性设计提升和关键工艺可靠性提升作为行波管产品可靠性增长的重点工作,实现产品固有可靠性增长。

7.4.2 行波管关键特性增长

行波管作为高增益大功率放大器件,输出功率、增益、相位等主要指标稳定是产品的关键特性。通过对产品故障模式和失效机理研究,空间行波管典型的不稳定故障包括离子噪声引起的输出功率、增益、相位和螺流低频周期跳变,以及碳膜衰减器不匹配导致的增益不稳定,出现异常杂波。

7.4.2.1 行波管失效机理研究

器件级产品的失效分析一般采用失效物理分析方法。失效物理分析的目的在于以可靠性技术为理论基础,引入物理与化学的思考和方法,说明构成产品的零件或材料的失效机理,并以此作为消除或减少失效发生原因的依据,也是器件级产品开展可靠性增长的依据。

对于航天器用行波管器件,失效不仅是指器件功能完全丧失,主要性能的劣化也属于器件失效的范畴。利用行波管故障模式库收集的大量工程案例,开展失效物理分析,总结出主要的 10 种失效模式、失效机理及影响分析如表 7.4.1 所列。

表 7.4.1 行波管器件主要失效模式及机理

序号	失效模式	主要机理	影响分析
1	温度/振动应力损坏	管体陶瓷-金属封接结构缺陷; 管外高压导线焊点焊接缺陷; 管体金属-金属电阻焊、氩弧焊等焊接缺陷	通常导致主要结构功能损伤,器件功能丧失
2	真空度异常	高速电子电离残余气体产生离子噪声; 残余气体作用于阴极,导致螺流增大	性能和寿命一定程度劣化
3	大功率输能结构异常	微放电余量设计不足; 输能连接不良、功率耐受不足; 非标准化设计	通常会导致输能结构损伤,器件功能丧失

序号	失效模式	主要机理	影响分析
4	管内耐压不足	偶发性真空高压直流击穿(微小放电);蒸发物质导致的级间阻抗测试结果异常	性能和寿命一定程度劣化
5	阴极发射性能异常	灯丝/阴极温度工作点选择不合适;存储或加速存储后阴极可逆性中毒	性能和寿命一定程度劣化
6	自激/反射振荡	管内结构导致的自激振荡;负载反射诱发的反射振荡	主要功能性能劣化
7	输入输能结构异常	输入结构设计不当,紧固不当	非主要功能性能劣化
8	管外耐压不足	高压灌封缺气泡、分层、异物引起的耐压不足	通常导致高压供电异常,器件功能丧失
9	灯丝开路/短路	材料缺陷,检验不足;结构缺陷,局部短路	通常会导致阴极无法加热,器件功能丧失
10	内部电磁干扰	高压导线间电磁干扰	非线性指标劣化

温度和振动应力导致的结构损伤是主要的失效模式,其中金属-陶瓷焊缝的损伤是主要故障模式。

在真空度异常失效模式中,残余气体导致的产品性能劣化是主要的故障模式之一,在多个品种和厂家产品中均有发生,这类故障定义为离子噪声。离子噪声的典型现象为行波管螺流、输出功率、群时延、相移等关键参数低频周期性跳变。

自激/反射振荡故障模式大多与行波管内部的碳膜衰减器衰减量特性相关。碳膜衰减器是通过高温裂解烷类气体,让碳原子沉积在氮化硼或氧化铍陶瓷材料上,不同沉积厚度获得不同的衰减量。衰减器制备和测量的精确度对行波管高增益稳定性有重大影响。

行波管阴极发射性能异常的一种故障为阴极制造设计导致的寿命退化速率过快,不满足在轨寿命的使用要求。

7.4.2.2　行波管离子噪声抑制设计

1)可靠性增长特征量分析

噪声是放大器件不可避免的特性,通过合理的设计和制造过程控制,可以使大多数噪声变得可接受,不影响器件的正常使用。行波管的噪声有多种来源,除常规的热噪声外,还包括电子发射离散特性导致的散粒噪声、电子速度离散的速度噪声、各级电流分配效应噪声、碰撞与电离噪声等。其中,行波管有一种特殊的噪声来源,是由于不适当的电场、磁场和物理结构设计导致的离子积累 – 泄放引起的,称为离子噪声。

根据行波管失效物理分析,离子噪声是在行波管内部高真空区域,微量残余气体被高速运动的电子电离,正离子在电场、磁场和物理结构的作用下,在空间发生积累 – 泄放的过程。

通过研究离子在不同设计参数下的行为,指导产品电场、磁场和结构设计,降低离子积累 – 泄放强度,从而达到抑制离子噪声,提升产品性能稳定性的目的。

2)可靠性增长实施

通过理论分析行波管内残余气体的行为模型,为抑制离子噪声的仿真分析建立数学基础。利用二维离子仿真软件,建立仿真模型,开展行波管内气体压强、磁场分布、电位分布、管长等参数对离子噪声的影响分析,寻求最优的抑制离子噪声设计方法,并通过实物对比验证分析结果。

(1)残余气体行为模型的理论分析。行波管的电子注与电磁波的互作用状态决定了行波管的输出射频特性,包括输出的幅度、相位、群时延等全部特性指标。行波管的群时延与相位是相关的,相位的跳变引起群时延的跳变。同时,电子注电流状态直接决定了行波管相位状态。

残余气体分子是产生离子的来源,它在电子注作用下离化。由于正离子将会中和电子注内的空间电荷电位,故当电子注中的离子密度发生变化时,将会导致电子注中总电荷密度发生变化,从而影响电子注半径和电子注中心处的电位。

当行波管中发生离子累积 – 泄放时,如图 7.4.2 所示,离子密度和电子注会发生周期性的变化,根据公式的推导可知,行波管的电子注电压、电子注速度、高频信号相位都将同步发生周期性的变化,高频信号的群时延也因此存在周期性的波动。

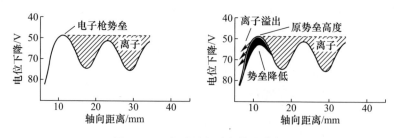

图 7.4.2 离子溢出引起势垒降低

综合文献分析,可以得到行波管相位的变化与电子注轴向速度、电子注发散

幅度、电子注发散波数、互作用长度,以及 RF 输入处半径不匹配的表征常量之间存在一定关系:

$$\delta\theta = \frac{1}{2}\theta\left(\frac{\Delta\phi}{V}\right)F$$

式中:F 为无量纲因子,即

$$F = \frac{\cos p - \cos(p + kL)}{kL}$$

式中:$\delta\theta$ 为相位变化;$\Delta\phi$ 为电子注发散幅度;V 为电子注速度;k 为电子注发散波数;L 为互作用长度;p 为 RF 输入处半径不匹配的表征常量。

从上述上述各参量间关系分析,即使不知道离子种类和离子密度,抑制离子噪声也可以从这两方面入手。最重要的是减小束发散以减小 $\Delta\phi$ 和 $\delta\theta$;当束发散不可避免时,可调整磁场以使互作用长度 L 等于发散波长的整数倍,这是减小离子噪声简单有效的方法。

(2)离子噪声敏感因素仿真分析。采用二维的粒子模拟软件 OOPIC Pro 对离子噪声开展仿真分析。OOPIC Pro 软件是由 Tech – X Corporation. Boulder. CO. 公司提供的一个免费软件,它与加州大学伯克利分校使用的 XOOPIC 是同一内核。OOPIC(Object – Orient Particle – in – Cell)采用面向对象语言 C ++ 编写而成。

首先仿真分析了背景气体压强对离子噪声的影响,验证仿真模型的有效性与合理性。仅改变压强的大小,分别采用气压 7×10^{-6} Torr、3.5×10^{-5} Torr、7×10^{-5} Torr。观察采用不同压强时管内宏粒子数随时间的变化图和电子的平均动能图,分析得到背景气体压强对离子噪声的影响,仿真结果如图 7.4.3 所示。

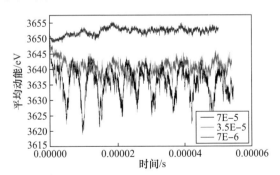

图 7.4.3　不同气压条件下电子的平均动能随时间的变化对比图

从图 7.4.3 中可以看出,电子的平均动能随着时间的产生波动,而且随着背景气体压强的增大波动频率和波动幅度越剧烈。在背景气体压强为 7×10^{-6} Torr

时,观察到非常明显的电子平均动能低频周期性跳变现象,与行波管器件测试中观察到的射频性能低频周期跳变相对应。因此,仿真软件的合理性得到基本验证。

为了得到磁场强度对离子噪声的影响,对一系列磁场强度下离子噪声敏感程度进行了仿真。其中磁场为0.03T和0.07T数据对比分析如图7.4.4所示,可以明显观察到磁场变化对低频周期跳变现象的影响。

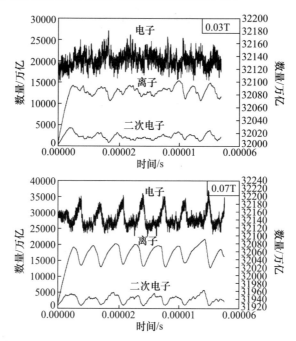

图7.4.4 磁场为0.03T和0.07T时管内宏粒子数随时间的变化

大量分析表明,离子噪声与磁场强度无直接线性关系,但磁场强度会影响电子注的包络在管长内为整数个脉动波长还是非整数个脉动波长。如果电子注包络在管长内为非整数个波长,则噪声会大一些;相反,如果电子注包络在管长内为波长的整数倍,则噪声明显得到抑制,这和前面的理论结果分析相符合。

同样,对行波管互作用长度的影响、收集极降压的影响等因素也开展了仿真分析,获得了各因素对离子噪声的影响程度。综合各影响因素在实际行波管器件生产中的可操作性,提出在产品电子光学设计、产品调试过程中可实施的最优化离子噪声改进措施,即通过设计或调试改变互作用入口处的磁场分布,影响电子注的包络分布,使其在管长内为整数个脉动波长,可以显著抑制离子噪声产生。

(3)产品改进与验证。利用仿真结果,改进设计了一支L频段行波管的磁场设计,通过优化磁场分布,使电子注的包络分布在管长内为整数个脉动波长。

测试得到改进前后的相位跳变如图 7.4.5 所示,改进前产品相位和幅度都存在低频周期性跳变,改进后跳变得到大幅抑制,满足型号使用要求。

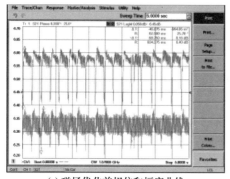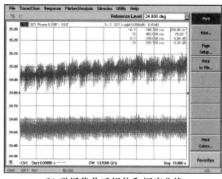

(a) 磁场优化前相位和幅度曲线　　　　　　(b) 磁场优化后相位和幅度曲线

图 7.4.5　改进前后产品的性能跳变曲线对比

7.4.2.3　行波管增益稳定性提升

1) 可靠性增长特征量分析

行波管是一种宽带放大器件,在 20% 以上带宽内都具有较高的增益。一般系统定义的使用带宽不超过 10% ,因此行波管在使用定义带宽外的增益稳定性容易被忽略,导致产品发生自激振荡,出现带外杂散频谱。通过对行波管的失效物理分析,确定是行波管夹持杆上的碳膜衰减器不匹配,引起反射信号自激,导致了行波管使用带宽外异常杂散。

2) 可靠性增长实施

行波管夹持杆上的碳膜衰减器是通过在高温下裂解高碳烷类气体,碳原子沉积在氧化铍或氮化硼材料表面制备的。一般夹持杆上衰减器的衰减量分布设计为高斯分布或者三角分布,在工程产品中,为了确保衰减量分布与设计结果一致,首先必须精确测量碳膜衰减器的衰减量分布,并通过优化工艺,提高衰减器制备的一致性和稳定性。

(1) 碳膜衰减器衰减量分布测试精度提升。传统碳膜衰减器衰减量分布测试方法采用普通万用表测试规定长度下的碳膜电阻值,表征衰减量分布。该方法受限于万用表阻抗测试精度、可测量的最小长度和精度,以及表笔接触碳膜层接触面积和压力引起的测试误差,测试结果不准确。

利用矩形波导中主模 TE_{10} 的场结构特征,可以很好地模拟行波管内场分布,设计波导宽边开孔测试波导结构结构,导入夹持杆碳膜衰减器,通过测试波导 S21 的变化,可以精确表征碳膜衰减器的衰减量。

利用设计的碳膜衰减器自动测试系统对 3 件夹持杆碳膜衰减器进行测试,

并与万用表测试的阻抗值对比(表7.4.2)。可以观察到如图7.4.6所示样品3的均匀段初始部分衰减分布曲线存在畸变,导致峰值变化差异约37%,偏离了设计预期,此现象在电阻测试结果中无法观察到。

表 7.4.2　夹持杆碳膜衰减器电阻值测试结果

样品号	渐变段阻值/kΩ	均匀段阻值/kΩ	渐变段阻值/kΩ
样品 1	100、50、3、1.2	0.35、0.35、0.4	1.8、4、20
样品 2	70、20、3.5、1	0.45、0.4、0.5	2、10、30
样品 3	100、20、4.5、0.7	0.35、0.35、0.35	0.9、2.5、40

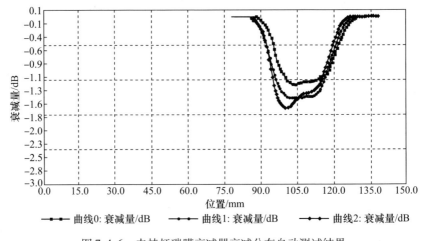

图 7.4.6　夹持杆碳膜衰减器衰减分布自动测试结果

对同一夹持杆碳膜衰减器连续开展 3 次测量,衰减量最大偏差不超过均值的 2%,测试曲线如图 7.4.7 所示。

通过以上测试验证,实现了行波管器件碳膜衰减器衰减量分布的精确测量。

(2)碳膜衰减器制备一致性提升。在碳膜衰减器制备的工艺过程中,多项工艺参数对其衰减性能有较大影响,如碳氢化合物的压强、加热电流、时间及真空度等参数。

通过合理设计上述工艺参数的分布,开展批次性碳膜衰减器制备,精确测试制备样品的衰减分布,可以获得最优的碳膜衰减器制备工艺参数分布范围。

例如,对某一特定行波管器件设计的碳膜衰减器衰减量理论分布,对比工艺参数优化前和优化后各 3 个样本的测试曲线如图 7.4.8 所示。可以看到,工艺优化前,制作 3 个设计目标相同的样本,结果在最大衰减量方面存在较明显的偏差,衰减深度偏差达到 0.5dB。工艺优化后,制作同样设计目标的 3 个样本,测试最大衰减量偏差小于 0.08dB,衰减器制作的精度得到非常大的提高。

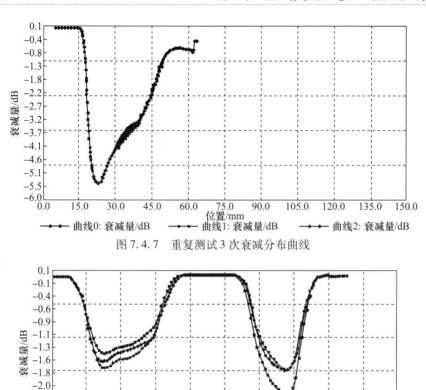

图 7.4.7 重复测试 3 次衰减分布曲线

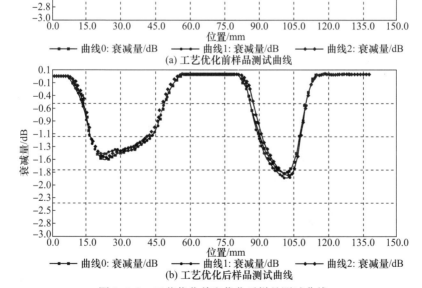

(a) 工艺优化前样品测试曲线

(b) 工艺优化后样品测试曲线

图 7.4.8 工艺优化前和优化后样品测试曲线

7.4.3 行波管工艺可靠性增长

1. 可靠性增长特征量分析

通过行波管的特性分析可知,行波管是由不同材料的金属和陶瓷结构件构成,为了确保器件的结构强度和高真空度,各种异性材料之间采用高温硬钎焊工艺焊接。异性材料焊接需要考虑的重要因素之一是不同材料的热膨胀特性。当相异材料热膨胀系数相差很大时,接头结构的工艺设计参数需要非常谨慎,不合适的工艺设计参数将导致焊缝残余应力过大,在应力作用下焊缝失效。

因此异性材料高温钎焊是行波管的关键工艺之一,焊缝强度是保证行波管工艺可靠性的关键参数。

2. 可靠性增长实施

通过研究金属－陶瓷标准结构焊缝微观缺陷特征,开展残余应力仿真分析与验证,识别导致焊缝失效的主要缺陷;针对行波管常用的夹封结构、刀封结构和套封结构等,仿真分析结构参数变化对残余应力的影响,识别封接结构设计参数的合理范围,提升封接结构的可靠性。

针对工程产品选用的典型结构参数,开展高温度冲击、温度循环,研究对焊缝强度的影响,验证产品生产周期经历的温度应力影响,确保焊缝具有足够的强度裕度。

（1）金属－陶瓷标准件焊缝微观缺陷分析。设计金属－陶瓷焊接标准样件,金属材料选择行波管常用的4J33可伐材料,陶瓷材料选择 Al_2O_3 陶瓷。采用扫描电子显微镜的二次电子成像（SEM）、背散射电子成像（BSE）及其附带的能量色散谱仪（EDS）,分析接头显微结构。总结 Ag－Cu 钎料钎焊接头缺陷示意模型如图7.4.9所示。

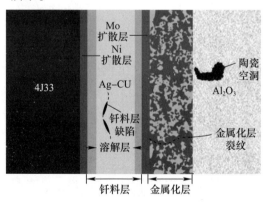

图7.4.9 Ag－Cu 钎料钎焊接头缺陷示意图

其中钎料层缺陷分布于钎料层中央位置,由空洞及连接空洞的微裂纹构成。空洞多位于 Ni – Cu 固溶体/Ag – Cu 固溶体界面处,微裂纹扩展方向与 4J33/钎料层界面线近乎平行,如图 7.4.10 所示。

 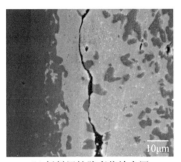

(a) 钎料层缺陷低倍放大图   (b) 钎料层缺陷高倍放大图

图 7.4.10　标准件钎料层缺陷

分析认为陶瓷 – 金属封接接头钎料层中的缺陷属于缩松,产生原因为在钎焊的冷却过程中,钎料层遵循由两侧向中央凝固的规则,在中央液态钎料凝固过程中,由于液态钎料的收缩,使得部分区域产生空缺,不能及时得到流动液相的补充,最后产生缩松。

(2) 陶瓷 – 金属封接结构残余应力分析。标准件残余应力分布如图 7.4.11 所示,4J33 侧残余应力相对较低,应力集中在钎料层、金属化层和陶瓷侧靠近接头位置,最大残余应力在金属化层中,为 358MPa。

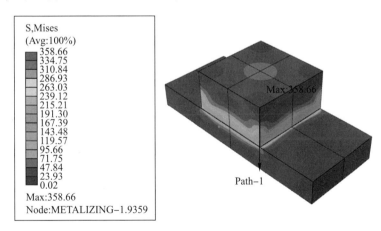

图 7.4.11　接头的整体应力云图和沿路径 1 的应力分布

钎料层的应力分布如图 7.4.12 所示,边角处产生较大的塑性变形,由于应变硬化,边角处的应力值高于内部。钎料层起到了应力缓解作用,缓解了陶瓷和Kovar 由于热失配产生的巨大残余应力。

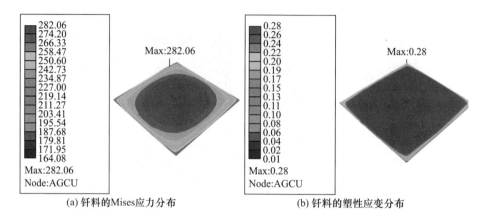

(a) 钎料的Mises应力分布   (b) 钎料的塑性应变分布

图 7.4.12　焊后冷却至室温后钎料的应力状态

钎料边角处的塑性应变方向如图 7.4.13 所示,塑性应变主要方向为平行于接头平面的剪切方向,并且集中在钎料与金属化层的界面,而钎料和 Kovar 界面的塑性变形较小,说明塑性应变产生的主要原因是在钎焊后的降温过程中,AgCu28 钎料相对于金属化层具有更大的热膨胀系数,金属化层抑制了边缘处钎料向内收缩,致使钎料产生较大的塑性变形。

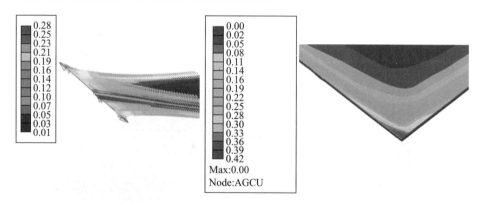

图 7.4.13　钎料应力集中部位的塑性应变分布

界面的应力分布如图 7.4.14 所示,Path2、Path3、Path4、Path5 的应力分布分别反应陶瓷近金属化层处、金属化层近钎料处、钎料近 4J33 处、4J33 近钎料处界面的应力分布。可以看出,4 个界面应力分布具有相同的趋势,从两端到中间应力逐渐减小,但是钎料/金属化层的界面应力明显高于其余两个界面,并且从两端到中间应力一直维持在较高的水平(>220MPa)。因此,钎料层和金属化层的结合情况关系到接头的结合强度,玻璃相暴露在金属化层表面,从与钎料层直接接触会导致钎料层和金属化层的弱连接,而焊接后在此界面会存在较大的残余拉应力,在外力作用下可能导致钎料层/金属化层的撕裂或者此处发生裂纹的萌生。

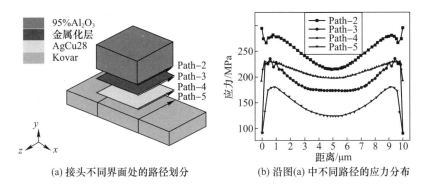

(a) 接头不同界面处的路径划分　　(b) 沿图(a)中不同路径的应力分布

图 7.4.14　接头不同界面的应力分布规律

由接头整体应力分布可知,钎料层的部分区域发生很大的塑性变形,可能导致韧性损伤,图 7.4.15 为靠近金属化层侧钎料的韧性损伤系数,当韧性损伤系数为 1 时表示已经发生韧性损伤。可见,金属化层侧的钎料具有很高的塑性变形量,更有可能导致塑性损伤。

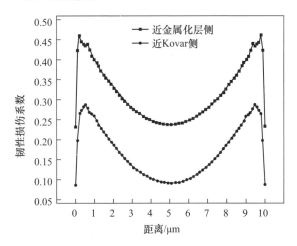

图 7.4.15　靠近金属化层侧钎料及靠近 Kovar 侧钎料的韧性损伤分布

以夹封结构为例,仿真夹封结构可伐材料厚度变化(0.5mm、1mm、1.5mm、2mm、3mm、5mm)对接头残余应力的影响,上下层陶瓷长度分配(2∶11、3∶10、5∶8、6.5∶6.5)对接头残余应力的影响,夹封结构外径(15mm、20mm、25mm、

30mm)对接头残余应力的影响等,部分仿真结果如图 7.4.16 所示。

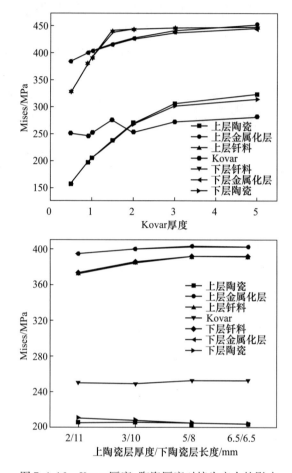

图 7.4.16   Kovar 厚度、陶瓷厚度对接头应力的影响

根据仿真分析结果,优化了大功率辐射冷却行波管收集极套封结构的焊接结构参数设计,降低了残余应力,焊缝良品率从改进前的大约 60% 提升到了 90% 以上。

(3)温度冲击和温度循环对结构可靠性影响的试验验证。设计热冲击试验,温度冲击范围 20~750℃,高温保温时间 3min,升温速率 33~35℃/min,冷却方式为室温空冷,设计热冲击次数分别为 3 次和 10 次,加热设备为高频感应加热炉,冲击温度曲线和试验示意如图 7.4.17 所示。

热冲击后对样品开展 3 点弯曲承载能力测试,结果如图 7.4.18 所示。样品原件承受载荷为 1300~1700N,3 次热冲击后下降至 1000~1500N,10 次热冲击

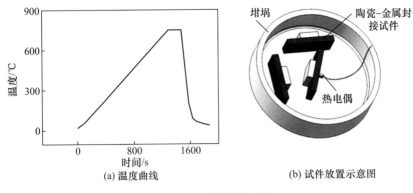

(a) 温度曲线   (b) 试件放置示意图

图 7.4.17 热冲击实试验

后下降至 900~1200N,承载载荷大小随着热冲击次数显著下降。

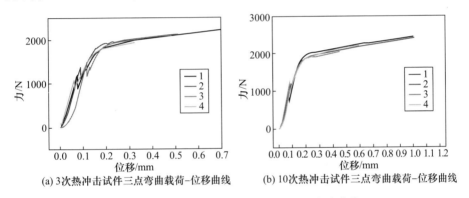

(a) 3次热冲击试件三点弯曲载荷-位移曲线   (b) 10次热冲击试件三点弯曲载荷-位移曲线

图 7.4.18 热冲击试件三点弯曲载荷-位移曲线

　　分析认为接头中的缺陷为热冲击后接头承载能力下降的原因,在显微组织分析中,发现热冲击后的接头,在钎料层中央金属化层侧溶解层处都会存在较大空洞,而接头中存在空洞的试件在承受载荷时,裂纹会先在空洞边缘起裂,之后扩展,使得接头承受载荷变小。

　　因此,在工程上,存在焊接不良的零件不允许进行 2 次焊接返工,多个零件分步焊接的次数和温度梯度也需要进行合理的设计,避免第一道焊缝经历温度冲击后强度大幅降低。

　　同样对热循环影响进行了试验验证,对标准件施加 -30~150℃ 的循环温度载荷,单个循环周期为 20min。

　　试验结果如图 7.4.19 所示,表明热循环时接头的整体应力分布随着温度变化稳定,20 次热循环内,热循环次数的增加对接头应力分布及最大应力数值无明显影响。

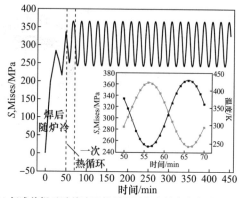

(a) 标准件焊后随炉冷及热循环过程中最大应力随时间变化曲线

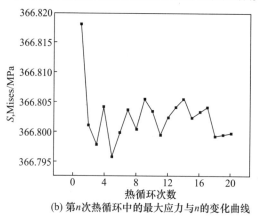

(b) 第n次热循环中的最大应力与n的变化曲线

图7.4.19 −30~150℃热循环中关键部位的应力变化规律

7.4.4 行波管可靠性增长验证

设计加速寿命试验,对实施可靠性增长后的行波管进行可靠性增长效果验证,重点针对具有寿命退化特性的电子枪阴极部件实施加速寿命试验。

行波管电子枪阴极在工作温度和发射电流作用下,阴极内部能够提供电子的活性钡不断蒸散,阴极表面用于降低电子发射功函数的金属膜层不断与钨金属基体发生合金化反应,导致阴极发射电子的能力不断退化,是行波管寿命退化的主要因素。

设计和生产电子枪阴极短管,作为大样本开展阴极寿命试验样品。制定阴极加速寿命试验方案,通过试验获得正常工作温度下阴极预估寿命。采用寿命试验结合 DPA 分析的方法,研究阴极组件在寿命试验中的物理、化学层面的失效物理机理。

1. 寿命模型建立

根据热阴极的工作机理,影响阴极寿命的主要因素为 Ba 从产生处到阴极表面的传输速率、Ba 的蒸发速率及阴极发射电流密度。当支取的电流密度一定时,其寿命主要决定于 Ba 的传输及蒸发速率,而 Ba 的蒸发速率与温度的关系由下式表示:

$$du/dt = Ae - W/kT$$

式中:W 为蒸发能;k 为玻耳兹曼常数;A 为常数,而 Ba 的生成速率如下式所示:

$$dG/dt = Ce - E/kT$$

式中:E 为激活能;k 为玻耳兹曼常数;C 为常数。

可以看出,阴极寿命应与工作温度的倒数成指数关系,可以选用 Arrhenius 方程作为加速寿命模型,并定义阴极总电流下降 10% 作为寿命终结,即

$$t_{10\%} = t_0 \exp(E_0/kT)$$

式中:t_0 为常数;E_0 为激活能,取值 3.3 ~ 3.4eV;k 为玻耳兹曼常数;T 为工作温度。

对定义的阴极寿命终结公式两边取对数,得到

$$\ln t = a + b/T$$

式中:a、b 为常数。

可知阴极寿命的对数是温度倒数的线性函数。理论上,根据两组以上不同温度加速因子获得加速寿命试验数据可求解得到式中的常数,绘制出 $\ln t - (1/T)$ 直线,从而得到正常工作温度下阴极寿命,也就是说,可外推得到正常工作温度状态的阴极理论预估寿命。

2. 阴极加速寿命试验与寿命评估结果

选择 4 个阴极工作温度值,分别为 1000℃、1040℃、1080℃ 和 1120℃,电流密度为 2.0A/cm²,覆盖当前大部分国产化行波管器件设计的电流密度。

试验共投入 36 个样本,分为 4 个样本组。组 1 和组 4 用于寿命预估样本,组 2 和组 3 用于 DPA 分析样本。在每一个加速寿命试验参数点上,选择至少 5 个阴极样本进行寿命评估,从而可以通过统计平均的方式消除阴极寿命试验过程中出现的数据离散性问题,使寿命试验数据和结果更可靠与可信。

寿命试验 2000h 后,开展组 2 的 4 个样本 DPA 分析,观察阴极表面/断面微观变化情况,比较阴极发射状态的一致性。寿命试验 16000h 后,开展组 3 的 4 个样本 DPA 分析,观察阴极表面/断面微观变化情况,比较阴极发射状态的一致性(表 7.4.3)。

表 7.4.3　加速寿命试验样本方案

温度/℃		1000	1040	1080	1120
样品组	组 1	g1# ~ g5#	g6# ~ g10#	g11# ~ g15#	g16# ~ g20#
	组 2	g21#	g22#	g23#	g24#
	组 3	g25#	g26#	g27#	g28#
	组 4	g29#、g30#	g31#、g32#	g33#、g34#	g35#、g36#

后续所有样本持续开展寿命试验,直至阴极总电流下降超过 10%,寿命终结。对寿命终结的试验样本开展 DPA 分析,观察阴极表面/断面微观变化,分析阴极覆膜等微观变化对阴极寿命的实际影响。

截止本书成稿前,各试验组开展寿命试验约 15000h(组 2 已经开展 DPA)。

寿命试验数据如图 7.4.20 所示,阴极在 $T_k = 1000℃$ 和 $T_k = 1040℃$ 工作时,发射电流下降不明显,工作温度 $T_k = 1080℃$ 和 $T_k = 1120℃$ 时阴极电流有较明显的衰减趋势。总体呈现工作温度更高时阴极寿命下降更快的趋势。

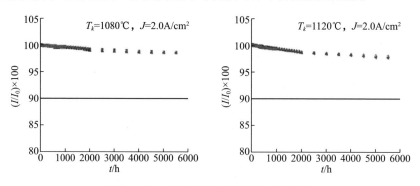

图 7.4.20　阴极发射电流随寿命时间变化

对上述数据开展线性回归分析,计算阴极在工作温度 T_k 分别为 1040℃、1080℃ 和 1120℃ 温度下,其预估寿命分别为 93668h(10.7 年)、47921h(5.5 年)、23835h(2.7 年)。由于当前寿命试验时间较短,工作温度 T_k 为 1040℃ 下阴极电流下降不明显,因此选择 T_k 分别为 1080℃ 和 1120℃ 作为有效的评估数据。

绘制出 $\ln t - (1/T)$ 关系曲线,可以外推出阴极在正常工作温度 $T_k = 1000℃$ 的预估寿命为 194388h(22.2 年),满足阴极在 $2A/cm^2$ 负荷下预估寿命大于 15 年的项目要求,如图 7.4.21 所示。

3. 阴极 DPA 分析结果

对组 2 的 4 个电子枪短管样本(21#、22#、23#、24#)进行 DPA 分析,对比新制备阴极表面微观形貌和不同工作温度下 2000h 的阴极表面微观形貌,以及化学成分如图 7.4.22 所示。

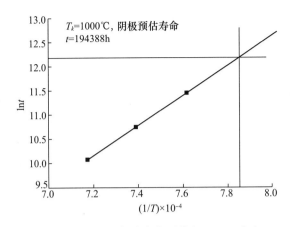

图 7.4.21　阴极加速寿命预估（$T_k = 1000℃$）

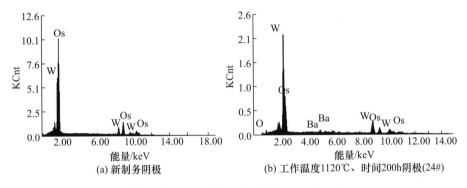

(a) 新制务阴极　　　　　(b) 工作温度1120℃、时间200h阴极(24#)

图 7.4.22　阴极表面化学成分（EDS）对比

在扫描电子显微镜下对比发现,阴极表面膜层的微观形貌及成分变化具有以下趋势:阴极在高温激活后,随着阴极活性钡的渗出,其表面薄膜会在局部形成小孔,并随着寿命时间加长以及阴极工作温度升高,阴极表面薄膜元素成份占比有减少趋势。尤其是1080℃和1120℃工作的阴极表面薄膜明显露出钨海绵多孔基体孔隙,并且其表面元素成分中金属铇的占比随温度升高降低更加明显,说明随着阴极工作温度的升高,阴极表面铇金属薄膜蒸发(以及与钨基体之间互扩散)加剧,寿命时间也会随之明显减少。

7.4.5　行波管可靠性评估

行波管在轨可靠度评估采用指数分布模型计算。评估模型如下:

$$R(t) = e^{-\lambda t}$$

评估需要统计的数据包括器件在轨累计总工作时间 T, 失效数 r。失效率点估计、上限估计和可靠度点估计、下限估计方法如下:

$$\hat{\lambda} = r/T$$

$$\lambda_U = \chi_\gamma^2(2r+2)/2T$$

$$\hat{R} = e^{-\hat{\lambda}t}$$

$$R_L = e^{-\lambda_U t}$$

式中: $\chi_\gamma^2(2r+2)$ 为 χ^2 分布分位数, 可以通过查 GB/T 4086.2 得到, 或者利用 Excel 函数 CHISQ. INV 计算得到。

根据公式计算得到 L 频段行波管的失效率点估计值为

$$\hat{\lambda} = r/T = \frac{1}{2707000} \times 10^9 \text{Fits} = 369.4\text{Fits}$$

置信度取 0.6 时的失效率上限为

$$\lambda_U = \frac{\chi_\gamma^2(2r+2)}{2T} = \frac{4.04}{2 \times 2707000} \times 10^9 \text{Fits} = 746.2\text{Fits}$$

置信度 0.6 时, 预估 8 ~ 15 年在轨寿命的可靠度点估计和下限估计分布如图 7.4.23 所示。

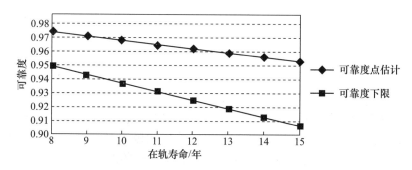

图 7.4.23 置信度 0.6 下可靠度估计结果

7.5 卫星在轨可靠性增长示例

卫星自主健康管理可靠性增长, 最大程度地提高卫星自主健康管理平台在轨故障容忍能力, 提升卫星在轨任务可靠性、寿命水平和应用效能。

7.5.1　卫星在轨自主健康管理

卫星自主健康管理是指卫星能够对运行状态进行感知并评估自身的健康状态,对可能出现的设备故障和亚健康状态进行预测、分析和防护,对已出现的故障自主进行检测、隔离和恢复。星上自主故障诊断隔离恢复,获取最佳处理时机,提高卫星的在轨生存能力,这是提高卫星生存能力的需要,也是保障卫星安全的重要辅助手段。卫星自主健康管理技术可以在对硬件设备不提出更高可靠性指标要求的情况下提升系统可靠性,是卫星完成运行任务、实现长寿命的重要保障。

7.5.1.1　自主健康管理技术方案

下面以遥感卫星为例介绍自主健康管理技术方案。

遥感卫星受轨道特点及测控站地域限制,地面站不能完全实现对遥感卫星的全程实时跟踪,并且遥感卫星大部分运行时段均不在可控范围之内,在不可控弧段发生的故障,将无法及时采取纠正措施。即使在可控时段,单靠地面采取补救措施,其有效性和实时性都是有限的,极有可能错过最佳的处理时机而导致遥感任务成功率下降甚至失败。

通过对卫星的健康状态进行实时监测,采取自主故障诊断设计,即卫星具有不依赖地面支持的星上自主故障诊断与恢复能力,能够在最佳时间处理故障,确保故障影响的不扩散,实现遥感卫星的在轨健康管理,实现卫星的任务可靠性增长。

相对于传统、简单的故障监测的概念,将卫星作为一个整体进行健康状态的评估和管理,在广度和深度上都有很大的延展。健康管理的核心在于管理,其目的是为了保持健康不出故障,而不是出现故障后再进行处理,这和传统的卫星故障监测是有本质区别的。传统的故障监测仅是针对有故障的单机、器件或软件进行故障隔离、系统重构等,并未从关注卫星的健康状况的角度出发。然而,大多数严重故障的发生都是由不明显的故障长期未发现或被忽略而导致的,这些不明显故障已经表明卫星处于非健康状态。若对这种非健康状态进行评估,并根据评估结果技术对相关参数做出及时调整,或提前预测故障趋势并主动防护,利用健康管理的方式可以使卫星的健康状况得以保持。

卫星自主健康管理系统的技术实现分为设计阶段、实现阶段、测试阶段、在轨飞行阶段、寿命末期阶段,如图7.5.1所示。星上自主健康管理是一系列活动的有机组成,设计阶段建立卫星寿命评价指标体系、卫星健康评价指标体系;实现阶段将故障诊断专家系统小型化应用于星上微处理器;测试阶段需要对卫星健康状态评估机制、故障诊断算法等进行全面的评测,并将测试数据反馈至故障诊断专家系统,不断地更新和优化专家系统;在轨飞行阶段则是对健康管理方案的全面验证;寿命末期阶段则需要卫星寿命评估机制,并对自主健康管理系统降级使用。

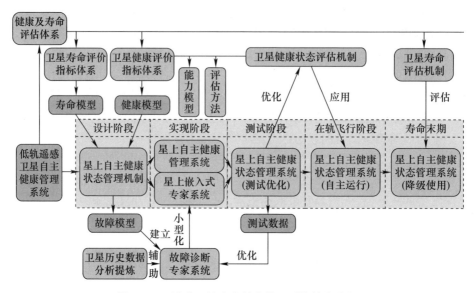

图 7.5.1　遥感卫星自主健康管理系统技术途径

几个阶段涉及的自主健康管理的实施方案如图 7.5.2 所示,它包括以下部分。

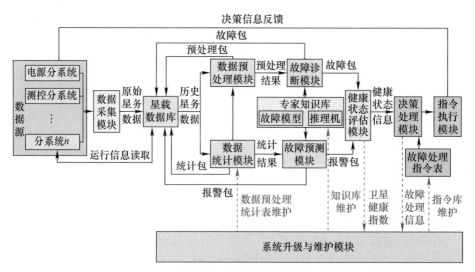

图 7.5.2　自主健康管理实施方案原理框图

数据源:由卫星各分系统及设备为自主健康管理提供各类状态数据。

数据采集模块:实现由卫星各分系统及设备状态数据的采集。

星载数据库:数据存储模块,可支持星务数据的存储,在轨数据的查询,运行信息存取等。

数据处理模块:它包括数据预处理模块和数据统计模块。其中数据预处理模块对数据预处理参数表中参数的逐一提取,实现对数据的有效性判断、边界检查、期望值检查等功能。数据评估模块,对数据统计参数表中参数的逐一提取,实现对数据的平均值、最大值、最小值、变化趋势等功能。

专家知识库模块:针对卫星关键分系统,将详细 FMEA 转化为故障模型进行存储,并对每类故障提供相应的遥测变化关系,将重要设备和关键单机的故障信息与遥测实现映射,并进一步转换为计算机识别的智能语言;针对卫星关键参数,对每一种异常变化进行明示,存储于故障模型中。设置相应的推理机,依据遥测信息与故障模型分析与推理,为故障判别提供支持。

故障诊断子系统可以细分为故障诊断模块、故障预测模块、健康评估模块和决策 & 处理模块。

（1）故障诊断模块。结合专家知识对数据预处理信息进行分析,若数据异常,生成故障包。

（2）故障预测模块。结合专家知识库对数据估计信息进行分析,若数据异常,生成报警包。

（3）健康评估模块。结合故障包和报警包对整星及各分系统健康状态进行评定,给出健康状态的评估与健康指数的发布。

（4）决策 & 处理模块。根据故障及报警信息,基于故障处理指令库,结合专家知识库中的故障模型,对已定义故障进行处理,自主生成故障修复指令序列。

指令执行模块:依据故障修复指令,分发至相关分系统实现故障的恢复,实现故障监测、诊断、健康管理的闭环。

故障处理指令表:针对专家知识库中故障模型,对每一种已定义故障给出有效故障处理指令。

系统升级与维护模块:该模块为自主健康管理系统的保障模块,以上注的方式维护更新专家知识库,指令库等。

卫星自主健康管理的数学模型基于图 7.5.3 智能控制体系结构。

该体系结构按照分级递阶智能控制理论,是实现卫星自主健康管理功能的一般性体系结构。它由 6 个部分组成,即传感器、感知处理器、环境模型、判值部件、行为发生器和执行器。

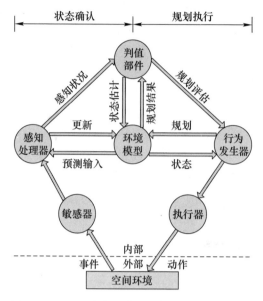

图 7.5.3　卫星自主健康管理智能控制体系结构

（1）传感器。传感器产生系统的输入,用来监测外部环境和系统自身的状态,包括力、热、温度、能源、资源等信息。

（2）感知处理器。感知处理器是卫星的信息处理单元,对传感器观测到的信号进行处理,并根据内部环境模型来检测发生了何种事件,进而识别环境中的特征、对象和关系。

（3）环境模型。环境模型是卫星对环境状态的最佳估计。该模型包括有关环境的知识库、存储和检索信息的数据库及其管理系统。环境模型提供的信息可以为行为发生器和判值部件服务,为前者作出智能规划和行为选择服务,为后者提供诸如价值、风险、重要性、不确定性等判值信息。环境模型通过感知处理器进行实时更新。

（4）判值部件。判值部件,决定好与坏、对与错、重要与平凡、确定与不确定。由判值部件构成的判值系统估计环境的观测状态和假设规划的预期结果。它计算所观测到状态和所规划行动的价值和风险,计算校正的概率,并对状态变量赋予可信度和不确定性参数,为决策提供基础。

（5）行为发生器。行为由行为发生器产生,它选择目标、规划和执行任务。任务可以分解为许多子任务,子任务依次排序以实现目标。目标选择和规范产生由行为发生器、判值部件和环境模型之间相互作用产生。

（6）执行器。执行器是系统的输出,对外界对象发生作用。

自主健康管理功能与传统管理功能的主要区别在于管理者需要处理大量的数据和信息并进行复杂决策。针对这一特点,项目中将采用两种研究方法来解决该问题。

(7)"数据"与"信息"分离方法。自主健康管理的核心在于"管理",管理的基础在于"信息",信息的基础是"数据"。数据是"试验、统计得到的用于研究、设计、决策用的数值",而信息是"数据中有意义的内容"。譬如,遥测参数是数据,设备健康状态是信息;星敏图片是数据,卫星姿态是信息;GPS观测量是数据,卫星轨道和卫星时间是信息等。"信息"才是做管理真正的输入。

传统卫星设计并不将数据和信息有效分开,数据处理的职能大于管理职能,管理职能被弱化对实现自主的星上管理不利。因此,在设计卫星自主健康管理时,需要重新对星上信息模型进行设计,把卫星的管理职能与执行职能分立,以"数据"为基础做"执行",以"信息"为核心做"管理"。

(8)分层递阶智能控制分析方法。自主健康管理功能拟采用分层递阶智能控制的方法进行分析,该方法的主要思想可由图7.5.4进行表示。

该方法的核心在于对星上实现各项自主健康管理功能的功能模块按照组织级、协调级和执行级进行划分,并对各层级的功能与硬件设备的具体实现进行映射,如图7.5.4所示。

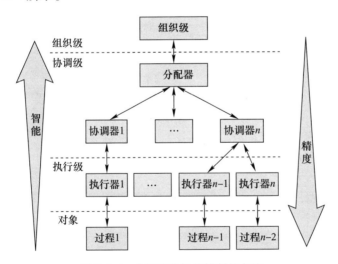

图7.5.4　分层递阶智能控制的方法

图中最高级为组织级,具有执行规划和最高决策的功能,需要高级的信息处理,要求有大量的信息输入,但精度要求较低,用于产生高级的指令和任务规划。它涉及的功能与人的行为功能相仿,完成传统控制中由地面控制系统及操作人员所完成的规划、决策、学习、数据存储与检索、任务协调等活动,可以看成是知识的运用和管理。

协调级是一个中间结构,它是组织级和执行级之间的接口,其功能包括在短期存储器基础上所进行的协调、决策和学习。协调级所完成的工作在传统的控制模式下一部分由地面控制系统完成,一部分由星上计算机完成。

执行级是递阶控制中的最低级,执行由协调级传递下来的控制功能,表现为各传感器和执行器。

相对于原有星上自主安全控制和故障处理,在自主健康管理技术中,特别强调整星层面的管理。为突出区别,在自主健康管理技术的技术途径上,均按照"决策级""协调级"和"执行级"进行划分。其中,原有星上健康管理的级别多在协调级和执行级,在卫星将重点强调决策级的策略,也就是脱离分系统的整星级别的策略。

分系统级的健康管理策略强调局部可靠,整星系统级的健康管理策略强调整体最优。

对遥感卫星自主健康的管理活动进行建模,如图7.5.5所示。

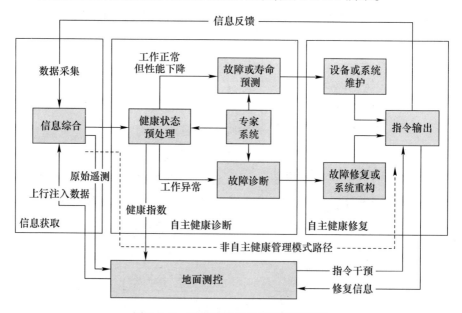

图 7.5.5 遥测卫星自主健康管理框架

整个自主健康管理活动可分为三大环节。

(1)输入。

星上信息获取:利用各种测量手段获取系统工作状态数据和信息,用于进一步的数据处理、分析及工作状态和性能判断等。

地面上行注入数据:当自主程度越高,对该项依赖程度越低。

(2) 星上自主健康诊断。

故障或寿命预测:故障或失效发生前,根据故障预测模型或可靠性模型,预测系统部件的工作状况,能及时掌握迫近故障或寿命末期部件的工作性能,以便及时采取故障处理或部件更换等修复措施。

故障诊断:故障发生时,确定哪些系统或部件未正常工作以及性能下降的程度,有时将故障预测也归于诊断范围。

(3) 输出。

自主控制指令(组):它包括开关机、状态设置、主备份切换等指令。

下行数据:它包含相关遥测信息、策略处理结果。

7.5.1.2　自主健康管理数据结构

自主健康管理相关数据结构包括专家知识模型、配置表(参数预处理表、数据统计分析表、故障处理指令表)、数据包(故障包、统计包、事件包)。

预处理参数表和统计参数表有不同的应用场合,预处理参数表主要对设备的工作状态及其期望值进行正确性判断,主要用于故障诊断。统计参数表主要对设备的健康参数进行趋势分析,主要用于故障预测。这两类表均涉及对卫星星务数据的获取及处理,数据获取是进行自主健康管理的输入条件,也是一切工作的基础。

根据参数重要性等级挑选合适的参数构造预处理参数表和统计参数表,如表 7.5.1 ~ 表 7.5.3 所列。

表 7.5.1　预处理参数表模版

1B	3B + 6B ∗ n(一个源包 6 ∗ n + 3 字节)									...		...
	2B	1B	6B							...	6B	
			第 1 个参数信息									
			1B	1B		2bit	2bit	12bit	1B	1B		
总长	APID 号	参数数量 n	参数起始字节序号	参数长度		处理方式	统计分析	编号	上边界	下边界	第 n 个参数信息	N 个源包
				1bit	7bit							
				按字节/位	长度							
最大 248		1 ~ 256	0 ~ 255	0 按字节,1 按位	1 ~ 128	4 种	4 种		高 8 位	高 8 位		

表 7.5.2 统计参数表模版

编号	参数代号	参数名称	最大值	最小值	平均值	变化趋势	统计时间
1							
2							

表 7.5.3 故障处理指令表

故障编号	指令序列	参数变化	处理结果
1			
2			
注:故障处理指令表可仿照在轨故障卡进行设计			

（1）故障包。主要用于对遥测参数实时处理及判读过程中未通过数据检查的数据进行汇总,其中应包含故障信息。故障包只有在故障事件发生时产生。

（2）统计包。主要用于汇集遥测参数长期统计分析的结果。其中应注有统计模式。

（3）事件包。主要用于特定事件发生时的数据监视。其中应包含发射模式、变轨模式和载荷工作模式。

专家知识数据库作为故障监测和诊断的先决条件,其采集过程为:在收集和整理了领域专家们关于卫星故障及对策的描述后,转化为 FMEA 分析,按照统一的格式,如故障分系统名称或故障设备名称或故障器件名称、故障名称、故障危害、可用的故障对策等,准确而且迅速的录入。

在系统构成的不同设计阶段,需要采集不同的专家知识,整个流程如图 7.5.6 所示。

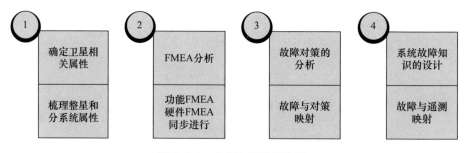

图 7.5.6 专家知识搜集流程

（1）确定卫星相关属性。卫星包括的各个分系统,并且定义各分系统相关属性(有哪些阶段、分系统功能等);针对分系统,设计各自包含的设备,定义各个设备相关属性(输入参数、输出参数、性能参数等);针对各个设备,如果有必要则设计各自包含的器件,定义器件相关属性(输入参数、输出参数、性能参数等)。

（2）系统存在故障的分析设计阶段（FMEA）。设计器件可能存在的故障(故障现象、危害、相关设备等内容);设计设备可能存在的故障(故障现象、危害、相关设备等内容);设计分系统可能存在的故障(故障现象、危害、相关设备等内容);设计卫星总体可能存在的故障(故障现象、危害、相关设备等内容)。

（3）各类故障对策的分析设计阶段。在卫星型号、分系统、设备、器件各层次分别设计通行的对策,完成故障与对策的对应工作。

（4）系统故障知识的设计阶段。根据器件的输入参数、输出参数、性能参数来确定故障可能对应的故障判据,即根据这些参数如何判定故障的出现。如果发现已有的输入参数不能满足要求,则定义新的参数(包括参数类型、目的、如何获取、是否能直接从传感器获取、从控制指令中获取,还是要经过相应计算从参数产生系统中提供)。确定该判据知识的诊断概率以及该知识的其他激活条件,如卫星处于的飞行阶段、知识对应器件所处的阶段、发出指令的类型等。根据设备的输入参数、输出参数、性能参数及器件,包括自己下属的器件以及其他设备下属的器件的输出参数来确定故障可能对应的故障判据,即将这些故障与具体的遥测实现映射,由分系统来确定卫星总体的故障诊断知识。

采用专家系统作为智能故障诊断方法,故障模型设计是其中的重点,故障模型有两个作用:一是当某设备或分系统发生故障时,系统可以根据相关遥测参数的异常,通过故障模型进行故障定位,获取故障原因、级别等信息;二是当某设备发生故障或失效前,可能引起某参数的异常变化,如温度持续升高、电流突然变大等,而这些变化仍在参数的合理范围内,系统应能够根据故障预测模型或可靠性模型,预测系统部件的工作状况,及时掌握迫近故障或寿命末期部件的工作性能,以便及时采取故障处理或部件更换等修复措施。

故障模型设计时采用基于分系统 FMEA 分析的基础上,对故障现象、参数变化、故障原因、故障级别等元素进行关联,对关键参数的异常及各种变化趋势给出明确的故障定位,并且与故障处理指令表一一对应。

全面完备的 FMEA 分析工作是进行星上智能故障诊断的基础,原有的基于文档的 FMEA 分析不能满足需求,需要采用 IsoGraph 软件开展 FMEA 工作。

通过有效的 FMEA 分析得到系统级故障模式数据库(文档形式)后,需要将该文档转化为计算机和故障诊断算法所能识别的数据库格式,需要专门的转换和生成工具。

故障诊断与决策是整个健康管理系统的主要组成部分,它直接负责了故障的诊断、健康评估以及相关决策指令的制定,其核心是智能推理算法。

智能故障诊断算法拟采用三种方式,如图7.5.7所示。

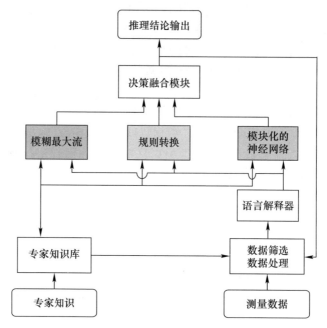

图7.5.7 三种推理算法示意图

在推理工作中,将使用3种推理算法,它们各有优缺点,如表7.5.4所列。

表7.5.4 三种推理算法对比

序号	算法名称	优点	缺点	备注
1	规则转换	规则的数值化处理,易于实时运算与决策	采用规则的数值化方法,不利用诊断具有不确定性特征的故障	适合处理具有明确特征的故障类型。故障与单一遥测对应
2	模糊信息流	模糊最大信息流能够非常有效的综合多种信息和内部知识库中的专家知识	初期的建模需要隶属度函数,需要历史遥测数据的统计分析结果	适合处理具有不确定性特征的故障类型(故障与多个遥测对应)
3	神经网络	具有自学习的典型特点,高度非线性、高度容错和联想记忆	必须依靠训练模板,且运算复杂度太大	星上不可用,但可以验证前两种算法的有效性

3个推理引擎均独立工作,然后它们的输出被同时送至"优化算法"做进一步处理。优化算法是对3个推理引擎的输出结论赋权,再综合赋权后的结果作

为其优化后的系统输出处理。也就是对 3 个结果进行加权求和。每个推理引擎所赋予的权重需根据实际情况给出。

故障诊断系统采用典型专家系统架构,由模糊流最大推理、专家知识规则转换推理、人工神经网络推理等多种推理算法模块,可进行单项推理或并行推理综合分析产生最终结果。提供用户图形化、组态式的专家知识描述环境,以图形方式建立故障诊断知识库和故障诊断网络。

在推理工作中,3 个推理引擎均独立工作,然后它们的输出被同时送至"优化算法"做进一步处理。优化算法是对 3 个推理引擎的输出结论赋权,再综合赋权后的结果作为其优化后的系统输出处理。例如,某专家知识由于没有历史数据训练神经网络,所以神经网络的输出很不说明问题,神经网络的权重会小一些。规则和知识关系都很完备,则模糊最大流和规则转换会赋予较大的权重。反之,当专家知识很少,而历史数据很全时,易采用神经网络推理。此时,优化算法主要采用神经网络的推理结果,而模糊最大流和规则转换的推理结果只起辅助决策作用。优化算法的实现,其本身也是一个学习、训练的过程。简而言之,所谓的优化算法,其算法上实际上是一个同神经网络很相似的结构。在专家的指导下,或者在与故障数据文件的对比过程中,各个推理引擎的表现好坏,被以神经网络中数值权的形式记忆在该结构中。

7.5.1.3　自主健康管理仿真验证

卫星健康管理是为实现卫星长寿命和高可靠性开展的专项研究,健康管理仿真及验证环境的目标是建设一套基于专家知识和智能故障诊断算法的卫星工作状态监测、卫星故障诊断、卫星健康状态评估的仿真和验证环境。

该仿真验证环境在整星设计阶段可支持星上自主健康管理算法和策略的仿真分析,在整星 AIT 阶段可配合电性星测试完成实时健康状态评估,在卫星在轨飞行阶段可辅助地面运行管理系统进行整星故障诊断、健康状态评估及寿命预测,从而为卫星的长寿命设计、测试和在轨表现提供技术支持和保证(图 7.5.8)。

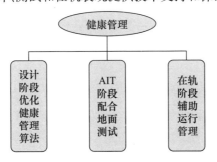

图 7.5.8　卫星健康管理仿真及验证环境必要性

（1）通过仿真及测试验证环境来测试和优化健康管理算法，为在星上软件中实现该算法打下基础。仿真及测试验证平台搭建的最终目的仍是为星上在轨应用服务的，该平台可以将地面应用时的复杂的基于信息融合健康管理算法，通过合理精缩、细致优化与深入验证实现星上可用的目的。

（2）通过仿真和验证环境支持地面 AIT 全阶段。仿真和验证环境的自主健康管理能力本身即可应用于 AIT 阶段，它的自主监测和管理能力可以在平台现有信息采集系统的基础上，通过增加适当的信息传感器，在健康管理专家系统的支持下进行对故障的识别和诊断，自主或在地面少量干预下对故障进行处理，实现健康维护，简化和减少地面人员操作，提高测试效率。

（3）卫星在轨运行阶段起到地面辅助健康管理的作用。对于已在轨运行卫星，仿真和验证环境可以做到有效的时空信息关联，闭环自主处理卫星下传的大量原始遥测数据，并将其获取的卫星健康信息和提高的改进措施及时的进行反馈，由运管中心和指令操作人员根据卫星健康状态实现卫星故障的修复，起到地面辅助健康管理的作用。

7.5.2　卫星在轨健康状态评估

实施低轨遥感卫星的在轨卫星健康状态评估，进行在轨卫星健康管理，提高卫星运行可靠性水平，对卫星的延寿也是十分有利的。

系统运行可靠性评估指标。运行稳定性是系统运行的核心指标，这也决定了对系统运行的可靠性评估与对产品的可靠性评估方法不同。

设计了以下 3 个指标来衡量卫星在轨的运行稳定性。

（1）地面无需干预处理卫星故障平均时间 T_a。

将一定时间范围内，星上连续两次出现必须由地面干预才能处理和恢复的平均时间间隔，定义为地面无需干预处理卫星故障平均时间，用 T_a 表示。

T_a 越长，代表卫星运行稳定性越好，对地面的依赖越小，对地面测控造成的负担也越小。

该指标与在轨无故障运行时间类似，但侧重点不同，本指标不强调在轨不能发生故障，而是更加关注在轨故障是否能够自主处理，以及因为不能自主处理给地面运控带来的负担。

（2）卫星故障修复平均时间 T_r。

将卫星从故障发生到修复所持续的时间定义为卫星故障修复时间。这个时间是针对单个故障而言的，为体现对卫星多个故障修复时间综合评价，将故障修复时间进行归一化处理。

如果故障需要地面干预进行处理，则修复时间至少为 1 轨，如果需要进一步确认,则一般需要 2 ~ 3 轨。因此,将 2 轨(约 180min)作为基本单位,修复时间 1 轨则 $T_r = 0.5$,修复时间 2 轨则 $T_r = 1$。所有故障模式归一化处理后加权,得到卫星故障修复平均时间,精度取 0.001。

例如,所有故障均在 2 轨内完成修复,则 $T_r = 1$;若有 3 个故障,修复时间分别为 1 轨、2 轨、3 轨,则 $T_r = (1/2 + 2/2 + 3/2)/3 = 1$;若有 3 个故障,修复时间分别为 2 轨、3 轨、4 轨,则 $T_r = (2/2 + 3/2 + 4/2)/3 = 1.5$。

(3)卫星恢复任务运行平均时间 T_m。将卫星从故障发生并修复直到重新恢复任务运行所持续的时间定义为卫星故障修复时间。

恢复任务运行时间的计算方法同故障修复平均时间类似,将 2 轨(约 180min)作为基本单位,所有故障模式归一化处理后加权,精度取 0.001。

按照上述评估模型,系统级可靠性增长的目标如下。

(1)提高 T_a。

通过增强卫星的自主健康管理能力,使卫星有能力自主处理更多的故障模式,将原来必须由地面处理的故障放到星上自主处理,即可提高 T_a 值。

(2)减小 T_r。

与提高 T_a 一样,星上自主处理更多的故障模式是减少 T_r 的主要手段。此外,优化故障处理策略也可以减小 T_r。例如,在加断电指令的基础上设计复位指令,可以减少设备处理时间;设计软件重加载指令,可以比复位指令更高效的处理软件异常。

(3)减小 T_m。

卫星自主完成故障处理和恢复后,同时自主恢复故障前的任务数据,是减小 T_m 的最有效有段。这不仅要求卫星能够自主处理故障,还要求卫星具有故障前任务数据保存和恢复故障处理后任务数据恢复的能力。如果故障可自主恢复,但是任务数据不能恢复,那么 T_r 值小但是 T_m 仍会较大。

星上故障自主诊断和恢复、任务数据保存和恢复机制等内容,对提高卫星自主健康管理平台系统级可靠性有直接帮助。

卫星自主健康管理在轨验证。通过自主健康管理措施的实施,遥感卫星地面无需干预处理卫星故障平均时间 T_a、卫星故障修复平均时间 T_r、卫星恢复任务运行平均时间 T_m 都得到了大幅提升,卫星任务可靠性水平得到了增长。

7.6　航天器空间环境防护策略示例

空间环境是影响航天器可靠性的永恒难题,通过可靠性共性技术增长的实施,逐步建立和完善了航天器空间环境防护策略体系,应用于可靠性增长工程和后续的型号研制。获得的成果主要如下。

7.6.1 航天器防护设计目标任务

航天器空间环境适应性设计的目标和任务,是要有效识别空间环境对运行其中的航天器所引起的风险,并将该风险控制在可接受的范围内,以确保航天器产品在轨稳定、可靠工作,满足寿命期内的服务与任务要求。

绕地运行的地球卫星乃至深空飞行的深空探测器,通常需开展中性大气、真空(包括冷焊与干摩擦、释气、真空放电等)、紫外辐射、电离层、微重力、地磁场、电离总剂量效应、单粒子效应、表面充放电效应、内带电效应、位移损伤效应、原子氧剥蚀等各种空间环境效应防护。具体航天器的设计内容,需对航天器运行空间范围内的空间环境要素及其特征以及航天器产品对空间环境的敏感性进行详细分析后予以确定。

概念性研究阶段,应初步分析并识别该任务面临的空间环境概貌和风险。

可行性论证和方案阶段,应重点开展型号空间环境及效应的详细分析,给出型号研制过程中应考虑的空间环境及效应要素,充分识别型号可能面临的空间环境风险,并确定总体的应对策略。

初样阶段,应重点针对型号可能面临的空间环境风险,制定空间环境工程设计规范,作为各级产品设计师开展空间环境适应性设计的依据;制定空间环境效应模拟试验规范和计划,组织和实施试验,对产品空间环境效应模拟试验有效性进行监督审查;开展系统级空间环境防护设计,如系统级 FDIR 设计等;开展分系统和单机空间环境防护设计,并开展必要的设计效果验证(试验或仿真分析等)工作;确保总体及各单机产品空间环境防护设计充分、有效;总体对分系统和单机的空间环境防护设计进行监督审查。

正样阶段,应重点确保正样产品生产实现过程中,空间环境防护设计方案的全面、有效落实。

在轨运行阶段,利用国内外发布的空间环境数据,对空间环境状态进行监视,在发生空间环境剧烈扰动事件时发出预报或警报,支持航天器在轨运行管理,确保航天器在轨稳定可靠运行和提供服务。

防护的基本原则如下。

(1) 空间环境适应性设计应从可行性论证开始,与航天器产品设计、生产同步开展,同步实施。

(2) 空间环境适应性设计应在元器件与材料、单机与分系统、系统 3 个层面逐级开展、均衡实施。

(3) 影响航天器产品的空间环境效应要素、机理及程度应清晰、明确。

（4）空间环境影响的应对措施应有效,实施过程应受控。

（5）空间环境适应性设计效果应采取分析、试验等适当方法进行验证。

（6）采取的分析、设计、试验等方法与手段应规范、有效。

（7）所采用的空间环境数据源应统一、规范。

7.6.2　航天器防护设计项目流程

航天器产品空间环境适应性设计的基本流程如图7.6.1所示。航天器产品空间环境适应性保证工作项目见表7.6.1。应根据型号任务特点以及空间环境专业技术特点,在表7.6.1基础上,选择、删减或增补空间环境适应性保证工作项目。

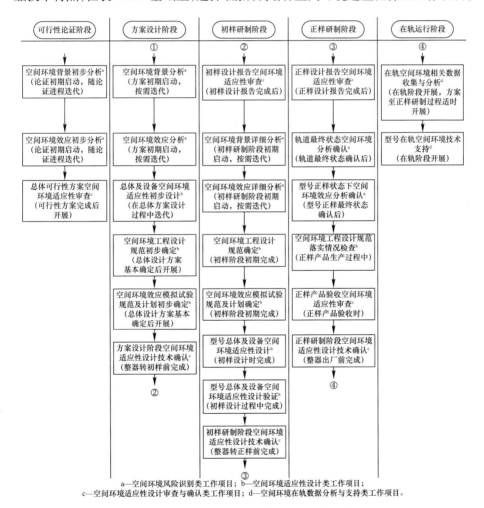

a—空间环境风险识别类工作项目; b—空间环境适应性设计类工作项目;
c—空间环境适应性设计审查与确认类工作项目; d—空间环境在轨数据分析与支持类工作项目。

图 7.6.1　航天器产品空间环境适应性设计工作流程

表 7.6.1 航天器产品空间环境适应性设计工作项目

工作项目类别	序号	工作项目	系统级					分系统					设备				
			可行性论证	方案设计	初样研制	正样研制	在轨	可行性论证	方案设计	初样研制	正样研制	在轨	可行性论证	方案设计	初样研制	正样研制	在轨
空间环境风险识别	1	空间环境背景分析	√	√	√	√	×	×	×	×	×	×	×	×	×	×	×
	2	空间环境效应分析	√	√	√	√	×	×	√	√	√	×	×	√	√	√	×
空间环境适应性设计	3	空间环境工程设计规范确定	□	√	√	√	×	×	×	×	×	×	×	×	×	×	×
	4	空间环境效应模拟试验规范确定	□	□	√	×	×	×	×	×	×	×	×	×	×	×	×
	5	电离总剂量效应防护设计	□	√	√	√	×	□	√	√	√	×	□	√	√	√	×
	6	位移损伤效应防护设计	□	□	√	√	×	□	×	×	×	×	□	□	□	□	×
	7	单粒子效应防护设计	□	√	√	√	×	□	×	×	×	×	□	□	□	□	×
	8	表面充放电效应防护设计	□	□	√	√	×	□	×	×	×	×	□	□	□	□	×
	9	内带电效应防护设计	□	□	√	√	×	□	×	×	×	×	□	□	□	□	×
	10	原子氧防护设计	□	□	√	√	×	□	×	×	×	×	□	□	□	□	×
	11	太阳紫外辐射防护设计	□	√	√	√	×	□	×	√	√	×	□	□	□	□	×
	12	微重力环境适应性设计	□	□	√	×	×	□	×	×	×	×	□	□	□	□	×

续表

工作项目类别	序号	工作项目	系统级					分系统					设备				
			可行性论证	方案设计	初样研制	正样研制	在轨	可行性论证	方案设计	初样研制	正样研制	在轨	可行性论证	方案设计	初样研制	正样研制	在轨
空间环境适应性设计	13	地球磁场环境适应性设计	□	□	□	□	×	□	□	□	□	×	□	□	□	□	×
	14	大气与真空环境适应性设计	□	√	√	√	×	□	√	√	√	×	□	√	√	√	×
	15	电离层环境适应性设计	□	√	√	□	×	□	□	√	□	×	□	□	□	□	×
空间环境审查与确认	16	产品设计方案空间环境适应性审查	√	√	√	√	×	√	√	√	√	□	√	√	√	√	□
	17	空间环境适应性设计技术确认	×	√	√	√	×	×	√	√	√	×	×	√	√	√	×
空间环境在轨数据分析与支持	18	在轨空间环境数据收集与分析	□	□	□	□	□	□	□	×	□	□	□	×	□	□	□
	19	型号在轨空间环境技术支持	×	×	×	×	×	×	×	×	×	×	×	×	×	×	×

注："√"表示"必做"；"×"表示"不做"；"□"表示"经评估有需要时必做"

应严格控制经评估后"不做"的项目数量,只有以下 3 种情况可确定为"不做"项目。

(1)在相应研制阶段尚不具备开展工作的条件(但后续阶段应补做并重点关注)。

(2)该型号轨道上不存在相应的空间环境要素。

(3)该产品不是对相应空间环境要素敏感的对象。

7.6.3 航天器防护设计方法措施

空间环境防护设计包括电离总剂量效应、位移损伤效应、单粒子效应、表面充放电效应、太阳紫外辐射、原子氧、内带电效应等防护设计以及电离层环境适应性、大气与真空环境适应性、地球磁场环境适应性、微重力环境适应性设计等。以下举例详细介绍。

7.6.3.1 电离总剂量效应防护设计

电离总剂量效应防护设计,是在航天器产品选定电子元器件及材料的抗电离总剂量能力基础上,通过屏蔽设计、布局优化、容差设计、FDIR 等防护措施,满足航天器在轨空间辐射剂量要求。

可行性论证与方案设计阶段,系统级应详细分析航天器寿命期内轨道空间辐射环境。开展电离总剂量的一维分析,为航天器系统方案论证与设计提供依据。分系统级与单机级在方案论证中应考虑电离总剂量的影响。

初样研制阶段防护设计基本策略如下。

系统级:

(1)根据航天器总体参数,详细分析轨道辐射环境,开展辐射剂量~屏蔽厚度关系分析;

(2)确定辐射设计余量(RDM),确立分系统与设备抗电离总剂量防护设计的满足度判据;

(3)确定电子元器件与功能材料的抗电离总剂量选用指标要求;

(4)确定需开展总剂量辐照试验的电子元器件与材料清单,制定试验计划;

(5)对所有分系统与设备的抗电离总剂量设计进行审查,确认所有电子元器件与材料 RDM 满足要求。

分系统级与单机级:

(1)在辐射剂量-屏蔽厚度关系分析基础上,开展单机产品内部辐射剂量分析;

(2)确定所有电子元器件与材料的抗电离总剂量能力数据,应满足系统规定要求;

（3）开展辐射屏蔽设计,确保所有电子元器件与材料 RDM 满足系统规定的要求;

（4）提高辐射屏蔽效率,杜绝单机产品外壳整体加厚。应充分利用单机产品自身具有有效辐射屏蔽的零件或材料,进行单机产品内部的辐射屏蔽优化;

（5）用于辐射屏蔽的材料应选择次级辐射较小的金属,以避免带来更明显的次级辐射剂量。附加的局部屏蔽材料不得降低或破坏元器件固有电性能及原有散热条件,并且安装牢固,不应引起短路,不应形成多余物,所使用的附加材料（如胶黏剂等）应符合航天产品相关要求;

（6）对于无法确定抗电离总剂量能力数据的元器件及材料,应通过电离总剂量辐照试验来测定。试验应符合 GJB 548B—2005《微电子器件试验方法和程序》方法 1019、GJB 5422—2005《军用电子元器件 γ 射线累积计量效应测量方法》等标准规定。通常试验应采用 ^{60}Co 放射源,选取适当的剂量率,器件应加电偏置,根据元器件工艺选取合适的退火方法;有机材料电离总剂量辐照试验应考虑地面环境中空气（如氧气）的影响,确保试验有效性。

正样研制阶段,系统级应根据总体参数最终状态,复核辐射环境及电离总剂量分析结果,确认所有分系统与设备的电离总剂量防护设计满足要求。

研制过程中,空间电离总剂量效应分析和防护设计基本流程如图 7.6.2 所示,这一基本流程,贯穿于航天器研制的全过程,从方案论证阶段开始,直到正样研制阶段。图 7.6.3 给出典型的电子设备抗电离总剂量设计的流程。

几个重要的设计要点如下。

1）电离总剂量效应分析

（1）方案阶段和初样阶段,给出基于一维实心球屏蔽模型的航天器在轨剂量－深度曲线;初样阶段,开展基于整星简化或详细三维屏蔽模型的电离总剂量效应分析,给出典型设备位置处的剂量~深度曲线。

（2）开展单机电离总剂量效应分析,给出内部元器件处的辐射设计余量（RDM）,若 RDM 不能满足要求,则需要采取防护措施。

（3）辐射设计余量 RDM 定义如下:

$$RDM = \frac{D_{失效}}{D_{环境}}$$

式中:$D_{失效}$ 为元器件或材料自身的辐射失效剂量（即抗总剂量能力水平）;$D_{环境}$ 为元器件或材料实际使用位置处的剂量。

RDM 的范围通常为 1~3,通常是综合考虑航天器任务重要程度、风险承受能力、环境分析不确定度、元器件抗辐射能力不确定度、项目成本与进度等予以确定。

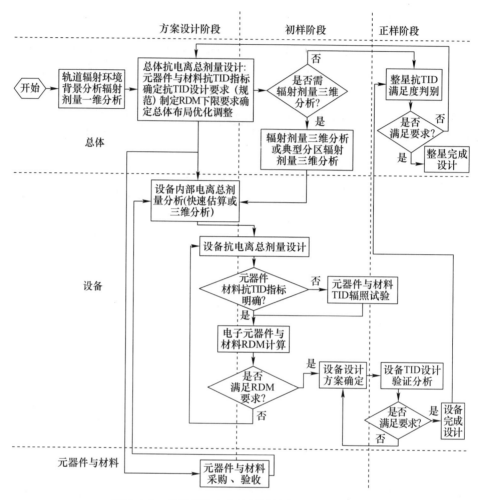

图 7.6.2　航天器抗电离总剂量效应工程设计流程

2）电子元器件与材料选用

　　航天器选用电子元器件及材料时,应考虑其抗电离总剂量能力,在电子元器件及材料选用与采购中,应明确给出电子元器件及材料的抗电离总剂量能力指标要求。

　　选择自身抗电离总剂量能力高的电子元器件和材料,可从根本上提升整个航天器系统抗空间辐射电离总剂量的能力。

　　由于购买途径、研制成本、工作进度等工程原因,往往很难全部使用具有很高抗电离总剂量能力的电子元器件和材料,需要采取其他适当的总剂量防护措施,以保证其能满足航天器寿命期内的抗电离总剂量要求。最主要的防护措施

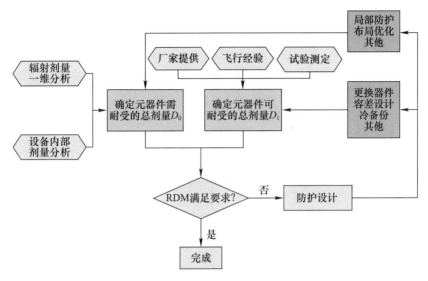

图 7.6.3　典型电子设备抗电离总剂量效应工程设计流程

是增加屏蔽,但是在剂量 – 深度曲线的缓变区内(图 7.6.4),增加屏蔽很难有效降低电离总剂量。因此,应慎重选用抗电离总剂量极低的元器件及材料。

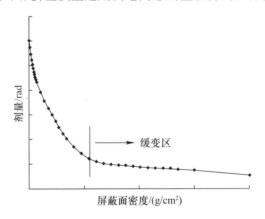

图 7.6.4　航天器剂量 – 深度曲线的缓变区

3)电离总剂量辐照试验

(1)无法确定其抗电离总剂量能力指标的元器件和材料,应进行电离总剂量辐照试验。

(2)材料的电离总剂量辐照试验,需考虑地面试验环境中空气(氧气)对试验结果的影响,建议在隔离氧气的环境中完成试验。

(3)应严格遵循相关标准的试验方法规定,以确保试验结果的有效性。

4）防护措施

（1）可采取辐射屏蔽、冷备份并交替工作、设备内部布局优化、总体布局和容差设计等防护措施。

（2）应通过分析、试验等方法确认防护措施不影响元器件或材料的机械性能、电性能、热性能、防静电性能等。

（3）对于经过防护设计的元器件或材料，应再次确认其满足 RDM 要求。

7.6.3.2 位移损伤效应防护设计

位移损伤效应防护设计的目的是确保航天器太阳电池、CCD、光电耦合器、CMOS APS 等少数载流子器件不因高能粒子位移损伤效应产生不满足任务要求的性能衰退或损伤。

可行性论证与方案设计阶段，应分析航天器辐射环境，获得航天器整个任务期间造成位移损伤的环境数据，识别位移损伤薄弱环节（图 7.6.5）。

初样研制阶段相关工作程序和要求如下。

1）系统级

（1）根据航天器轨道参数及太阳电池类型，详细分析航天器寿命期间空间带电粒子对太阳电池阵造成位移损伤的等效 1MeV 电子通量。

（2）针对航天器所用的 CCD、光电耦合器和 CMOS APS 等光电器件类型，确定航天器在轨期间的位移损伤等效 1MeV 中子通量。

（3）对所有分系统与设备的抗位移损伤效应设计进行审查，确认所有位移损伤敏感器件满足要求。

2）分系统级与单机级

（1）一次电源设计时，应考虑太阳电池由于位移损伤效应造成的开路电压（V_{oc}）或短路电流（I_{sc}）衰减率，并将此衰减量计入太阳电池阵的末期功率预算。

（2）CCD、光电耦合器及 CMOS APS 等位移损伤敏感器件原则上应具有明确的抗位移损伤能力数据。

（3）没有抗位移损伤能力数据，也没有成功飞行经验的位移损伤敏感器件，原则上应通过位移损伤效应试验予以测定。

（4）位移损伤效应试验的辐照源一般用加速器质子或反应堆中子。某些情况下，太阳电池也可用加速器高能的电子进行试验。

（5）当 CCD、光电耦合器或 CMOS APS 等不能满足在轨位移损伤要求时，应通过更换器件、适当屏蔽、容差设计等措施予以防护。

（6）对于太阳电池阵，需综合考虑选用耐辐射太阳电池片、进行合适的太阳电池功率预算、选择合适的玻璃盖片厚度和太阳电池阵面积等方法，满足太阳电池阵的在轨要求。

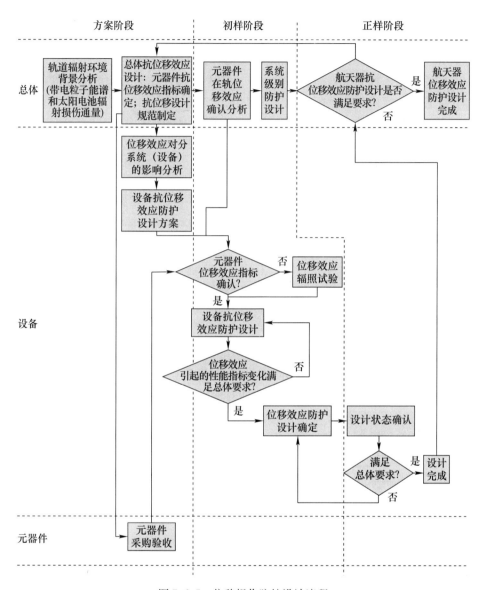

图7.6.5 位移损伤防护设计流程

正样研制阶段,系统级应根据总体参数的最终状态,复核造成最严重位移损伤的环境分析结果,并确认所有分系统和单机产品的位移损伤效应防护设计满足要求。分系统级与单机应对位移损伤效应敏感器件的防护设计进行复核,确认满足要求。

防护要点如下。

1）太阳电池防护措施

（1）选择抗位移损伤强的太阳电池片。太阳电池的位移损伤效应与材料和工艺有关,砷化镓太阳电池比硅太阳电池具有更好的耐辐射性能。

（2）合理选择太阳电池盖片厚度。太阳电池盖片作为太阳电池的屏蔽,增加其屏蔽面密度可降低太阳电池位移损伤。

（3）太阳电池功率余量设计。为保证太阳电池阵在寿命末期输出功率满足要求,对带电粒子辐射引起的电性能衰减必须做一个较为准确的预计,并在EOL(寿命末期)功率分析时考虑一定的余量。

2）电荷耦合器件CCD的防护措施

（1）选用抗辐射水平高的CCD器件。

（2）对位移效应敏感器件进行屏蔽。

3）光电耦合器件的防护措施

（1）提高LED驱动电流使其具有更高的光辐射功率。

（2）使光电耦合器的收集电流饱和以得到更加稳定的输出电流。

（3）合理选择光电耦合器提高电荷传输效率(CTE)裕度。

7.6.3.3 单粒子效应防护设计

航天产品应从器件选用、电路设计、系统设计3个层面,综合采用软件、硬件和容错等方法进行单粒子效应的防护设计,以满足航天器平台与载荷的数据完整性和系统可用性要求,规避单粒子效应对航天器造成的功能中断与任务损失。

可行性论证与方案设计阶段,系统级应分析寿命期内的轨道空间高能粒子环境。根据轨道类型、器件类型、任务特点、技术状态等,确定所应考虑与防护的单粒子效应类型。分系统级与单机级应在方案论证中考虑单粒子效应的影响。

初样研制阶段相关工作程序和要求如下。

1）系统级

（1）根据航天器总体参数,详细分析轨道高能粒子环境。

（2）确定所应考虑与防护的单粒子效应类型及单机防护设计指标。

（3）确定电子元器件的抗单粒子翻转、锁定、烧毁、栅击穿能力指标要求;确定应开展单粒子效应模拟试验的电子元器件清单,制定试验计划,并实施试验。

（4）在器件单粒子效应特性数据(事件率－LET关系曲线)基础上,开展器件单粒子在轨事件率预示,预示结果用于指导分系统与单机产品设计。

2）分系统级与单机级

（1）针对分系统与单机产品设计状态,确定单粒子效应防护设计目标与任务。逻辑器件(如CPU、DSP、FPGA、SRAM等)应开展抗SEU、抗SET、抗SEFI的防护设计。体硅CMOS器件应开展抗SEL防护设计。功率MOSFET,应开展抗

SEB 和抗 SEGR 的防护设计。

（2）按照系统级确定的单粒子防护指标选用电子元器件。

（3）针对单粒子效应，开展软件和硬件的容错、纠错、FDIR 等单粒子翻转防护设计，并对防护有效性进行详细分析。

（4）根据器件单粒子效应 LET 阈值及饱和翻转截面数据，对器件在轨的单粒子事件率进行预示，给出器件在该轨道上每天的单粒子事件次数。

（5）以器件单粒子事件率预示结果为基础，分析单机产品发生单粒子效应及实施防护措施时对航天器任务的影响，包括严重程度、影响模式、影响时长、出现频度和任务损失程度等，确认是否满足系统级规定的单机产品单粒子效应防护设计指标以及是否满足航天器任务要求。

（6）单机产品应具备自动或地面干预的断电重启功能，避免发生单粒子锁定后不能解除而一直保持锁定状态。

（7）依据飞行经验选用的电子元器件，其应未发生过影响整星任务的单粒子效应在轨经历，并且飞行经验对应的在轨高能粒子环境应不低于任务要求，确保所采取的设计状态与任务要求相同。

（8）当无法确认关键器件的单粒子效应 LET 阈值及事件截面时，应通过辐照试验予以测定。

（9）功率 MOSFET 工作的漏源电压（V_{DS}）或漏栅电压（V_{GS}）阈值应位于其 SEB 和 SEGR 的安全工作区之内。

正样研制阶段，系统级应根据总体参数的最终状态，复核高能粒子环境分析结果，并确认所有分系统与设备的抗单粒子效应防护设计满足要求，不会因单粒子效应对航天器功能与任务产生不利影响。分系统级与单机级应产品抗单粒子效应设计进行验证分析，确认满足要求。

单粒子效应防护设计的基本流程如图 7.6.6 所示。

几个重要的设计要点如下。

1）元器件抗单粒子效应选用

（1）逻辑器件（如 CPU、DSP、SRAM、FPGA 等）和 CMOS 器件选用时，应明确其抗单粒子效应指标。

（2）元器件抗单粒子效应指标要求基本如下：不同航天器应制定适用于自身型号的指标要求，优先选用具有抗单粒子效应指标数据的元器件，器件抗单粒子锁定（SEL）的 LET 阈值通常要求大于 75（MeV·cm^2）/mg，抗单粒子翻转（SEU）的 LET 阈值通常要求大于 15（MeV·cm^2）/mg

2）单粒子效应辐照试验

（1）航天器所用的、关键的大规模集成电路，如 CPU、FPGA、SRAM 等，当无

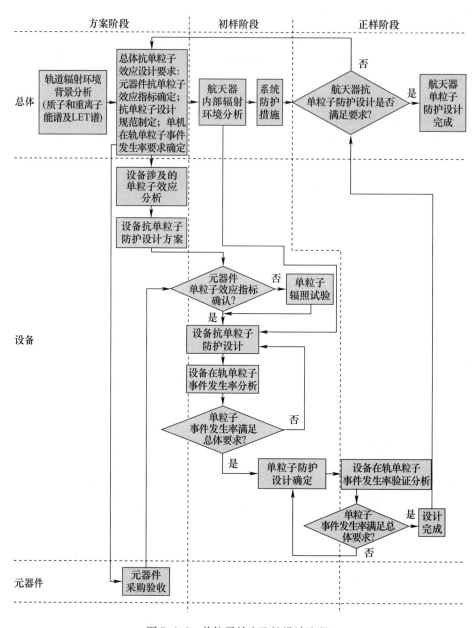

图 7.6.6 单粒子效应防护设计流程

法确认其 SEU 和 SEL 的 LET 阈值及事件截面时,必须通过单粒子效应辐照试验予以测定。

(2)测定 LET 阈值和事件阈值的单粒子效应辐照试验必须采用重离子加

速器进行,重离子在 Si 材料中的射程不得小于 $30\mu m$,禁用 ^{252}Cf 源或脉冲激光源不适合用于此项试验。

(3) 单粒子效应试验方法参照欧洲基础规范 ECSS-25100 或我国航天行业标准 QJ 10005《航天器用半导体器件单粒子效应试验指南》执行。

单粒子效应辐照试验应由具有一定专业知识的人员组织实施。产品保证人员应该在试验方案、试验大纲和试验细则以及试验报告编写阶段组织专家进行把关,确保试验方法的正确性。

3) 单粒子效应分析

(1) 方案阶段和初样阶段,航天器总体应系统分析航天器寿命期内的空间高能粒子环境,为航天器总体方案论证与设计提供依据;同时根据总体设计状态(轨道类型、器件类型、任务特点、技术状态等),确定所需考虑与防护的单粒子效应类型,并在设计中充分考虑此因素。

(2) 方案设计和初样阶段,航天器总体应根据航天器寿命期内的空间高能粒子环境分析结果、器件单粒子效应 LET 阈值及饱和翻转截面数据,对器件在轨的单粒子事件发生率进行预示,给出器件在该轨道上每天的单粒子事件次数。单机设备以此为输入对整机单粒子事件发生率进行分析。

(3) 单机设计应根据器件在轨单粒子事件发生率分析结果、采取的防护措施、单机设计状态等,对整机在轨单粒子事件发生率进行分析,若整机在轨单粒子事件发生率不满足总体要求,则对设计进行调整或增加防护措施,然后重新分析,直至满足要求。

(4) 使用了单粒子效应敏感元器件的单机,除了要通过设计控制整机在轨单粒子效应事件率满足总体要求以外,还应该开展单粒子效应对设备功能的影响程度分析,给出设备单粒子效应防护措施导致设备功能停止或中断等对航天器任务的影响分析,掌握其严重程度、影响模式、影响时间长短、影响出现频度和任务损失程度等,确认是否满足整星任务要求。

防护措施如下。

(1) 方案阶段和初样阶段,航天器总体应该从总体层面开展故障检测/隔离/恢复(FDIR)设计,减缓或避免单粒子效应对整星功能或任务的影响。

(2) 单机产品应考虑的单粒子效应包括单粒子翻转(SEU)、单粒子锁定(SEL)、单粒子烧毁(SEB)、单粒子栅击穿(SEGR)、单粒子瞬时干扰(SET)等。

① 针对存储器的单粒子翻转防护措施包括合理进行存储器配置、采用EDAC、采用三重冗余存储及表决系统;针对控制器件的单粒子翻转防护措施包括采用多级冗余和容错系统、采用定时监视器(WDT)和进行合理的软件容错设计等。

② 单粒子锁定防护措施包括选用单粒子锁定不敏感器件(如 CMOS/SOS 或 CMOS/SOI 等)和电源端限流防止过流损伤等。

③ 功率 MOSFET 的 V_{DS} 或 V_{GS} 应位于其 SEB 和 SEGR 安全区之内。

(3) 单机应具备自动或地面干预的断电重启功能,避免发生单粒子锁定后不能解除锁定状态。

7.6.3.4 表面充放电效应防护设计

重点针对在 20000~65000km 高度范围内运行的航天器,确保航天器入轨后不因空间等离子体引起的表面充放电效应导致航天器异常或产品受损。

可行性论证与方案设计阶段,系统级应分析寿命期内遭遇的空间热等离子体环境,为航天器总体方案论证与设计提供依据。分系统级与单机级应在分系统与单机产品方案论证中充分考虑表面充放电效应的影响。

初样研制阶段相关工作程序和要求如下。

1) 系统级

(1) 详细分析轨道热等离子体环境及表面充电效应,用于指导航天器防护设计。

(2) 确定航天器表面充放电效应防护指标(表面充电相对电位的最大限制值)。

(3) 制定航天器表面充放电效应的具体控制措施或规范,包括表面材料电阻率控制、接地设计、屏蔽设计、滤波设计、静电敏感元器件防护设计等方面。

(4) 开展航天器系统级表面充放电效应防护设计。

(5) 针对初样电性星,开展整星表面放电效应模拟试验。

(6) 母线电压高于 70V 的高压太阳电池阵,应防止其在空间等离子体中产生具有危害的二次放电。

(7) LEO 航天器(如空间站等)的高压太阳电池阵,应考虑太阳电池阵在轨道等离子体中带来的电源无功泄露问题;在交会对接及航天器员出舱活动中,应考虑空间站、载人飞船、航天器员之间由于等离子体充电导致具有不同电位差可能产生的放电问题(多体带电问题)。

(8) 进行太阳风或等离子体等空间低能粒子(能量 20keV 以下)、微弱电场或磁场探测的航天器,应进行静电洁净控制,以满足设备探测精度与有效性的要求。

(9) 开展航天器表面电位工程分析,给出航天器表面不同材料充电的最大相对电位情况。通过分析结果,检查航天器表面电位工程控制情况。对于相对电位分析值超过要求的部位,应进行设计检查和更改,直至分析结果满足要求。

（10）针对分系统和单机产品表面放电效应防护设计情况进行审查，确保满足设计要求。

2）分系统级与单机级

（1）按照表面充放电效应的具体控制措施或规范，开展分系统与单机产品表面充放电效应防护设计。

（2）20000～65000km 高度范围内运行的航天器电子产品鉴定件，应进行表面放电效应模拟试验，以检验其承受表面放电脉冲干扰的能力。

（3）单机产品具有暴露于航天器外的材料时，该材料的电阻率与接地应满足表面充放电效应具体控制措施或规范的防护要求。

（4）单机产品应采取充分的电磁屏蔽、滤波等抗干扰设计，确保在表面放电模拟试验条件下产品功能不受影响。

正样研制阶段，系统级应根据总体参数的最终状态，复核表面充电相对电位工程分析结果；确认所有电子产品按要求及条件实施并通过了表面放电效应模拟试验；对航天器表面多层隔热组件正样产品与结构地之间的接地良好性进行测试检查；确认航天器表面所有材料电阻率与接地状态满足表面充放电防护要求。分系统级与单机级应对分系统与单机产品抗表面充放电设计进行验证分析，确认满足要求。

基本的设计流程如图 7.6.7 所示。

几个重要的设计要点如下。

1）表面充放电效应分析

（1）方案阶段，航天器总体应分析航天器寿命期间可能遭遇的热等离子体环境，并确定表面充放电效应概况。

（2）航天器总体应在初样阶段组织人员对航天器充电情况进行详细分析。

2）表面充放电效应试验

（1）高轨航天器研制过程中，应通过组件级或航天器级表面放电效应模拟试验来验证组件或航天器承受表面放电脉冲干扰的能力，要求如下。

① 在组件鉴定件上完成组件表面放电效应模拟试验。

② 在航天器电性星上完成航天器整星表面放电效应模拟试验。

（2）高轨航天器研制过程中应对高压太阳电池阵表面充电防护设计情况进行试验验证；对已进行过试验验证的高压太阳电池阵，当发生材料、工艺等设计更改时，应重新评估乃至重新进行试验。

3）表面充放电效应设计措施

（1）热控材料选用及电阻率控制。高轨航天器表面材料选用时，除满足性能要求以外，尽量选择电阻率低、二次电子发射系数高的材料。

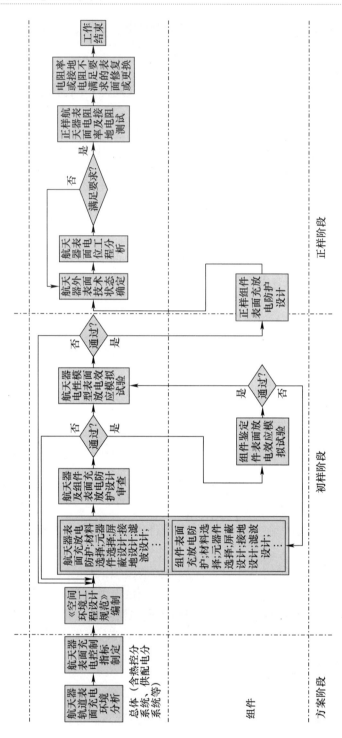

图7.6.7 表面充放电效应防护设计流程

（2）应设计良好的接地系统，为航天器与空间环境相互作用产生的积累电荷提供泄放通路，包括结构和机械部件接地、表面热控材料接地和电子电气设备接地等。

（3）应合理进行屏蔽，包括航天器主结构的法拉第笼设计、舱外电缆的屏蔽、ESDS 元器件的屏蔽等。

（4）通过合理布阵、在太阳电池片间的缝隙内填涂室温硫化甲基硅橡胶（RTV 胶）等方式对高压太阳电池阵进行表面充放电效应防护。

7.6.3.5　内带电效应防护设计

针对经过 20000~65000km 高度范围内运行的航天器，以确保航天器入轨后不因内带电效应导致航天器异常或单机产品受损。

可行性论证与方案设计阶段，系统级应分析寿命期内地磁暴期间轨道上可能遭遇的空间高能电子环境，为航天器总体方案论证与设计提供依据。分系统与单机级应在方案论证中充分考虑内带电效应的影响。

初样研制阶段相关工作程序和要求如下。

1）系统级

（1）详细分析轨道高能电子环境及内带电效应，用于指导航天器防护设计。

（2）确定内带电防护设计指标（允许的介质材料内部最大注入电流密度或充电电场）。

（3）制定内带电效应控制的具体措施或规范，包括材料电阻率控制、屏蔽设计、接地设计、滤波设计、静电敏感元器件防护设计等方面。

（4）按照内带电效应控制的具体措施或规范的要求，开展航天器系统级内带电效应防护设计。

（5）清理航天器内使用的高电阻率材料，对其使用位置处的空间高能电子注入电流进行分析（轨道最恶劣环境条件下），对于 GEO 卫星该电流应不大于 $0.1pA/cm^2$，否则，应采用更低电阻率材料或大于 2.8mm（约 110mil）等效铝屏蔽等方法予以控制。

（6）清理航天器内的悬浮导体，确定其是否存在内带电风险，否则，应以有效方式接结构地。

2）分系统级与单机级

（1）按照内带电效应控制的具体措施或规范，开展分系统与单机产品内带电效应防护设计。

（2）单机产品内部使用高电阻率材料时，该材料的电阻率与接地应满足上述总体防护要求，并应分析材料处高能电子注入电流值并控制在 $0.1pA/cm^2$ 以下。

（3）单机产品内部的悬浮导体应确定是否存在内带电风险，否则，应以有效方式接结构地。

（4）单机产品应采取充分的抗干扰设计，确保发生内带电时设备功能不受影响。

（5）单机产品所使用的 PCB 基材不应采用电绝缘性能良好的材料。必须使用的，应在 PCB 设计时，电路空白处采用大面积接地覆铜设计，并且覆铜设计应满足 PCB 设计相关规范；采用 4 层（含）以上的 PCB，应设置专门的电源层和地线层。

正样研制阶段，系统级应根据系统参数最终状态，复核航天器内高电阻率材料处的高能电子注入电流分析结果；确认所有分系统与单机产品的内带电效应防护设计满足要求。分系统级与单机级应确认内带电效应防护设计满足要求。

基本设计流程如图 7.6.8 所示。

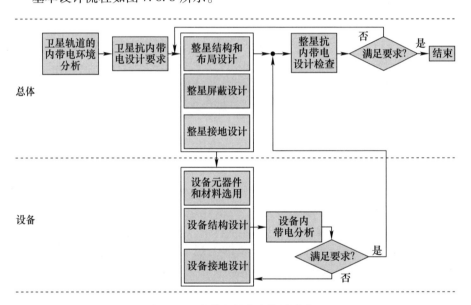

图 7.6.8　内带电效应防护设计流程

几个重要的设计要点如下。

1）内带电效应分析

（1）方案阶段，航天器总体应组织空间环境工程设计师分析航天器寿命期间可能遭遇的高能电子辐射环境，并确定内带电效应状况。

（2）单机在初样阶段，应该根据内带电效应概况分析情况开展内带电详细分析。

2）内带电效应试验

航天器研制过程中,对于无法定量评估内带电情况的新材料/组件,可以通过试验对内带电风险进行评估。

3）内带电效应设计措施

航天器研制过程可采取以下措施进行内带电效应防护。

（1）屏蔽设计。通过屏蔽来降低空间高能电子注入电流密度是有效的防护措施。用足够的屏蔽确保注入电流密度小于 $0.1\mathrm{pA/cm^2}$。对于 GEO 卫星来说,为星上所有电子设备提供大于 2.8mmAl 的屏蔽厚度（包括卫星舱板、隔板、设备外壳等屏蔽）可以保证注入电流密度小于 $0.1\mathrm{pA/cm^2}$。

（2）接地设计。接地设计可以为注入电流提供泄放通路,也可以对内带电效应起到防护作用。典型的接地设计包括以下几种。

① 星上所有的金属部件（结构、机构、设备外壳等）、附加的辐射屏蔽材料必须接到结构地。

② 面积超过 $3\mathrm{cm^2}$ 或长度大于 25cm 的悬浮导体,应通过有效方式接结构地;否则,应确认其轨道上不存在可引发内带电效应的高能电子环境,或确认该其即使发生内带电,也不会造成航天器任何部件受损并满足 EMC 要求。

③ 星内使用的涂层类材料要具有电荷泄放能力。如果使用导电涂层,应涂覆于接地的导电基底材料上。

（3）材料选择。选择具有足够电荷泄放能力的材料,能有效控制注入电流在材料中的累积,从而降低内带电的发生。典型的设计措施包括以下几种。

① 星内介质材料的电阻率尽量控制在 $10^{12}\Omega\cdot\mathrm{cm}$ 以下,并应提供电荷泄放通路。

② 限制在星内使用大块的绝缘性能超强的材料（如 Teflon、FR4 电路板、Kapton 等）,可以允许在星内使用薄膜状（厚度不大于 0.1mm）的绝缘材料。

参 考 文 献

[1] 康锐. 确信可靠性理论与方法[M]. 北京:国防工业出版社,2020.

[2] 袁家军. 航天产品工程[M]. 北京:中国宇航出版社,2011.

[3] 周志成. 通信卫星工程[M]. 北京:中国宇航出版社,2014.

[4] 龚庆祥. 型号可靠性工程手册[M]. 北京:国防工业出版社,2007.

[5] 庄国京,王卫东,卿寿松. 航天产品可靠性增长方法与应用[M]. 北京:中国宇航出版社,2020.

[6] 国防科学技术工业委员会. 航天器技术状态管理:GJB 3206 – 1998[S],1998.

[7] 中国人民解放军总装备部. 可靠性维修性保障性术语:GJB 451A – 2005[S]. 北京:总装备部军标出版发行部,2005.

[8] 国防科学技术工业委员会. 可靠性增长管理手册:GJB/Z 77 – 1995[S],1995.

[9] U. S. Department of Defense. Department of Defense Handbook:Electronic Reliability Design Handbook:MIL – HDBK – 338B[S]. U. S. Department of Defense,2012.

[10] 周源泉,翁朝曦. 可靠性增长[M]. 北京:科学出版社,1992.

[11] Institute of Environmental Sciences. Selected references on reliability growth[J]. The Institute of Environmental Sciences,1988.

[12] 美国罗姆航空发展中心. 可靠性增长试验与环境应力筛选[M]. 李义安,庚桂平,等译. 北京:航空航天工业部第三〇一研究所可靠性与环境标准研究室,1986.

[13] 陆俭国. 电器可靠性评价与可靠性增长[M]. 北京:科学出版社,2019.

[14] Farquhar K J,Mosleh A. Proceedings of Workshop on Reliability Growth Modeling:objectives,expectations,and approaches[C]. Lexington Park,Maryland,USA,October 26 – 28,1994.

[15] Sherman B C,Dubman M R. Estimation of parameters in a transient Markov chain arising in a reliability growth model[M]. Aerospace Research Laboratories,Office of Aerospace Research,United States Air Force,1969.

[16] 全国电工电子产品可靠性与维修性标准化技术委员会. 可靠性增长大纲:GB/T 15174 – 2017[S]. 北京:中国标准出版社,2017.

[17] U. S. Department of Defense. Department of Defense Handbook:Reliability Growth Management:MIL – HDBK – 189C[S]. U. S. Department of Defense,2011.

[18] MIL – HDBK – 189. Reliability Growth Management[S]. U. S. Department of Defense,1981.

[19] Li J,Collins G,Govindarajulu R. System Reliability Growth Analysis during Warranty[J]. International Journal of Mathematical,Engineering and Management Sciences,2019,4(1):85 – 94.

[20] 梅文华. 可靠性增长试验[M]. 北京:国防工业出版社,2003.

[21] 安伟光,胡经甾. 可靠性增长试验方法的研究[M]. 哈尔滨:哈尔滨工程大学出版社,1996.

[22] 国防科学技术工业委员会. 航天器产品可靠性增长试验:GJB 1407 – 92[S],1992.

[23] 周源泉. 质量可靠性增长与评定方法[M]. 北京:北京航空航天大学出版社,1997.

[24] Jewell,William S. A general framework for learning curve reliability growth models[M]. University of California,1983.

[25] Mohammadhossein H. An integrated approach to redundancy allocation and test planning for reliability growth[J]. Computers and Operations Research,2018,92(1):182 – 193.

[26] Liu Sifeng,Tang Wei,Song Dejin,et al. A novel GREY – ASMAA model for reliability growth evaluation in the large civil aircraft test flight phase[J]. Grey Systems:Theory and Application,2020,10(1):46 – 55.

[27] McLaren,Anne Elizabeth. A Method for Reliability Growth Analysis Combined over Multiple Stages[M]. UMI Dissertation Publishing,2012.

内 容 简 介

本书总结了航天器可靠性增长的工程技术方法、工程管理模式和工程成果应用,全面展示了航天器可靠性增长工程的核心要素和一系列关联活动,提出了可靠性增长基线与效费比、基于裕度和效能的可靠性增长以及航天器可靠性增长工程策略等概念内容和实践方法,详细介绍了机电类、电子类、机构类等不同类别产品的可靠性增长示例,覆盖了航天器可靠性增长关键产品和重点领域的实践成果。

本书提供的航天器可靠性增长成果和经验,可以为高价值复杂系统开展可靠性增长工程提供直接的借鉴,对其他装备可靠性增长工作具有参考和应用价值。

本书可以作为装备研制领域科研人员的参考书,可以作为相关领域可靠性设计人员、产品研制人员的指导书,也可以作为其他领域人员可靠性知识学习、培训的参考资料,以及高等院校学生的参考书。

In this book, the engineering techniques, engineering management models, and engineering achievements applications for spacecraft reliability growth are summarized. The core elements and a series of related activities of spacecraft reliability growth engineering are comprehensively shown. The spacecraft reliability growth engineering strategies, practical methods and concepts such as reliability growth baseline and cost – effectiveness ratio, reliability growth based on margin and efficiency are proposed. Meanwhile, the examples of reliability growth of different products such as electromechanical, electronic, and mechanism are introduced in detail. These examples covers the practical achievements of key products and key areas of spacecraft reliability growth.

The achievements and experience of spacecraft reliability growth provided in this book can supply a direct reference for the reliability growth project of high – value complex systems, and have reference and application value for other equipment reliability growth.

This book can be used as a reference book for scientific researchers in the field of equipment development, an instruction book for reliability designers and product developers in related fields, and a reference for reliability learning and training for personnel in other fields, and reference book for college students.